U0683035

MySQL 从入门到精通

（微视频精编版）

明日科技　编著

清华大学出版社

北京

内 容 简 介

本书内容浅显易懂，实例丰富，详细介绍了从基础入门到 MySQL 数据库高手需要掌握的知识。

全书分为上下两册：核心技术分册和项目实战分册。核心技术分册共 2 篇 17 章，包括数据库基础、初识 MySQL、phpMyAdmin 图形化管理工具、MySQL 数据库管理、MySQL 表结构管理、存储引擎及数据类型、表记录的更新操作、表记录的检索、视图、索引、触发器、存储过程与存储函数、备份与恢复、MySQL 性能优化、事务与锁机制、权限管理及安全控制，以及 PHP 管理 MySQL 数据库等内容。项目实战分册共 5 章，运用软件工程的设计思想，介绍了明日科技企业网站、在线学习笔记、51 商城、物流配货系统和图书馆管理系统共 5 个完整企业项目的真实开发流程。

本书除纸质内容外，配书资源包中还给出了海量开发资源，主要内容如下。

☑ 微课视频讲解：总时长 6 小时，共 63 集　　　　☑ 实例资源库：808 个实例及源码详细分析

☑ 模块资源库：15 个经典模块完整展现　　　　　☑ 项目案例资源库：15 个企业项目开发过程

☑ 测试题库系统：626 道能力测试题目　　　　　☑ 面试资源库：342 道企业面试真题

本书适合有志于从事软件开发的初学者、高校计算机相关专业学生和毕业生，也可作为软件开发人员的参考手册，或者高校的教学参考书。

图书在版编目（CIP）数据

MySQL 从入门到精通：微视频精编版 / 明日科技编著．—北京：清华大学出版社，2020.7（2021.9 重印）
（软件开发微视频讲堂）
ISBN 978-7-302-51937-9

Ⅰ．① M…　Ⅱ．①明…　Ⅲ．① SQL 语言—程序设计　Ⅳ．① TP311.132.3

中国版本图书馆 CIP 数据核字（2018）第 288360 号

责任编辑：贾小红
封面设计：魏润滋
版式设计：文森时代
责任校对：马军令
责任印制：丛怀宇

出版发行：清华大学出版社
　　　　　网　　址：http://www.tup.com.cn，http://www.wqbook.com
　　　　　地　　址：北京清华大学学研大厦 A 座　　　　　　邮　　编：100084
　　　　　社 总 机：010-62770175　　　　　　　　　　　邮　　购：010-62786544
　　　　　投稿与读者服务：010-62776969，c-service@tup.tsinghua.edu.cn
　　　　　质量反馈：010-62772015，zhiliang@tup.tsinghua.edu.cn
印 装 者：北京鑫海金澳胶印有限公司
经　　销：全国新华书店
开　　本：203mm×260mm　　　印　　张：30.25　　　字　　数：788 千字
版　　次：2020 年 7 月第 1 版　　　　　　　　　　　印　　次：2021 年 9 月第 2 次印刷
定　　价：99.80 元（全 2 册）

产品编号：079178-01

前 言

Preface

MySQL 是最流行的关系型数据库管理系统之一,在 Web 应用方面,MySQL 是最好的关系数据库管理系统 RDBMS(Relational Database Management System,)应用软件。它能够有效和安全地处理大量数据,便捷且易用。

本书内容

本书分上下两册,上册为核心技术分册,下册为项目实战分册,大体结构如下图所示。

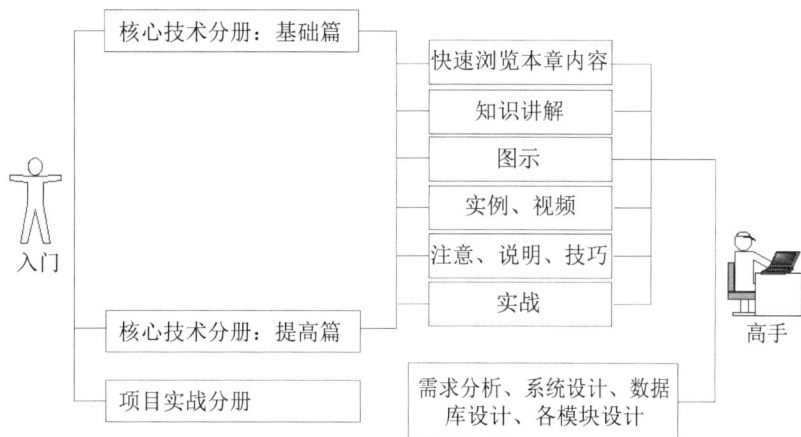

核心技术分册分 2 篇共 17 章,提供了从基础入门到 MySQL 数据库高手所必备的各类知识。

基础篇:通过介绍数据库基础、初识 MySQL、phpMyAdmin 图形化管理工具、MySQL 数据库管理、MySQL 表结构管理、存储引擎及数据类型、表记录的更新操作、表记录的检索等内容,并结合大量的图示、实例和视频等,使读者快速掌握 MySQL 语言基础,为以后深入学习奠定坚实的基础。

提高篇:介绍了视图、索引、触发器、存储过程与存储函数、备份与恢复、MySQL 性能优化、事务与锁机制、权限管理及安全控制,以及 PHP 管理 MySQL 数据库等内容。学习完本篇,能够对 MySQL 数据库有进一步的了解。

项目实战分册共 5 章,运用软件工程的设计思想,介绍了 5 个完整企业项目(明日科技企业网站、在线学习笔记、51 商城、物流配货系统和图书馆管理系统)的真实开发流程。书中按照"需求分析→系统设计→数据库设计→项目主要功能模块的实现"的流程进行介绍,带领读者亲身体验开发项目的全过程,提升实战能力,实现从小白到高手的跨越。

本书特点

☑ **由浅入深，循序渐进**。本书以初、中级程序员为对象，先从 MySQL 基础学起，再深入学习视图、索引、触发器、存储过程与存储函数、MySQL 性能优化、事务与锁机制、权限管理及安全控制、PHP 管理 MySQL 数据库等高级技术，最后学习开发一个完整的网站项目。讲解过程中步骤详尽、版式新颖，读者在阅读时一目了然，可快速掌握书中内容。

☑ **实例典型，轻松易学**。通过例子学习是最好的学习方式，本书通过"一个知识点、一个例子、一个结果、一段评析、一个综合应用"的模式，透彻详尽地讲述了实际开发中所需的各类知识。另外，为了便于读者阅读程序代码，快速学习编程技能，书中几乎每行代码都提供了注释。

☑ **微课视频，讲解详尽**。本书为便于读者直观感受程序开发的全过程，书中大部分章节都配备了教学微视频，使用手机扫描正文小节标题一侧的二维码，即可观看学习，能快速引导初学者入门，感受编程的快乐和成就感，进一步增强学习的信心。

☑ **精彩栏目，贴心提醒**。本书根据需要在各章安排了很多"注意""说明""技巧"等小栏目，让读者可以在学习过程中更轻松地理解相关知识点及概念，更快地掌握个别技术的应用技巧。

☑ **紧跟潮流，流行技术**。本书采用 MySQL 8.0 数据库进行深入讲解，使读者能够紧跟技术发展的脚步，并且，也对 PHP 语言进行了讲解，以便让读者更快、更好地学习 MySQL 的流行技术应用。

本书资源

为帮助读者学习，本书配备了长达 6 个小时（共 63 集）的微课视频讲解。除此以外，还为读者提供了"PHP 开发资源库"系统，可以帮助读者快速提升编程水平和解决实际问题的能力。

PHP 开发资源库的主界面如下图所示。

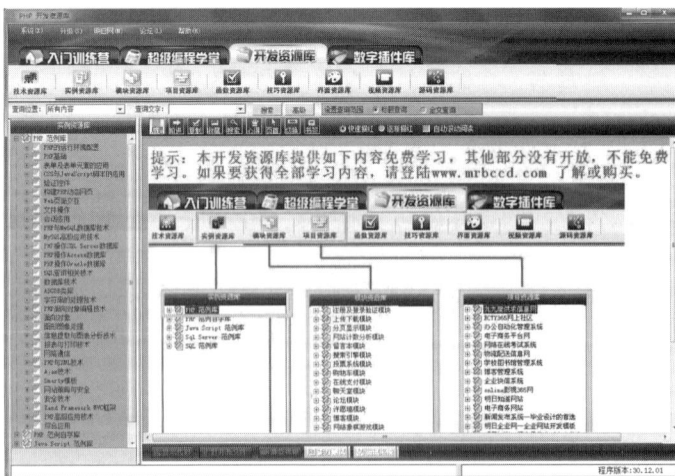

开发资源库
使用说明

在学习本书的过程中，可以配合实例资源库的相应章节，利用实例资源库提供的大量热点实例和关键实例巩固所学编程技能，提高编程兴趣和自信心；也可以配合能力测试题库的对应章节进行测试，检验学习成果。对于数学逻辑能力和英语基础较为薄弱的读者，或者想了解个人数学逻辑思维能力和编程英语基础的用户，本书提供了数学及逻辑思维能力测试和编程英语能力测试供练习和测试。

当本书学习完成时，可以配合模块资源库和项目资源库的 30 个模块和项目，全面提升个人综合编程技能和解决实际开发问题的能力，为成为 PHP 软件开发工程师打下坚实基础。面试资源库提供了大量国内外软件企业的常见面试真题，同时还提供了程序员职业规划、程序员面试技巧、企业面试真题汇编和虚拟面试系统等精彩内容，是程序员求职面试的绝佳指南。

读者对象

- ☑ 初学编程的自学者
- ☑ 大中专院校的老师和学生
- ☑ 做毕业设计的学生
- ☑ 程序测试及维护人员

- ☑ 编程爱好者
- ☑ 相关培训机构的老师和学员
- ☑ 初、中级程序开发人员
- ☑ 参加实习的"菜鸟"程序员

读者服务

学习本书时，请先扫描封底的权限二维码（需要刮开涂层）获取学习权限，然后即可免费学习书中的所有线上线下资源。本书所附赠的各类学习资源，读者可登录清华大学出版社网站（www.tup.com.cn），在对应图书页面下获取其下载方式。也可扫描图书封底的"文泉云盘"二维码，获取其下载方式。

致读者

本书由明日科技程序开发团队组织编写，明日科技是一家专业从事软件开发、教育培训以及软件开发教育资源整合的高科技公司，其编写的教材既注重选取软件开发中的必需、常用内容，又注重内容的易学、方便以及相关知识的拓展，深受读者喜爱。其编写的教材多次荣获"全行业优秀畅销品种""中国大学出版社优秀畅销书"等奖项，多个品种长期位居同类图书销售排行榜的前列。在编写过程中，我们以科学、严谨的态度，力求精益求精，但错误、疏漏之处在所难免，敬请广大读者批评指正。

感谢您购买本书，希望本书能成为您编程路上的领航者。

"零门槛"编程，一切皆有可能。

祝读书快乐！

编　者

2020 年 7 月

目 录
contents

第 1 篇　基础篇

第 1 章　数据库基础 2

　　　视频讲解：25 分钟

1.1　数据库系统概述 3
　1.1.1　数据库技术的发展 3
　1.1.2　数据库系统的组成 3
1.2　数据模型 4
　1.2.1　什么是数据模型 4
　1.2.2　常见的数据模型 4
　1.2.3　关系数据库的规范化 6
　1.2.4　关系数据库的设计原则 8
　1.2.5　实体与关系 8
1.3　数据库的体系结构 9
　1.3.1　数据库三级模式结构 9
　1.3.2　三级模式之间的映射 9
1.4　小结 10

第 2 章　初识 MySQL 11

　　　视频讲解：13 分钟

2.1　了解 MySQL 12
　2.1.1　什么是 MySQL 数据库 12
　2.1.2　MySQL 的优势 12
2.2　MySQL 特性 12
2.3　MySQL 8.0 的新特性 13
2.4　MySQL 的应用环境 15
2.5　MySQL 服务器的安装和配置 15
　2.5.1　MySQL 服务器下载 15
　2.5.2　MySQL 服务器安装 16
　2.5.3　启动、连接、断开和停止 MySQL 服务器 21

2.5.4　打开 MySQL 8.0 Command Line Client 24
2.6　如何学好 MySQL 25
2.7　小结 25

第 3 章　phpMyAdmin 图形化管理工具 26

　　　视频讲解：25 分钟

3.1　phpMyAdmin 图形化管理工具介绍 27
3.2　配置 phpMyAdmin 27
　3.2.1　压缩文件到指定目录 27
　3.2.2　创建 config.php 文件 28
3.3　数据库操作管理 29
　3.3.1　创建数据库 29
　3.3.2　修改、删除数据库 30
3.4　管理数据表 31
　3.4.1　创建数据表 31
　3.4.2　修改数据表 32
　3.4.3　删除数据表 33
3.5　管理数据记录 33
　3.5.1　使用 SQL 语句插入数据 33
　3.5.2　使用 SQL 语句修改数据 34
　3.5.3　使用 SQL 语句查询数据 35
　3.5.4　使用 SQL 语句删除数据 36
　3.5.5　通过 form 表单插入数据 36
　3.5.6　浏览数据 37
　3.5.7　搜索数据 37
3.6　导入导出数据 38
　3.6.1　导出 MySQL 数据库脚本 38
　3.6.2　导入 MySQL 数据库脚本 39
3.7　phpMyAdmin 设置编码格式 40

3.8　phpMyAdmin 添加服务器新用户 42

3.9　phpMyAdmin 中重置 MySQL 服务器
　　　登录密码 43

3.10　小结 44

第 4 章　数据库管理 45

　　 视频讲解：6 分钟

4.1　创建数据库 46

4.1.1　通过 CREATE DATABASE 语句
　　　　创建数据库 46

4.1.2　通过 CREATE SCHEMA 语句创建
　　　　数据库 46

4.1.3　创建指定字符集的数据库 47

4.1.4　创建数据库前判断是否存在同名
　　　　数据库 47

4.2　查看数据库 48

4.3　选择数据库 49

4.4　修改数据库 49

4.5　删除数据库 50

4.6　小结 51

第 5 章　MySQL 表结构管理 52

　　 视频讲解：12 分钟

5.1　创建表 53

5.1.1　设置默认的存储引擎 55

5.1.2　设置自增类型字段 55

5.1.3　设置字符集 57

5.1.4　复制表结构 57

5.2　修改表结构 60

5.2.1　修改字段 60

5.2.2　修改约束条件 61

5.2.3　修改表的其他选项 63

5.2.4　修改表名 63

5.3　删除表 64

5.4　定义约束 65

5.4.1　定义主键约束 65

5.4.2　定义候选键约束 66

5.4.3　定义非空约束 67

5.4.4　定义 CHECK 约束 68

5.5　小结 69

第 6 章　存储引擎及数据类型 70

　　 视频讲解：12 分钟

6.1　MySQL 存储引擎 71

6.1.1　什么是 MySQL 存储引擎 71

6.1.2　查询 MySQL 中支持的存储引擎 71

6.1.3　InnoDB 存储引擎 73

6.1.4　MyISAM 存储引擎 74

6.1.5　MEMORY 存储引擎 75

6.1.6　如何选择存储引擎 76

6.1.7　设置数据表的存储引擎 77

6.2　MySQL 数据类型 78

6.2.1　数字类型 78

6.2.2　字符串类型 79

6.2.3　日期和时间数据类型 80

6.3　小结 81

第 7 章　表记录的更新操作 82

　　 视频讲解：19 分钟

7.1　插入表记录 83

7.1.1　使用 INSERT...VALUES 语句插入新记录 83

7.1.2　插入多条记录 85

7.1.3　使用 INSERT... SELECT 语句插入结果集 ...86

7.1.4　使用 REPLACE 语句插入新记录 89

7.2　修改表记录 90

7.3　删除表记录 91

7.3.1　使用 DELETE 语句删除表记录 91

7.3.2　使用 TRUNCATE 语句清空表记录 92

7.4　小结 93

第 8 章　表记录的检索 94

　　 视频讲解：51 分钟

8.1　基本查询语句 95

8.2　单表查询 97

8.2.1　查询所有字段 97

8.2.2　查询指定字段 97

8.2.3　查询指定数据 98

8.2.4　带 IN 关键字的查询 99

8.2.5　带 BETWEEN AND 的范围查询 99

8.2.6　带 LIKE 的字符匹配查询 100

8.2.7　用 IS NULL 关键字查询空值 101

8.2.8　带 AND 的多条件查询 101

8.2.9　带 OR 的多条件查询 102

8.2.10　用 DISTINCT 关键字去除结果中的

重复行 102

8.2.11　用 ORDER BY 关键字对查询结果排序....103

8.2.12　用 GROUP BY 关键字分组查询 104

8.2.13　用 LIMIT 限制查询结果的数量 105

8.3　聚合函数查询 106

8.3.1　COUNT() 函数 106

8.3.2　SUM() 函数 107

8.3.3　AVG() 函数 108

8.3.4　MAX() 函数 109

8.3.5　MIN() 函数 109

8.4　连接查询 109

8.4.1　内连接查询 110

8.4.2　外连接查询 111

8.4.3　复合条件连接查询 113

8.5　子查询 114

8.5.1　带 IN 关键字的子查询 114

8.5.2　带比较运算符的子查询 115

8.5.3　带 EXISTS 关键字的子查询 116

8.5.4　带 ANY 关键字的子查询 117

8.5.5　带 ALL 关键字的子查询 119

8.6　合并查询结果 119

8.7　定义表和字段的别名 121

8.7.1　为表取别名 121

8.7.2　为字段取别名 122

8.8　小结 122

第 2 篇　提高篇

第 9 章　视图 124

　　　　视频讲解：21 分钟

9.1　视图概述 125

9.1.1　视图的概念 125

9.1.2　视图的作用 125

9.2　创建视图 126

9.2.1　查看创建视图的权限 126

9.2.2　创建视图 127

9.2.3　创建视图的注意事项 128

9.3　视图操作 129

9.3.1　查看视图 129

9.3.2　修改视图 132

9.3.3　更新视图 134

9.3.4　删除视图 136

9.4　小结 137

第 10 章　索引 138

　　　　视频讲解：22 分钟

10.1　索引概述 139

10.1.1　MySQL 索引概述 139

10.1.2　MySQL 索引分类 139

10.2　创建索引 140

10.2.1　在建立数据表时创建索引 140

10.2.2　在已建立的数据表中创建索引 146

10.2.3　修改数据表结构添加索引 150

10.3　删除索引 152

10.4　小结 154

第 11 章　触发器 155

　　　　视频讲解：21 分钟

11.1　MySQL 触发器 156

11.1.1　创建 MySQL 触发器 156

11.1.2　创建具有多个执行语句的触发器 158

11.2　查看触发器 160

11.2.1　SHOW TRIGGERS 160

11.2.2　查看 triggers 表中触发器的信息 161

11.3　使用触发器 162

11.3.1　触发器的执行顺序 162

11.3.2　使用触发器维护冗余数据 163

11.4　删除触发器 165

11.5　小结 166

第 12 章　存储过程与存储函数 167

视频讲解：22 分钟

12.1　创建存储过程和存储函数 168

　12.1.1　创建存储过程 168

　12.1.2　创建存储函数 171

　12.1.3　变量的应用 172

　12.1.4　光标的运用 175

12.2　调用存储过程和存储函数 177

　12.2.1　调用存储过程 177

　12.2.2　调用存储函数 178

12.3　查看存储过程和存储函数 179

　12.3.1　SHOW STATUS 语句 179

　12.3.2　SHOW CREATE 语句 179

12.4　修改存储过程和存储函数 180

12.5　删除存储过程和存储函数 181

12.6　小结 182

第 13 章　备份与恢复 183

视频讲解：3 分钟

13.1　数据备份 184

　13.1.1　使用 mysqldump 命令备份 184

　13.1.2　直接复制整个数据库目录 188

　13.1.3　使用 mysqlhotcopy 工具快速备份............188

13.2　数据恢复 189

　13.2.1　使用 mysql 命令还原...........189

　13.2.2　直接复制到数据库目录 190

13.3　数据库迁移 190

　13.3.1　MySQL 数据库之间的迁移 191

　13.3.2　不同数据库之间的迁移 191

13.4　表的导出和导入 192

　13.4.1　用 SELECT...INTO OUTFILE 导出文本
　　　　　文件 192

　13.4.2　用 mysqldump 命令导出文本文件............194

　13.4.3　用 mysql 命令导出文本文件............196

13.5　小结 197

第 14 章　MySQL 性能优化............................198

视频讲解：10 分钟

14.1　优化概述.................................199

　14.1.1　分析 MySQL 数据库的性能 199

　14.1.2　通过 profile 工具分析语句消耗性能.........200

14.2　优化查询.................................201

　14.2.1　分析查询语句 201

　14.2.2　索引对查询速度的影响 202

　14.2.3　使用索引查询 204

14.3　优化数据库结构.........................206

　14.3.1　将字段很多的表分解成多个表 ...206

　14.3.2　增加中间表 206

　14.3.3　优化插入记录的速度 208

　14.3.4　分析表、检查表和优化表 209

14.4　优化多表查询............................210

14.5　优化表设计...............................212

14.6　小结 212

第 15 章　事务与锁机制 213

视频讲解：14 分钟

15.1　事务机制.................................214

　15.1.1　事务的概念 214

　15.1.2　事务机制的必要性 214

　15.1.3　关闭 MySQL 自动提交 217

　15.1.4　事务回滚 218

　15.1.5　事务提交 220

　15.1.6　MySQL 中的事务 221

　15.1.7　回退点 224

15.2　锁机制....................................226

　15.2.1　MySQL 锁机制的基本知识 226

　15.2.2　MyISAM 表的表级锁 228

　15.2.3　InnoDB 表的行级锁.............232

　15.2.4　死锁的概念与避免 234

15.3　事务的隔离级别 234

　15.3.1　事务的隔离级别与并发问题 234

　15.3.2　设置事务的隔离级别 235

15.4　小结 236

第 16 章　权限管理及安全控制......................237

　　　视频讲解：10 分钟

16.1　安全保护策略概述.............................238

16.2　用户和权限管理................................239

　16.2.1　使用 CREATE USER 命令创建用户.........239

　16.2.2　使用 DROP USER 命令删除用户...........239

　16.2.3　使用 RENAME USER 命令重命名
　　　　　用户...240

　16.2.4　GRANT 和 REVOKE 命令........................240

16.3　MySQL 数据库安全常见问题.............243

　16.3.1　权限更改何时生效.........................243

　16.3.2　设置账户密码...............................243

　16.3.3　使读者自己的密码更安全...............245

16.4　状态文件和日志文件.........................245

　16.4.1　进程 ID 文件.................................245

　16.4.2　日志文件管理...............................246

16.5　小结...253

第 17 章　PHP 管理 MySQL 数据库..............254

　　　视频讲解：21 分钟

17.1　PHP 语言概述.....................................255

　17.1.1　什么是 PHP....................................255

　17.1.2　为什么选择 PHP............................255

　17.1.3　PHP 的工作原理.............................256

　17.1.4　PHP 结合数据库应用的优势............258

17.2　PHP 操作 MySQL 数据库的
　　　基本步骤..258

17.3　使用 PHP 操作 MySQL 数据库..........259

　17.3.1　应用 mysql_connect() 函数连接 MySQL
　　　　　服务器...259

　17.3.2　应用 mysql_select_db() 函数选择 MySQL
　　　　　数据库...261

　17.3.3　应用 mysql_query() 函数执行 SQL
　　　　　语句..262

　17.3.4　应用 mysql_fetch_array() 函数将结果
　　　　　集返回到数组中.............................264

　17.3.5　应用 mysql_fetch_object() 函数从结果
　　　　　集中获取一行作为对象...................266

　17.3.6　应用 mysql_fetch_row() 函数从结果集
　　　　　中获取一行作为枚举数组...............267

　17.3.7　应用 mysql_num_rows() 函数获取查询
　　　　　结果集中的记录数.........................269

　17.3.8　应用 mysql_free_result() 函数释放内存.....270

　17.3.9　应用 mysql_close() 函数关闭连接............271

17.4　PHP 管理 MySQL 数据库中的数据....272

　17.4.1　向数据库中添加数据.......................272

　17.4.2　浏览数据库中的数据.......................273

　17.4.3　编辑数据库数据.............................273

　17.4.4　删除数据......................................275

　17.4.5　批量删除数据...............................276

17.5　小结...278

第1篇

基础篇

▸▸ 第 1 章　数据库基础

▸▸ 第 2 章　初识 MySQL

▸▸ 第 3 章　phpMyAdmin 图形化管理工具

▸▸ 第 4 章　数据库管理

▸▸ 第 5 章　MySQL 表结构管理

▸▸ 第 6 章　存储引擎及数据类型

▸▸ 第 7 章　表记录的更新操作

▸▸ 第 8 章　表记录的检索

　　本篇通过数据库基础、初识 MySQL、phpMyAdmin 图形化管理工具、MySQL 数据库管理、MySQL 表结构管理、存储引擎及数据类型、表记录的更新操作、表记录的检索等内容的介绍，并结合大量的图示、实例和视频等，使读者快速掌握 MySQL 语言基础，为以后深入学习奠定坚实的基础。

第 1 章

数据库基础

（ 视频讲解：25分钟）

本章主要介绍数据库的相关概念，主要包括数据库系统的简介、数据库的体系结构、数据模型以及常见关系数据库。通过本章的学习，读者应该掌握数据库系统、数据模型、数据库三级模式结构以及数据库规范化等概念。

学习摘要：

➤➤ 了解数据库技术的发展史

➤➤ 掌握数据库系统的组成

➤➤ 掌握数据库的体系结构

➤➤ 熟悉数据模型

➤➤ 掌握关系数据库

1.1　数据库系统概述

视频讲解

1.1.1　数据库技术的发展

数据库技术是应数据管理任务的需求而产生的。随着计算机技术的发展，对数据管理技术也不断提出更高的要求，其先后经历了人工管理、文件系统、数据库系统 3 个阶段，下面分别对这 3 个阶段进行介绍。

1. 人工管理阶段

20 世纪 50 年代中期以前，计算机主要用于科学计算。当时硬件和软件设备都很落后，数据基本依赖于人工管理。人工管理数据具有如下特点：

（1）数据不保存。

（2）使用应用程序管理数据。

（3）数据不共享。

（4）数据不具有独立性。

2. 文件系统阶段

20 世纪 50 年代后期到 60 年代中期，硬件和软件技术都有了进一步发展，有了磁盘等存储设备和专门的数据管理软件，即文件系统，该阶段具有如下特点：

（1）数据可以长期保存。

（2）由文件系统管理数据。

（3）共享性差，数据冗余大。

（4）数据独立性差。

3. 数据库系统阶段

20 世纪 60 年代后期，计算机应用于管理系统，而且规模越来越大，应用越来越广，数据量急剧增长，对共享功能的要求越来越强烈，使用文件系统管理数据已经不能满足要求。为了解决这一系列问题，数据库系统应运而生。它的出现，满足了多用户、多应用共享数据的需求，比文件系统具有明显的优点，标志着数据管理技术的飞跃。

1.1.2　数据库系统的组成

数据库系统（DataBase System，DBS）是采用数据库技术的计算机系统，是由数据库（数据）、数据库管理系统、数据库管理员（人员）、支持数据库系统的硬件和软件（应用开发工具、应用系统等）、用户 5 部分构成的运行实体，如图 1.1 所示。其中数据库管理员（DataBase Administrator，DBA）是对数据库进行规划、设计、维护和监视等的专业管理人员，在数据库系统中起着非常重要的作用。

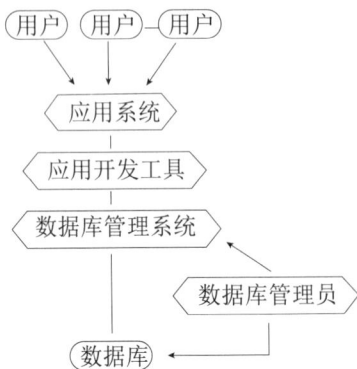

图 1.1　数据库系统的组成

1.2　数 据 模 型

1.2.1　什么是数据模型

数据模型是数据库系统的核心与基础，是关于描述数据与数据之间的联系、数据的语义、数据一致性约束的概念性工具的集合。

数据模型通常是由数据结构、数据操作和完整性约束 3 部分组成的，分别如下。

☑　数据结构：对系统静态特征的描述，描述对象包括数据的类型、内容、性质和数据之间的相互关系。

☑　数据操作：对系统动态特征的描述，是对数据库各种对象实例的操作。

☑　完整性约束：完整性规则的集合，它定义了给定数据模型中数据及其联系所具有的制约和依存关系。

1.2.2　常见的数据模型

常用的数据库数据模型主要有层次模型、网状模型和关系模型，下面分别进行介绍。

（1）层次模型：用树型结构表示实体类型及实体间联系的数据模型称为层次模型，如图 1.2 所示。它具有以下特点。

☑　每棵树有且仅有一个无双亲节点，称为根。

☑　树中除根外所有节点有且仅有一个双亲。

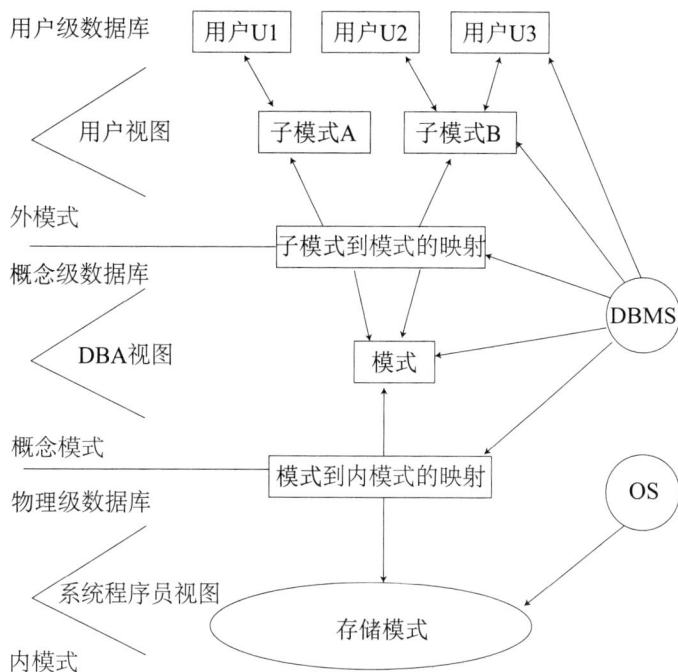

图 1.2　层次模型

（2）网状模型：用有向图结构表示实体类型及实体间联系的数据模型称为网状模型，如图 1.3 所示。用网状模型编写应用程序极其复杂，数据的独立性较差。

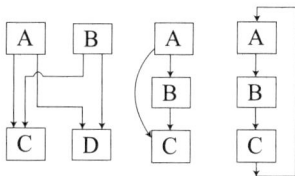

图 1.3　网状模型

（3）关系模型：以二维表来描述数据。关系模型中，每个表有多个字段列和记录行，每个字段列有固定的属性（数字、字符、日期等），如图 1.4 所示。关系模型数据结构简单、清晰，具有很高的数据独立性，因此是目前主流的数据库数据模型。

关系模型的基本术语如下。

☑　关系：一个二维表就是一个关系。

☑　元组：就是二维表中的一行，即表中的记录。

☑　属性：就是二维表中的一列，用类型和值表示。

☑　域：每个属性取值的变化范围，如性别的域为 { 男，女 }。

关系中的数据约束如下。

☑　实体完整性约束：约束关系的主键中属性值不能为空值。

☑　参照完整性约束：关系之间的基本约束。

☑　用户定义的完整性约束：反映了具体应用中数据的语义要求。

学生信息表

学生姓名	年级	家庭住址
张三	2000	成都
李四	2000	北京
王五	2000	上海

成绩表

学生姓名	课程	成绩
张三	数学	100
张三	物理	95
张三	社会	90
李四	数学	85
李四	社会	90
王五	数学	80
王五	物理	75

图 1.4　关系模型

1.2.3　关系数据库的规范化

关系数据库的规范化理论为：关系数据库中的每一个关系都要满足一定的规范。根据满足规范的条件不同，可以分为 5 个等级：第一范式（1NF）、第二范式（2NF）、……、第五范式（5NF）。其中，NF 是 Normal Form 的缩写。一般情况下，只要把数据规范到第三范式标准就可以满足需要了。下面举例介绍前 3 种范式。

1. 第一范式

在一个关系中，消除重复字段，且各字段都是最小的逻辑存储单位。第一范式是第二和第三范式的基础，是最基本的范式。第一范式包括下列指导原则：

（1）数据组的每个属性只可以包含一个值。

（2）关系中的每个数组必须包含相同数量的值。

（3）关系中的每个数组一定不能相同。

在任何一个关系数据库中，满足第一范式是对关系模式的基本要求，不满足第一范式的数据库就不是关系型数据库。

如果数据表中的每一个列都是不可再分割的基本数据项，即同一列中不能有多个值，那么就称此数据表符合第一范式，由此可见第一范式具有不可再分解的原子特性。

在第一范式中，数据表的每一行只包含一个实体的信息，并且每一行的每一列只能存放实体的一个属性。例如，对于学生信息，不可以将学生实体的所有属性信息（如学号、姓名、性别、年龄、班级等）都放在一个列中显示，也不能将学生实体的两个或多个属性信息放在一个列中显示，学生实体的每个属性信息都放在一个列中显示。

如果数据表中的列信息都符合第一范式，那么在数据表中的字段都是单一的、不可再分的。如表1.1 就是不符合第一范式的学生信息表，因为"班级"列中包含了"系别"和"班级"两个属性信息，这样"班级"列中的信息就不是单一的，是可以再分的；而表 1.2 就是符合第一范式的学生信息表，它将原"班级"列的信息拆分到"系别"列和"班级"列中。

表 1.1　不符合第一范式的学生信息表

学　号	姓　名	性　别	年　龄	班　级
9527	东 * 方	男	20	计算机系 3 班

表 1.2　符合第一范式的学生信息表

学　号	姓　名	性　别	年　龄	系　别	班　级
9527	东 * 方	男	20	计算机	3 班

2．第二范式

第二范式是在第一范式的基础上建立起来的，即满足第二范式必先满足第一范式。第二范式要求数据库表中的每个实体（即各个记录行）必须可以被唯一地区分。为实现区分各行记录，通常需要为表设置一个"区分列"，用以存储各个实体的唯一标识。在学生信息表中，设置了"学号"列，由于每个学生的编号都是唯一的，因此每个学生可以被唯一地区分（即使学生存在重名的情况下），那么这个唯一属性列被称为主关键字或主键。

第二范式要求实体的属性完全依赖于主关键字，即不能存在仅依赖主关键字一部分的属性，如果存在，那么这个属性和主关键字的这一部分应该分离出来形成一个新的实体，新实体与原实体之间是一对多的关系。

例如，这里以员工工资信息表为例，若以（员工编码、岗位）为组合关键字（即复合主键），就会存在如下决定关系。

（员工编码，岗位）→（决定）（姓名、年龄、学历、基本工资、绩效工资、奖金）

在上面的决定关系中，还可以进一步拆分为如下两种决定关系。

（员工编码）→（决定）（姓名、年龄、学历）
（岗位）→（决定）（基本工资）

其中，员工编码决定了员工的基本信息（包括姓名、年龄、学历等）；而岗位决定了基本工资，所以这个关系表不满足第二范式。

对于上面的这种关系，可以把上述两个关系表更改为如下 3 个表。

☑　员工档案表：EMPLOYEE（员工编码，姓名，年龄，学历）。

☑ 岗位工资表：QUARTERS（岗位，基本工资）。

☑ 员工工资表：PAY（员工编码、岗位、绩效工资、奖金）。

3．第三范式

第三范式是在第二范式的基础上建立起来的，即满足第三范式必先满足第二范式。第三范式要求关系表不存在非关键字列对任意候选关键字列的传递函数依赖，也就是说，第三范式要求一个关系表中不包含已在其他表中已包含的非主关键字信息。

所谓传递函数依赖，就是指如果存在关键字段 A 决定非关键字段 B，而非关键字段 B 决定非关键字段 C，则称非关键字段 C 传递函数依赖于关键字段 A。

例如，这里以员工信息表（EMPLOYEE）为例，该表中包含员工编号、员工姓名、年龄、部门编码、部门经理等信息，该关系表的关键字为 "员工编号"，因此存在如下决定关系：

（员工编码）→（决定）（员工姓名、年龄、部门编码、部门经理）

上面的这个关系表是符合第二范式的，但它不符合第三范式，因为该关系表内部隐含着如下决定关系：

（员工编码）→（决定）（部门编码）→（决定）（部门经理）

上面的关系表存在非关键字段 "部门经理" 对关键字段 "员工编码" 的传递函数依赖。对于上面的这种关系，可以把这个关系表（EMPLOYEE）更改为如下两个关系表。

☑ 员工信息表：EMPLOYEE（员工编码，员工姓名、年龄、部门编码）。

☑ 部门信息表：DEPARTMENT（部门编码，部门经理）。

对于关系型数据库的设计，理想的设计目标是按照 "规范化" 原则存储数据，因为这样做能够消除数据冗余、更新异常、插入异常和删除异常。

1.2.4　关系数据库的设计原则

数据库设计是指对于一个给定的应用环境，根据用户的需求，利用数据模型和应用程序模拟现实世界中该应用环境的数据结构和处理活动的过程。

数据库设计原则如下。

（1）数据库内数据文件的数据组织应获得最大限度的共享、最小的冗余度，消除数据及数据依赖关系中的冗余部分，使依赖于同一个数据模型的数据达到有效的分离。

（2）保证输入、修改数据时数据的一致性与正确性。

（3）保证数据与使用数据的应用程序之间的高度独立性。

1.2.5　实体与关系

实体是指客观存在并可相互区别的事物，实体既可以是实际的事物，也可以是抽象的概念或关系。实体之间有 3 种关系，分别如下。

（1）一对一关系：指表 A 中的一条记录在表 B 中有且只有一条相匹配的记录。在一对一关系中，大部分相关信息都在一个表中。

（2）一对多关系：指表 A 中的行可以在表 B 中有许多匹配行，但是表 B 中的行只能在表 A 中有一个匹配行。

（3）多对多关系：指关系中每个表的行在相关表中具有多个匹配行。在数据库中，多对多关系的建立是依靠第 3 个表（称作连接表）实现的，连接表包含相关的两个表的主键列，然后从两个相关表的主键列分别创建与连接表中的匹配列的关系。

1.3　数据库的体系结构

视频讲解

1.3.1　数据库三级模式结构

数据库系统的三级模式结构是指模式、外模式和内模式。下面分别进行介绍。

1. 模式

模式也称逻辑模式或概念模式，是数据库中全体数据的逻辑结构和特征的描述，是所有用户的公共数据视图。一个数据库只有一个模式。模式处于三级结构的中间层。

注意

定义模式时不仅要定义数据的逻辑结构，而且要定义数据之间的联系，定义与数据有关的安全性、完整性要求。

2. 外模式

外模式也称用户模式，它是数据库用户（包括应用程序员和最终用户）能够看见和使用的局部数据的逻辑结构和特征的描述，是数据库用户的数据视图，是与某一应用有关的数据的逻辑表示。外模式是模式的子集，一个数据库可以有多个外模式。

说明

外模式是保证数据安全性的一个有力措施。

3. 内模式

内模式也称存储模式，一个数据库只有一个内模式。它是数据物理结构和存储方式的描述，是数据在数据库内部的表示方式。

1.3.2　三级模式之间的映射

为了能够在内部实现数据库的 3 个抽象层次的联系和转换，数据库管理系统在三级模式之间提供了两层映射，分别为外模式／模式映射和模式／内模式映射，下面分别介绍。

1．外模式／模式映射

对于同一个模式可以有任意多个外模式。对于每一个外模式，数据库系统都有一个外模式／模式映射。当模式改变时，由数据库管理员对各个外模式／模式映射做相应的改变，可以使外模式保持不变。这样，依据数据外模式编写的应用程序就不用修改，保证了数据与程序的逻辑独立性。

2．模式／内模式映射

数据库中只有一个模式和一个内模式，所以模式／内模式映射是唯一的，它定义了数据库的全局逻辑结构与存储结构之间的对应关系。当数据库的存储结构改变时，由数据库管理员对模式／内模式映射做相应改变，可以使模式保持不变，应用程序相应的也不做变动。这样，保证了数据与程序的物理独立性。

1.4 小   结

本章主要介绍的是数据库技术中的一些基本概念和原理，重点包括数据库技术的发展、数据库系统的组件、数据模型的概念、常见的数据模型、关系数据库的规范化及设计原则、实体与关系、数据库的三级模式结构，以及三级模式之间的映射等内容。其中，常见的数据模型和关系数据库的规范化及设计原则希望大家认真学习，重点掌握。

第 2 章

初识 MySQL

（ 🎬 视频讲解：13 分钟 ）

MySQL 数据库可以称得上是目前运行速度最快的 SQL 语言数据库。除了具有很多其他数据库所不具备的功能和选择外，MySQL 数据库还是一种完全免费的产品，用户可以直接从网上下载使用，不必支付任何费用。另外，MySQL 数据库的跨平台性也是它的一个很大的优势。本章中将对什么是 MySQL 数据库、MySQL 的特性、应用环境，以及如何安装、配置、启动、连接、断开和停止 MySQL 服务器进行详细介绍。

学习摘要：

▸▸ 了解什么是 MySQL 数据库以及它的优势

▸▸ 熟悉 MySQL 的特性

▸▸ 了解 MySQL 的应用环境

▸▸ 掌握如何安装和配置 MySQL 服务器

▸▸ 掌握启动、连接、断开和停止 MySQL 服务器的方法

▸▸ 了解如何学好 MySQL

2.1 了解 MySQL

MySQL 是目前最为流行的开放源码的数据库管理系统，是完全网络化的跨平台的关系型数据库系统，它是由瑞典的 MySQL AB 公司开发的，由 MySQL 的初始开发人员 David Axmark 和 Michael "Monty" Widenius（见图 2.1）于 1995 年建立，目前属于 Oracle 公司。它的象征符号是一只名为 Sakila 的海豚，代表着 MySQL 数据库和团队的速度、能力、精确和优秀本质。

图 2.1　Michael "Monty" Widenius

2.1.1　什么是 MySQL 数据库

数据库（Database）就是一个存储数据的仓库。为了方便数据的存储和管理，它将数据按照特定的规律存储在磁盘上。通过数据库管理系统，可以有效地组织和管理存储在数据库中的数据。MySQL 就是这样的一个关系型数据库管理系统（RDBMS），它可以称得上是目前运行速度最快的 SQL 语言数据库管理系统。

2.1.2　MySQL 的优势

MySQL 是一款自由软件。任何人都可以从 MySQL 的官方网站下载该软件。MySQL 是一个真正的多用户、多线程 SQL 数据库服务器。它是以客户机 / 服务器结构的实现，由一个服务器守护程序 mysqld 和很多不同的客户程序和库组成的。它能够快捷、有效和安全地处理大量的数据。相对于 Oracle 等数据库来说，MySQL 在使用时非常简单。MySQL 主要目标是快捷、便捷和易用。

MySQL 被广泛地应用在 Internet 上的中小型网站中。由于其体积小、速度快、总体拥有成本低，尤其是开放源代码这一特点，成为多数中小型网站为了降低网站总体拥有成本而选择 MySQL 作为网站数据库的重要指标。

2.2　MySQL 特性

MySQL 是一个真正的多用户、多线程 SQL 数据库服务器。SQL（结构化查询语言）是世界上最流行的和标准化的数据库语言。下面看一下 MySQL 的特性：

☑　使用 C 和 C++ 编写，并使用了多种编译器进行测试，保证源代码的可移植性。

☑　支持 AIX、FreeBSD、HP-UX、Linux、Mac OS、Novell Netware、OpenBSD、OS/2 Wrap、Solaris、Windows 等多种操作系统。

☑ 为多种编程语言提供了 API。这些编程语言包括 C、C++、Python、Java、Perl、PHP、Eiffel、Ruby 和 Tcl 等。

☑ 支持多线程，充分利用 CPU 资源。

☑ 优化的 SQL 查询算法，有效地提高查询速度。

☑ 既能够作为一个单独的应用程序应用在客户端服务器网络环境中，也能够作为一个库而嵌入到其他的软件中提供多语言支持，常见的编码如中文的 GB 2312、BIG5，日文的 Shift_JIS 等都可以用作数据表名和数据列名。

☑ 提供 TCP/IP、ODBC 和 JDBC 等多种数据库连接途径。

☑ 提供用于管理、检查、优化数据库操作的管理工具。

☑ 可以处理拥有上千万条记录的大型数据库。

2.3　MySQL 8.0 的新特性

1．性能

MySQL 8.0 的速度要比 MySQL 5.7 快 2 倍。MySQL 8.0 在以下方面带来了更好的性能：读／写工作负载、IO 密集型工作负载、以及高竞争（"hot spot"热点竞争问题）工作负载。MySQL 8.0 与 MySQL 5.6、MySQL 5.7 的性能对比如图 2.2 所示。

MySQL 8.0:SysBench IO Bound Read Only(Point Selects)

2x Faster than MySQL 5.7

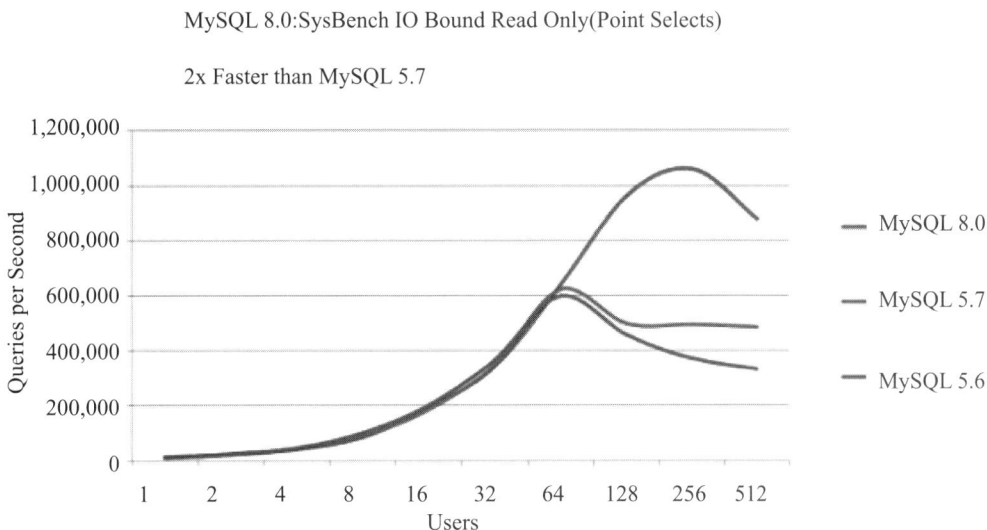

图 2.2　MySQL 8.0 与 MySQL 5.6、MySQL 5.7 的性能对比

2．NoSQL

MySQL 从 5.7 版本开始提供 NoSQL 存储功能，目前在 8.0 版本中这部分功能也得到了更大的改进。该项功能消除了对独立的 NoSQL 文档数据库的需求，而 MySQL 文档存储也为 schema-less 模式的 JSON 文档提供了多文档事务支持和完整的 ACID 合规性。

3．窗口函数（Window Functions）

从 MySQL 8.0 开始，新增了一个叫窗口函数的概念，它可以用来实现若干新的查询方式。窗口函数与 SUM()、COUNT() 这种集合函数类似，但它不会将多行查询结果合并为一行，而是将结果放回多行当中。即窗口函数不需要 GROUP BY。

4．隐藏索引

在 MySQL 8.0 中，索引可以被"隐藏"和"显示"。当对索引进行隐藏时，它不会被查询优化器所使用。我们可以使用这个特性用于性能调试，例如我们先隐藏一个索引，然后观察其对数据库的影响。如果数据库性能有所下降，说明这个索引是有用的，然后将其"恢复显示"即可；如果数据库性能看不出变化，说明这个索引是多余的，可以考虑删掉。

5．降序索引

MySQL 8.0 为索引提供按降序方式进行排序的支持，在这种索引中的值也会按降序的方式进行排序。

6．通用表表达式（Common Table Expressions CTE）

在复杂的查询中使用嵌入式表时，使用 CTE 使得查询语句更清晰。

7．UTF-8 编码

从 MySQL 8.0 开始，使用 utf8mb4 作为 MySQL 的默认字符集。

8．JSON

MySQL 8.0 大幅改进了对 JSON 的支持，添加了基于路径查询参数从 JSON 字段中抽取数据的 JSON_EXTRACT() 函数，以及用于将数据分别组合到 JSON 数组和对象中的 JSON_ARRAYAGG() 和 JSON_OBJECTAGG() 聚合函数。

9．可靠性

InnoDB 现在支持表 DDL 的原子性，也就是 InnoDB 表上的 DDL 也可以实现事务完整性了，要么失败回滚，要么成功提交，不至于出现 DDL 部分成功的问题，此外还支持 crash-safe 特性，元数据存储在单个事务数据字典中。

10．高可用性（High Availability）

InnoDB 集群为您的数据库提供集成的原生 HA 解决方案。

11．安全性

对 OpenSSL 的改进、新的默认身份验证、SQL 角色、密码强度、授权。

2.4　MySQL 的应用环境

MySQL 与其他的大型数据库（例如 Oracle、DB2、SQL Server 等）相比，却有不足之处，如规模小、功能有限等，但是这丝毫也没有减少它受欢迎的程度。对于个人使用者和中小型企业来说，MySQL 提供的功能已经绰绰有余，而且由于 MySQL 是开放源码软件，因此可以大大降低总体拥有成本。我们在章引言中已陈述了它的受欢迎程度。

目前 Internet 上流行的网站构架方式是 LAMP（Linux+Apache+MySQL+PHP），即使用 Linux 作为操作系统，Apache 作为 Web 服务器，MySQL 作为数据库，PHP 作为服务器端脚本解释器。由于这 4 个软件都是免费或开放源码软件（FLOSS），因此使用这种方式不用花一分钱（除人工成本）就可以建立起一个稳定、免费的网站系统。

2.5　MySQL 服务器的安装和配置

视频讲解

MySQL 是目前最为流行的开放源码的数据库，是完全网络化的跨平台的关系型数据库系统，它是由 MySQL AB 公司开发、发布并支持的。任何人都能从 Internet 上下载 MySQL 软件，而无须支付任何费用，并且"开放源码"意味着任何人都可以使用和修改该软件，如果愿意，用户也可以研究源码并进行适当的修改，以满足自己的需求，不过需要注意的是，这种"自由"是有范围的。

2.5.1　MySQL 服务器下载

MySQL 服务器的安装包可以到 https://www.mysql.com/downloads/ 网站中下载。下载 MySQL 的具体步骤如下：

（1）在浏览器的地址栏中输入 URL 地址 https://www.mysql.com/downloads/，进入 MySQL 下载页，如图 2.3 所示。

（2）在如图 2.3 所示的菜单中，将鼠标向下滚动，如图 2.4 所示。

（3）单击 MySQL Community Edition (GPL) 超链接，进入 MySQL Community Downloads 页面，如图 2.5 所示。

（4）单击 MySQL Community Server(GPL) 超链接，将进入 Download MySQL Community Server 页面，将页面滚动到如图 2.6 所示的位置。

图 2.3　MySQL 下载页面

（5）根据自己操作系统来选择合适的安装文件，这里以针对 Windows 32 位操作系统的完整版 MySQL Server 为例进行介绍，单击图 2.6 中的图片，将进入 Download MySQL Installer 页面，在该页面中，滚动到如图 2.7 所示的位置。

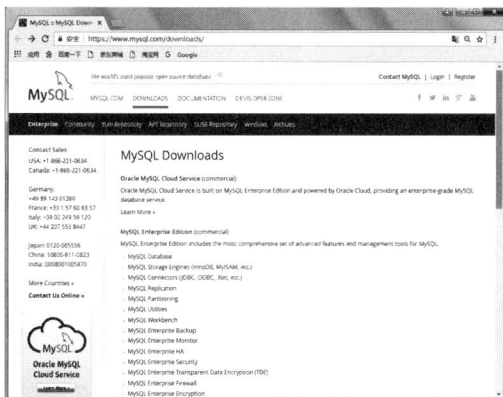

15

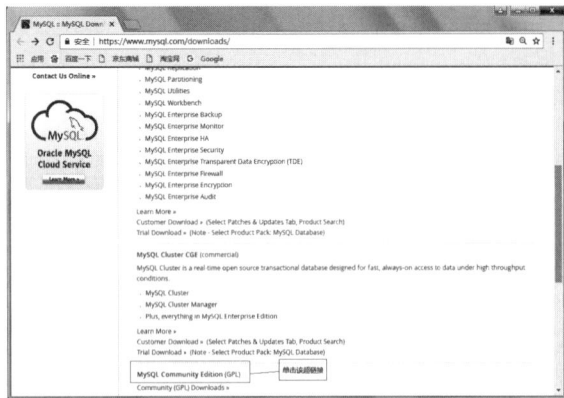

图 2.4 MySQL Downloads 页面

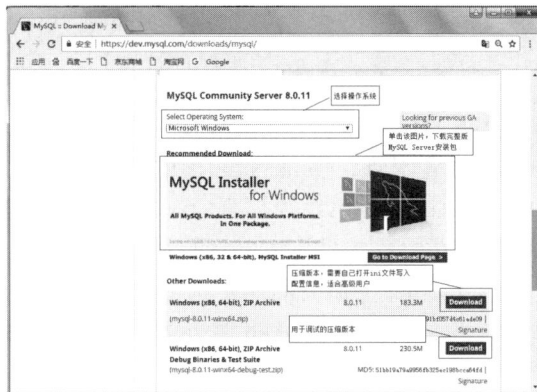

图 2.5 MySQL Community Downloads 页面

图 2.6 Download MySQL Community Server 页面

图 2.7 Download MySQL Installer 页面

（6）单击 Download 按钮，将进入如图 2.8 所示的 mysql-installer-community-8.0.11.0.msi 页面。

（7）单击 No thanks, just start my download. 超链接，即可看到如图 2.9 所示的安装文件的下载界面。

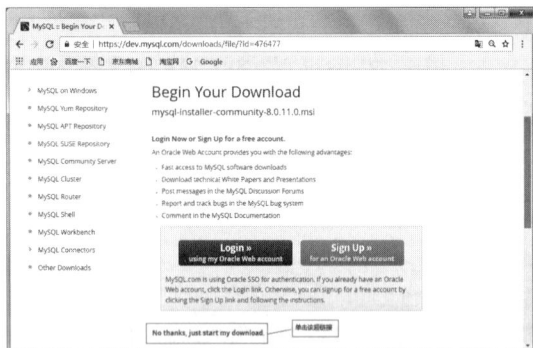

图 2.8 Begin Your Download - mysql-installer
-community-8.0.11.0.msi 页面

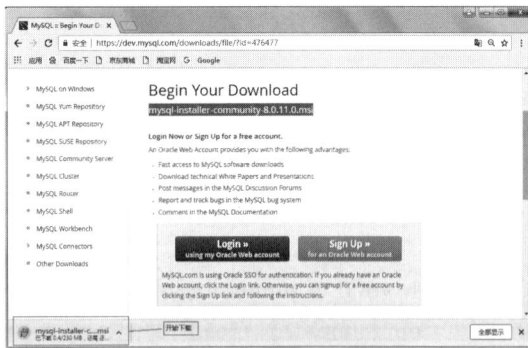

图 2.9 开始下载

2.5.2 MySQL 服务器安装

下载 MySQL 服务器的安装文件以后，将得到一个名称为 mysql-installer-community-8.0.11.0.msi 的

安装文件，双击该文件可以进行 MySQL 服务器的安装，具体的安装步骤如下。

（1）双击下载后的 mysql-installer-community-8.0.11.0.msi 文件，打开安装向导对话框，如果没有打开安装向导对话框，而是弹出如图 2.10 所示的对话，那么还需要先安装 .NET 4.5 框架，然后再重新安装双击下载后的安装文件，打开安装向导对话框，如图 2.11 所示。

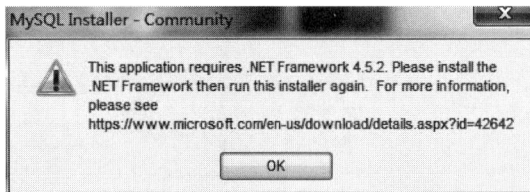

图 2.10　打开需要安装 .NET 4.5 框架的提示对话框

（2）在打开的安装向导对话框中，单击 Install MySQL Products 超链接，将打开 License Agreement 对话框，询问是否接受协议，选中 I accept the license terms 复选框，接受协议，如图 2.11 所示。

（3）单击 Next 按钮，将打开 Choosing a Setup Type 对话框。在该对话框中，选中 Developer Default，安装全部产品，单击 Next 按钮，如图 2.12 所示。

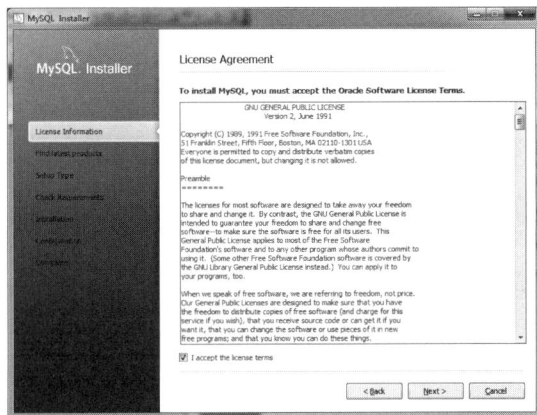

图 2.11　License Agreement 对话框

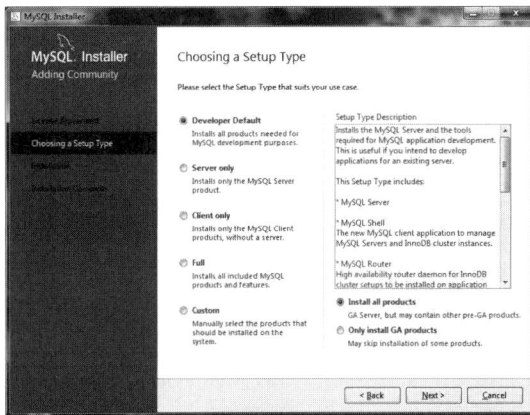

图 2.12　Choosing a Setup Type 对话框

（4）单击 Next 按钮，将打开 Check Requirements 对话框，在该对话框中检查系统是否具备安装所必需的插件，如图 2.13 所示。

（5）单击 Next 按钮，将打开如图 2.14 所示对话框，单击 Yes 按钮，将在线安装所需插件，安装完成后，将显示如图 2.15 所示的对话框。

（6）单击 Execute 按钮，将开始安装，并显示安装进度。安装完成后，将显示如图 2.16 所示的对话框。

（7）单击 Next 按钮，将打开如图 2.17 所示 Product Configuration 对话框，对数据库进行配置。

（8）单击 Next 按钮，将打开 Group Replication 组复制对话框，这里有两种 MySQL 服务的类型。Standalone MySQL Server/Classic MySQL Replication：独立的 MySQL 服务器 / 经典的 MySQL 复制，以及

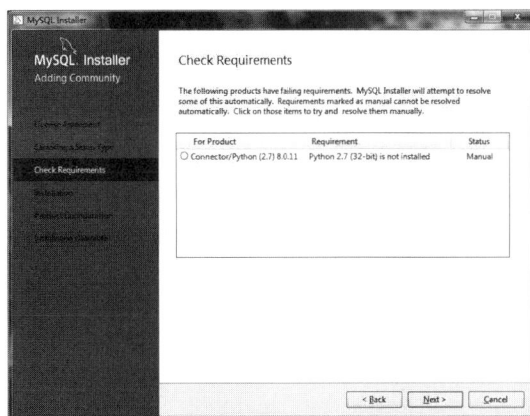

图 2.13　Choosing a Setup Type 对话框

Sandbox Innodb Cluster Setup(for testing only)：innodb 集群沙箱设置（仅用于测试）。这里我们选择第一项，如图 2.18 所示。

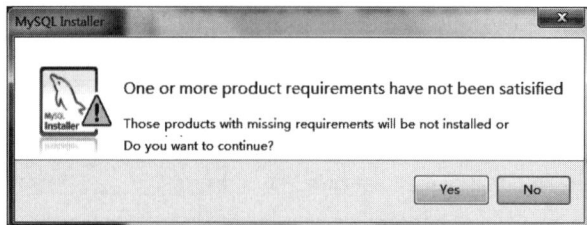

图 2.14　提示缺少安装所需插件的对话框

（9）单击 Next 按钮，将打开 Type and Networking 对话框，在这个对话框中，可以设置服务器类型以及网络连接选项，最重要的是端口的设置，这里我们保持默认的 3306 端口，如图 2.19 所示。单击 Next 按钮，将打开如图 2.20 所示 Authentication Method 认证方式对话框。

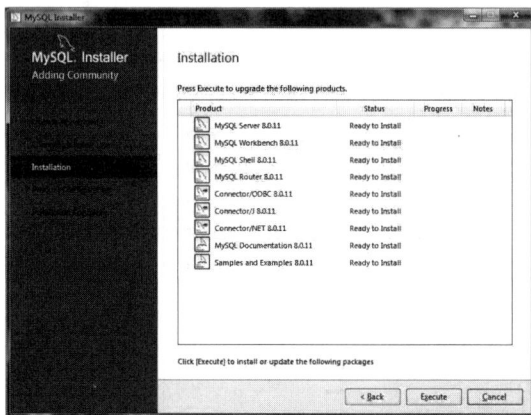

图 2.15　预备安装界面

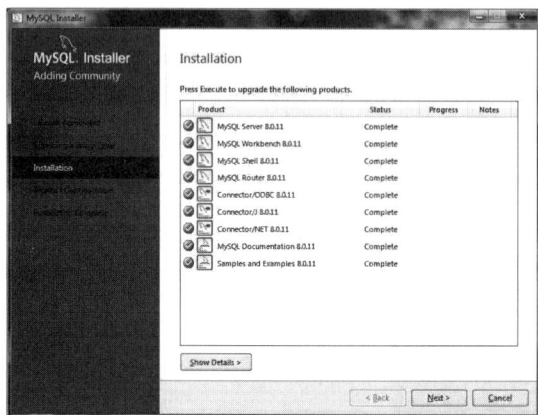

图 2.16　未安装完成的 Installation Progress 对话框

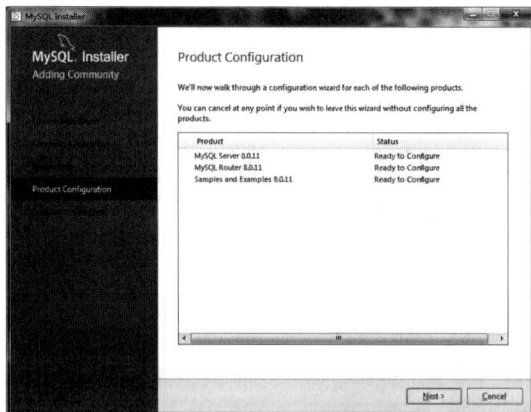

图 2.17　Product Configuration 对话框

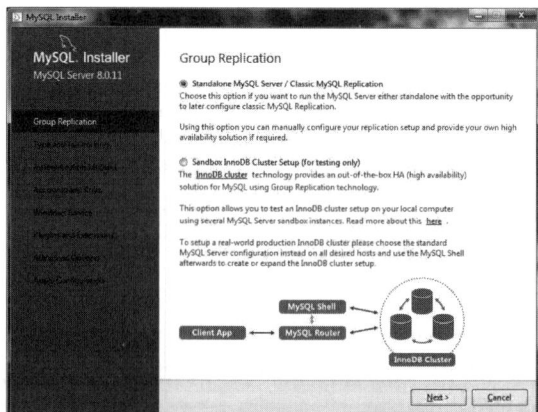

图 2.18　组复制对话框

说明

MySQL 使用的默认端口是 3306，在安装时，可以修改为其他的，例如 3307。但是一般情况下，不要修改默认的端口号，除非 3306 端口已经被占用。

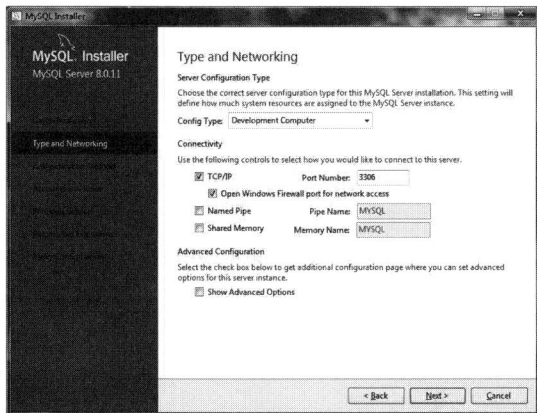

图 2.19　配置服务器类型和网络选项的对话框

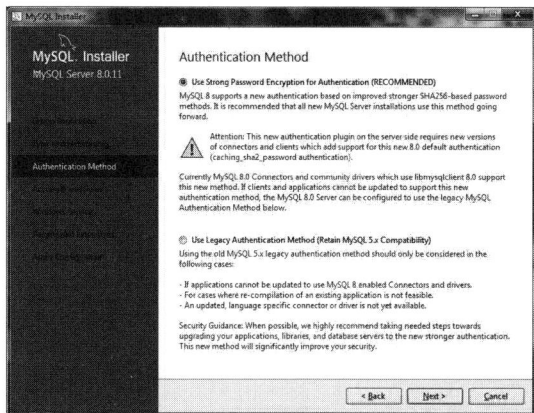

图 2.20　认证方式对话框

（10）单击 Next 按钮，将打开 Accounts and Roles 对话框，在这个对话框中，可以设置 root 用户的登录密码，也可以添加新用户，这里只设置 root 用户的登录密码为 root，其他采用默认，如图 2.21 所示。

（11）单击 Next 按钮，将打开 Windows Service 对话框，开始配置 MySQL 服务器，这里采用默认设置，如图 2.22 所示。

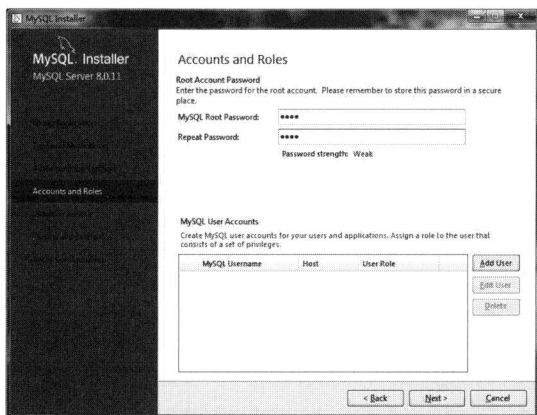

图 2.21　设置用户安全的账户和角色对话框

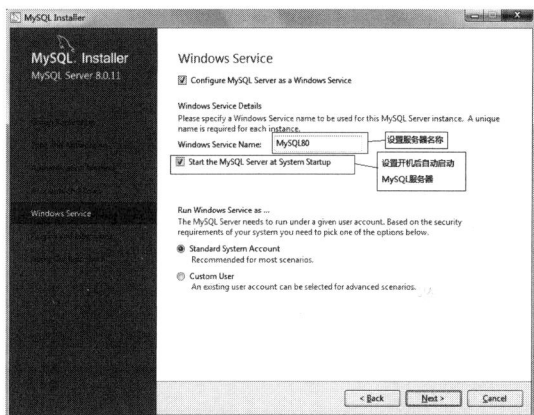

图 2.22　配置 MySQL 服务器

（12）单击 Next 按钮，将显示如图 2.23 所示的配置插件和扩展对话框。

（13）单击 Next 按钮，进入 Apply Configuration 应用配置对话框对话框，将显示如图 2.24 所示的界面。单击 Execute 按钮，进行应用配置，配置完成后如图 2.25 所示。

（14）单击 Finish 按钮，安装程序又回到了如图 2.26 所示的 Product Configuration 界面，此时我们看到 MySQL Server 安装成功的提示。

（15）单击 Next 按钮，打开如图 2.27 所示的 MySQL Router Configuration 对话框，在这个对话框中可以配置路由。

（16）单击 Finish 按钮，打开 Connect To Server 对话框，

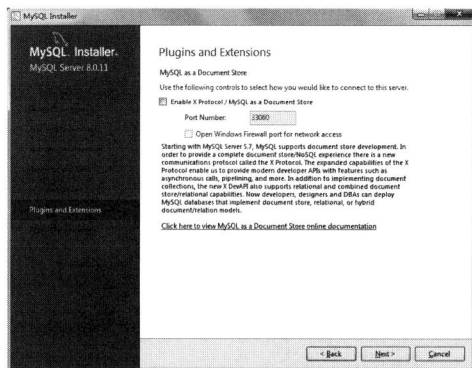

图 2.23　配置插件和扩展对话框

19

输入数据库用户名 root，密码 root，单击 Check 按钮，进行 MySQL 连接测试，如图 2.28 所示可以看到，数据库测试连接成功。

（17）单击 Next 按钮，继续回到如图 2.29 所示 Apply Configuration 对话框，单击 Execute 按钮进行配置，此过程需等待几分钟。

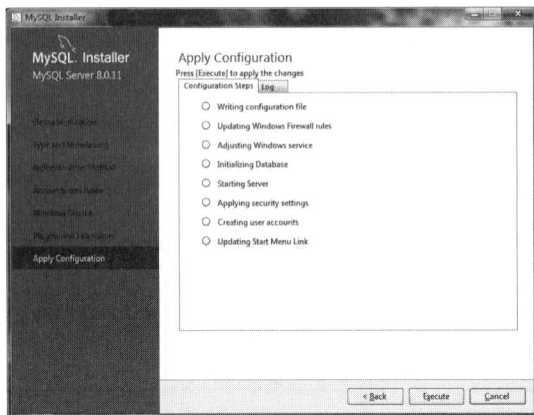

图 2.24　Apply Configuration 应用配置对话框

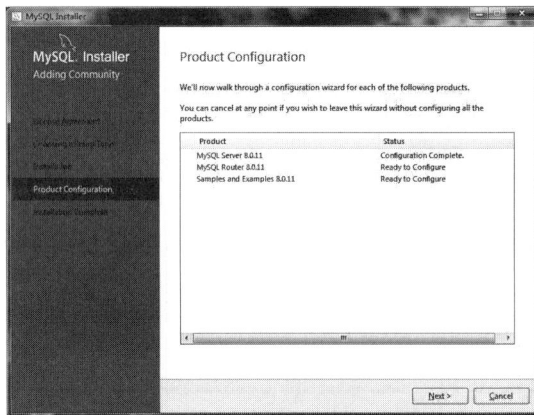

图 2.25　配置完成界面

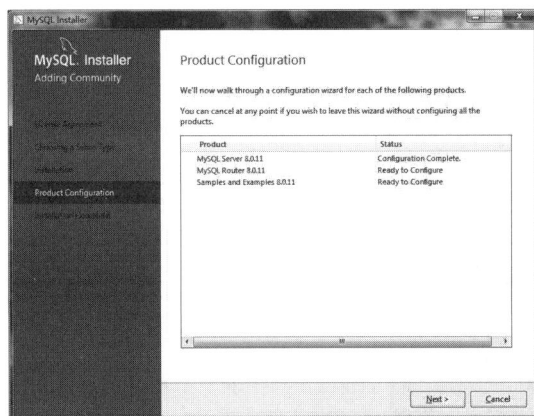

图 2.26　Product Configuration 对话框

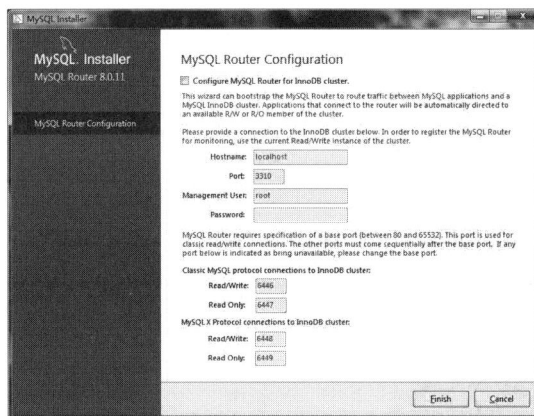

图 2.27　配置完成对话框

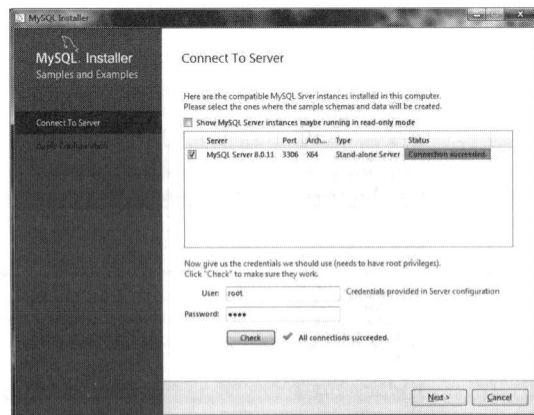

图 2.28　Connect To Server 对话框

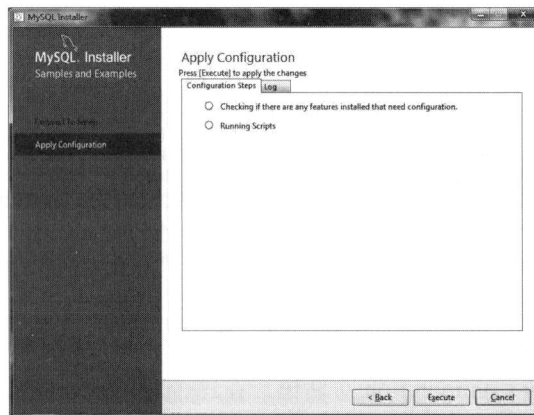

图 2.29　配置进行中对话框

（18）运行完毕后，出现如图 2.30 所示界面，单击 Finish 按钮，打开如图 2.31 所示界面，单击 Finish 按钮，至此安装完毕。

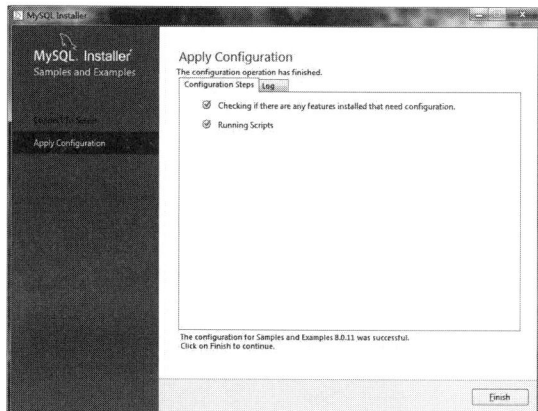

图 2.30　配置完成

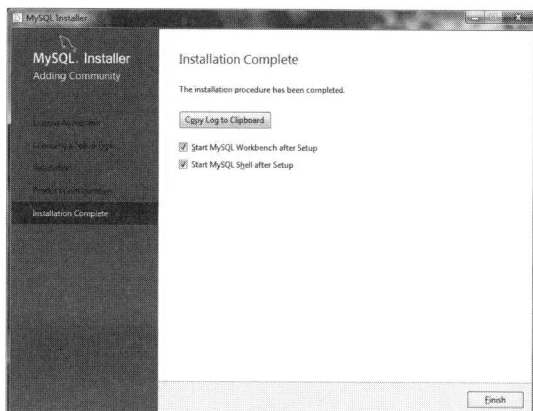

图 2.31　安装完毕

2.5.3　启动、连接、断开和停止 MySQL 服务器

通过系统服务器和命令提示符（DOS）都可以启动、连接和关闭 MySQL，操作非常简单。下面以 Windows 7 操作系统为例，讲解其具体的操作流程。建议通常情况下不要停止 MySQL 服务器，否则数据库将无法使用。

1. 启动、停止 MySQL 服务器

启动、停止 MySQL 服务器的方法有两种：系统服务器和命令提示符（DOS）。

☑　通过系统服务器启动、停止 MySQL 服务器

如果 MySQL 设置为 Windows 服务，则可以通过选择"开始"/"控制面板"/"系统和安全"/"管理工具"/"服务"命令打开 Windows 服务管理器。在服务器的列表中找到 MySQL 8.0 服务并单击鼠标右键，在弹出的快捷菜单中，完成 MySQL 服务的各种操作（启动、停止、暂停和恢复、重新启动），如图 2.32 所示。

☑　在命令提示符下启动、停止 MySQL 服务器

单击"开始"菜单，在出现的命令输入框中，输入 cmd 命令，按 Enter 键打开 DOS 窗口。在命令提示符下输入：

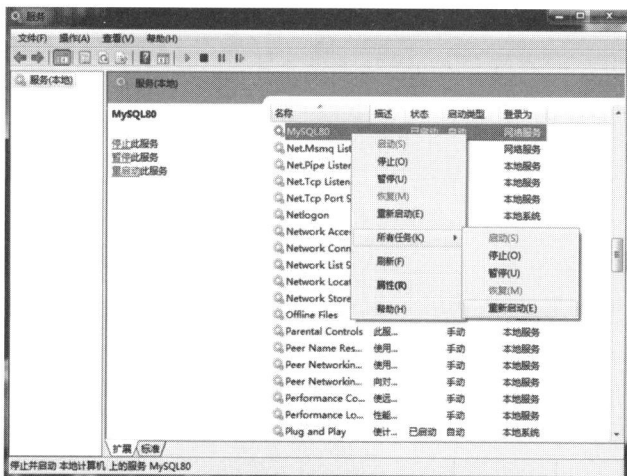

图 2.32　通过系统服务启动、停止 MySQL 服务器

```
\> net start mysql80
```

说明

在上面命令中，mysql80 是用户安装 MySQL 时设置的服务名，可以根据用户设置的服务名进行修改。

此时再按 Enter 键，启用 MySQL 服务器。

在命令提示符下输入：

```
\> net stop mysql80
```

按 Enter 键，即可停止 MySQL 服务器。在命令提示符下启动、停止 MySQL 服务器的运行效果如图 2.33 所示。

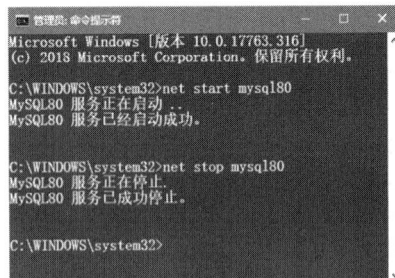

2. 连接和断开 MySQL 服务器

下面分别介绍连接和断开 MySQL 服务器的方法。

☑ 连接 MySQL 服务器

图 2.33　在命令提示符下启动、停止 MySQL 服务器

连接 MySQL 服务器通过 mysql 命令实现。在 MySQL 服务器启动后，选择"开始"/"运行"命令，在弹出的"运行"窗口中输入 cmd 命令，按 Enter 键后进入 DOS 窗口，在命令提示符下输入：

```
\> mysql  –u root  –h127.0.0.1  –p password
```

用户名　　MySQL服务器所在地址　　用户密码

注意

在连接 MySQL 服务器时，MySQL 服务器所在地址（如 –h127.0.0.1）可以省略不写。

输入完命令语句后，按 Enter 键即可连接 MySQL 服务器，如图 2.34 所示。

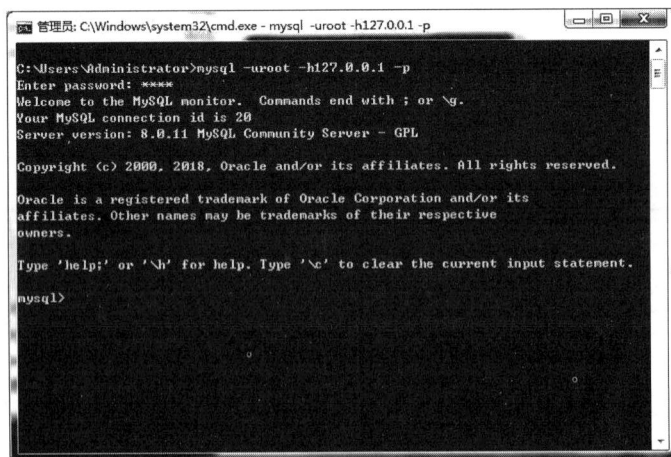

图 2.34　连接 MySQL 服务器

说明

为了保护 MySQL 数据库的密码，可以采用如图 2.34 所示的密码输入方式。如果密码在 -p 后直接给出，那么密码就以明文显示，例如：

mysql –u root –h127.0.0.1 –p root

按 Enter 键后再输入密码（以加密的方式显示），然后按 Enter 键即可成功连接 MySQL 服务器。

如果用户在使用 mysql 命令连接 MySQL 服务器时弹出如图 2.35 所示的信息，那么说明用户未设置系统的环境变量。

也就是说没有将 MySQL 服务器的 bin 文件夹位置添加到 Windows 的"环境变量"/"系统变量"/"path"中，从而导致命令不能执行。

下面介绍这个环境变量的设置方法，其步骤如下。

（1）右键单击"计算机"图标，在弹出的快捷菜单中选择"属性"命令，在弹出的对话框中选择"高级系统设置"，弹出"系统属性"对话框，如图 2.36 所示。

（2）在"系统属性"对话框中，选择"高级"选项卡，单击"环境变量"按钮，弹出"环境变量"对话框，如图 2.37 所示。

图 2.35　连接 MySQL 服务器出错

图 2.36　"系统属性"对话框

图 2.37　"环境变量"对话框

（3）在"环境变量"对话框中，定位到"系统变量"中的 Path 选项，单击"编辑"按钮，将弹出"编辑系统变量"对话框，如图 2.38 所示。

（4）在"编辑系统变量"对话框中，将 MySQL 服务器的 bin 文件夹位置（C:\Program Files\

MySQL\MySQL Server 8.0\bin）添加到变量值文本框中，注意要使用";"与其他变量值进行分隔，最后，单击"确定"按钮。

环境变量设置完成后，再使用 mysql 命令即可成功连接 MySQL 服务器。

☑ 断开 MySQL 服务器

连接到 MySQL 服务器后，可以通过在 MySQL 提示符下输入 exit 或者 quit 命令断开 MySQL 连接，格式如下：

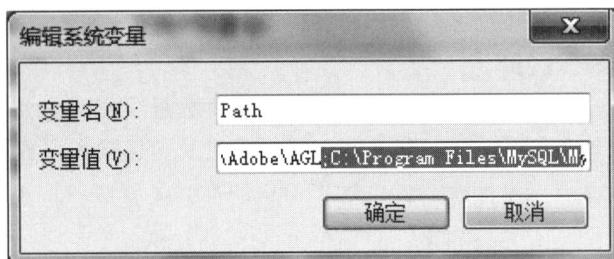

图 2.38 "编辑系统变量"对话框

```
mysql> quit;
```

2.5.4 打开 MySQL 8.0 Command Line Client

MySQL 服务器安装完成后，就可以通过其提供的 MySQL 8.0 Command Line Client 程序来操作 MySQL 数据了。这时，必须先打开 MySQL 8.0 Command Line Client 程序，并登录 MySQL 服务器。下面将介绍具体的步骤。

（1）在开始菜单中，选择"所有程序"/MySQL/MySQL Server 8.0/MySQL 8.0 Command Line Client 命令，将打开 MySQL 8.0 Command Line Client-Unicode 窗口，如图 2.39 所示。

图 2.39 MySQL 客户端命令行窗口

（2）在该窗口中，输入 root 用户的密码（这里为 root），将登录到 MySQL 服务器，如图 2.40 所示。

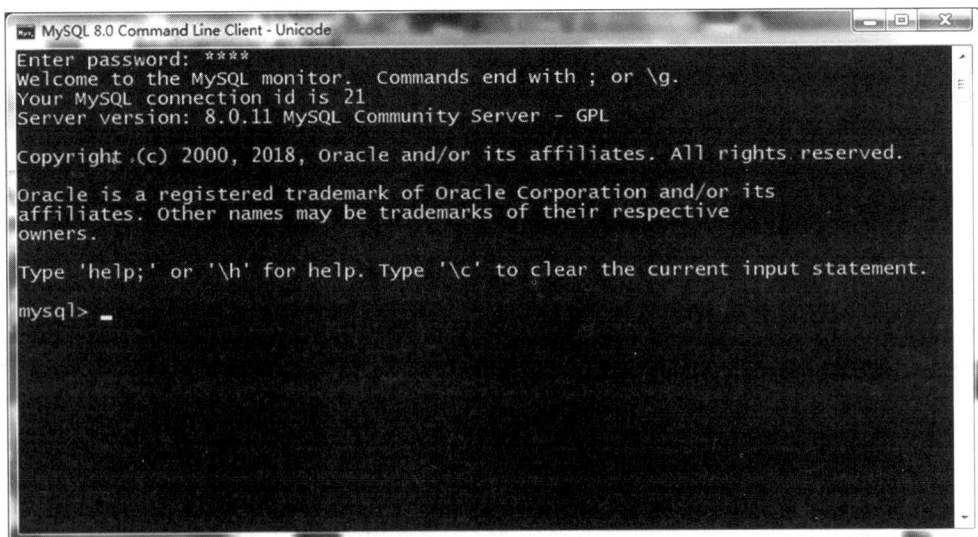

图 2.40 登录到 MySQL 服务器

2.6 如何学好 MySQL

学好 MySQL，最重要的是要多练习。笔者将自己学习数据库的方法总结如下。

1. 多上机实践

要想熟练地掌握数据库，必须经常上机练习。只有在上机实践中才能深刻体会数据库的使用方法。通常情况下，数据库管理员工作的时间越长，其工作经验就越丰富。很多复杂的问题，都可以根据数据库管理员的经验来更好地解决。上机实践的过程中，可以将学到的数据库理论知识理解得更加透彻。

2. 多编写 SQL 语句

SQL 语句是数据库的灵魂。数据库中的很多操作都是通过 SQL 语句来实现的。只有经常使用 SQL 语句来操作数据库中的数据，读者才可以更加深刻地理解数据库。

3. 数据库理论知识不能丢

数据库理论知识是学好数据库的基础。虽然理论知识会有点枯燥，但是这是学好数据库的前提。例如，数据库理论中会穿插 E-R 图、数据库设计原则等知识。如果不了解这些知识，就很难独立设计一个很好的数据库及表。读者可以将数据库理论知识与上机实践结合到一起来学习，这样学习效率会提高。

2.7 小 结

本章介绍了数据库和 MySQL 的基础知识。通过本章的学习，希望读者对数据库、MySQL 数据库和 SQL 语言等知识有所了解。而且，希望读者能够了解常用的数据库系统。

第 3 章

phpMyAdmin 图形化管理工具

（ 视频讲解：25 分钟）

MySQL 的管理维护工具非常多，除了系统自带的命令行管理工具之外，还有许多其他的图形化管理工具。常用的有 MySQL Workbench、phpMyAdmin、Navicat 等。通过这些第三方的管理工具，可以使 MySQL 的管理更加的方便。本章将对 phpMyAdmin 图形化管理工具进行系统讲解。

学习摘要：

▸▸ 使用 phpMyAdmin 管理工具实现数据库与数据表的创建
▸▸ 通过 phpMyAdmin 管理工具对数据库与数据表进行管理
▸▸ 使用 phpMyAdmin 管理工具管理数据表中的数据
▸▸ 使用 phpMyAdmin 管理工具设置服务器用户的权限
▸▸ 使用 phpMyAdmin 管理工具对数据库执行导入导出
▸▸ 通过 phpMyAdmin 管理工具设置数据的编码格式
▸▸ 通过 phpMyAdmin 管理工具添加服务器新用户
▸▸ 通过 phpMyAdmin 管理工具设置 MySQL 服务器用户密码

3.1　phpMyAdmin 图形化管理工具介绍

　　phpMyAdmin 是众多 MySQL 图形化管理工具中应用最广泛的一种，是一款使用 PHP 开发的 B/S 模式的 MySQL 客户端软件，该工具是基于 Web 跨平台的管理程序，并且支持简体中文。用户可以在官方网站 www.phpmyadmin.net 上免费下载到最新的版本，本书中使用最新版本 phpMyAdmin 4.2.8。phpMyAdmin 为 Web 开发人员提供了类似于 Access、SQL server 的图形化数据库操作界面，通过该管理工具可以完全对 MySQL 进行操作，例如，创建数据库、数据表、生成 MySQL 数据库脚本文件等。

　　在浏览器地址栏中输入 http://localhost/phpMyAdmin/，在弹出的对话框中输入用户名和密码，进入 phpMyAdmin 图形化管理主界面，接下来就可以进行 MySQL 数据库的操作，下面将分别介绍如何创建、修改和删除数据库。

说明

　　应用 phpMyAdmin 图形化管理工具有一个前提条件，必须在本机中搭建 PHP 运行环境，将其作为一个项目在 PHP 开发环境中运行应用。如果读者通过 PHP 的集成化安装包来搭建 PHP 运行环境，那么在这个安装包中就已经包含了 phpMyAdmin 图形化管理工具，环境搭建完成后即可直接使用。

3.2　配置 phpMyAdmin

3.2.1　压缩文件到指定目录

　　将下载好的 phpMyAdmin 解压缩，拷贝到 Web 服务器的文档根目录下。例如使用 Apache 作为 Web 服务器，Apache 的文档根目录为 F:\wamp\webpage，则将解压好的 phpMyAdmin 文件夹拷贝至 F:\wamp\webpage 即可，如图 3.1 所示。

图 3.1　拷贝到文档根目录

3.2.2　创建 config.php 文件

在 phpMyAdmin 文件夹中找到 config.sample.inc.php 文件，将其改名为 config.inc.php。在浏览器中输入 http://localhost/phpMyAdmin，如图 3.2 所示，输入数据库的用户名密码登录。

登录成功可看到如图 3.3 所示界面。

图 3.2　登录 phpMyAdmin

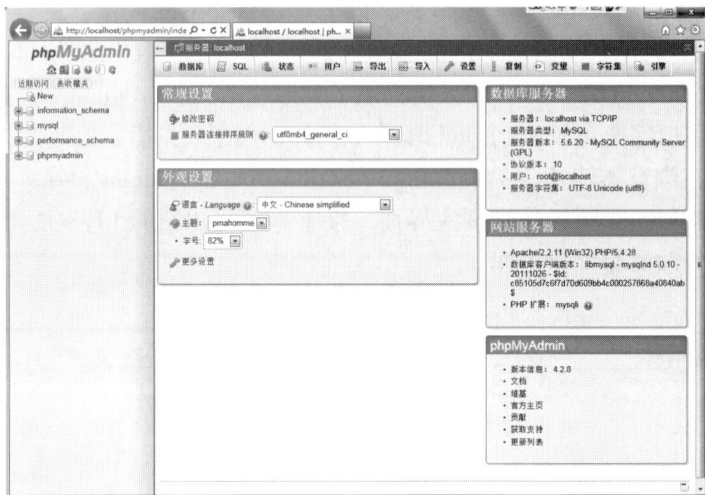

图 3.3　成功登录 phpMyAdmin

登录后看到有如图 3.4 所示字样"phpMyadmin 高级功能尚未完全设置，部分功能未激活，请点击这里查看原因"，则执行如下步骤。

图 3.4　phpMyadmin 高级功能尚未完全设置提示

（1）点击"导入"选项卡，然后点击"浏览"按钮，选择 phpMyAdmin/examples/create_table.sql 文件，将它导入。如图 3.5、图 3.6 所示。

图 3.5　导入文件

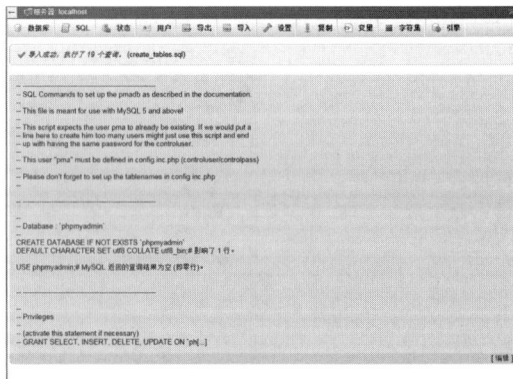

图 3.6　导入文件成功

（2）将 config.inc.php 文件中的以下内容的注释去掉。

```
$cfg['Servers'][$i]['pmadb'] = 'phpmyadmin';
$cfg['Servers'][$i]['bookmarktable'] = 'pma__bookmark';
$cfg['Servers'][$i]['relation'] = 'pma__relation';
$cfg['Servers'][$i]['table_info'] = 'pma__table_info';
$cfg['Servers'][$i]['table_coords'] = 'pma__table_coords';
$cfg['Servers'][$i]['pdf_pages'] = 'pma__pdf_pages';
$cfg['Servers'][$i]['column_info'] = 'pma__column_info';
$cfg['Servers'][$i]['history'] = 'pma__history';
$cfg['Servers'][$i]['table_uiprefs'] = 'pma__table_uiprefs';
$cfg['Servers'][$i]['tracking'] = 'pma__tracking';
$cfg['Servers'][$i]['designer_coords'] = 'pma__designer_coords';
$cfg['Servers'][$i]['userconfig'] = 'pma__userconfig';
$cfg['Servers'][$i]['recent'] = 'pma__recent';
$cfg['Servers'][$i]['favorite'] = 'pma__favorite';
$cfg['Servers'][$i]['users'] = 'pma__users';
$cfg['Servers'][$i]['usergroups'] = 'pma__usergroups';
$cfg['Servers'][$i]['navigationhiding'] = 'pma__navigationhiding';
$cfg['Servers'][$i]['savedsearches'] = 'pma__savedsearches';
```

（3）修改 phpMyAdmin/libraries/config.default.php 文件，内容如下：

```
$cfg['Servers'][$i]['controluser'] = 'username';    /* 数据库用户名 */
$cfg['Servers'][$i]['controlpass'] = 'password';    /* 数据库密码 */
$cfg['Servers'][$i]['pmadb'] = 'phpmyadmin';
$cfg['Servers'][$i]['bookmarktable'] = 'pma_bookmark';
$cfg['Servers'][$i]['relation'] = 'pma_relation';
$cfg['Servers'][$i]['table_info'] = 'pma_table_info';
$cfg['Servers'][$i]['table_coords'] = 'pma_table_coords';
$cfg['Servers'][$i]['pdf_pages'] = 'pma_pdf_pages';
$cfg['Servers'][$i]['column_info'] = 'pma_column_info';
$cfg['Servers'][$i]['history'] = 'pma_history';
$cfg['Servers'][$i]['designer_coords'] = 'pma_designer_coords';
$cfg['Servers'][$i]['recent'] = 'pma_recent';
$cfg['Servers'][$i]['table_uiprefs'] = 'pma_table_uiprefs';
$cfg['Servers'][$i]['tracking'] = 'pma_tracking';
$cfg['Servers'][$i]['userconfig'] = 'pma_userconfig';
```

3.3　数据库操作管理

视频讲解

3.3.1　创建数据库

在 phpMyAdmin 的主界面，首先在文本框中输入数据库的名称 db_study，然后在下拉列表框中选择所要使用的编码，一般选择 gb2312_Chinese_ci 简体中文编码，单击"创建"按钮，创建数据库，如图 3.7 所示。成功创建数据库后，将显示如图 3.8 所示的界面。

图 3.7　创建数据库

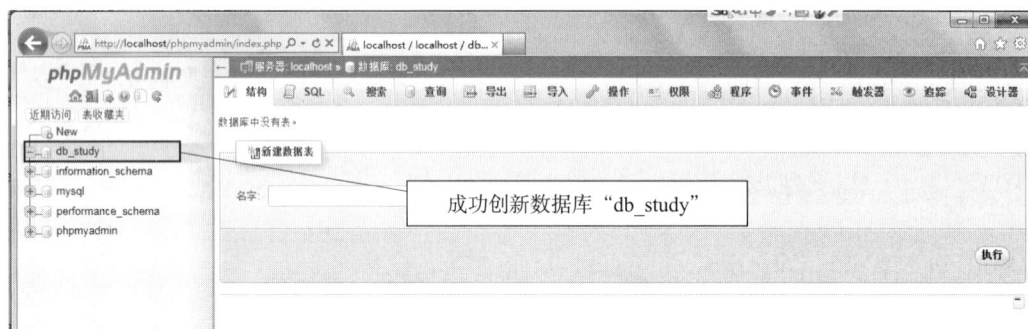

图 3.8　数据库创建成功

说明

在右侧界面中可以对该数据库进行相关操作，如结构、SQL、搜索、查询、导出、导入、权限等，单击相应的超级链接进入相应的操作界面。

3.3.2　修改、删除数据库

在如图 3.9 所示的界面中，在右侧界面还可以对当前数据库进行修改。单击界面中的 ✎操作 选项卡，进入修改操作页面。

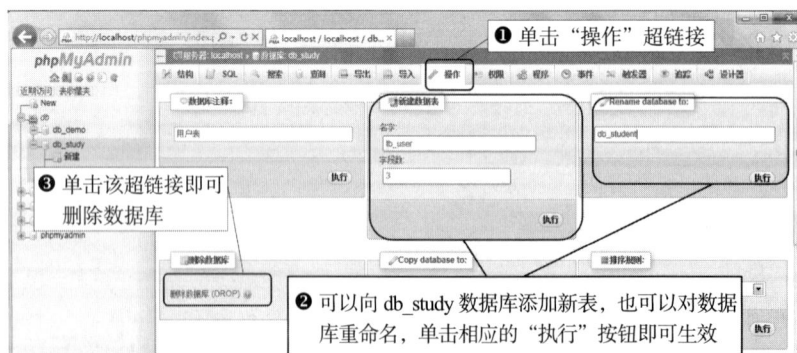

图 3.9　修改数据库

（1）可以对当前数据库执行创建数据表的操作，只要在创建数据表的提示信息下面的操作两个文本框中分别输入要创建的数据表的名称和字段总数，然后单击"执行"按钮即可进入到创建数据表结构页面。

（2）也可以对当前的数据库重命名，在"Rename database to:"下的文本框中输入新的数据库名称，单击"执行"按钮，即可成功修改数据库名称。

（3）也可以点击"删除数据库"超链接来删除该数据库。

3.4　管理数据表

管理数据表是以选择指定的数据库为前提，然后在该数据库中创建并管理数据表。下面就来介绍如何创建、修改、删除数据表。

3.4.1　创建数据表

创建数据库 db_study 后，在右侧的操作页面中输入数据表的名称和字段数，然后单击"执行"按钮，即可创建数据表，如图 3.10 所示。

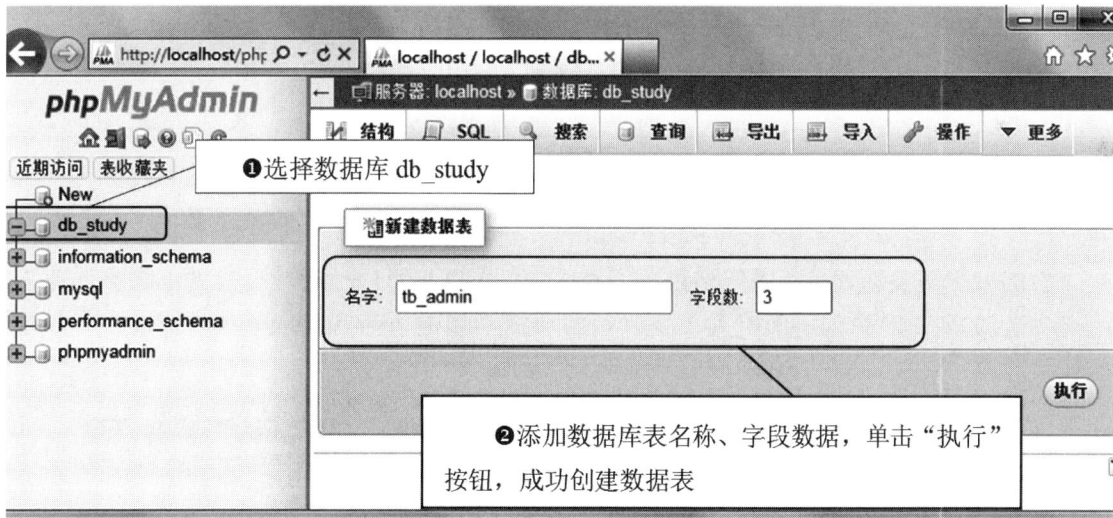

图 3.10　创建数据表

成功创建数据表 tb_admin 后，将显示数据表结构界面。在表单中对各个字段的详细信息进行录入，包括字段名、数据类型、长度 / 值、是否为空、主键、是否自增等，以完成对表结构的详细设置。当所有的信息都输入以后，单击"保存"按钮，创建数据表结构，如图 3.11 所示。成功创建数据表结构后，将显示如图 3.12 所示的界面。

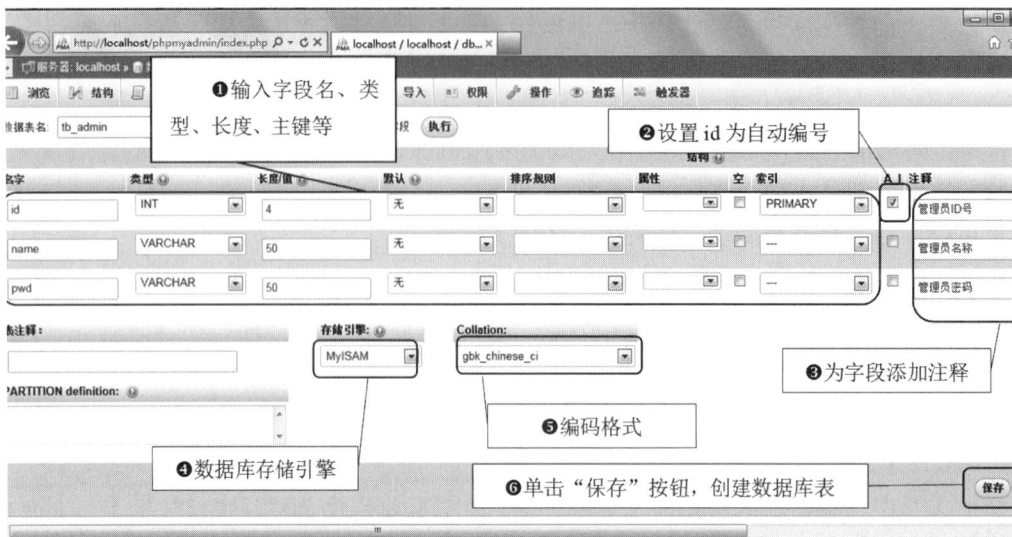

图 3.11　创建数据表结构

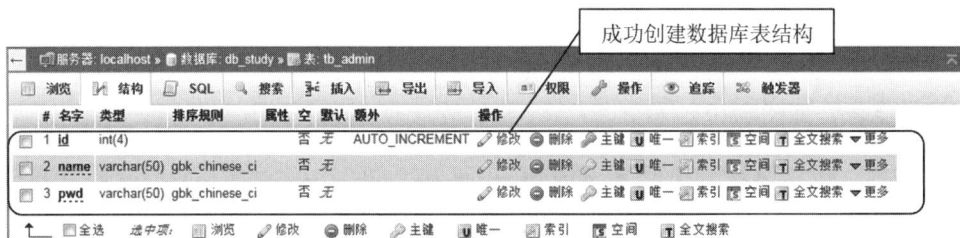

图 3.12　成功创建数据表

3.4.2　修改数据表

一个新的数据表被创建后，进入到数据表页面中，在这里可以通过改变表的结构来修改表，可以执行添加新的列、删除列、索引列、修改列的数据类型或者字段的长度 / 值等操作，如图 3.13 所示。

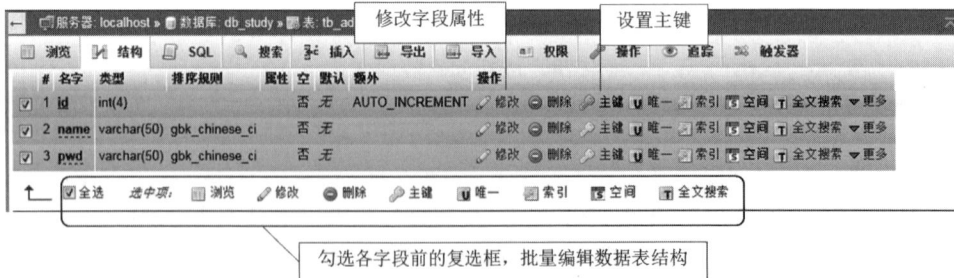

图 3.13　修改数据表结构

3.4.3　删除数据表

要删除某个数据表，点击页面中的 ✎ 操作 选项卡，之后点击页面中红色超链接"删除数据表"即可成功删除指定的数据表，如图 3.14 所示。

图 3.14　删除数据表结构

3.5　管理数据记录

单击 phpMyAdmin 主界面中的 ⊟ SQL 选项卡，打开 SQL 语句编辑区。在编辑区输入完整的 SQL 语句，来实现数据的查询、添加、修改和删除操作。

3.5.1　使用 SQL 语句插入数据

在 SQL 语句编辑区应用 insert 语句向数据表 tb_admin 中插入数据后，单击"执行"按钮，向数据表中插入一条数据，如图 3.15 所示。如果提交的 SQL 语句有错误，系统会给出一个警告，提示用户修改它；如果提交的 SQL 语句正确，则弹出如图 3.16 所示的提示信息。

✎ 说明

　　为了编写方便，可以利用其右侧的属性列表来选择要操作的列，只要选中要添加的列，双击其选项或者单击"<<"按钮添加列名称。

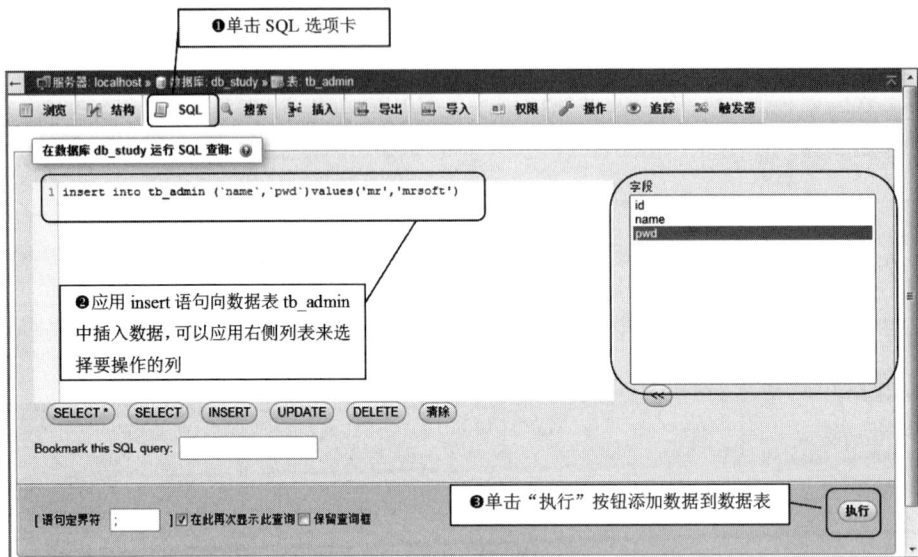

图 3.15　使用 SQL 语句向数据表中插入数据

图 3.16　成功添加数据信息

3.5.2　使用 SQL 语句修改数据

在 SQL 语句编辑区应用 update 语句修改数据信息，将 ID 为 1 的管理员的名称改为"明日科技"，密码改为"111"，添加的 SQL 语句如图 3.17 所示。

单击"执行"按钮，数据修改成功。比较修改前后的数据如图 3.18 所示。

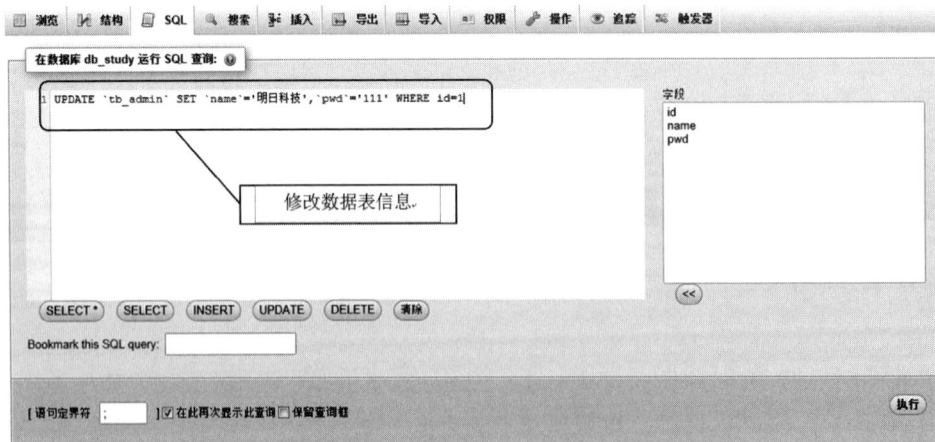

图 3.17　修改数据信息的 SQL 语句

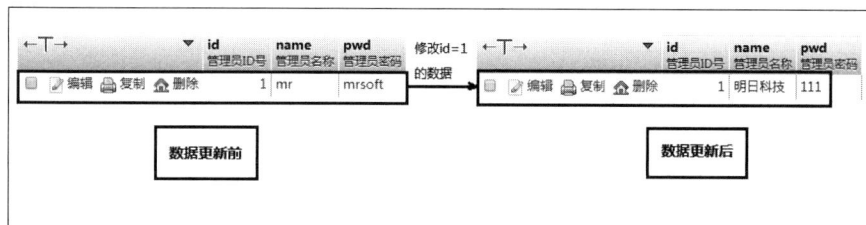

图 3.18　修改单条数据的实现过程

3.5.3　使用 SQL 语句查询数据

在 SQL 语句编辑区应用 select 语句检索指定条件的数据信息，将 ID 小于 4 的管理员全部显示出来，添加的 SQL 语句如图 3.19 所示。

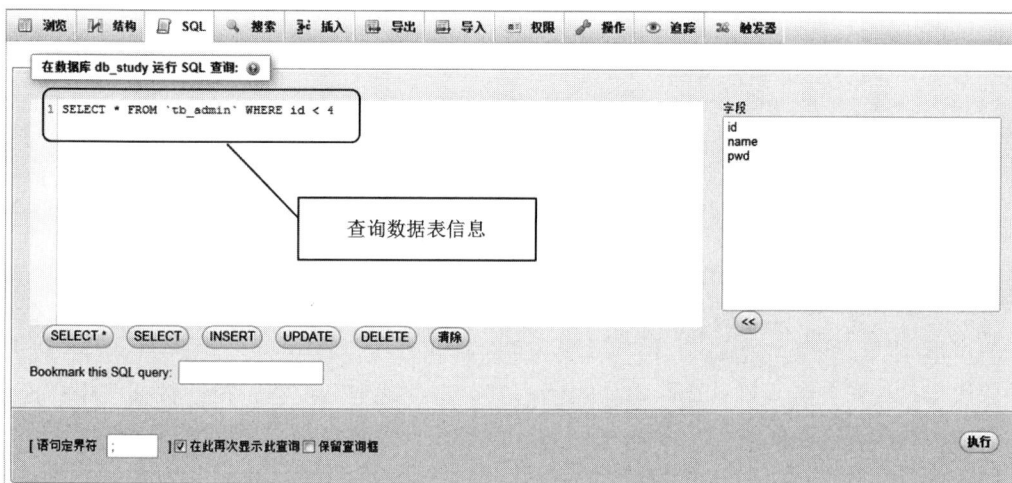

图 3.19　查询数据信息的 SQL 语句

单击"执行"按钮，该语句的实现过程如图 3.20 所示。

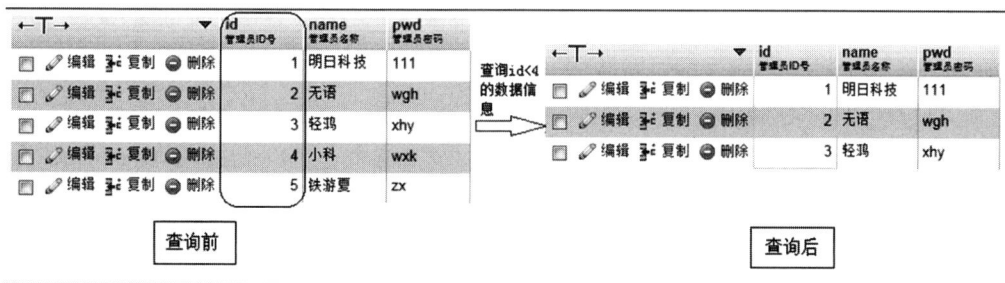

图 3.20　查询指定条件的数据信息的实现过程

除了对整个表的简单查询外，还可以执行复杂的条件查询（使用 where 子句提交 LIKE、ORDER BY、GROUP BY 等条件查询语句）及多表查询，读者可通过上机进行实践，灵活运用 SQL 语句功能。

3.5.4　使用 SQL 语句删除数据

在 SQL 语句编辑区应用 delete 语句检索指定条件的数据或全部数据信息，删除名称为"小科"的管理员信息，添加的 SQL 语句如图 3.21 所示。

图 3.21　删除指定数据信息的 SQL 语句

注意

如果 delete 语句后面没有 where 条件值，那么将删除指定数据表中的全部数据。

单击"执行"按钮，弹出确认删除操作对话框，单击"确定"按钮，执行数据表中指定条件的删除操作。该语句的实现过程如图 3.22 所示。

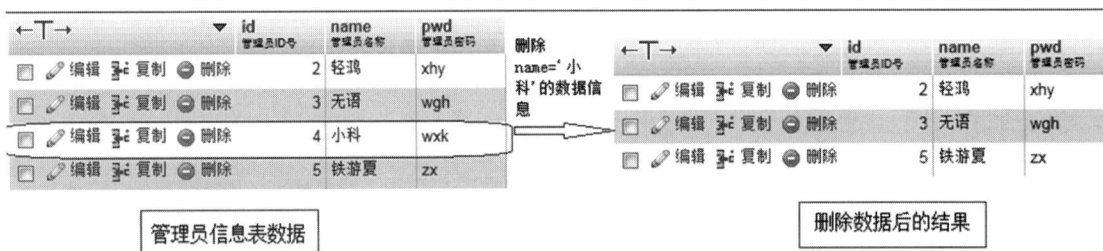

图 3.22　删除指定条件的数据信息的实现过程

3.5.5　通过 form 表单插入数据

选择某个数据表后，单击 插入 选项卡，进入插入数据界面，如图 3.23 所示。在界面中输入各字段值，单击"执行"按钮即可插入记录。默认情况下，一次可以插入两条记录。

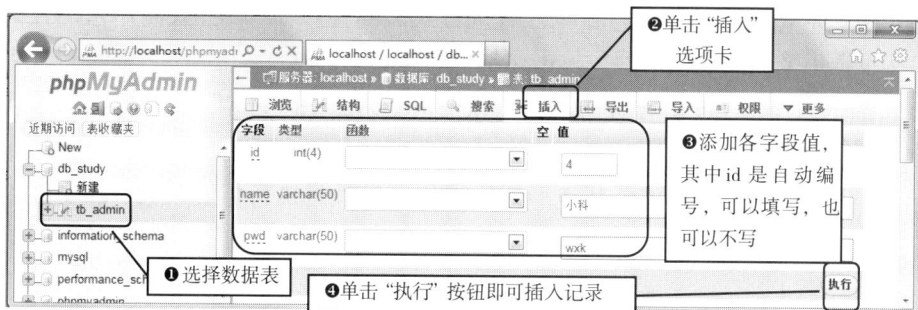

图 3.23　插入数据

3.5.6　浏览数据

选择某个数据表后，单击 浏览 选项卡，进入浏览界面，如图 3.24 所示。单击每行记录中的 编辑 按钮链接，可以对该记录进行编辑；单击每行记录中的 删除 按钮，可以删除该条记录。

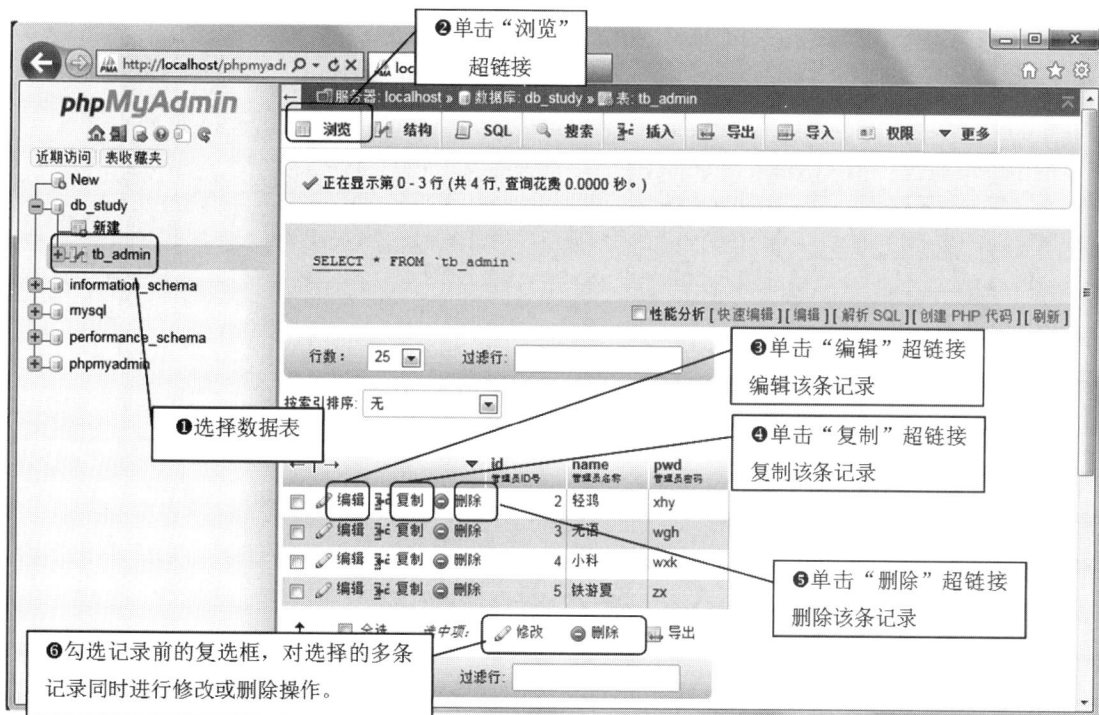

图 3.24　浏览数据

3.5.7　搜索数据

选择某个数据表后，单击 搜索 选项卡，进入搜索页面，如图 3.25 所示。在这个页面中，可以在选择字段的列表框中选择一个或多个列，如果要选择多个列，先按下 Ctrl 键再单击要选择的字段名，查询结果将按照选择的字段名进行输出。

在该界面中可以对记录按条件进行查询。查询方式有两种：第一种方式使用依例查询。选择查询的条件，并在文本框中输入要查询的值，单击"执行"按钮。

第二种方式选择构建 where 语句查询。直接在"where 语句的主体"文本框中输入查询语句，然后单击其后的"执行"按钮。

导入和导出 MySQL 数据库脚本是互逆的两个操作。导入是执行扩展名为 .sql 文件，将数据导入到数据库中；导出是将数据表结构、表记录存储为 .sql 的脚本文件。通过导入和导出的操作实现数据库的备份和还原。

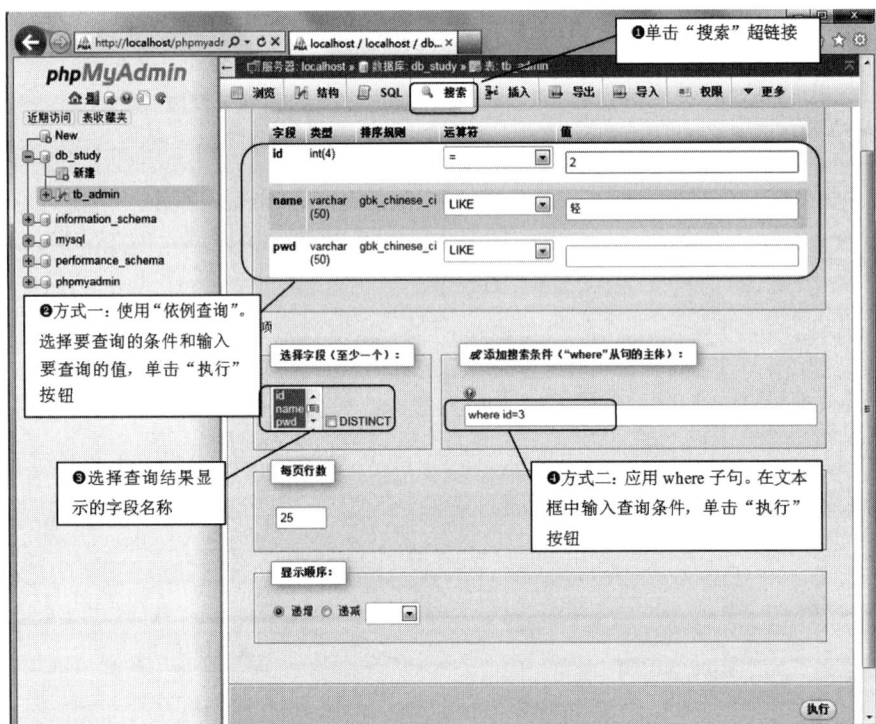

图 3.25　搜索查询

3.6　导入导出数据

导入和导出 MySQL 数据库脚本是互逆的两个操作。导入是执行扩展名为 .sql 文件，将数据导入到数据库中；导出是将数据表结构、表记录存储为 .sql 的脚本文件。通过导入和导出的操作实现数据库的备份和还原。

3.6.1　导出 MySQL 数据库脚本

单击 phpMyAdmin 主界面中的 ▦ 导出 选项卡，打开导出编辑区，如图 3.26 所示。选择导出文件的格式，这里默认使用选项 SQL，单击"执行"按钮，弹出如图 3.27 所示的文件另存为对话框，单击

"保存"按钮，将脚本文件以 .sql 格式存储在指定位置。

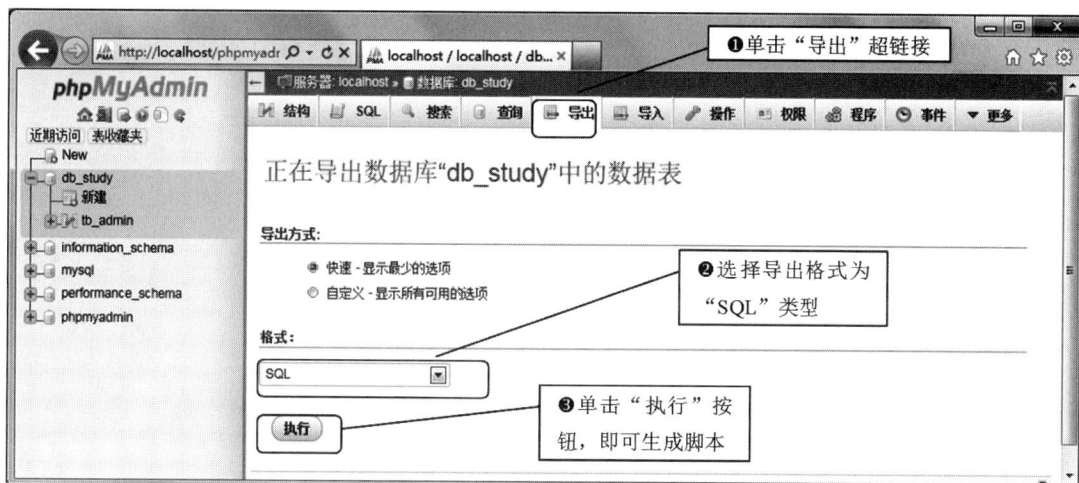

图 3.26　生成 MySQL 脚本文件设置界面

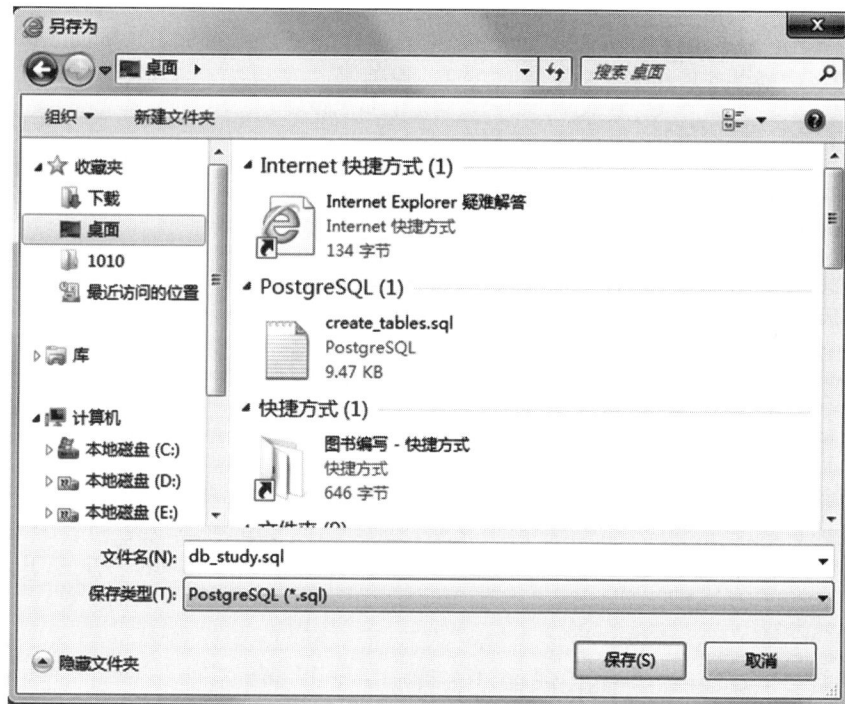

图 3.27　另存为 MySQL 脚本对话框

3.6.2　导入 MySQL 数据库脚本

单击 ➡ 导入 选项卡，进入执行 MySQL 数据库脚本界面，单击"浏览"按钮查找脚本文件（如：db_study.sql）所在位置，如图 3.28 所示，单击"执行"按钮，即可执行 MySQL 数据库脚本文件。

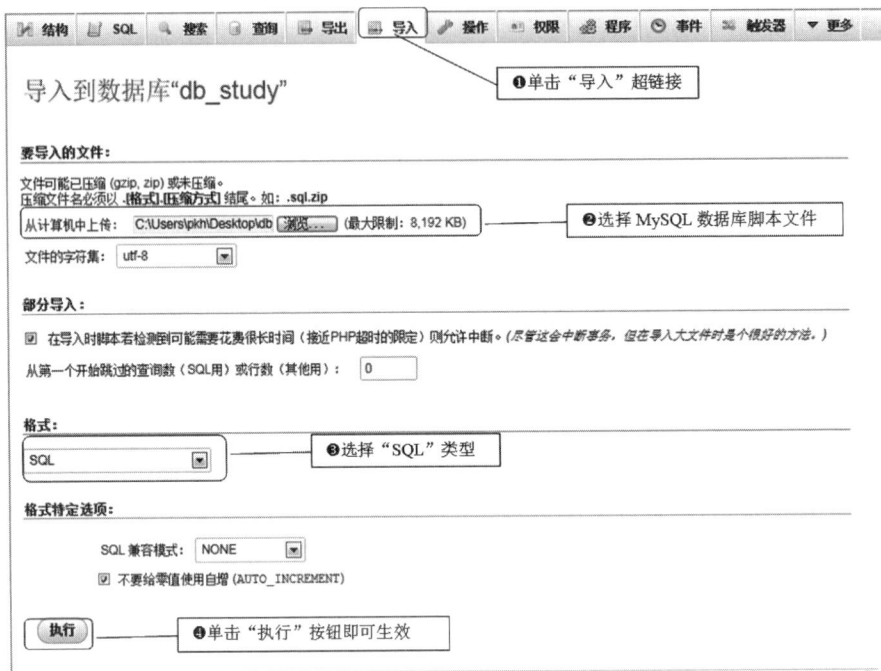

图 3.28　执行 MySQL 数据库脚本文件

注意

在执行 MySQL 脚本文件前，首先检测是否有与所导入数据库同名的数据库，如果没有同名的数据库，则首先要在数据库中创建一个名称与数据文件中的数据库名相同的数据库，然后再执行 MySQL 数据库脚本文件。另外，在当前数据库中，不能有与将要导入数据库中的数据表重名的数据表存在，如果有重名的表存在导入文件就会失败，提示错误信息。

说明

读者可也可通过单击 phpMyAdmin 图形化工具左侧区的查询窗口 按钮，在打开的对话框中，单击"导入文件"超级链接，然后选择脚本文件所在的位置，从而执行脚本文件。

3.7　phpMyAdmin 设置编码格式

将页面、程序文件、数据库与数据表设置统一的编码格式可以使程序运行时不至于出现乱码。一般情况下，设置页面的编码格式由 HTML 中的 meta 标签实现，设置程序文件的编码格式是由 header() 函数实现，设置数据库与数据表的编码格式可以通过使用 phpMyAdmin 实现。下面以实例详细讲解一下如何为新创建的数据库设置编码格式，具体步骤如下。

（1）登录到 phpMyAdmin 图形化工具页面，创建数据库名称，并为新创建的数据库选择编码格式，如图 3.29 所示。

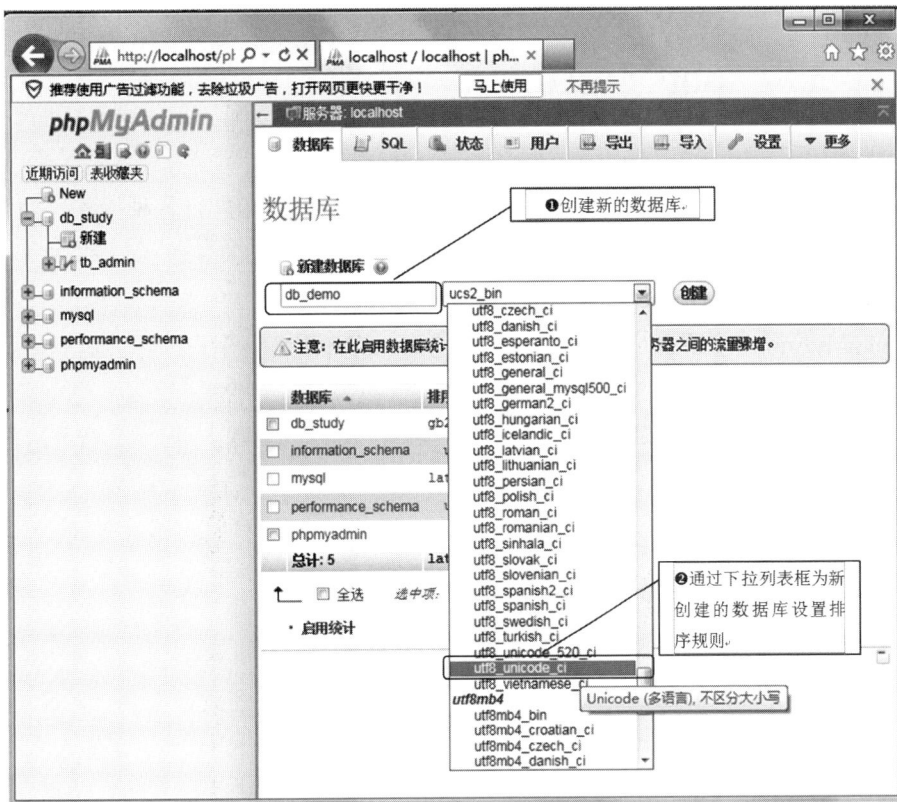

图 3.29　设置数据库的排序规则

（2）创建数据表，定义数据表字段，并为新创建的数据表设置编码格式，如图 3.30 所示。

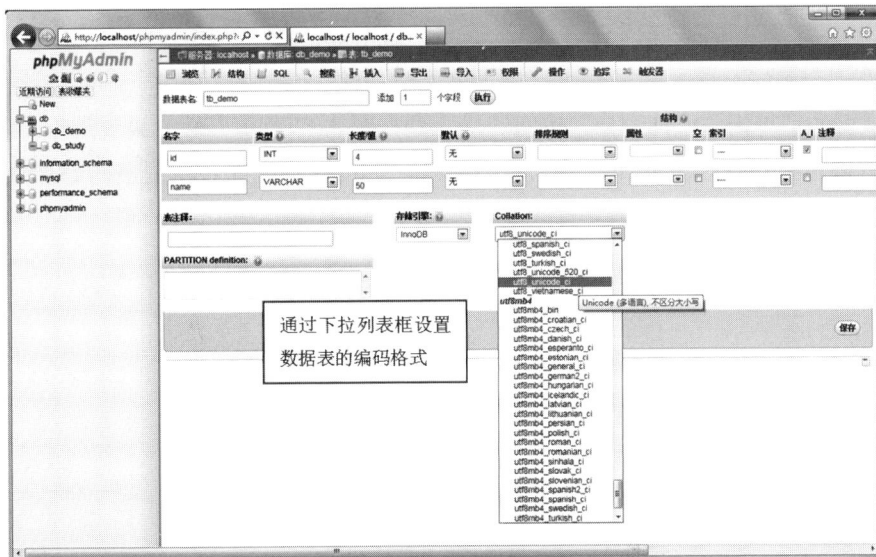

图 3.30　设置字段编码格式

3.8 phpMyAdmin 添加服务器新用户

在 phpMyAdmin 图形化管理工具中，不但可以对 MySQL 数据库进行各种操作，而且可以添加服务器的新用户，并对新添加的用户设置权限。

在 phpMyAdmin 中添加 MySQL 服务器新用户的步骤如下。

（1）单击 phpMyAdmin 主界面中的 **用户** 超链接，打开服务器用户操作界面，如图 3.31 所示。

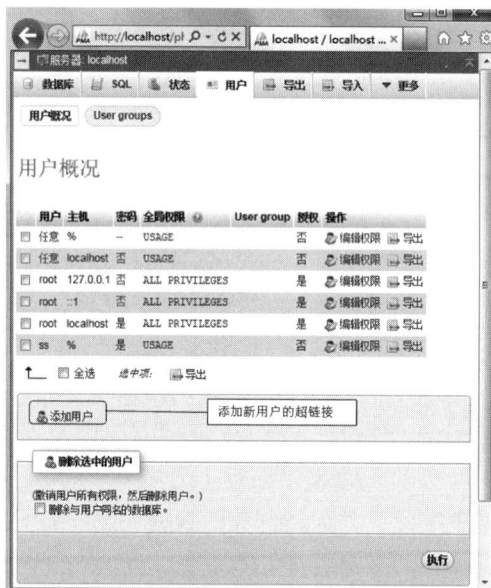

图 3.31　服务器用户一览表

（2）在该界面中，单击"添加用户"按钮。进入到如图 3.32 所示界面，设置用户名、密码、主机，并对新用户的权限进行设置。设置完成后，单击"执行"按钮，完成对新用户的添加操作，返回主页面，将提示新用户添加成功。

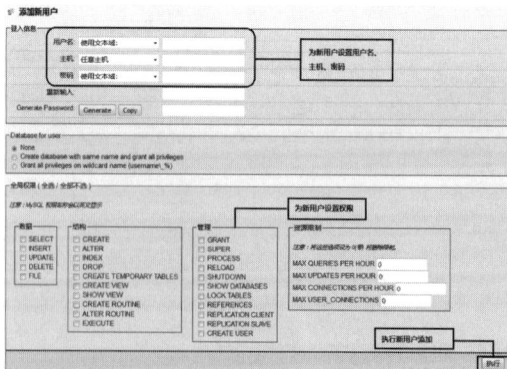

图 3.32　设置添加用户信息

3.9　phpMyAdmin 中重置 MySQL
服务器登录密码

视频讲解

在 phpMyAdmin 图形化管理工具中，不但可以对 MySQL 数据库进行各种操作，而且可以对用户的权限进行设置，同时还可以对 MySQL 服务器的登录密码进行重置。

在 phpMyAdmin 中重置 MySQL 服务器登录密码的步骤如下。

（1）单击服务器用户操作界面，如图 3.33 所示。

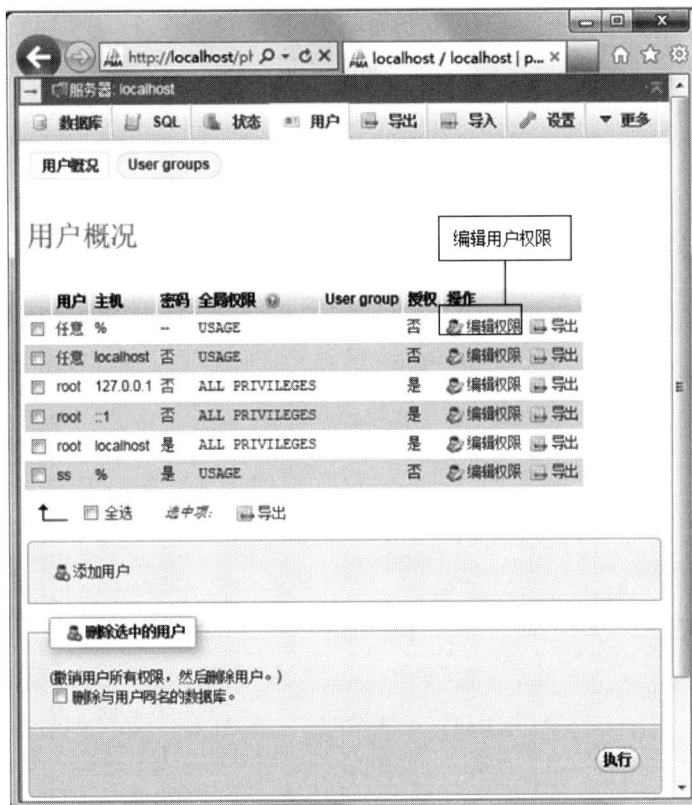

图 3.33　服务器用户一览表

（2）在该界面中，可以对指定用户的权限进行编辑、可以添加新用户和删除指定的用户。这里选择指定的用户，单击 编辑权限 超链接，对指定用户的权限进行设置，进入到如图 3.34 所示界面。

单击"修改密码"按钮，进入到如图 3.35 所示界面。

在图 3.35 所示的界面中，可以设置用户的权限、修改密码、更改登录用户信息和复制用户。在输入新密码和确认密码之后，单击"执行"按钮，完成对用户密码的修改操作，返回主页面，将提示密码修改成功。

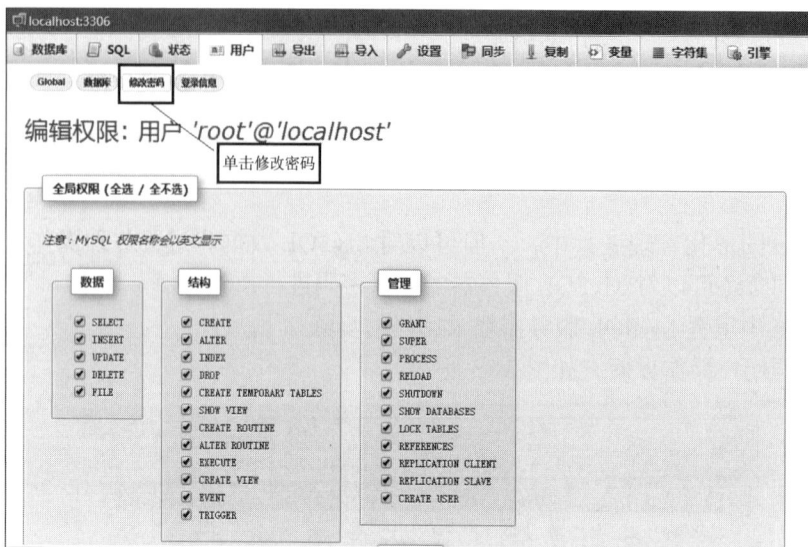

图 3.34　编辑用户权限

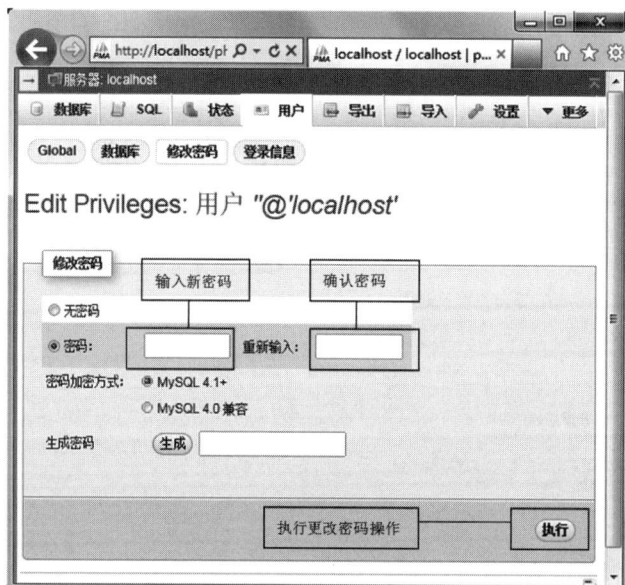

图 3.35　修改密码

3.10　小　　结

本章主要介绍了 phpMyAdmin 图形化管理工具，通过图形化管理工具可以很方便地操作 MySQL 数据库，其中包括创建数据库 / 数据表、管理数据库 / 数据表，以及数据的导入和导出等。

第 4 章

数据库管理

（ 📹 视频讲解：6分钟 ）

数据库管理操作主要是创建数据库、查看数据库、选择数据库、修改数据库和删除数据库。启动并连接 MySQL 服务器后，即可对 MySQL 数据库进行管理操作，操作 MySQL 数据库的方法非常简单，本章将进行详细介绍。

学习摘要：

- ▸▸ 掌握创建数据库的几种方法
- ▸▸ 掌握如何查看和选择数据库
- ▸▸ 掌握如何修改数据库
- ▸▸ 掌握如何删除数据库
- ▸▸ 掌握数据库存储引擎的应用

4.1 创建数据库

4.1.1 通过 CREATE DATABASE 语句创建数据库

使用 CREATE DATABASE 语句可以轻松创建 MySQL 数据库。语法如下：

CREATE DATABASE 数据库名；

在创建数据库时，数据库命名有以下几项规则：

（1）不能与其他数据库重名，否则将发生错误。

（2）名称可以由任意字母、阿拉伯数字、下画线（_）和"$"组成，可以使用上述的任意字符开头，但不能使用单独的数字，否则会造成它与数值相混淆。

（3）名称最长可为 64 个字符，而别名可长达 256 个字符。

（4）不能使用 MySQL 关键字作为数据库名、表名。

在默认情况下，Windows 下数据库名、表名的大小写是不敏感的，而在 Linux 下数据库名、表名的大小写是敏感的。为了便于数据库在平台间进行移植，建议读者采用小写字母来定义数据库名和表名。

【例 4.01】 通过 CREATE DATABASE 语句创建图书馆管理系统的数据库，名称为 db_library，具体代码如下:（实例位置: 资源包 \ 源码 \04\4.01）

CREATE DATABASE db_library;

运行效果如图 4.1 所示。

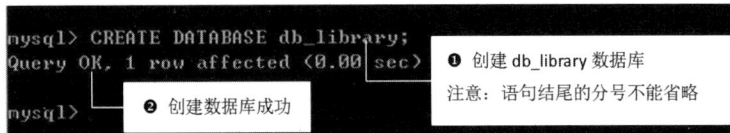

图 4.1 创建 MySQL 数据库

4.1.2 通过 CREATE SCHEMA 语句创建数据库

上面介绍的是最基本的创建数据库的方法，实际上，还可以通过语法中给出的 CREATE SCHEMA 来创建数据库，两者的功能是一样的。在使用 MySQL 官网中提供的 MySQL Workbench 图形化工具创建数据库时，使用的就是这种方法。

【例 4.02】 通过 CREATE SCHEMA 语句创建一个名称为 db_library1 的数据库，具体代码如下：（实例位置: 资源包 \ 源码 \04\4.02）

CREATE SCHEMA db_library1;

运行效果如图 4.2 所示。

图 4.2 通过 CREATE SCHEMA 语句创建 MySQL 数据库

4.1.3 创建指定字符集的数据库

在创建数据库时，如果不指定其使用的字符集或者是字符集的校对规则，那么将根据 my.ini 文件中指定的 default-character-set 变量的值来设置其使用的字符集。从创建数据库的基本语法中可以看出，在创建数据库时，还可以指定数据库所使用的字符集，下面将通过一个具体的例子来演示如何在创建数据库时指定字符集。

【例 4.03】 通过 CREATE DATABASE 语句创建一个名称为 db_library_gbk 的数据库，并指定其字符集为 GBK，具体代码如下：（实例位置：资源包 \ 源码 \04\4.03 ）

```
CREATE DATABASE db_library_gbk
CHARACTER SET = GBK;
```

运行效果如图 4.3 所示。

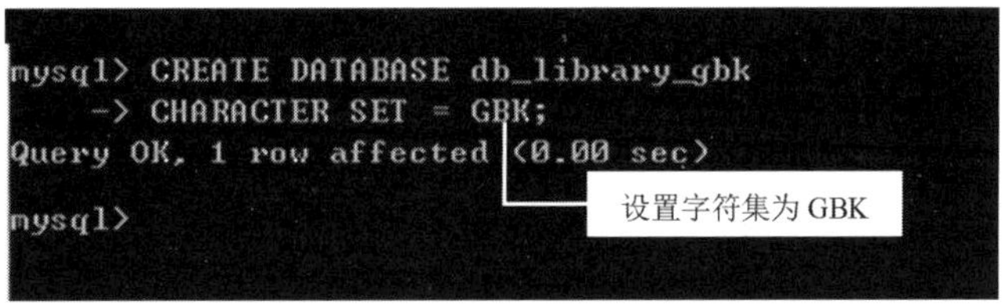

图 4.3 创建使用 GBK 字符集的 MySQL 数据库

4.1.4 创建数据库前判断是否存在同名数据库

在 MySQL 中，不允许同一系统中存在两个相同名称的数据库，如果要创建的数据库名称已经存在，那么系统将给出以下错误信息：

ERROR 1007 (HY000): Can't create database'db_library'; database exists

为了避免错误的发生，在创建数据库时，可以使用 IF NOT EXISTS 选项来实现在创建数据库前判断该数据库是否存在，只有不存在时，才会进行创建。

【例 4.04】 通过 CREATE DATABASE 语句创建图书馆管理系统的数据库，名称为 db_library，并在创建前判断该数据库名称是否存，只有不存在时才进行创建，具体代码如下：（实例位置：资源包 \ 源码 \04\4.04 ）

CREATE DATABASE IF NOT EXISTS db_library;

运行效果如图 4.4 所示。

图 4.4　创建已经存在的数据库的效果

将上面的数据库名称修改为 db_library2 后，再次执行，将成功创建数据库 db_library2，显示效果如图 4.5 所示。

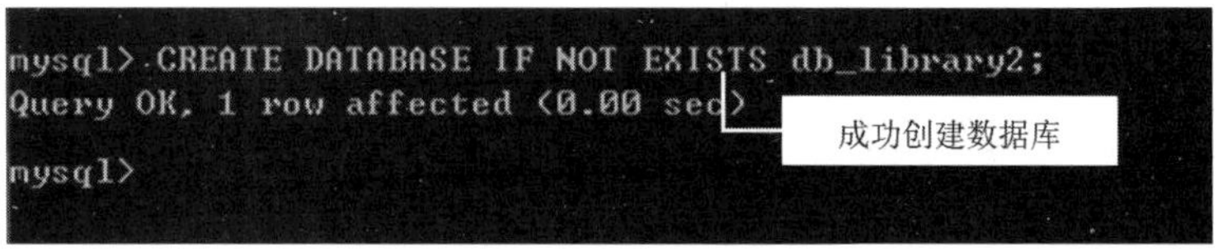

图 4.5　创建不存在的数据库的效果

4.2　查看数据库

成功创建数据库后，可以使用 SHOW 命令查看 MySQL 服务器中的所有数据库信息。语法如下：

```
SHOW DATABASES;
```

【例 4.05】　使用 SHOW DATABASES 语句查看 MySQL 服务器中的所有数据库名称，具体代码如下：（实例位置：资源包 \ 源码 \04\4.05）

```
SHOW DATABASES;
```

运行效果如图 4.6 所示。

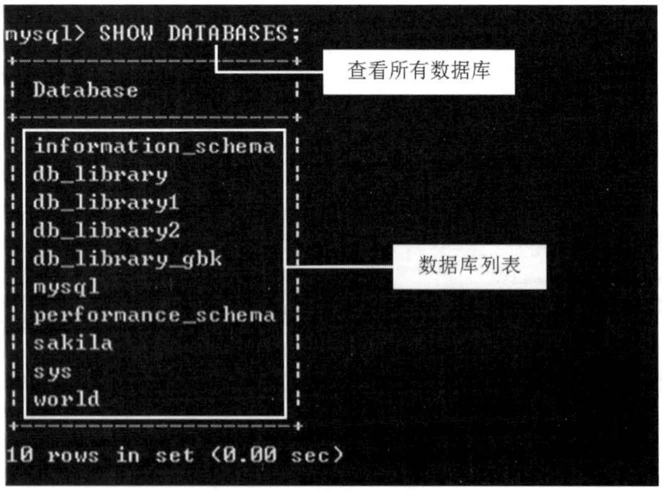

图 4.6　查看数据库

从图 4.6 的运行结果可以看出，通过 SHOW 命令查看 MySQL 服务器中的所有数据库，结果显示 MySQL 服务器中有 10 个数据库。

4.3　选择数据库

在上面的讲解中，虽然成功创建了数据库，但并不表示当前就在操作数据库。可以使用 USE 语句选择一个数据库，使其成为当前默认数据库。语法如下：

```
USE  数据库名；
```

【例 4.06】　选择名称为 db_library 的数据库，设置其为当前默认的数据库，具体代码如下：（实例位置：资源包 \ 源码 \04\4.06）

```
USE db_library;
```

运行效果如图 4.7 所示。

图 4.7　选择数据库

4.4　修改数据库

在 MySQL 中，创建一个数据库后，还可以对其进行修改，不过这里的修改是指可以修改被创建数据库的相关参数，并不能修改数据库名。修改数据库名不能使用这个语句。修改数据库可以使用 ALTER DATABASE 或者 ALTER SCHEMA 语句来实现。修改数据库的语句的语法格式如下：

```
ALTER {DATABASE | SCHEMA} [ 数据库名 ]
 [DEFAULT] CHARACTER SET [=] 字符集
| [DEFAULT] COLLATER [=] 校对规则名称
```

ALTER 语句的参数说明如表 4.1 所示。

表 4.1　ALTER 语句的参数说明

参　　数	说　　明
{DATABASES|SCHEMAS}	表示必须有一个是必选项，这两个选项的结果是一样的，使用哪个都可以
[数据库名]	可选项，如果不指定要修改的数据库，那么将表示修改当前（默认）的数据库

参　　数	说　　明
DEFAULT	可选项，表示指定默认值
CHARACTER SET [=] 字符集	可选项，用于指定数据库的字符集。如果不想指定数据库所使用的字符集，那么就可以不使用该项，这时 MySQL 会根据 MySQL 服务器默认使用的字符集来创建该数据库。这里的字符集可以是 GB 2412 或者 GBK（简体中文）、UTF8（针对 Unicode 的可变长度的字符编码，也称万国码）、big5（繁体中文）、latin1（拉丁文）等。其中最常用的是 UTF8 和 GBK
COLLATE [=] 校对规则名称	可选项，用于指定字符集的校对规则。例如，utf8_bin 或者 gbk_chinese_ci

注意

在使用 ALTER DATABASE 或者 ALTER SCHEMA 语句时，用户必须具有对数据库进行修改的权限。

【例 4.07】 修改 db-library1 数据库的字符集为 GBK，并指定其校对规则为简体中文。代码如下：
（实例位置：资源包 \ 源码 \04\4.07）

```
ALTER DATABASE db_library1
    DEFAULT CHARACTER SET gbk
    DEFAULT COLLATE gbk_chinese_ci;
```

执行结果如图 4.8 所示。

图 4.8　设置默认字符集和校对规则

4.5　删除数据库

删除数据库的操作可以使用 DROP DATABASE 语句实现。语法如下：

```
DROP DATABASE 数据库名;
```

注意

删除数据库的操作应该谨慎使用，一旦执行该操作，数据库的所有结构和数据都会被删除，没有恢复的可能，除非数据库有备份。

【例 4.08】 通过 DROP DATABASE 语句删除名称为 db_library2 的数据库，具体代码如下：（实例

位置：资源包 \ 源码 \04\4.08）

```
DROP DATABASE db_library2;
```

执行效果如图 4.9 所示。

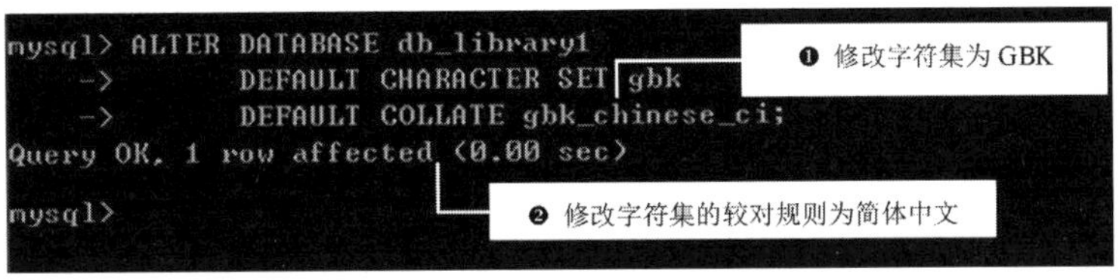

图 4.9　删除数据库

4.6　小　　结

本章详细讲解了 MySQL 数据库管理的相关知识，其中在介绍创建数据库时，首先介绍了两条创建数据库的语句，这两条语句的作用是一样的，使用哪一个都可以，然后又介绍了如何创建指定字符集的数据库，以及在创建数据库前判断是否存在同名数据库等内容。除了创建数据库外，还介绍了查看、选择、修改和删除数据库的方法，以及数据库存储引擎的应用。在这些内容中，创建数据库是本章的重点，需要多多练习，熟练掌握。

第 **5** 章

MySQL 表结构管理

（🎬 视频讲解：12 分钟）

表结构管理主要是指如何创建新表、修改表结构和删除表等操作。这些操作都是数据库管理中最基本，也是最重要的操作。本章将讲解如何对表结构进行管理，包括创建表、修改表结构、删除表，以及定义约束的方法。

学习摘要：

➤➤ 掌握创建、修改、删除数据表的方法

➤➤ 掌握如何设置索引

➤➤ 掌握定义约束的几种方法

5.1　创建表

视频讲解

创建数据表使用 CREATE TABLE 语句。语法如下：

```
CREATE [TEMPORARY] TABLE [IF NOT EXISTS] 数据表名
[(create_definition,…)][table_options] [select_statement]
```

CREATE TABLE 语句的参数说明如表 5.1 所示。

表 5.1　CREATE TABLE 语句的参数说明

关　键　字	说　　明
TEMPORARY	如果使用该关键字，表示创建一个临时表
IF NOT EXISTS	该关键字用于避免表存在时 MySQL 报告的错误
create_definition	这是表的列属性部分。MySQL 要求在创建表时，表要至少包含一列
table_options	表的一些特性参数
select_statement	SELECT 语句描述部分，用它可以快速地创建表

下面介绍列属性 create_definition 部分，每一列定义的具体格式如下：

```
col_name  type [NOT NULL | NULL] [DEFAULT default_value] [AUTO_INCREMENT]
    [PRIMARY KEY ] [reference_definition]
```

属性 create_definition 的参数说明如表 5.2 所示。

表 5.2　属性 create_definition 的参数说明

参　　数	说　　明
col_name	字段名
type	字段类型
NOT NULL | NULL	指出该列是否允许是空值，系统一般默认允许为空值，所以当不允许为空值时，必须使用 NOT NULL
DEFAULT default_value	表示默认值
AUTO_INCREMENT	表示是否是自动编号，每个表只能有一个 AUTO_INCREMENT 列，并且必须被索引
PRIMARY KEY	表示是否为主键。一个表只能有一个 PRIMARY KEY。如表中没有一个 PRIMARY KEY，而某些应用程序需要 PRIMARY KEY，MySQL 将返回第一个没有任何 NULL 列的 UNIQUE 键，作为 PRIMARY KEY
reference_definition	为字段添加注释

以上是创建一个数据表的一些基础知识，它看起来十分复杂，但在实际的应用中使用最基本的格式创建数据表即可，具体格式如下：

CREATE TABLE table_name (列名 1 属性 , 列名 2 属性…)；

【例 5.01】 使用 CREATE TABLE 语句在 MySQL 数据库 db_library 中创建一个名为 tb_bookinfo 的数据表，该表包括 id、barcode、bookname、typeid、author、ISBN、price、page、bookcase 和 inTime 等字段。具体步骤如下。(实例位置：资源包 \ 源码 \05\5.01)

（1）选择当前使用的数据库为 db_library，具体代码如下：

use db_library

（2）使用 CREATE TABLE 语句创建一个名为 tb_bookinfo 的数据表，主要包括 id、barcode、bookname、typeid、author、ISBN、price、page、bookcase 和 inTime 等字段，具体代码如下：

```
CREATE TABLE tb_bookinfo (
  barcode varchar(30),
  bookname varchar(70),
  typeid int(10) unsigned,
  author varchar(30),
  ISBN varchar(20),
  price float(8,2),
  page int(10) unsigned,
  bookcase int(10) unsigned,
  inTime date,
  del tinyint(1) DEFAULT '0' ,
  id int(11) NOT NULL
);
```

执行效果如图 5.1 所示。

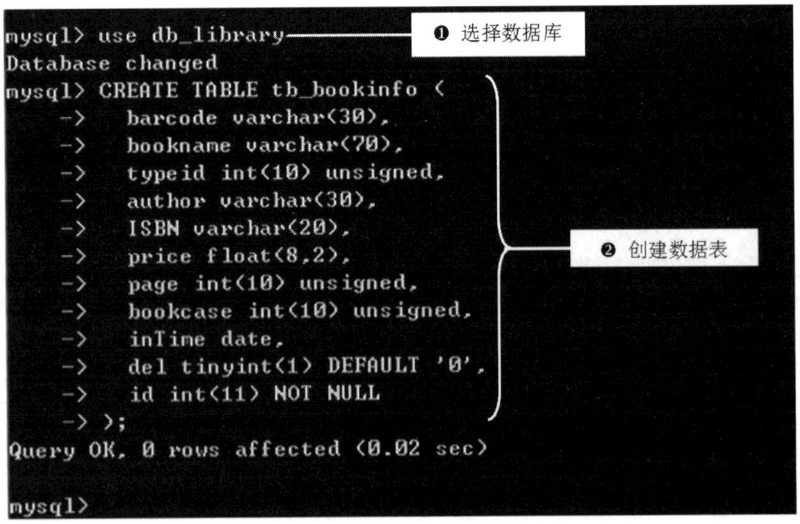

图 5.1　创建数据表

5.1.1　设置默认的存储引擎

在创建数据表时，可以使用 ENGINE 属性设置表的存储引擎。如果省略了 ENGINE 属性，那么该表将沿用 MySQL 默认的存储引擎。ENGINE 属性的基本语法如下：

```
ENGINE= 存储引擎类型
```

【例 5.02】 MySQL 数据库 db_library 中创建一个名为 tb_booktype 的数据表，要求使用 MyISAM 存储引擎。具体步骤如下。（实例位置：资源包 \ 源码 \05\5.02）

（1）选择当前使用的数据库为 db_library，具体代码如下：

```
use db_library
```

（2）在 CREATE TABLE 语句结尾处使用 ENGINE 属性设置使用 MyISAM 存储引擎，具体代码如下：

```
CREATE TABLE tb_booktype (
 id int(10) unsigned NOT NULL,
 typename varchar(30),
 days int(10) unsigned
) ENGINE=MyISAM;
```

执行效果如图 5.2 所示。

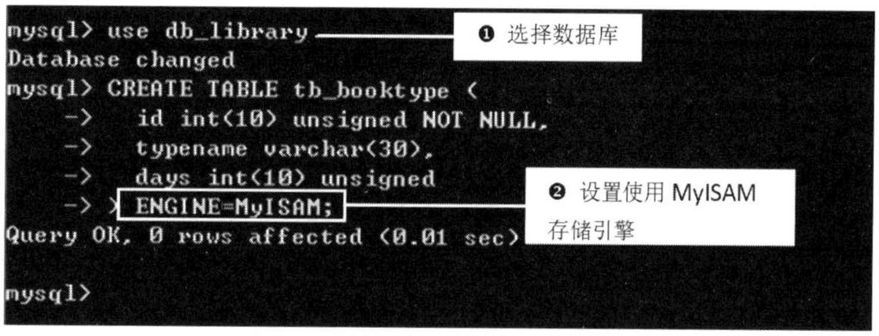

图 5.2　设置使用 MyISAM 存储引擎

5.1.2　设置自增类型字段

自增类型字段是指该字段的值会依次递增，并且不重复。在默认的情况下，MySQL 数据库的自增类型字段的值是从 1 开始递增，并且步长为 1，即每增加一条记录，该字段的值为加 1。通常情况下，会将 ID 字段设置为自增类型字段。

说明

自增类型字段的数据类型必须为整数。向自增类型字段插入一个 NULL 值时，该字段的值会被自动设置为比上一次插入值更大的值。

在创建表时，可以使用 AUTO_INCREMENT 关键字设置某一字段为自增类型字段，其语法格式如下：

字段名 数据类型 AUTO_INCREMENT

例如，在创建 tb_booktype1 数据表时，将 id 字段设置为自增类型字段，可以使用下面的代码。

```
CREATE TABLE tb_booktype1 (
 id int(10) AUTO_INCREMENT,
 typename varchar(30),
 days int(10) unsigned
);
```

执行上面的代码后，将显示如图 5.3 所示的错误。

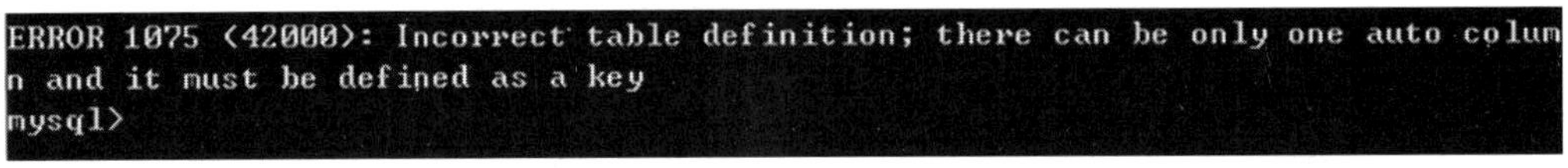

```
ERROR 1075 <42000>: Incorrect table definition; there can be only one auto colum
n and it must be defined as a key
mysql>
```

图 5.3 创建 tb_booktype1 数据表出错

从图 5.3 中可以看出，在将字段为自增类型字段时，建议将其设置为主键，否则数据表将创建失败。

【例 5.03】 MySQL 数据库 db_library 中创建一个名为 tb_booktype1 的数据表，要求将 id 字段设置为自动编号字段。具体步骤如下。（实例位置：资源包 \ 源码 \05\5.03）

（1）选择当前使用的数据库为 db_library，具体代码如下：

```
use db_library
```

（2）在定义 id 字段时，使用 AUTO_INCREMENT 关键字，并且将 id 字段设置为主键，具体代码如下：

```
CREATE TABLE tb_booktype1 (
 id int(10) unsigned NOT NULL AUTO_INCREMENT,
 typename varchar(30),
 days int(10) unsigned,
 PRIMARY KEY (`id`)
);
```

执行效果如图 5.4 所示。

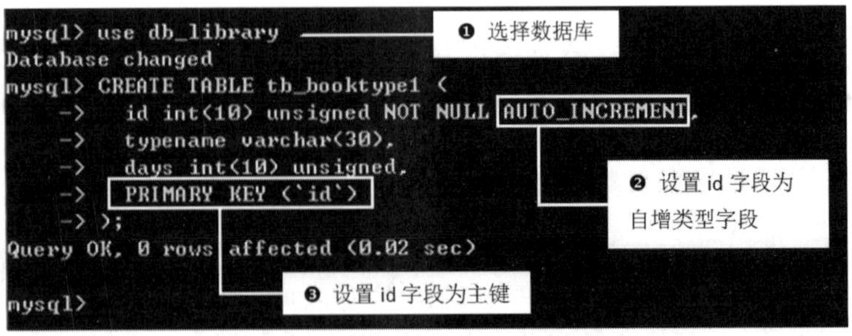

```
mysql> use db_library                        ❶ 选择数据库
Database changed
mysql> CREATE TABLE tb_booktype1 (
    -> id int<10> unsigned NOT NULL AUTO_INCREMENT,
    -> typename varchar<30>,
    -> days int<10> unsigned,                ❷ 设置 id 字段为
    -> PRIMARY KEY (`id`)                       自增类型字段
    -> );
Query OK, 0 rows affected <0.02 sec>
                              ❸ 设置 id 字段为主键
mysql>
```

图 5.4 设置 id 字段为自增类型字段

5.1.3　设置字符集

在创建数据表时，可以通过 default charset 属性设置表的字符集。default charset 属性的基本语法如下：

```
DEFAULT CHARSET= 字符集类型
```

说明

如果省略了 DEFAULT CHARSET 属性，那么该表将沿用数据库字符集的值，即 my.ini 文件中指定的 default-character-set 变量的值。

例如，创建图书类型表，并设置其字符集为 GBK，可以使用下面的代码。

```
CREATE TABLE tb_booktype1 (
  id int(10) unsigned NOT NULL AUTO_INCREMENT,
  typename varchar(30),
  days int(10) unsigned,
  PRIMARY KEY ('id')
) DEFAULT CHARSET=GBK;
```

5.1.4　复制表结构

创建表的 CREATE TABLE 命令还有另外一种语法结构，在一张已经存在的数据表的基础上创建一份该表的拷贝，也就是复制表。这种用法的语法格式如下：

```
CREATE TABLE [IF NOT EXISTS] 数据表名
    {LIKE 源数据表名 | (LIKE 源数据表名 )}
```

参数说明如下。

[IF NOT EXISTS]：可选项，如果使用该子句，表示中有当要创建的数据表名不存在时，才会创建。如果不使用该子句，当要创建的数据表名存在时，将出现错误。

数据表名：表示新创建的数据表的名，该数据表名必须是在当前数据库中不存在的表名。

{LIKE 源数据表名 | (LIKE 源数据表名)}：必选项，用于指定依照哪个数据表来创建新表，也就是要为哪个数据表创建复本。

说明

使用该语法复制数据表时，将创建一个与源数据表相同结构的新表，该数据表的列名、数据类型空指定和索引都将被复制，但是表的内容是不会复制的。因此，新创建的表是一张空表。如果想要复制表中的内容，可以通过使用 AS（查询表达式）子句来实现。

【例 5.04】　在数据库 db_library 中创建一份数据表 tb_bookinfo 的拷贝 tb_bookinfobak。具体步骤如下。（实例位置：资源包 \ 源码 \05\5.04）

（1）选择数据表所在的数据库 db_library，具体代码如下：

```
USE db_library;
```

（2）应用下面的语句向数据表 tb_bookinfo 中插入一条数据。

```
INSERT INTO tb_bookinfo VALUES ('9787115418425','MySQL 从入门到精通（微视频精编版）',3,'
明日科技 ','115',49.80,350,1,'2018-07-04',0,1);
```

（3）创建一份数据表 tb_bookinfo 的拷贝 tb_bookinfobak，具体代码如下：

```
CREATE TABLE tb_bookinfobak
     LIKE tb_bookinfo;
```

执行效果如图 5.5 所示。

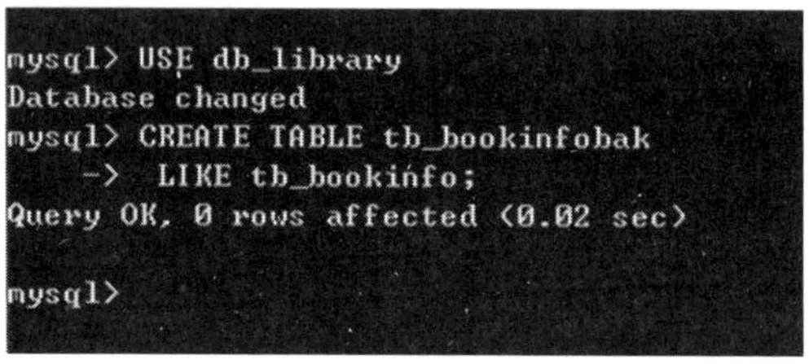

```
mysql> USE db_library
Database changed
mysql> CREATE TABLE tb_bookinfobak
    ->  LIKE tb_bookinfo;
Query OK, 0 rows affected (0.02 sec)

mysql>
```

图 5.5　创建一份数据表 tb_bookinfo 的拷贝 tb_bookinfobak

（4）查看数据表 tb_bookinfo 和 tb_bookinfobak 的表结构，具体代码如下：

```
DESC tb_bookinfo;
DESC tb_bookinfobak;
```

执行结果如图 5.6 所示。

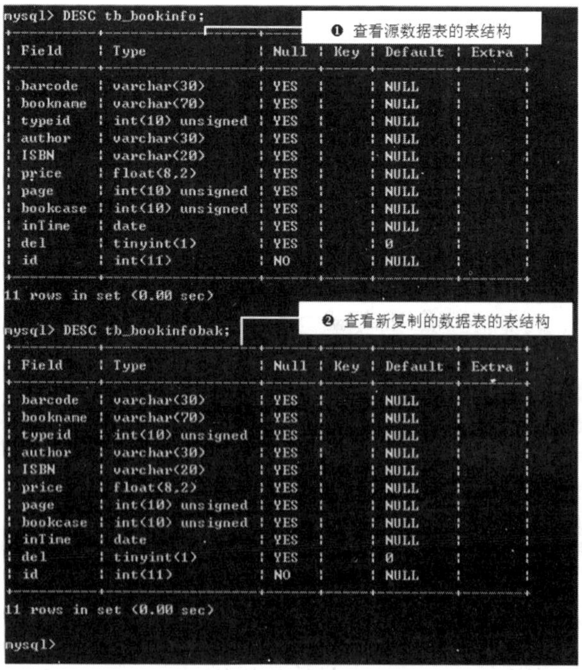


```
mysql> DESC tb_bookinfo;
+----------+------------------+------+-----+---------+-------+
| Field    | Type             | Null | Key | Default | Extra |
+----------+------------------+------+-----+---------+-------+
| barcode  | varchar(30)      | YES  |     | NULL    |       |
| bookname | varchar(70)      | YES  |     | NULL    |       |
| typeid   | int(10) unsigned | YES  |     | NULL    |       |
| author   | varchar(30)      | YES  |     | NULL    |       |
| ISBN     | varchar(20)      | YES  |     | NULL    |       |
| price    | float(8,2)       | YES  |     | NULL    |       |
| page     | int(10) unsigned | YES  |     | NULL    |       |
| bookcase | int(10) unsigned | YES  |     | NULL    |       |
| inTime   | date             | YES  |     | NULL    |       |
| del      | tinyint(1)       | YES  |     | 0       |       |
| id       | int(11)          | NO   |     | NULL    |       |
+----------+------------------+------+-----+---------+-------+
11 rows in set (0.00 sec)

mysql> DESC tb_bookinfobak;
+----------+------------------+------+-----+---------+-------+
| Field    | Type             | Null | Key | Default | Extra |
+----------+------------------+------+-----+---------+-------+
| barcode  | varchar(30)      | YES  |     | NULL    |       |
| bookname | varchar(70)      | YES  |     | NULL    |       |
| typeid   | int(10) unsigned | YES  |     | NULL    |       |
| author   | varchar(30)      | YES  |     | NULL    |       |
| ISBN     | varchar(20)      | YES  |     | NULL    |       |
| price    | float(8,2)       | YES  |     | NULL    |       |
| page     | int(10) unsigned | YES  |     | NULL    |       |
| bookcase | int(10) unsigned | YES  |     | NULL    |       |
| inTime   | date             | YES  |     | NULL    |       |
| del      | tinyint(1)       | YES  |     | 0       |       |
| id       | int(11)          | NO   |     | NULL    |       |
+----------+------------------+------+-----+---------+-------+
11 rows in set (0.00 sec)

mysql>
```

图 5.6　查看 tb_bookinfo 和 tb_bookinfobak 的表结构

从图 5.6 中可以看出，数据表 tb_bookinfo 和 tb_bookinfobak 的表结构是一样的。

（5）分别查看数据表 tb_bookinfo 和 tb_bookinfobak 的内容，具体代码如下：

```
SELECT * FROM tb_bookinfo;
SELECT * FROM tb_bookinfobak;
```

执行效果如图 5.7 所示。

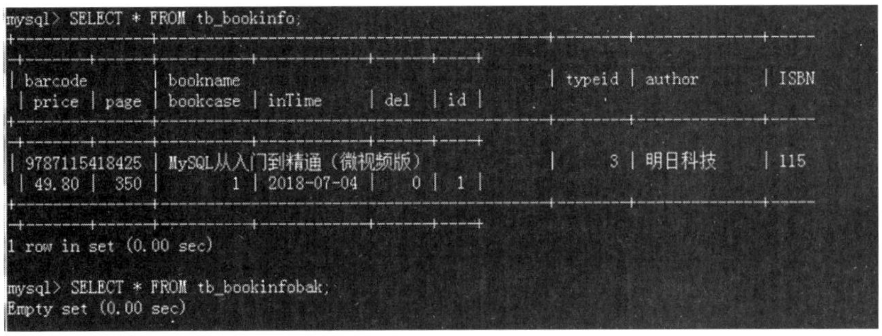

```
mysql> SELECT * FROM tb_bookinfo;
| barcode       | bookname                         | typeid | author   | ISBN
| price | page | bookcase | inTime     | del | id |
| 9787115418425 | MySQL从入门到精通（微视频版）     |      3 | 明日科技 | 115
| 49.80 |  350 |        1 | 2018-07-04 |   0 |  1 |
1 row in set (0.00 sec)

mysql> SELECT * FROM tb_bookinfobak;
Empty set (0.00 sec)
```

图 5.7　查看数据表 tb_bookinfo 和 tb_bookinfobak 的内容

从图 5.7 中可以看出，在复制表时，并没有复制表中的数据。

（6）如果在复制数据表时，想要同时复制其中的内容，那么需要使用下面的代码来实现。

```
CREATE TABLE tb_bookinfobak1
   AS SELECT * FROM tb_bookinfo;
```

执行结果如图 5.8 所示。

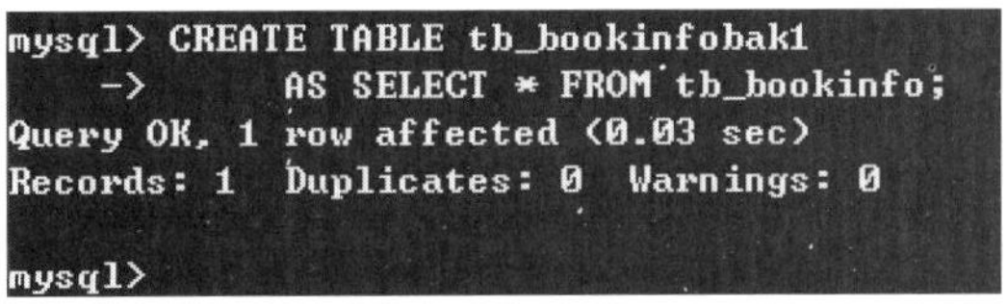

```
mysql> CREATE TABLE tb_bookinfobak1
    ->       AS SELECT * FROM tb_bookinfo;
Query OK, 1 row affected (0.03 sec)
Records: 1  Duplicates: 0  Warnings: 0

mysql>
```

图 5.8　复制数据表同时复制其中的数据

（7）查看数据表 tb_bookinfobak1 中的数据，具体代码如下：

```
SELECT * FROM tb_bookinfobak1;
```

执行效果如图 5.9 所示。

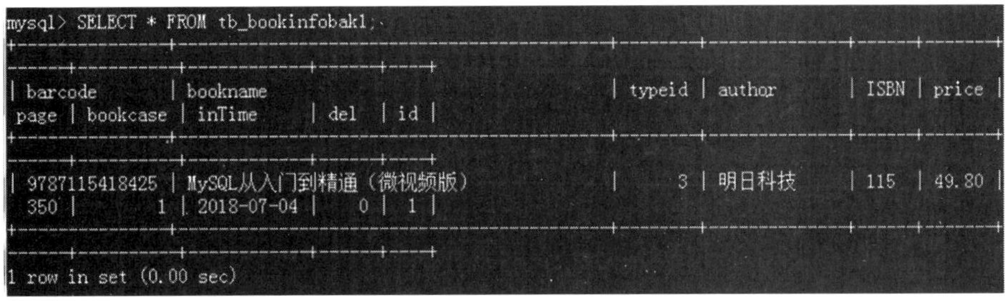

```
mysql> SELECT * FROM tb_bookinfobak1;
| barcode       | bookname                         | typeid | author   | ISBN | price |
page | bookcase | inTime     | del | id |
| 9787115418425 | MySQL从入门到精通（微视频版）     |      3 | 明日科技 | 115  | 49.80 |
 350 |        1 | 2018-07-04 |   0 |  1 |
1 row in set (0.00 sec)
```

图 5.9　查看新复制的数据表 tb_bookinfobak1 的数据

从图 5.9 中可以看出，在复制表的同时，也复制了表中的数据。但是，新复制出来的数据表，并不包括原表中设置的主键、自动编号等内容。如果想要复制一个表结构和数据都完全一样的数据表，那么需要应用下面的两条语句实现。

```
CREATE TABLE tb_bookinfobak1 LIKE tb_bookinfo;
INSERT INTO tb_bookinfobak1 SELECT * FROM tb_bookinfo;
```

5.2　修改表结构

5.2.1　修改字段

修改表结构使用 ALTER TABLE 语句。修改表结构指增加或者删除字段、修改字段名称或者字段类型、设置取消主键外键、设置取消索引以及修改表的注释等。语法如下：

```
Alter[IGNORE] TABLE 数据表名 alter_spec[,alter_spec]…
```

注意

当指定 IGNORE 时，如果出现重复关键的行，则只执行一行，其他重复的行被删除。

其中，alter_spec 子句定义要修改的内容，其语法如下：

```
alter_specification:
    ADD [COLUMN] create_definition [FIRST | AFTER column_name ]        # 添加新字段
  | ADD INDEX [index_name] (index_col_name,...)                        # 添加索引名称
  | ADD PRIMARY KEY (index_col_name,...)                              --# 添加主键名称
  | ADD UNIQUE [index_name] (index_col_name,...)                      --# 添加唯一索引
  | ALTER [COLUMN] col_name {SET DEFAULT literal | DROP DEFAULT}      --# 修改字段名称
  | CHANGE [COLUMN] old_col_name create_definition                    --# 修改字段类型
  | MODIFY [COLUMN] create_definition                                 --# 修改子句定义字段
  | DROP [COLUMN] col_name                                            --# 删除字段名称
  | DROP PRIMARY KEY                                                  --# 删除主键名称
  | DROP INDEX index_name                                             --# 删除索引名称
  | RENAME [AS] new_tbl_name                                          --# 更改表名
  | table_options
```

ALTER TABLE 语句允许指定多个动作，其动作间使用逗号分隔，每个动作表示对表的一个修改。

【例 5.05】　在数据表 tb_bookinfobak 中添加一个 translator 字段，类型为 varchar(30)not null，将字段 inTime 的类型由 date 改为 DATETIME(6)。代码如下：（实例位置：资源包 \ 源码 \05\5.05）

```
alter table tb_bookinfobak add translator varchar(30) not null ,modify inTime DATETIME(6);
```

在命令模式下的运行情况如图 5.10 所示。

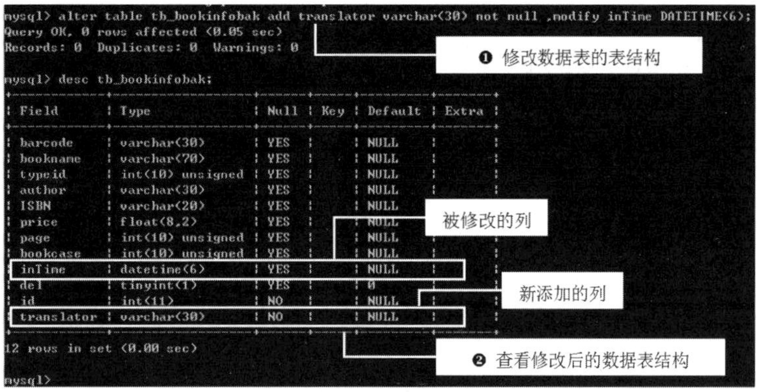

图 5.10　修改表结构

修改数据表结构后，可以通过语句 desc tb_bookinfobak; 查看整个表的结构，以确认是否修改成功。

说明

通过 alter 修改表列，其前提是必须将表中数据全部删除，然后才可以修改表列。

5.2.2　修改约束条件

创建数据表后，还可以对其约束条件进行修改，主要包括添加约束条件和删除约束条件两种。下面分别进行介绍。

1. 添加约束条件

为表添加约束条件的语法格式如下：

Alter TABLE 数据表名 ADD CONSTRAINT 约束名 约束类型 (字段名)

其中，MySQL 支持的约束类型如表 5.3 所示。

表 5.3　MySQL 支持的约束类型

约束类型	说　　明
PRIMARY KEY	主键约束
DEFAULT	默认值约束
UNIQUE KEY	唯一约束
NOT NULL	非空约束
FOREIGN KEY	外键约束

例如，为数据表 tb_bookinfo 添加主键约束，可以使用下面的代码。

Alter TABLE tb_bookinfo ADD CONSTRAINT mrprimary PRIMARY KEY (id);

执行效果如图 5.11 所示。

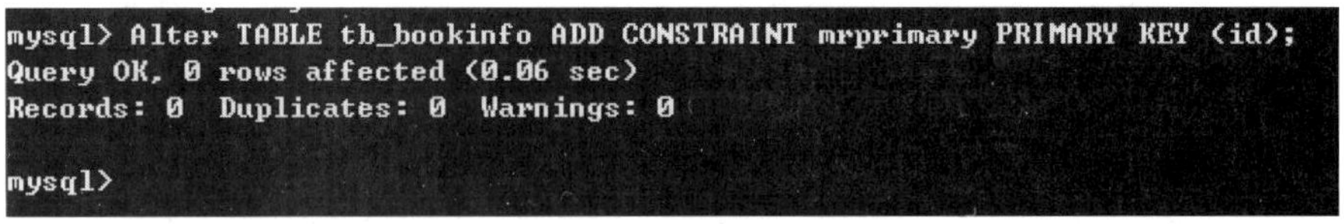

```
mysql> Alter TABLE tb_bookinfo ADD CONSTRAINT mrprimary PRIMARY KEY (id);
Query OK, 0 rows affected (0.06 sec)
Records: 0  Duplicates: 0  Warnings: 0

mysql>
```

图 5.11　为数据表 tb_bookinfo 添加主键约束

修改后，可以通过 DESC tb_bookinfo; 语句查看表结构，如图 5.12 所示。

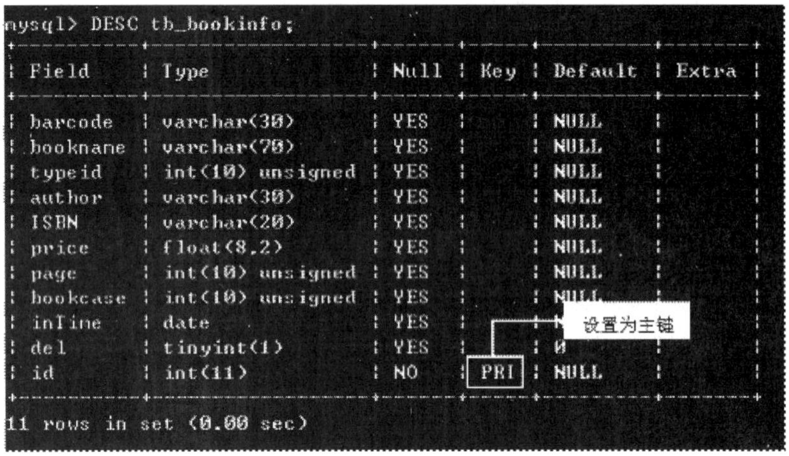

```
mysql> DESC tb_bookinfo;
+----------+---------------------+------+-----+---------+-------+
| Field    | Type                | Null | Key | Default | Extra |
+----------+---------------------+------+-----+---------+-------+
| barcode  | varchar(30)         | YES  |     | NULL    |       |
| bookname | varchar(70)         | YES  |     | NULL    |       |
| typeid   | int(10) unsigned    | YES  |     | NULL    |       |
| author   | varchar(30)         | YES  |     | NULL    |       |
| ISBN     | varchar(20)         | YES  |     | NULL    |       |
| price    | float(8,2)          | YES  |     | NULL    |       |
| page     | int(10) unsigned    | YES  |     | NULL    |       |
| bookcase | int(10) unsigned    | YES  |     | NULL    |       |
| inTime   | date                | YES  |     |         |       |
| del      | tinyint(1)          | YES  |     | 0       |       |
| id       | int(11)             | NO   | PRI | NULL    |       |
+----------+---------------------+------+-----+---------+-------+
11 rows in set (0.00 sec)
```


图 5.12　修改后的表结构

2. 删除约束条件

在 MySQL 中，删除约束条件时，对于不同的约束，采用的语法也是不一样的。下面将分别进行介绍。

（1）删除主键约束

删除主键约束的语法格式如下：

```
ALTER TABLE 表名 DROP PRIMARY KEY
```

例如，要删除数据表 tb_bookinfo 的主键约束，可以使用下面的语句。

```
ALTER TABLE tb_bookinfo DROP PRIMARY KEY;
```

（2）删除外键约束

删除外键约束的语法格式如下：

```
ALTER TABLE 表名 DROP FOREIGN KEY 约束名
```

例如，要删除数据表 tb_bookinfo 的外键约束，可以使用下面的语句。

```
ALTER TABLE tb_bookinfo DROP FOREIGN KEY mrfkey;
```

（3）删除唯一性约束

删除唯一性约束的语法格式如下：

ALTER TABLE 表名 DROP INDEX 唯一索引名

例如，要删除数据表 tb_bookinfo 的唯一性约束，可以使用下面的语句。

ALTER TABLE tb_bookinfo DROP INDEX mrindex;

5.2.3　修改表的其他选项

在 MySQL 中，还可以修改表的存储引擎、默认字符集、自增字段初始值等。下面分别进行介绍。

（1）修改表的存储引擎

修改表的存储引擎的语法格式如下：

ALTER TABLE 表名 ENGINE= 新的存储引擎类型

例如，要修改数据表 tb_bookinfo 的存储引擎为 MyISAM，可以使用下面的语句。

ALTER TABLE tb_bookinfo ENGINE=MyISAM;

（2）修改表的字符集

修改表的字符集的语法格式如下：

ALTER TABLE 表名 DEFAULT CHARSET= 新的字符集

例如，要修改数据表 tb_bookinfo 的字符集为 GBK，可以使用下面的语句。

ALTER TABLE tb_bookinfo DEFAULT CHARSET=GBK;

（3）修改表的自增类型字段的初始值

修改表的自增类型字段的初始值的语法格式如下：

ALTER TABLE 表名 AUTO_INCREMENT== 新的初始值

例如，要修改数据表 tb_bookinfo 的自增类型字段的初始值为 100，可以使用下面的语句。

ALTER TABLE tb_bookinfo AUTO_INCREMENT=100;

5.2.4　修改表名

重命名数据表使用 RENAME TABLE 语句，语法如下：

RENAME TABLE 数据表名 1 To 数据表名 2

说明

该语句可以同时对多个数据表进行重命名，多个表之间以逗号"，"分隔。

【例 5.06】 删除重命名后的图书信息表的副本 tb_books。代码如下：(实例位置：资源包 \ 源码 \05\5.06)

```
RENAME TABLE tb_bookinfobak To tb_books;
```

执行效果如图 5.13 所示。

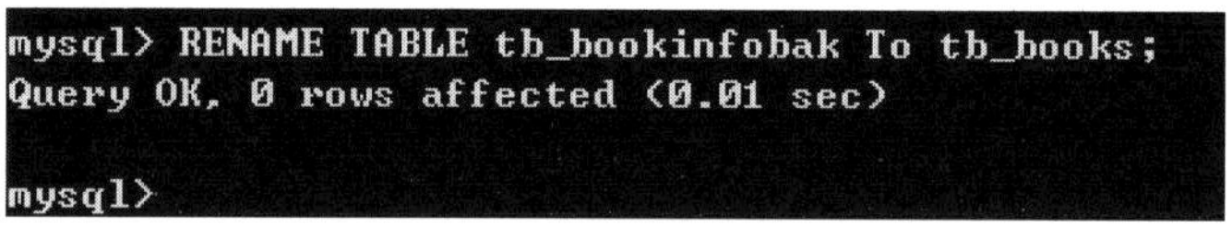

```
mysql> RENAME TABLE tb_bookinfobak To tb_books;
Query OK, 0 rows affected (0.01 sec)

mysql>
```

图 5.13 对数据表进行重命名

5.3 删 除 表

删除数据表的操作很简单，同删除数据库的操作类似，使用 DROP TABLE 语句即可实现。语法如下：

```
DROP TABLE 数据表名；
```

【例 5.07】 删除重命名后的图书信息表的副本 tb_books。代码如下：(实例位置：资源包 \ 源码 \05\5.07)

```
DROP TABLE tb_books;
```

执行效果如图 5.14 所示。

```
mysql> DROP TABLE tb_books;
Query OK, 0 rows affected (0.01 sec)

mysql>
```

图 5.14 删除数据表

注意

删除数据表的操作应该谨慎使用。一旦删除了数据表，那么表中的数据将会全部清除，没有备份则无法恢复。

在删除数据表的过程中，删除一个不存在的表将会产生错误，如果在删除语句中加入 IF EXISTS 关键字就不会出错了。格式如下：

```
DROP TABLE IF EXISTS 数据表名；
```

5.4　定　义　约　束

5.4.1　定义主键约束

主键可以是表中的某一列，也可以是表中多个列所构成的一个组合；其中，由多个列组合而成的主键也称为复合主键。在 MySQL 中，主键列必须遵守以下规则。

（1）每一个表只能定义一个主键。

（2）唯一性原则。主键的值，也称键值，必须能够唯一标识表中的每一行记录，且不能为 NULL。也就是说一张表中两个不同的行在主键上不能具有相同的值。

（3）最小化规则。复合主键不能包含不必要的多余列。也就是说，当从一个复合主键中删除一列后，如果剩下的列构成的主键仍能满足唯一性原则，那么这个复合主键是不正确的。

（4）一个列名在复合主键的列表中只能出现一次。

在 MySQL 中，可以在 CREATE TABLE 或者 ALTER TABLE 语句中，使用 PRIMARY KEY 子句来创建主键约束，其实现方式有以下两种。

1. 作为列的完整性约束

在表的某个列的属性定义时，加上关键字 PRIMARY KEY 实现。

【例 5.08】　在创建管理员信息表 tb_manager 时，将 id 字段设置为主键。代码如下：（实例位置：资源包 \ 源码 \05\5.08）

```
CREATE TABLE tb_manager(
 id int(10) unsigned NOT NULL AUTO_INCREMENT PRIMARY KEY,
 name varchar(30),
 PWD varchar(30)
);
```

运行上述代码，其结果如图 5.15 所示。

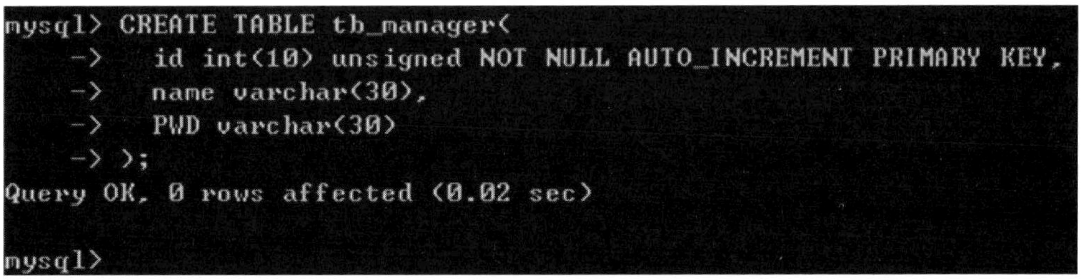

```
mysql> CREATE TABLE tb_manager(
    ->     id int(10) unsigned NOT NULL AUTO_INCREMENT PRIMARY KEY,
    ->     name varchar(30),
    ->     PWD varchar(30)
    -> );
Query OK, 0 rows affected (0.02 sec)

mysql>
```

图 5.15　将 id 字段设置为主键

2. 作为表的完整性约束

在表的所有列的属性定义后，加上 PRIMARY KEY(index_col_name,…) 子句实现。

【例 5.09】　使用带标号的 For 循环和带标号的 continue 语句输出九九乘法表。代码如下：（实例位置：资源包 \ 源码 \05\5.09）

```
create table tb_student (
id int auto_increment,
name varchar(30) not null,
sex varchar(2),
classid int not null,
birthday date,
PRIMARY KEY (id,classid)
);
```

运行上述代码，其结果如图 5.16 所示。

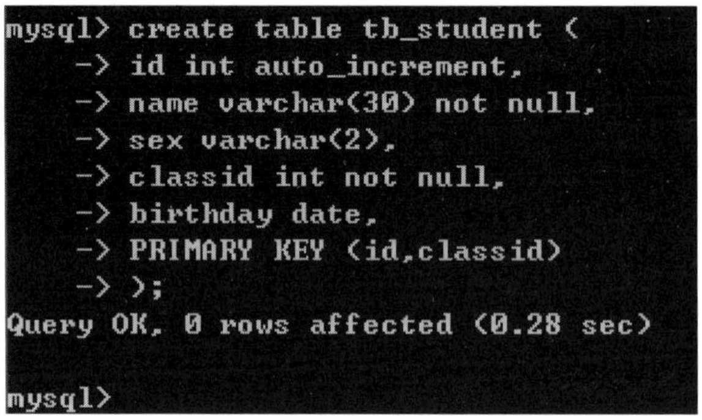

图 5.16　将 id 字段和 classid 字段设置为主键

说明

　　如果主键仅由表中的某一列所构成，那么以上两种方法均可以定义主键约束；如果主键由表中多个列所构成，那么只能用第二种方法定义主键约束。另外，定义主键约束后，MySQL 会自动为主键创建一个唯一索引，默认名为 PRIMARY，也可以修改为其他名称。

5.4.2　定义候选键约束

　　如果一个属性集能唯一标识元组，且又不含有多余的属性，那么这个属性集称为关系的候选键。例如，在包含学号、姓名、性别、年龄、院系、班级等列的"学生信息表"中，"学号"能够标识一名学生，因此，它可以作为候选键，而如果规定，不允许有同名的学生，那么姓名也可以作为候选键。

　　候选键可以是表中的某一列，也可以是表中多个列所构成的一个组合。任何时候，候选键的值必须是唯一的，且不能为空（NULL）。候选键可以在 CREATE TABLE 或者 ALTER TABLE 语句中使用关键字 UNIQUE 来定义，其实现方法与主键约束类似，也是可作为列的完整性约束或者表的完整性约束两种方式。

　　在 MySQL 中，候选键与主键之间存在以下两点区别。

　　（1）一个表只能创建一个主键，但可以定义若干个候选键。

　　（2）定义主键约束时，系统会自动创建 PRIMARY KEY 索引，而定义候选键约束时，系统会自动创建 UNIQUE 索引。

　　【例 5.10】　创建图书信息表，将书名字段设置为候选键约束，代码如下：（实例位置：资源包 \ 源码 \05\5.10）

```
CREATE TABLE tb_bookinfobak (
  barcode varchar(30),
  bookname varchar(70) UNIQUE,
  typeid int(10) unsigned,
  author varchar(30),
  ISBN varchar(20),
  price float(8,2),
  page int(10) unsigned,
  bookcase int(10) unsigned,
  inTime date,
  del tinyint(1) DEFAULT '0' ,
  id int(11) NOT NULL
);
```

运行上述代码，其结果如图 5.17 所示。

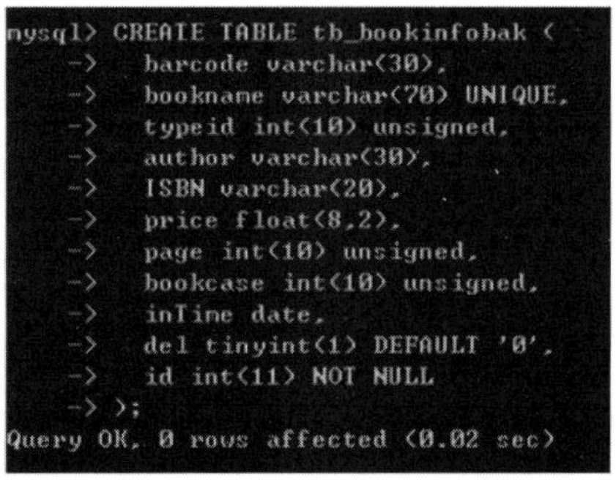

图 5.17　将 bookname 字段设置为候选键

5.4.3　定义非空约束

在 MySQL 中，非空约束可以通过在 CREATE TABLE 或 ALTER TABLE 语句中，某个列定义后面加上关键字 NOT NULL 来定义，用来约束该列的取值不能为空。

【例 5.11】 为 id 字段添加非空约束，代码如下：（实例位置：光盘 \ 源码 \05\5.11 ）

```
CREATE TABLE tb_manager1(
  id int(10) unsigned NOT NULL AUTO_INCREMENT PRIMARY KEY,
  name varchar(30),
  PWD varchar(30)
);
```

运行上述代码，其结果如图 5.18 所示。

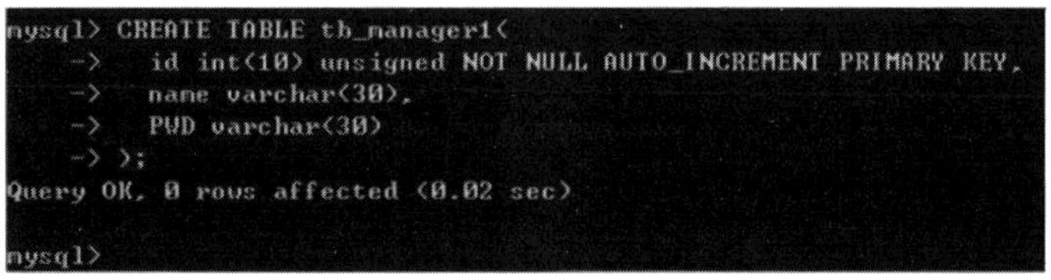

图 5.18　为 id 字段添加非空约束

5.4.4　定义 CHECK 约束

与非空约束一样，CHECK 约束也可以通过在 CREATE TABLE 或 ALTER TABLE 语句中，根据用户的实际完整性要求来定义。它可以分别对列或表实施 CHECK 约束，其中使用的语法如下：

```
CHECK(expr)
```

其中，expr 是一个 SQL 表达式，用于指定需要检查的限定条件。在更新表数据时，MySQL 会检查更新后的数据行是否满足 CHECK 约束中的限定条件。该限定条件可以是简单的表达式，也可以复杂的表达式（如子查询）。

下面将分别介绍如何对列和表实施 CHECK 约束。

（1）对列实施 CHECK 约束

将 CHECK 子句置于表的某个列的定义之后就是对列实施 CHECK 约束。下面将通过一个具体的实例来说明如何对列实施 CHECK 约束。

【例 5.12】　在创建学生信息表 tb_student，限制其 age 字段的值只能是 7～18 之间（不包括 18）的数，代码如下：（实例位置：资源包 \ 源码 \05\5.12）

```
create table tb_student (
id int auto_increment,
name varchar(30) not null,
sex varchar(2),
age int not null CHECK(age>6 and age<18),
remark varchar(100),
primary key (id)
);
```

运行上述代码，其结果如图 5.19 所示。

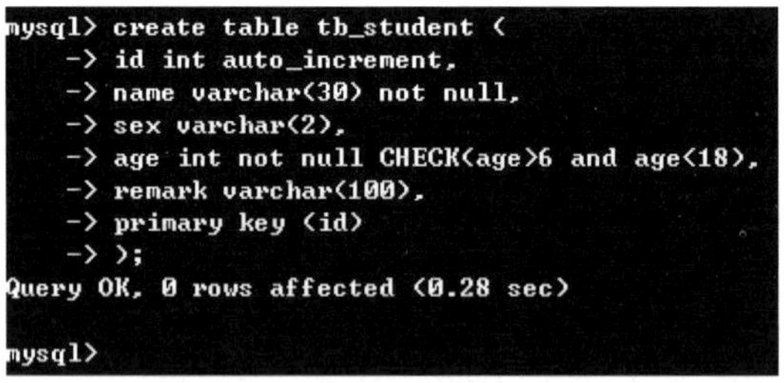

图 5.19　对列实施 CHECK 约束

> **说明**
>
> 目前的 MySQL 版本只是对 CHECK 约束进行了分析处理，但会被直接忽略，并不会报错。

（2）对表实施 CHECK 约束

将 CHECK 子句置于表中所有列的定义以及主键约束和外键定义之后就是对表实施 CHECK 约束。下面将通过一个具体的实例来说明如何对表实施 CHECK 约束。

【例 5.13】　使用带标号的 For 循环和带标号的 continue 语句输出九九乘法表。代码如下:(实例位置: 资源包 \ 源码 \05\5.13)

```
CREATE TABLE tb_bookinfo1 (
  barcode varchar(30),
  bookname varchar(70) UNIQUE,
  typeid int(10) unsigned,
  author varchar(30),
  ISBN varchar(20),
  price float(8,2),
  page int(10) unsigned,
  bookcase int(10) unsigned,
  inTime date,
  del tinyint(1) DEFAULT '0',
  id int(11) NOT NULL,
  CHECK(typeid IN (SELECT id FROM tb_booktype))
);
```

运行上述代码,其结果如图 5.20 所示。

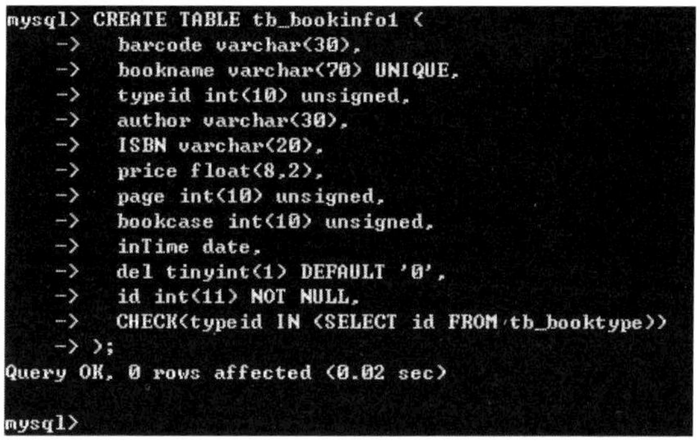

图 5.20　对表实施 CHECK 约束

5.5　小　　结

本章主要介绍了对 MySQL 表结构进行管理的相关内容。主要包括如何创建、修改和删除表,以及设置约束等内容。其中,最常用的是创建表和定义约束的方法,这也是本章的重点。对于修改表结构和删除表的操作不太常用,但是也需要了解。做到在需要时知道使用哪些语句实现就可以了。

第 **6** 章

存储引擎及数据类型

（ 视频讲解：12 分钟）

　　使用存储引擎可以加快查询的速度，并且每一种引擎都存在不同的含义。MySQL 的数据类型是数据的一种属性，其可以决定数据的存储格式、有效范围和相应的限制。并且可以让读者了解如何选择合适的数据类型。本章将对 MySQL 的存储引擎和数据类型的使用进行详细的讲解。

　　学习摘要：

▸▸ 了解 MySQL 存储引擎

▸▸ 了解如何查询 MySQL 中支持的存储引擎

▸▸ 掌握如何选择存储引擎

▸▸ 掌握设置数据表的存储引擎的方法

▸▸ 掌握 MySQL 的数据类型

6.1　MySQL 存储引擎

存储引擎其实就是如何存储数据、如何为存储的数据建立索引和如何更新、查询数据等技术的实现方法。因为在关系数据库中数据的存储是以表的形式存储的，所以存储引擎也可以称为表类型（即存储和操作此表的类型）。在 Oracle 和 SQL Server 等数据库中只有一种存储引擎，所有数据存储管理机制都是一样的。而 MySQL 数据库提供了多种存储引擎。用户可以根据不同的需求为数据表选择不同的存储引擎，用户也可以根据需要编写自己的存储引擎。

6.1.1　什么是 MySQL 存储引擎

MySQL 中的数据用各种不同的技术存储在文件（或者内存）中。这些技术中的每一种技术都使用不同的存储机制、索引技巧、锁定水平并且最终提供广泛的不同的功能和能力。通过选择不同的技术，读者能够获得额外的速度或者功能，从而改善读者的应用的整体功能。

这些不同的技术以及配套的相关功能在 MySQL 中被称作存储引擎（也称作表类型）。MySQL 默认配置了许多不同的存储引擎，可以预先设置或者在 MySQL 服务器中启用。读者可以选择适用于服务器、数据库和表格的存储引擎，以便在选择如何存储信息、如何检索这些信息以及需要的数据结合什么性能和功能的时候为其提供最大的灵活性。

6.1.2　查询 MySQL 中支持的存储引擎

1. 查询支持的全部存储引擎

在 MySQL 中，可以使用 SHOW ENGINES 语句查询 MySQL 中支持的存储引擎。其查询语句如下：

```
SHOW ENGINES;
```

SHOW ENGINES 语句可以用"；"结束，也可以用"\g"或者"\G"结束。"\g"与"；"的作用是相同的，"\G"可以让结果显示得更加美观。

使用 SHOW ENGINES \g 语句查询的结果如图 6.1 所示。

使用 SHOW ENGINES \G 语句查询的结果如图 6.2 所示。

查询结果中的 Engine 参数指的是存储引擎的名称；Support 参数指的是 MySQL 是否支持该类引擎，YES 表示支持；Comment 参数指对该引擎的评论。

从查询结果中可以看出，MySQL 支持多个存储引擎，其中 InnoDB 为默认存储引擎。

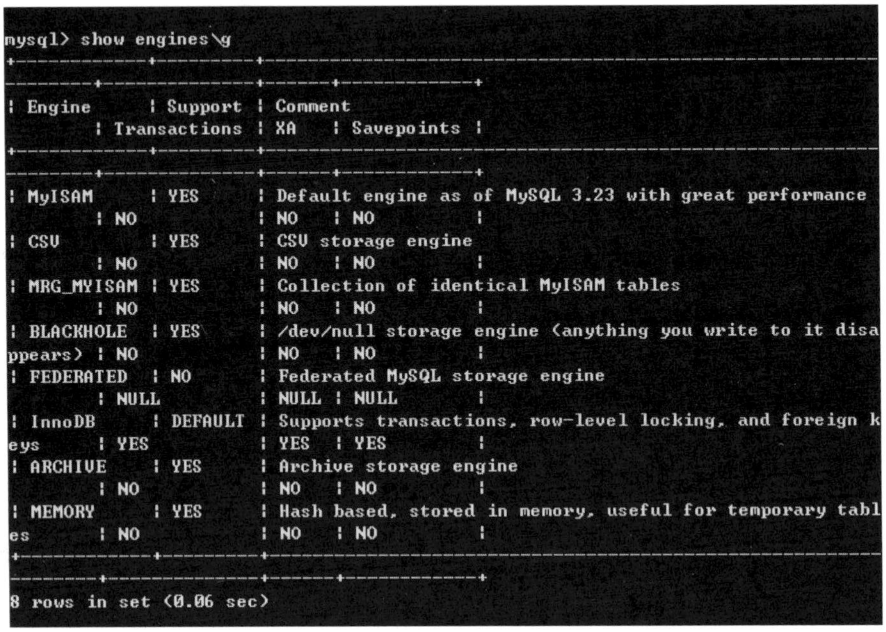

```
mysql> show engines\g
+------------+---------+-------------------------------------------------------
-----------+--------------+------+------------+
| Engine     | Support | Comment
           | Transactions | XA   | Savepoints |
+------------+---------+-------------------------------------------------------
-----------+--------------+------+------------+
| MyISAM     | YES     | Default engine as of MySQL 3.23 with great performance
           | NO           | NO   | NO         |
| CSV        | YES     | CSV storage engine
           | NO           | NO   | NO         |
| MRG_MYISAM | YES     | Collection of identical MyISAM tables
           | NO           | NO   | NO         |
| BLACKHOLE  | YES     | /dev/null storage engine (anything you write to it disa
ppears)    | NO           | NO   | NO         |
| FEDERATED  | NO      | Federated MySQL storage engine
           | NULL         | NULL | NULL       |
| InnoDB     | DEFAULT | Supports transactions, row-level locking, and foreign k
eys        | YES          | YES  | YES        |
| ARCHIVE    | YES     | Archive storage engine
           | NO           | NO   | NO         |
| MEMORY     | YES     | Hash based, stored in memory, useful for temporary tabl
es         | NO           | NO   | NO         |
+------------+---------+-------------------------------------------------------
-----------+--------------+------+------------+
8 rows in set (0.06 sec)
```

图 6.1　使用 SHOW ENGINES \g 语句查询 MySQL 中支持的存储引擎

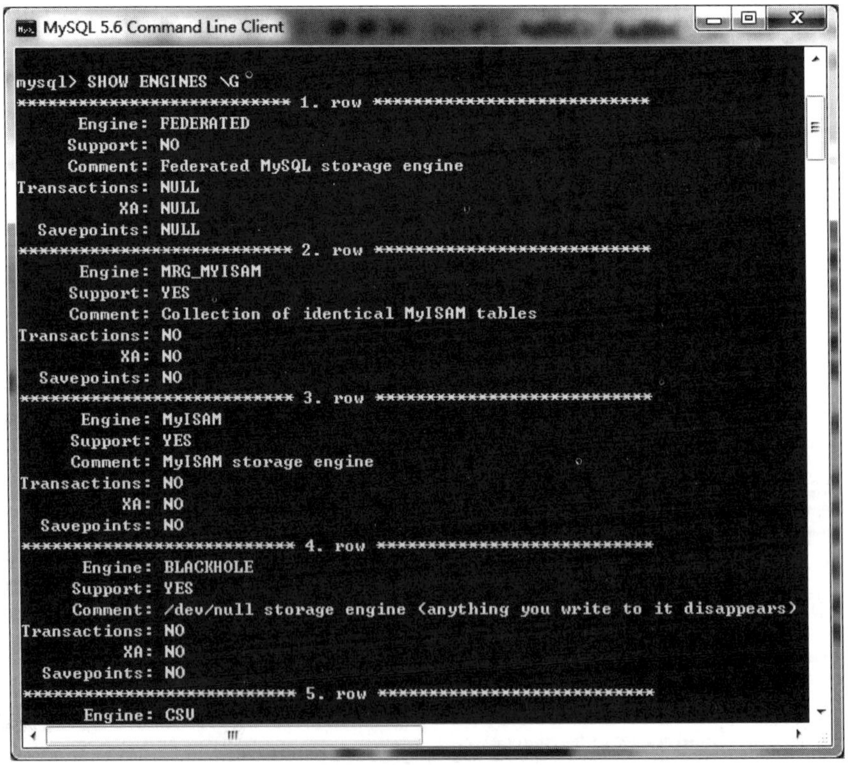


```
mysql> SHOW ENGINES \G
*************************** 1. row ***************************
      Engine: FEDERATED
     Support: NO
     Comment: Federated MySQL storage engine
Transactions: NULL
          XA: NULL
  Savepoints: NULL
*************************** 2. row ***************************
      Engine: MRG_MYISAM
     Support: YES
     Comment: Collection of identical MyISAM tables
Transactions: NO
          XA: NO
  Savepoints: NO
*************************** 3. row ***************************
      Engine: MyISAM
     Support: YES
     Comment: MyISAM storage engine
Transactions: NO
          XA: NO
  Savepoints: NO
*************************** 4. row ***************************
      Engine: BLACKHOLE
     Support: YES
     Comment: /dev/null storage engine (anything you write to it disappears)
Transactions: NO
          XA: NO
  Savepoints: NO
*************************** 5. row ***************************
      Engine: CSV
```

图 6.2　使用 SHOW ENGINES \G 语句查询 MySQL 中支持的存储引擎

2. 查询默认的存储引擎

如果想要知道当前 MySQL 服务器采用的默认存储引擎，可以通过执行 SHOW VARIABLES 命令来查看。查询默认的存储引擎的 SQL 如下：

```
SHOW VARIABLES LIKE 'storage_engine%';
```

【例 6.01】　查询默认的存储引擎。代码如下：（实例位置：资源包 \ 源码 \06\6.01）

```
SHOW VARIABLES LIKE 'storage_engine%';
```

执行效果如图 6.3 所示。

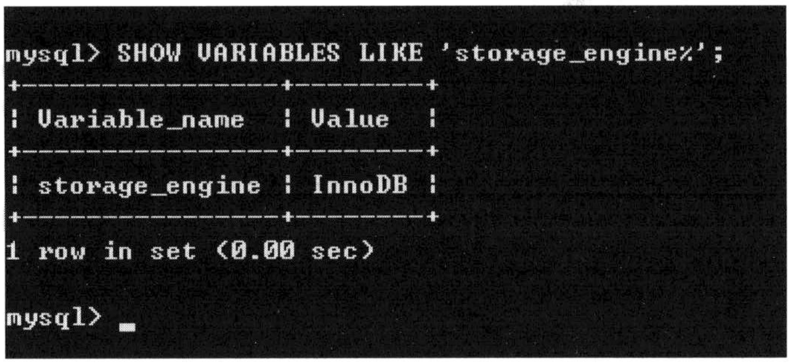

图 6.3　查询默认的存储引擎

从图 6.3 中可以看出，当前 MySQL 服务器采用的默认存储引擎是 InnoDB。

有些表根本不用来存储长期数据，实际上用户需要完全在服务器的 RAM 或特殊的临时文件中创建和维护这些数据，以确保高性能，但这样也存在很高的不稳定风险。还有一些表只是为了简化对一组相同表的维护和访问，为同时与所有这些表交互提供一个单一接口。另外还有其他一些特别用途的表，但重点是：MySQL 支持很多类型的表，每种类型都有自己特定的作用、优点和缺点。MySQL 还相应地提供了很多不同的存储引擎，可以以最适合于应用需求的方式存储数据。MySQL 有多个可用的存储引擎，下面主要介绍 InnoDB、MyISAM 和 MEMEORY3 种存储引擎。

6.1.3　InnoDB 存储引擎

InnoDB 已经开发了十余年，遵循 CNU 通用公开许可（GPL）发行。InnoDB 已经被一些重量级因特网公司所采用，如雅虎、Slashdot 和 Google，为用户操作非常大的数据库提供了一个强大的解决方案。InnoDB 给 MySQL 的表提供了事务、回滚、崩溃修复能力和多版本并发控制的事务安全。MySQL 从 3.23.34a 版本开始包含 InnoDB 存储引擎。InnoDB 是 MySQL 的上第一个提供外键约束的表引擎，而且 InnoDB 对事务处理的能力，也是 MySQL 的其他存储引擎所无法比拟的。下面介绍 InnoDB 存储引擎的特点及其优缺点。

InnoDB 存储引擎中支持自动增长列 AUTO_INCREMENT。自动增长列的值不能为空，且值必须唯一。MySQL 中规定自增列必须为主键。在插入值时，如果自动增长列不输入值，或者输入的值为 0 或空（NULL），则插入的值为自动增长后的值；如果插入某个确定的值，且该值在前面没有出现过，则可以直接插入。

InnoDB 存储引擎中支持外键（FOREIGN KEY）。外键所在的表为子表，外键所依赖的表为父表。父表中被子表外键关联的字段必须为主键。当删除、更新父表的某条信息时，子表也必须有相应的改变。InnoDB 存储引擎中，创建的表的表结构存储在 .frm 文件中。数据和索引存储在 innodb_data_home_dir 和 innodb_data_file_path 表空间中。

InnoDB 存储引擎的优势在于提供了良好的事务管理、崩溃修复能力和并发控制；缺点是其读写效率稍差，占用的数据空间相对比较大。

InnoDB 表是如下情况的理想引擎。

（1）更新密集的表：InnoDB 存储引擎特别适合处理多重并发的更新请求。

（2）事务：InnoDB 存储引擎是唯一支持事务的标准 MySQL 存储引擎，这是管理敏感数据（如金融信息和用户注册信息）的必需软件。

（3）自动灾难恢复：与其他存储引擎不同，InnoDB 表能够自动从灾难中恢复。虽然 MyISAM 表也能在灾难后修复，但其过程要长得多。

Oracle 的 InnoDB 存储引擎广泛应用于基于 MySQL 的 Web、电子商务、金融系统、健康护理以及零售应用。因为 InnoDB 可提供高效的 ACID，即独立性（Atomicity）、一致性（Consistency）、隔离性（Isolation）、持久性（Durability）的兼容事务处理能力，以及独特的高性能和具有可扩展性的构架要素。

另外，InnoDB 设计用于事务处理应用，这些应用需要处理崩溃恢复、参照完整性、高级别的用户并发数，以及响应时间超时服务水平合同。在 MySQL 5.5 中，最显著的增强性能是将 InnoDB 作为默认的存储引擎。在 MyISAM 以及其他表类型依然可用的情况下，用户无须更改配置，就可构建基于 InnoDB 的应用程序。

6.1.4　MyISAM 存储引擎

MyISAM 存储引擎是 MySQL 中常见的存储引擎，曾是 MySQL 的默认存储引擎。MyISAM 存储引擎是基于 ISAM 存储引擎发展起来的，它弥补了 ISAM 的很多不足，增加了很多有用的扩展。

1. MyISAM 存储引擎的文件类型

MyISAM 存储引擎的表存储成 3 个文件。文件的名字与表名相同，扩展名包括 FRM、MYD 和 MYI。

- ☑ FRM：存储表的结构。
- ☑ MYD：存储数据，是 MYData 的缩写。
- ☑ MYI：存储索引，是 MYIndex 的缩写。

2. MyISAM 存储引擎的存储格式

基于 MyISAM 存储引擎的表支持 3 种不同的存储格式，包括静态型、动态型和压缩型。

（1）MyISAM 静态

如果所有表列的大小都是静态的（即不使用 xBLOB、xTEXT 或 VARCHAR 数据类型），MySQL

就会自动使用静态 MyISAM 格式。使用这种类型的表性能非常高，因为在维护和访问以预定义格式存储的数据时需要很低的开销。但是，这项优点要以空间为代价，因为每列都需要分配给该列的最大空间，而无论该空间是否真正地被使用。

（2）MyISAM 动态

如果有表列（即使只有一列）定义为动态的（即使用 xBLOB、xTEXT 或 VARCHAR 数据类型），MySQL 就会自动使用动态格式。虽然 MyISAM 动态表占用的空间比静态格式所占空间少，但空间的节省带来了性能的下降。如果某个字段的内容发生改变，则其位置很可能就需要移动，这会导致碎片的产生。随着数据集中的碎片增加，数据访问性能就会相应降低。这个问题有两种修复方法：

① 尽可能使用静态数据类型。

② 经常使用 OPTIMIZE TABLE 语句，它会整理表的碎片，恢复由于表更新和删除而导致的空间丢失。

（3）MyISAM 压缩

有时会创建在整个应用程序生命周期中都只读的表。如果是这种情况，就可以使用 myisampack 工具将其转换为 MyISAM 压缩表来减少空间。在给定硬件配置（如快速的处理器和低速的硬盘驱动器）下，性能的提升将相当显著。

3．MyISAM 存储引擎的优缺点

MyISAM 存储引擎的优势在于占用空间小，处理速度快；缺点是不支持事务的完整性和并发性。

6.1.5　MEMORY 存储引擎

MEMORY 存储引擎是 MySQL 中的一类特殊的存储引擎。它使用存储在内存中的内容来创建表，而且所有数据也放在内存中。这些特性都与 InnoDB 存储引擎、MyISAM 存储引擎不同。下面将对 MEMORY 存储引擎的文件存储形式、索引类型、存储周期和优缺点等进行讲解。

1．MEMORY 存储引擎的文件存储形式

每个基于 MEMORY 存储引擎的表实际对应一个磁盘文件。该文件的文件名与表名相同，类型为 FRM。该文件中只存储表的结构，而其数据文件都存储在内存中。这样有利于对数据的快速处理，提高整个表的处理效率。值得注意的是，服务器需要有足够的内存来维持 MEMORY 存储引擎的表的使用。如果不再需要使用，可以释放这些内容，甚至可以删除不需要的表。

2．MEMORY 存储引擎的索引类型

MEMORY 存储引擎默认使用哈希（HASH）索引，其速度要比使用 B 型树（BTREE）索引快。如果读者希望使用 B 型树索引，可以在创建索引时选择使用。

3．MEMORY 存储引擎的存储周期

MEMORY 存储引擎通常很少用到。因为 MEMORY 表的所有数据是存储在内存上的，如果内

存出现异常就会影响数据的完整性。如果重启机器或者关机，表中的所有数据将消失。因此，基于 MEMORY 存储引擎的表生命周期很短，一般都是一次性的。

4．MEMORY 存储引擎的优缺点

MEMORY 表的大小是受到限制的，主要取决于两个参数，分别是 max_rows 和 max_heap_table_size。其中，max_rows 可以在创建表时指定；max_heap_table_size 的大小默认为 16MB，可以按需要进行扩大。因此，其基于内存中的特性，这类表的处理速度会非常快，但是，其数据易丢失，生命周期短。

创建 MySQL MEMORY 存储引擎的出发点是速度。为得到最短的响应时间，采用的逻辑存储介质是系统内存。虽然在内存中存储表数据确实会提高性能，但要记住，当 mysqld 守护进程崩溃时，所有的 MEMORY 数据都会丢失。

MEMORY 表不支持 VARCHAR、BLOB 和 TEXT 数据类型，因为这种表类型按固定长度的记录格式存储。此外，如果使用 MySQL 4.1.0 之前的版本，则不支持自动增加列（通过 AUTO_INCREMENT 属性）。当然，要记住 MEMORY 表只用于特殊的范围，不会用于长期存储数据。基于其这个缺陷，选择 MEMORY 存储引擎时要特别小心。

当数据有如下情况时，可以考虑使用 MEMORY 表。

（1）暂时：目标数据只是临时需要，在其生命周期中必须立即可用。

（2）相对无关：存储在 MEMORY 表中的数据如果突然丢失，不会对应用服务产生实质的负面影响，而且不会对数据完整性有长期影响。

如果使用 MySQL 4.1 及其之前版本，MEMORY 的搜索比 MyISAM 表的搜索效果要低，因为 MEMORY 表只支持散列索引，这需要使用整个键进行搜索。但是，4.1 之后的版本同时支持散列索引和 B 型树索引。B 型树索引优于散列索引的是，可以使用部分查询和通配查询，也可以使用 <、> 和 >= 等操作符方便数据挖掘。

6.1.6　如何选择存储引擎

每种存储引擎都有各自的优势，不能笼统地说谁比谁更好，只有适合不适合。下面根据其不同的特性，给出选择存储引擎的建议。

☑　InnoDB 存储引擎：用于事务处理应用程序，具有众多特性，包括 ACID 事务支持、支持外键。同时支持崩溃修复能力和并发控制。如果对事务的完整性要求比较高，要求实现并发控制，那选择 InnoDB 存储引擎有其很大的优势。如果频繁地更新、删除数据库，也可以选择 InnoDB 存储引擎。因为该类存储引擎可以实现事务的提交（Commit）和回滚（Rollback）。

☑　MyISAM 存储引擎：管理非事务表，它提供高速存储和检索，以及全文搜索能力。MyISAM 存储引擎插入数据快，空间和内存使用比较低。如果表主要是用于插入新记录和读出记录，那么选择 MyISAM 存储引擎能实现处理的高效率。如果应用的完整性、并发性要求很低，也可以选择 MyISAM 存储引擎。

☑　MEMORY 存储引擎：MEMORY 存储引擎提供"内存中"表，MEMORY 存储引擎的所有数

据都在内存中，数据的处理速度快，但安全性不高。如果需要很快的读写速度，对数据的安全性要求较低，可以选择 MEMORY 存储引擎。MEMORY 存储引擎对表的大小有要求，不能建太大的表。所以，这类数据库只使用相对较小的数据库表。

以上存储引擎的选择建议是根据不同存储引擎的特点提出的，并不是绝对的。实际应用中还需要根据实际情况进行分析。

6.1.7 设置数据表的存储引擎

下面创建 db_database03 数据库文件，在数据库中创建 3 个数据表，并分别为其设置不同的存储引擎。以此来诠释这 3 种不同存储引擎创建的数据表文件有什么区别。

（1）创建 tb_001 数据表，设置存储引擎为 MyISAM，生成的数据表文件如图 6.4 所示，由 3 个不同后缀的文件组成。

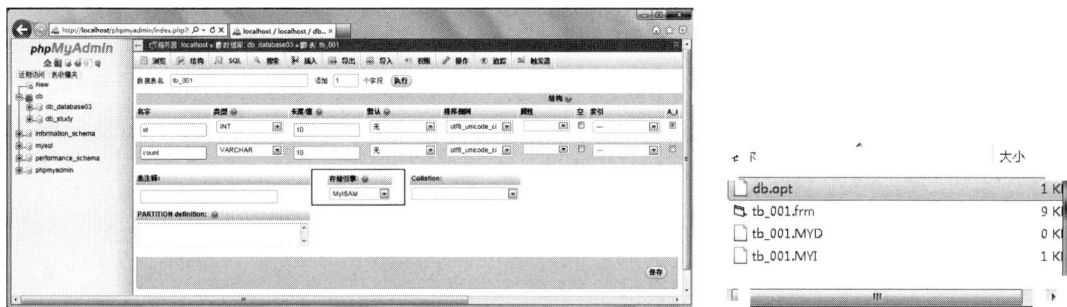

图 6.4 创建 tb_001 数据表及生成的数据表文件

（2）创建 tb_002 数据表，设置存储引擎为 MEMORY，生成的数据表文件如图 6.5 所示，只有一个 frm 为后缀的文件。

图 6.5　创建 tb_002 数据表及生成的数据表文件

（3）创建 tb_003 数据表，设置存储引擎为 InnoDB，生成的数据表文件如图 6.6 所示，同样也由一个后缀为 frm 的文件组成。

图 6.6　创建 tb_003 数据表及生成的数据表文件

6.2　MySQL 数据类型

在 MySQL 数据库中，每一条数据都有其数据类型。MySQL 支持的数据类型，主要分成 3 类：数字类型、字符串（字符）类型、日期和时间类型。

6.2.1　数字类型

MySQL 支持所有的 ANSI/ISO SQL 92 数字类型。这些类型包括准确数字的数据类型（NUMERIC、DECIMAL、INTEGER 和 SMALLINT），还包括近似数字的数据类型（FLOAT、REAL 和 DOUBLE PRECISION）。其中的关键词 INT 是 INTEGER 的同义词，关键词 DEC 是 DECIMAL 的同义词。

数字类型总体可以分成整型和浮点型两类，详细内容如表 6.1 和表 6.2 所示。

表 6.1　整数数据类型

数 据 类 型	取 值 范 围	说　明	单　位
TINYINT	符号值：−127 ～ 127 无符号值：0 ～ 255	最小的整数	1 字节
BIT	符号值：−127 ～ 127 无符号值：0 ～ 255	最小的整数	1 字节
BOOL	符号值：−127 ～ 127 无符号值：0 ～ 255	最小的整数	1 字节
SMALLINT	符号值：−32768 ～ 32767 无符号值：0 ～ 65535	小型整数	2 字节
MEDIUMINT	符号值：−8388608 ～ 8388607 无符号值：0 ～ 16777215	中型整数	3 字节
INT	符号值：−2147683648 ～ 2147683647 无符号值：0 ～ 4294967295	标准整数	4 字节
BIGINT	符号值：−9223372036854775808 ～ 9223372036854775807 无符号值：0 ～ 18446744073709551615	大整数	8 字节

表 6.2　浮点数据类型

数 据 类 型	取 值 范 围	说　　明	单　　位
FLOAT	+(–)3.402823466E+38	单精度浮点数	8 或 4 字节
DOUBLE	+(–)1.7976931348623157E+308 +(–)2.2250738585072014E-308	双精度浮点数	8 字节
DECIMAL	可变	一般整数	自定义长度

说明

在创建表时，使用哪种数字类型，应遵循以下原则。

（1）选择最小的可用类型，如果值永远不超过 127，则使用 TINYINT 比 INT 强。

（2）对于完全都是数字的，可以选择整数类型。

（3）浮点类型用于可能具有小数部分的数。例如货物单价、网上购物交付金额等。

6.2.2　字符串类型

字符串类型可以分为 3 类：普通的文本字符串类型（CHAR 和 VARCHAR）、可变类型（TEXT 和 BLOB）和特殊类型（SET 和 ENUM）。它们之间都有一定的区别，取值的范围不同，应用范围也不同。

（1）普通的文本字符串类型，即 CHAR 和 VARCHAR 类型，CHAR 列的长度被固定为创建表所声明的长度，取值在 1 ~ 255 之间；VARCHAR 列的值是变长的字符串，取值和 CHAR 一样。下面介绍普通的文本字符串类型如表 6.3 所示。

表 6.3　常规字符串类型

类　　型	取 值 范 围	说　　明
[national] char(M) [binary|ASCII|unicode]	0 ~ 255 个字符	固定长度为 M 的字符串，其中 M 的取值范围为 0 ~ 255。National 关键字指定了应该使用的默认字符集。Binary 关键字指定了数据是否区分大小写（默认是区分大小写的）。ASCII 关键字指定了在该列中使用 latin1 字符集。Unicode 关键字指定了使用 UCS 字符集
char	0 ~ 255 个字符	Char(M) 类似
[national] varchar(M) [binary]	0 ~ 255 个字符	长度可变，其他和 char(M) 类似

（2）TEXT 和 BLOB 类型。它们的大小可以改变，TEXT 类型适合存储长文本，而 BLOB 类型适合存储二进制数据，支持任何数据，例如文本、声音和图像等。下面介绍 TEXT 和 BLOB 类型，如表 6.4 所示。

表 6.4　TEXT 和 BLOB 类型

类　　型	最大长度（字节数）	说　　明
TINYBLOB	2^8～1(225)	小 BLOB 字段
TINYTEXT	2^8～1(225)	小 TEXT 字段
BLOB	2^16～1(65535)	常规 BLOB 字段
TEXT	2^16～1(65535)	常规 TEXT 字段
MEDIUMBLOB	2^24～1(16777215)	中型 BLOB 字段
MEDIUMTEXT	2^24～1(16777215)	中型 TEXT 字段
LONGBLOB	2^32～1(4294967295)	长 BLOB 字段
LONGTEXT	2^32～1(4 294967295)	长 TEXT 字段

（3）特殊类型 SET 和 ENUM

特殊类型 SET 和 ENUM 的介绍如表 6.5 所示。

表 6.5　ENUM 和 SET 类型

类　　型	最　大　值	说　　明
Enum ("value1", "value2", …)	65535	该类型的列只可以容纳所列值之一或为 NULL
Set ("value1", "value2", …)	64	该类型的列可以容纳一组值或为 NULL

说明

在创建表时，使用字符串类型时应遵循以下原则。

（1）从速度方面考虑，要选择固定的列，可以使用 CHAR 类型。

（2）要节省空间，使用动态的列，可以使用 VARCHAR 类型。

（3）要将列中的内容限制在一种选择，可以使用 ENUM 类型。

（4）允许在一个列中有多于一个的条目，可以使用 SET 类型。

（5）如果要搜索的内容不区分大小写，可以使用 TEXT 类型。

（6）如果要搜索的内容区分大小写，可以使用 BLOB 类型。

6.2.3　日期和时间数据类型

日期和时间类型包括：DATETIME、DATE、TIMESTAMP、TIME 和 YEAR。其中的每种类型都有其取值的范围，如赋予它一个不合法的值，那么它的值将会被 "0" 代替。下面介绍日期和时间数据类型，如表 6.6 所示。

表 6.6　日期和时间数据类型

类　　型	取 值 范 围	说　　明
DATE	1000-01-01　9999-12-31	日期，格式 YYYY-MM-DD
TIME	-838:58:59　835:59:59	时间，格式 HH：MM：SS
DATETIME	1000-01-01 00:00:00 9999-12-31 23:59:59	日期和时间，格式 YYYY-MM-DD HH：MM：SS
TIMESTAMP	1970-01-01 00:00:00 2037 年的某个时间	时间标签，在处理报告时使用显示格式取决于 M 的值
YEAR	1901-2155	年份可指定两位数字和 4 位数字的格式

在 MySQL 中，日期的顺序是按照标准的 ANSISQL 格式进行输出的。

6.3　小　　结

本章对 MySQL 存储引擎和数据类型分别进行了详细讲解，并通过举例说明，使读者更好地理解所学知识的用法。在阅读本章时，读者应该重点掌握什么类型的表适合什么类型的存储引擎，同时对 MySQL 中的数据类型也要有一定的了解，为以后设计数据表时，能够合理地选择所使用的数据类型。

第 **7** 章

表记录的更新操作

（视频讲解：19 分钟）

表记录的更新操作主要包括向表中插入记录、修改表中的记录，以及删除表中的记录等。下面将详细介绍在 MySQL 中实现对表记录进行更新操作的方法。

学习摘要：

▸▸ 掌握如何向数据库表中插入单条记录

▸▸ 掌握如何批量插入多条记录

▸▸ 掌握修改表记录的方法

▸▸ 掌握如何使用 DELETE 语句删除表记录

▸▸ 掌握清空表记录的方法

7.1 插入表记录

视频讲解

在建立一个空的数据库和数据表时，首先需要考虑的是如何向数据表中添加数据，该操作可以使用 INSERT 语句来完成。使用 INSERT 语句可以向一个已有数据表插一行或者多行数据。下面将分别进行介绍。

7.1.1 使用 INSERT...VALUES 语句插入新记录

使用 INSERT...VALUES 语句插入数据，是 INSERT 语句的最常用的语法格式。它的语法格式如下：

```
INSERT [LOW_PRIORITY | DELAYED | HIGH_PRIORITY] [IGNORE]
    [INTO] 数据表名 [( 字段名 ,...)]
    VALUES ({ 值 | DEFAULT},...),(...),...
    [ ON DUPLICATE KEY UPDATE 字段名 = 表达式 , ... ]
```

参数说明如表 7.1 所示。

表 7.1 INSERT...VALUES 语句的参数说明

参　　数	说　　明
[LOW_PRIORITY | DELAYED | HIGH_PRIORITY]	可选参数，其中 LOW_PRIORITY 是 INSERT、UPDATE 和 DELETE 语句都支持的一种可选修饰符，通常应用在多用户访问数据库的情况下，用于指示 MySQL 降低 INSERT、DELETE 或 UPDATE 操作执行的优先级；DELAYED 是 INSERT 语句支持的一种可选修饰符，用于指定 MySQL 服务器把待插入的行数据放到一个缓冲器中，直到待插数据的表空闲时，才真正在表中插入数据行；HIGH_PRIORITY 是 INSERT 和 SELECT 语句支持的一种可选修饰符，它的作用是用于指定 INSERT 和 SELECT 操作优先执行的
[IGNORE]	可选项，表示在执行 INSERT 语句时，所出现的错误都会被当作警告处理
[INTO] 数据表名	用于指定被操作的数据表，其中，[INTO] 为可选项
[(字段名 ,...)]	可选项，当不指定该选项时，表示要向表中所有列插入数据，否则表示向数据表的指定列插入数据
VALUES ({ 值 | DEFAULT},...),(...),...	必选项，用于指定需要插入的数据清单，其顺序必须与字段的顺序相应。其中的每一列的数据可以通过一个常量、变量、表达式或者 NULL，但是其数据类型要与对应的字段类型相匹配；也可以直接使用 DEFAULT 关键字，表示为该列插入默认值，但是使用的前提是已经明确指定了默认值，否则会出错
ON DUPLICATE KEY UPDATE 子句	可选项，用于指定向表中插入行时，如果导致 UNIQUE KEY 或 PRIMARY KEY 出现重复值，系统会根据 UPDATE 后的语句修改表中原有行数据

INSERT...VALUES 语句在使用时，通常可以分为以下两种情况。

1．插入完整数据

通过 INSERT... VALUES 语句可以实现向数据表中插入完整的数据记录。下面通过一个具体的实例来演示如何向数据表中插入完整数据记录。

【例 7.01】 通过 INSERT...VALUES 语句向图书馆管理系统的管理员信息表 tb_manager 中插入一条完整的数据。（实例位置：资源包 \ 源码 \07\7.01）

（1）在编写 SQL 语句之前，先查看一下数据表 tb_manager 的表结构，具体代码如下：

```
USE db_library
DESC tb_manager;
```

运行效果如图 7.1 所示。

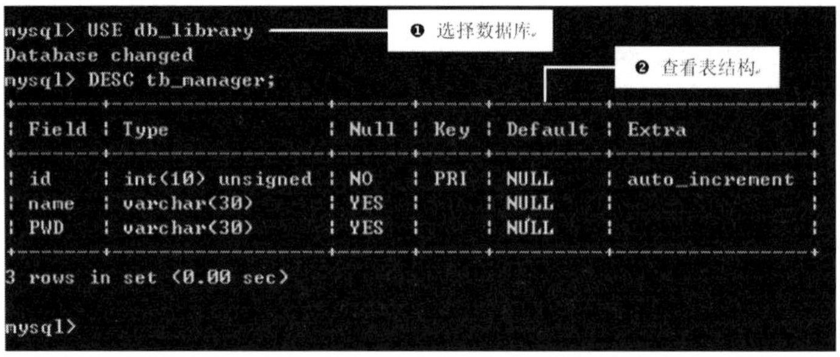

图 7.1　查看数据表 tb_manager 的表结构

（2）编写 SQL 语句，应用 INSERT... VALUES 语句实现向数据表 tb_manager 中插入一条完整的数据，具体代码如下：

```
INSERT INTO tb_manager VALUES(1,'mr','mrsoft');
```

运行效果如图 7.2 所示。

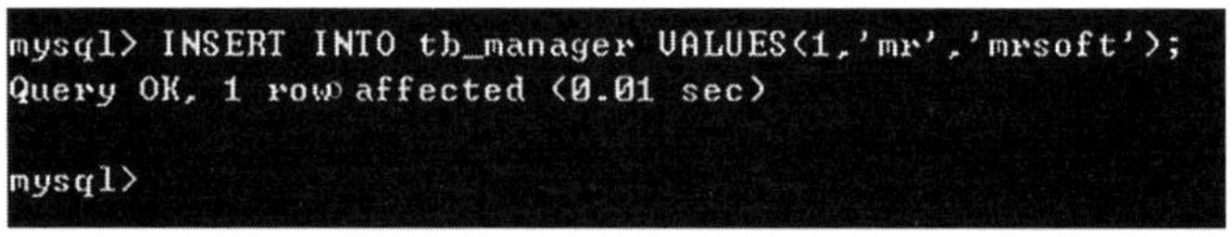

图 7.2　向数据表 tb_manager 中插入一条完整的数据

（3）通过 SELECT * FROM tb_manager 来查看数据表 tb_manager 中的数据，具体代码如下：

```
SELECT * FROM tb_manager;
```

执行效果如图 7.3 所示。

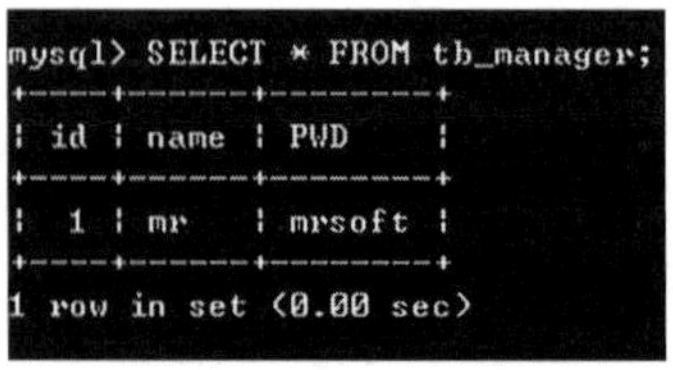

图 7.3　查看新插入的数据

2．插入数据记录的一部分

通过 INSERT... VALUES 语句还可以实现向数据表中插入数据记录的一部分，也就是只插入表的一行中的某几个字段的值，下面通过一个具体的实例来演示如何向数据表中插入数据记录的一部分。还是以例 7.01 中使用的数据表 tb_manager 为例进行插入。

【例 7.02】　通过 INSERT... VALUES 语句向数据表 tb_manager 中插入数据记录的一部分。（实例位置：资源包 \ 源码 \07\7.02）

（1）编写 SQL 语句，应用 INSERT... VALUES 语句实现向数据表 tb_manager 中插入一条记录，只包括 name 和 PWD 字段的值，具体代码如下：

```
INSERT INTO tb_manager (name,PWD)
VALUES('mingrisoft','mingrisoft');
```

运行效果如图 7.4 所示。

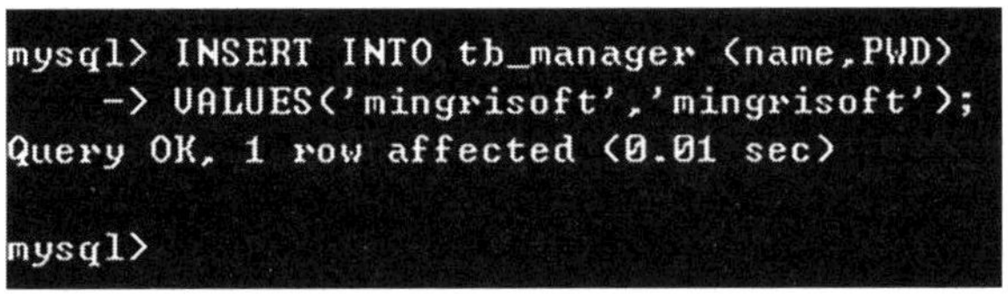

图 7.4　向数据表 tb_manager 中插入数据记录的一部分

（2）通过 SELECT * FROM tb_manager 语句来查看数据表 tb_manager 中的数据，具体代码如下：

```
SELECT * FROM tb_manager;
```

执行效果如图 7.5 所示。

图 7.5　查看新插入的数据

> **说明**
>
> 由于在设计数据表时，将 id 字段设置为自动编号，所以即使我们没有指定 id 的值，MySQL 也会自动为它填上相应的编号。

7.1.2　插入多条记录

通过 INSERT... VALUES 语句还可以实现一次性插入多条数据记录。使用该方法批量插入数据，比使用多条单行的 INSERT 语句的效率要高。下面将通过一个具体的实例演示如何一次插入多条记录。

【例 7.03】 通过 INSERT... VALUES 语句向数据表 tb_manager 中一次插入多条记录。（实例位置：资源包 \ 源码 \07\7.03）

（1）编写 SQL 语句，应用 INSERT... VALUES 语句实现向数据表 tb_manager 中插入 3 条记录，都只包括 name 和 PWD 字段的值，具体代码如下：

```
INSERT INTO tb_manager (name,PWD)
VALUES('admin','111')
,( 'mingri','111')
,( 'mingrisoft','111');
```

运行效果如图 7.6 所示。

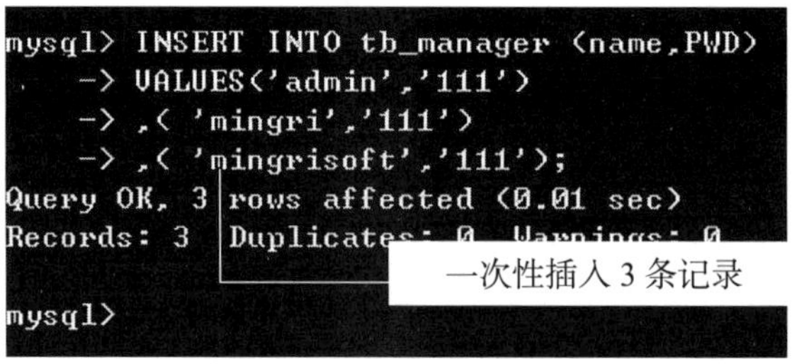

图 7.6 向数据表 tb_manager 中插入 3 条记录

（2）通过 SELECT * FROM tb_manager 来查看数据表 tb_manager 中的数据，具体代码如下：

```
SELECT * FROM tb_manager;
```

执行效果如图 7.7 所示。

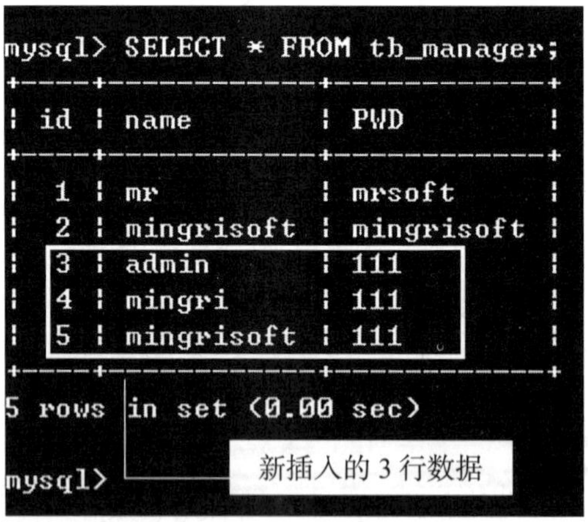

图 7.7 查看新插入的 3 行数据

7.1.3 使用 INSERT...SELECT 语句插入结果集

在 MySQL 中，支持将查询结果插入到指定的数据表中，这可以通过 INSERT...SELECT 语句来实现。

```
INSERT [LOW_PRIORITY | HIGH_PRIORITY] [IGNORE]
    [INTO] 数据表名 [( 字段名 ,...)]
    SELECT ...
    [ ON DUPLICATE KEY UPDATE 字段名 = 表达式 , ... ]
```

参数说明如表 7.2 所示。

表 7.2 INSERT...SELECT 语句的参数说明

参 数	说 明
[LOW_PRIORITY | DELAYED | HIGH_PRIORITY] [IGNORE]	可选项，其作用与 INSERT...VALUES 语句相同，这里将不再赘述
[INTO] 数据表名	用于指定被操作的数据表，其中，[INTO] 为可选项，可以省略
[(字段名 ,...)]	可选项，当不指定该选项时，表示要向表中所有列插入数据，否则表示向数据表的指定列插入数据
SELECT 子句	用于快速地从一个或者多个表中取出数据，并将这些数据作为行数据插入到目标数据表中。需要注意的是：SELECT 子句返回的结果集中的字段数、字段类型必须与目标数据表完全一致
ON DUPLICATE KEY UPDATE 子句	可选项，其作用与 INSERT...VALUES 语句相同，这里将不再赘述

【例 7.04】 实现从图书馆管理系统的借阅表 tb_borrow 中获取部分借阅信息（读者 ID 和图书 ID）插入到归还表 tb_giveback 中。（实例位置：资源包 \ 源码 \07\7.04）

（1）创建借阅表，主要包括 ID、读者 ID、图书 ID、借阅时间、归还时间、操作员、是否归还字段，具体代码如下：

```
CREATE TABLE tb_borrow (
 id int(10) unsigned NOT NULL AUTO_INCREMENT,
 readerid int(10) unsigned,
 bookid int(10),
 borrowTime date,
 backTime date,
 operator varchar(30),
 ifback tinyint(1) DEFAULT '0',
 PRIMARY KEY (id)
) DEFAULT CHARSET=utf8;
```

（2）向借阅表中插入两条数据，具体代码如下：

```
INSERT INTO tb_borrow (readerid,bookid,borrowTime,backTime,operator,ifback) VALUES
 (1,1,'2017-02-14','2018-03-14','mr',1),
 (1,2,'2017-02-14','2018-03-14','mr',0);
```

（3）查询借阅表的数据，具体代码如下：

```
SELECT * FROM tb_borrow;
```

步骤（1）~ 步骤（3）的执行效果如图 7.8 所示。

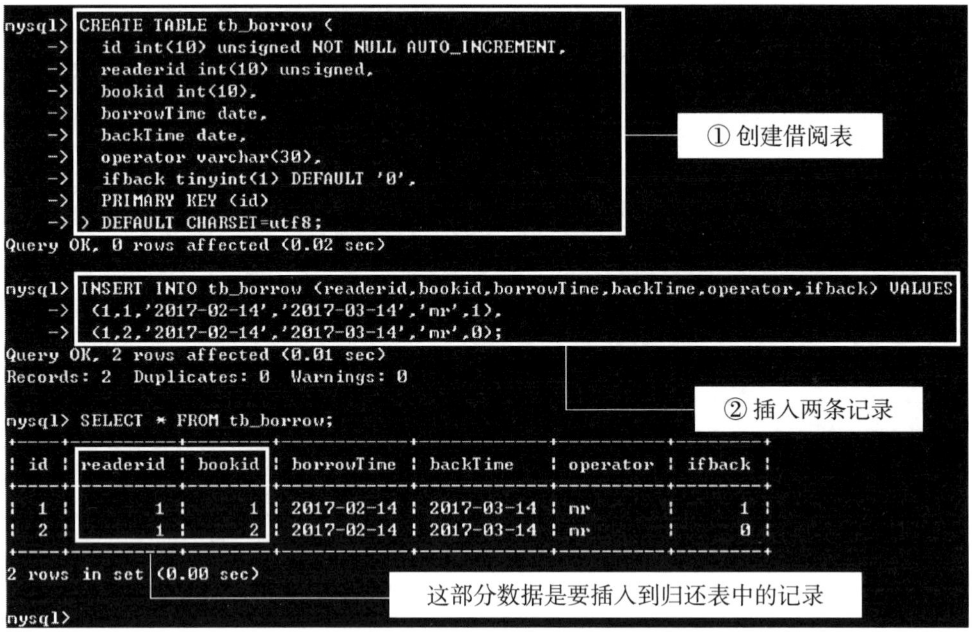

图 7.8　创建借阅表并插入数据

（4）创建归还表，主要包括 ID、读者 ID、图书 ID 归还日期、操作员字段，具体代码如下：

```
CREATE TABLE tb_giveback (
 id int(10) unsigned NOT NULL AUTO_INCREMENT,
 readerid int(11),
 bookid int(11),
 backTime date,
 operator varchar(30),
 PRIMARY KEY (id)
) DEFAULT CHARSET=utf8;
```

（5）实现从数据表 tb_borrow 中查询 readerid 和 bookid 字段的值，插入到数据表 tb_giveback 中。具体代码如下：

```
INSERT INTO tb_giveback
    (readerid,bookid)
    SELECT readerid,bookid FROM tb_borrow;
```

（6）通过 SELECT 语句来查看数据表 tb_giveback 中的数据，具体代码如下：

```
SELECT * FROM tb_giveback;
```

步骤（5）和步骤（6）的执行效果如图 7.9 所示。

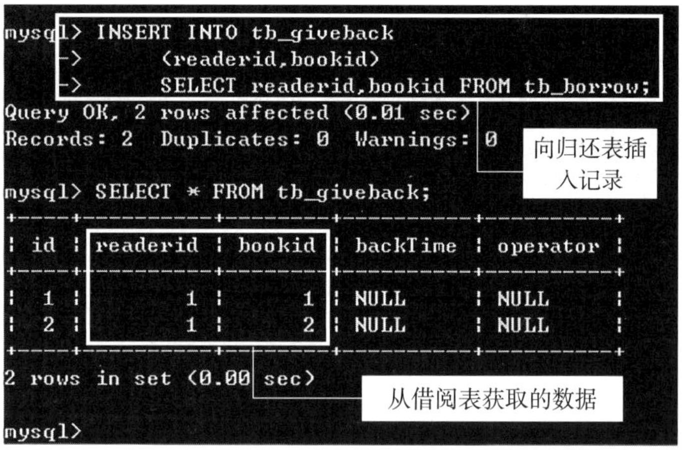

图 7.9　向归还表插入数据并查看结果

说明

通 INSERT 语句和 SELECT 语句可以使用相同的字段名，也可以使用不同的字段名。因为 MySQL 不关心 SELECT 语句返回的字段名，它只是将返回的值按列插入到新表中。

7.1.4　使用 REPLACE 语句插入新记录

在实现数据插入时，还可以使用 REPLACE 插入新记录。REPLACE 语句与 INSERT INTO 语句类似。所不同的是：如果一个要插入数据的表中存在主键约束（PRIMARY KEY）或者唯一约束（UNIQUE KEY），而且要插入的数据中又包含与要插入数据的表中相同的主键约束或唯一约束列的值，那么使用 INSERT INTO 语句则不能插入这条记录，而使用 REPLACE 语句则可以插入，只不过它会先将原数据表中起冲突的记录删除，然后再插入新的记录。

REPLACE 语句有以下 3 种语法格式。

语法一：

REPLACE INTO 数据表名 [(字段列表)] VALUES(值列表)

语法二：

REPLACE INTO 目标数据表名 [(字段列表 1)] SELECT (字段列表 2) FROM 源表 [WHERE 条件表达式]

语法三：

REPLACE INTO 数据表名 SET 字段 1= 值 1, 字段 2= 值 2, 字段 3= 值 3...

例如，成功执行例 7.4 后，再应用下面的语句向归还表 tb_giveback 中插入两条数据。

INSERT INTO tb_giveback
  SELECT id,readerid,bookid,backtime, operator FROM tb_borrow;

执行后的效果如图 7.10 所示。

```
mysql> INSERT INTO tb_giveback
    ->         SELECT id,readerid,bookid,backtime, operator FROM tb_borrow;
ERROR 1062 (23000): Duplicate entry '1' for key 'PRIMARY'
mysql>
```

图 7.10　应用 INSERT INTO 语句插入数据

从图 7.10 中，可以发现在插入数据时产生了主键重复。下面再应用 REPLACE 语句实现同样的操作，代码如下：

```
REPLACE INTO tb_giveback
    SELECT id,readerid,bookid,backtime, operator FROM tb_borrow;
```

执行后的效果如图 7.11 所示。

```
mysql> REPLACE INTO tb_giveback
    ->         SELECT id,readerid,bookid,backtime, operator FROM tb_borrow;
Query OK, 4 rows affected (0.01 sec)
Records: 2  Duplicates: 2  Warnings: 0

mysql>
```

图 7.11　应用 REPLACE 语句插入数据

从图 7.11 中，可以发现数据被成功插入了。通过 SELECT 语句来查看数据表 tb_giveback 中的数据，具体代码如下：

```
SELECT * FROM tb_giveback;
```

执行后的效果如图 7.12 所示。

```
mysql> SELECT * FROM tb_giveback;
+------+----------+--------+------------+----------+
| id   | readerid | bookid | backTime   | operator |
+------+----------+--------+------------+----------+
| 1    |        1 |      1 | 2017-03-14 | mr       |
| 2    |        1 |      2 | 2017-03-14 | mr       |
+------+----------+--------+------------+----------+
2 rows in set (0.00 sec)
```

图 7.12　查看 SELECT 语句插入数据的结果

从图 7.12 可以看出，新数据被成功插入。tb_giveback 表中的原数据请参见图 7.7。

7.2　修改表记录

要执行修改的操作可以使用 UPDATE 语句，语法如下：

```
UPDATE 数据表名 SET column_name = new_value1,column_name2 = new_value2, …WHERE 条件表达式
```

其中，set 子句指出要修改的列和它们给定的值，where 子句是可选的，如果给出它将指定记录中哪行应该被更新，否则，所有的记录行都将被更新。

【例 7.05】　将图书馆管理系统的借阅表中 id 字段为 2 的记录的"是否归还"字段值设置为 1，具体代码如下：（实例位置：资源包 \ 源码 \07\7.05）

```
UPDATE tb_borrow SET ifback=1 WHERE id=2;
```

执行效果如图 7.13 所示。

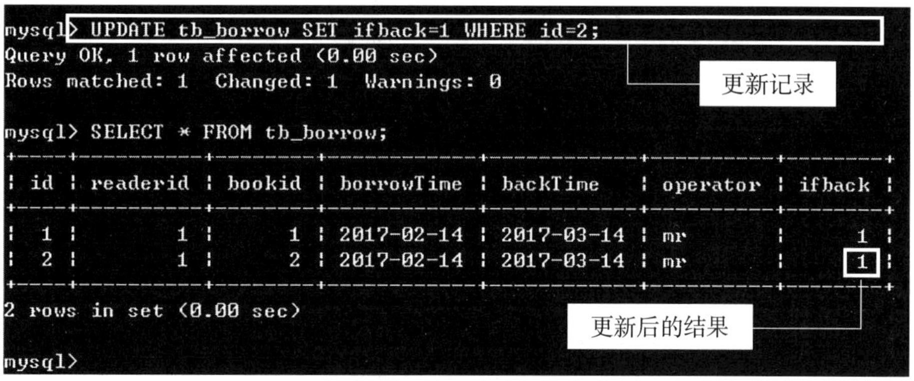

图 7.13　修改指定条件的记录

注意

更新时一定要保证 where 子句的正确性，一旦 where 子句出错，将会破坏所有改变的数据。

7.3　删除表记录

7.3.1　使用 DELETE 语句删除表记录

在数据库中，有些数据已经失去意义或者错误，就需要将它们删除，此时可以使用 DELETE 语句，语法如下：

```
DELETE FROM 数据表名 WHERE condition
```

注意

该语句在执行过程中，如果没有指定 where 条件，将删除所有的记录；如果指定了 where 条件，将按照指定的条件进行删除。

【例 7.06】　将图书馆管理系统的管理员信息表 tb_manager 中的名称为 admin 的管理员删除，具体代码如下：（实例位置：资源包 \ 源码 \07\7.06）

```
DELETE FROM tb_manager WHERE name='admin';
```

执行效果如图 7.14 所示。

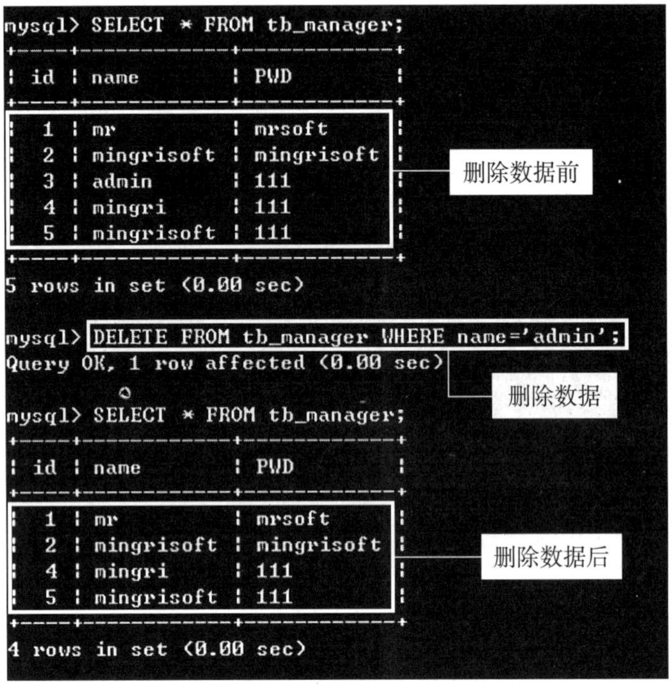

图 7.14 删除指定条件的记录

注意

在实际的应用中，执行删除操作时，执行删除的条件一般应该为数据的 id，而不是具体某个字段值，这样可以避免一些不必要的错误发生。

7.3.2 使用 TRUNCATE 语句清空表记录

在删除数据时，如果要从表中删除所有的行，那么不必使用 DELETE 语句。通过 TRUNCATE 语句也可以实现。通过 TRUNCATE TABLE 语句删除数据的基本语法格式如下：

```
TRUNCATE [TABLE] 数据表名
```

在上面的语法中，数据表名表示的就是删除的数据表的表名，也可以使用"数据库名.数据表名"来指定该数据表隶属于哪个数据库。

注意

由于 TRUNCATE TABLE 语句会删除数据表中的所有数据，并且无法恢复，因此使用 TRUNCATE TABLE 语句时一定要十分小心。

【例7.07】 清空图书馆管理系统的管理员信息表 tb_manager，具体代码如下:（实例位置：资源包 \ 源码 \07\7.07）

```
TRUNCATE TABLE tb_manager;
```

执行效果如图 7.15 所示。

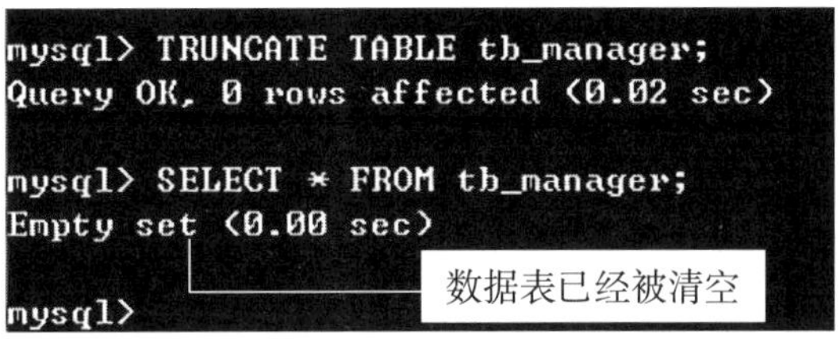

图 7.15　清空管理员数据表 tb_manager

DELETE 语句和 TRUNCATE TABLE 语句的区别：

使用 TRUNCATE TABLE 语句后，表中的 AUTO_INCREMENT 计数器将被重新设置为该列的初始值。

对于参与了索引和视图的表，不能使用 TRUNCATE TABLE 语句来删除数据，而应用使用 DELETE 语句。

TRUNCATE TABLE 操作比 DELETE 操作使用的系统和事务日志资源少。DELETE 语句每删除一行，都会在事务日志中添加一行记录，而 TRUNCATE TABLE 语句是通过释放存储表数据所用的数据页来删除数据的，因此只在事务日志中记录页的释放。

7.4　小　　结

本章主要介绍了对表记录进行更新操作的相关知识。主要包括向表中插入记录、修改表记录，以及删除表记录。其中，在介绍插入表记录时，共介绍了 4 种方法，有插入单条记录的方法、插入多条记录的方法、插入结果集的方法，以及使用 REPLACE 语句插入新记录。在这 4 种方法中，最常用的是插入单条记录和插入多条记录的方法，需要重点掌握，灵活运用。

第 8 章

表记录的检索

（ 📹 视频讲解：51 分钟）

表记录的检索是指从数据库中获取所需要的数据，也称为数据查询。它是数据库操作中最常用，也是最重要的操作。用户可以根据自己对数据的需求，使用不同的查询方式，获得不同的数据。在 MySQL 中是使用 SELECT 语句来实现数据查询的。本章将对查询语句的基本语法、在单表上查询数据、使用聚合函数查询数据、合并查询结果等内容进行详细的讲解。

学习摘要：

▸▸ 了解 MySQL 的单表查询

▸▸ 了解使用聚合函数实现数据查询

▸▸ 掌握合并查询的使用

▸▸ 掌握连接查询和子查询

▸▸ 掌握为表和字段取别名的用法

8.1　基本查询语句

视频讲解

SELECT 语句是最常用的查询语句，它的使用方式有些复杂，但功能是相当强大的。SELECT 语句的基本语法如下：

```
SELECT selection_list              #要查询的内容，选择哪些列
FROM 数据表名                       #指定数据表
WHERE primary_constraint           #查询时需要满足的条件，必须满足的条件
GROUP BY grouping_columns          #如何对结果进行分组
ORDER BY sorting_cloumns           #如何对结果进行排序
HAVING secondary_constraint        #查询时满足的第二条件
LIMIT count                        #限定输出的查询结果
```

其中使用的子句将在后面逐个介绍。下面先介绍 SELECT 语句的简单应用。

（1）使用 SELECT 语句查询一个数据表

使用 SELECT 语句时，首先要确定所要查询的列。"*"代表所有的列。例如，查询 db_librarybak 数据库 tb_manager 表中的所有数据，代码如下：

```
mysql> use db_librarybak
Database changed
mysql> SELECT * FROM tb_manager;
```

查询结果如图 8.1 所示。

这是查询整个表中所有列的操作，还可以针对表中的某一列或多列进行查询。

（2）查询表中的一列或多列

针对表中的多列进行查询，只要在 SELECT 后面指定要查询的列名即可，多列之间用","分隔。例如，查询 tb_manager 表中的 id 和 name，代码如下：

图 8.1　查询结果（1）

```
mysql> SELECT id , name FROM tb_manager;
```

查询结果如图 8.2 所示。

（3）从多个表中获取数据

使用 SELECT 语句进行多表查询，需要确定所要查询的数据在哪个表中，在对多个表进行查询时，同样使用","对多个表进行分隔。

例如，从 tb_bookinfo 表和 tb_booktype 表中查询出 tb_bookinfo.id、tb_bookinfo.bookname、tb_booktype.typename、tb_bookinfo.price 和 tb_booktype.author 字段的值。其代码如下：

图 8.2　查询结果（2）

```
mysql> SELECT tb_bookinfo.id,tb_bookinfo.bookname,tb_booktype.typename,
    -> tb_bookinfo.price from  tb_booktype,tb_bookinfo;
```

查询结果如图 8.3 所示。

```
+----+------------------------+------------+-------+
| id | bookname               | typename   | price |
+----+------------------------+------------+-------+
|  7 | Java Web开发实战宝典          | 网络编程       | 89.00 |
|  7 | Java Web开发实战宝典          | 数据库开发      | 89.00 |
|  8 | Java Web开发典型模块大全        | 网络编程       | 89.00 |
|  8 | Java Web开发典型模块大全        | 数据库开发      | 89.00 |
|  9 | Java Web程序设计慕课版         | 网络编程       | 49.80 |
|  9 | Java Web程序设计慕课版         | 数据库开发      | 49.80 |
| 10 | Android程序设计慕课版          | 网络编程       | 49.80 |
| 10 | Android程序设计慕课版          | 数据库开发      | 49.80 |
+----+------------------------+------------+-------+
8 rows in set (0.00 sec)
```

图 8.3　查询结果（3）

说明

在查询数据库中的数据时，如果数据中涉及中文字符串，有可能在输出时会出现乱码。那么最后在执行查询操作之前，通过 set names 语句设置其编码格式，然后再输出中文字符串时就不会出现乱码了。如上例中所示，应用 set names 语句设置其编码格式为 utf8。

从上面的例子中，可以看出在查询结果中，每一本图书都有两条记录（只是图书类型不同），如果不想要这样的结果，还可以在 WHERE 子句中使用连接运算来确定表之间的联系，然后根据这个条件返回查询结果。例如，从 tb_bookinfo 表和 tb_booktype 表中查询出 tb_bookinfo.id、tb_bookinfo.bookname、tb_booktype.typename、tb_bookinfo.price 和 tb_booktype.author 字段的值。其代码如下：

```
mysql> SELECT tb_bookinfo.id,tb_bookinfo.bookname,tb_booktype.typename,
tb_bookinfo.price from  tb_booktype,tb_bookinfo
WHERE tb_bookinfo.typeid=tb_booktype.id;
```

查询结果如图 8.4 所示。

```
+----+------------------------+------------+-------+
| id | bookname               | typename   | price |
+----+------------------------+------------+-------+
|  7 | Java Web开发实战宝典          | 网络编程       | 89.00 |
|  8 | Java Web开发典型模块大全        | 网络编程       | 89.00 |
|  9 | Java Web程序设计慕课版         | 数据库开发      | 49.80 |
| 10 | Android程序设计慕课版          | 网络编程       | 49.80 |
+----+------------------------+------------+-------+
4 rows in set (0.00 sec)
```

图 8.4　查询结果（4）

其中，tb_bookinfo.typeid=tb_booktype.id 将表 tb_bookinfo 和 tb_booktype 连接起来，叫作等同连接；如果不使用 tb_bookinfo.typeid=tb_booktype.id，那么产生的结果将是两个表的笛卡尔积，叫作全连接。

8.2　单表查询

单表查询是指从一张表中查询所需要的数据。所有查询操作都比较简单。下面对几种常见的操作进行详细介绍。

8.2.1　查询所有字段

查询所有字段是指查询表中所有字段的数据。这种方式可以将表中所有字段的数据都查询出来。在 MySQL 中可以使用"*"代表所有的列，即可查出所有的字段，语法格式如下：

```
SELECT * FROM 表名；
```

【例 8.01】　查询图书馆管理系统的图书信息表 tb_bookinfo 的全部数据。代码如下：（实例位置：资源包 \ 源码 \08\8.01）

```
SELECT * FROM tb_bookinfo;
```

执行效果如图 8.5 所示。

图 8.5　查询图书信息表的全部数据

8.2.2　查询指定字段

查询指定字段可以使用下面的语法格式：

```
SELECT 字段名 FROM 表名；
```

如果是查询多个字段，可以使用"，"对字段进行分隔。

【例 8.02】　从图书馆管理系统的图书信息表 tb_bookinfo 中查询图书的名称（对应字段为 bookname）和作者（对应字段为 author）。代码如下：（实例位置：资源包 \ 源码 \08\8.02）

```
SELECT bookname,author FROM tb_bookinfo;
```

执行效果如图 8.6 所示。

图 8.6　查询图书的名称和作者

8.2.3　查询指定数据

如果要从很多记录中查询出指定的记录，那么就需要一个查询的条件。设定查询条件应用的是 WHERE 子句。通过它可以实现很多复杂的条件查询。在使用 WHERE 子句时，需要使用一些比较运算符来确定查询的条件。其常用比较运算符如表 8.1 所示。

表 8.1　比较运算符

运 算 符	名　　称	示　　例	运 算 符	名　　称	示　　例
=	等于	id=5	IS NOT NULL	是否为空	id IS NOT NULL
>	大于	id>5	BETWEEN	是否在某区间中	id BETWEEN1 AND 15
<	小于	id<5	IN	在某些固定值中	id IN (3,4,5)
=>	大于等于	id=>5	NOT IN	不在某些固定值中	name NOT IN (shi,li)
<=	小于等于	id<=5	LIKE	模式匹配	name LIKE ('shi%')
!= 或 <>	不等于	id!=5	NOT LIKE	模式匹配	name NOT LIKE ('shi%')
IS NULL	是否为空	id IS NULL	REGEXP	正则表达式匹配	name REGEXP 正则表达式

表 8.1 中列举的是 WHERE 子句常用的比较运算符，其中的 id 是记录的编号，name 是表中的用户名。

【例 8.03】　从图书馆管理系统的管理表中查询名称为 mr 的管理员，主要是通过 WHERE 子句实现。具体代码如下：（实例位置：资源包 \ 源码 \08\8.03）

```
SELECT * FROM tb_manager WHERE name='mr';
```

执行效果如图 8.7 所示。

```
mysql> SELECT * FROM tb_manager WHERE name='mr';
+----+------+--------+
| id | name | PWD    |
+----+------+--------+
|  1 | mr   | mrsoft |
+----+------+--------+
1 row in set (0.00 sec)

mysql>
```

图 8.7　查询指定数据

8.2.4　带 IN 关键字的查询

IN 关键字可以判断某个字段的值是否在于指定的集合中。如果字段的值在集合中，则满足查询条件，该记录将被查询出来；如果不在集合中，则不满足查询条件。其语法格式如下：

```
SELECT * FROM 表名 WHERE 条件 [NOT] IN( 元素 1, 元素 2,..., 元素 n);
```

其中 NOT 是可选参数，加上 NOT 表示不在集合内满足条件；“元素”表示集合中的元素，各元素之间用逗号隔开，字符型元素需要加上单引号。

【例 8.04】 从图书馆管理系统的图书表 tb_bookinfo 中查询位于左 A-1（对应的 ID 号为 4）或右 A-1（对应的 ID 号为 6）的图书信息。查询语句如下：（实例位置：资源包 \ 源码 \08\8.04）

```
SELECT bookname,author,price,page,bookcase FROM tb_bookinfo WHERE bookcase IN(4,6);
```

查询结果如图 8.8 所示。

```
mysql> SELECT bookname,author,price,page,bookcase FROM tb_bookinfo WHERE bookcase IN(4,6);
+------------------------------------+------------+-------+------+----------+
| bookname                           | author     | price | page | bookcase |
+------------------------------------+------------+-------+------+----------+
| Java Web开发实战宝典               | 王国辉     | 89.00 |  834 |        4 |
| Java Web程序设计慕课版             | 明日科技   | 49.80 |  350 |        4 |
| Android程序设计慕课版              | 明日科技   | 49.80 |  360 |        4 |
+------------------------------------+------------+-------+------+----------+
3 rows in set (0.00 sec)

mysql>
```

书架编号为 4 表示左 A-1

图 8.8　使用 IN 关键字查询

8.2.5　带 BETWEEN AND 的范围查询

BETWEEN AND 关键字可以判断某个字段的值是否在指定的范围内。如果字段的值在指定范围内，则满足查询条件，该记录将被查询出来。如果不在指定范围内，则不满足查询条件。其语法如下：

```
SELECT * FROM 表名 WHERE 条件 [NOT] BETWEEN 取值 1 AND 取值 2;
```

其中，NOT 是可选参数，加上 NOT 表示不在指定范围内满足条件；取值 1：表示范围的起始值；取值 2：表示范围的终止值。

【例 8.05】 从图书馆管理系统的借阅表 tb_borrow 中查询 borrowTime 值在 2017-02-01 和 2017-02-28 之间的借阅信息。查询语句如下：（实例位置：资源包 \ 源码 \08\8.05）

```
SELECT * FROM tb_borrow WHERE borrowtime BETWEEN '2017-02-01' AND '2017-02-28';
```

查询结果如图 8.9 所示。

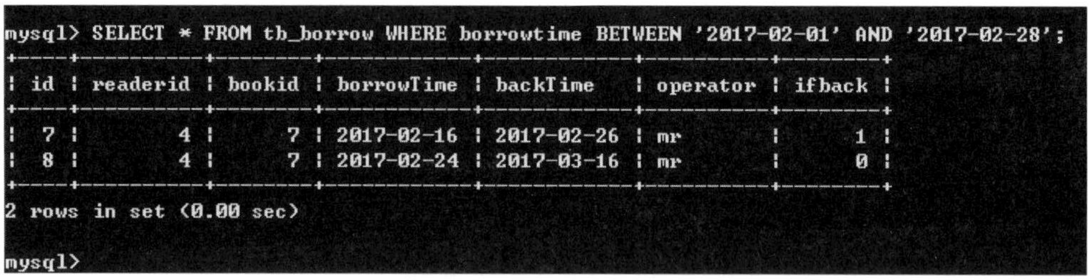

```
mysql> SELECT * FROM tb_borrow WHERE borrowtime BETWEEN '2017-02-01' AND '2017-02-28';
+----+----------+--------+------------+------------+----------+--------+
| id | readerid | bookid | borrowTime | backTime   | operator | ifback |
+----+----------+--------+------------+------------+----------+--------+
|  7 |        4 |      7 | 2017-02-16 | 2017-02-26 | mr       |      1 |
|  8 |        4 |      7 | 2017-02-24 | 2017-03-16 | mr       |      0 |
+----+----------+--------+------------+------------+----------+--------+
2 rows in set (0.00 sec)

mysql>
```

图 8.9　使用 BETWEEN AND 关键字查询

如果要查询 tb_borrow 表中 borrowTime 值不在 2017-02-01 和 2017-02-28 之间的数据，则可以通过 NOT BETWEEN AND 来完成。其查询语句如下：

```
SELECT * FROM tb_borrow WHERE borrowtime NOT BETWEEN '2017-02-01' AND '2017-02-28';
```

8.2.6　带 LIKE 的字符匹配查询

LIKE 属于较常用的比较运算符，通过它可以实现模糊查询。它有两种通配符："%" 和下画线 "_"。

"%" 可以匹配一个或多个字符，可以代表任意长度的字符串，长度可以为 0。例如，"明 % 技" 表示以 "明" 开头，以 "技" 结尾的任意长度的字符串。该字符串可以代表明日科技、明日编程科技、明日图书科技等字符串。

"_" 只匹配一个字符。例如，m_n 表示以 m 开头，以 n 结尾的 3 个字符。中间的 "_" 可以代表任意一个字符。

说明

字符串 "p" 和 "明" 都算作一个字符，在这一点上英文字母和中文是没有区别的。

【例 8.06】 对图书馆管理系统的图书信息进行模糊查询，即要求查询 tb_bookinfo 表中 bookname 字段中包含 Java Web 字符的数据。查询语句如下：（实例位置：资源包 \ 源码 \08\8.06）

```
SELECT * FROM tb_bookinfo WHERE bookname like '%Java Web%';
```

查询结果如图 8.10 所示。

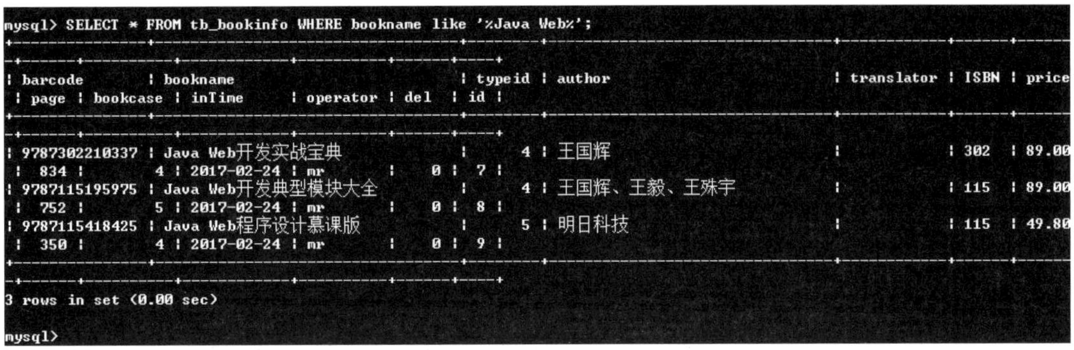

图 8.10　模糊查询

8.2.7　用 IS NULL 关键字查询空值

IS NULL 关键字可以用来判断字段的值是否为空值（NULL）。如果字段的值是空值，则满足查询条件，该记录将被查询出来。如果字段的值不是空值，则不满足查询条件。其语法格式样如下：

IS [NOT] NULL

其中，NOT 是可选参数，加上 NOT 表示字段不是空值时满足条件。

【例 8.07】　使用 IS NULL 关键字查询 tb_readertype 表中 name 字段的值为空的记录。查询语句如下：（实例位置：资源包 \ 源码 \08\8.07）

SELECT * FROM tb_readertype WHERE name IS NOT NULL;

查询结果如图 8.11 所示。

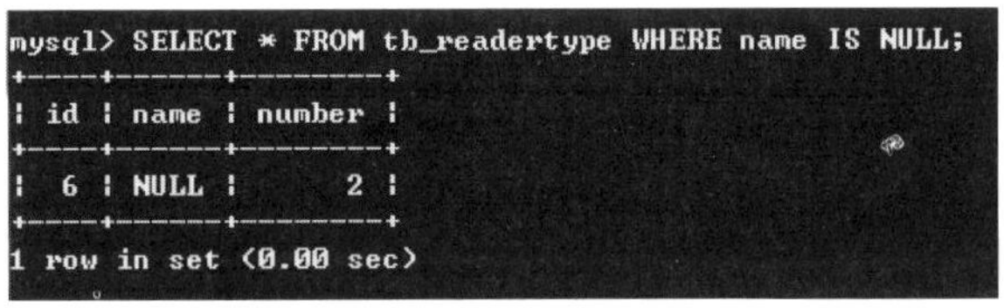

图 8.11　查询 name 字段值为空的记录

8.2.8　带 AND 的多条件查询

AND 关键字可以用来联合多个条件进行查询。使用 AND 关键字时，只有同时满足所有查询条件的记录才会被查询出来。如果不满足这些查询条件的其中一个，这样的记录将被排除掉。AND 关键字的语法格式如下：

SELECT * FROM 数据表名 WHERE 条件 1 AND 条件 2 [... AND 条件表达式 n];

AND 关键字连接两个条件表达式，可以同时使用多个 AND 关键字来连接多个条件表达式。

【例 8.08】 实现判断输入的管理员账号和密码是否存在。要求查询 tb_manager 表中 name 字段值为 mr，并且 PWD 字段值为 mrsoft 的记录。查询语句如下：（实例位置：资源包\源码\08\8.08）

```
SELECT * FROM tb_manager WHERE name='mr' AND PWD='mrsoft';
```

查询结果如图 8.12 所示。

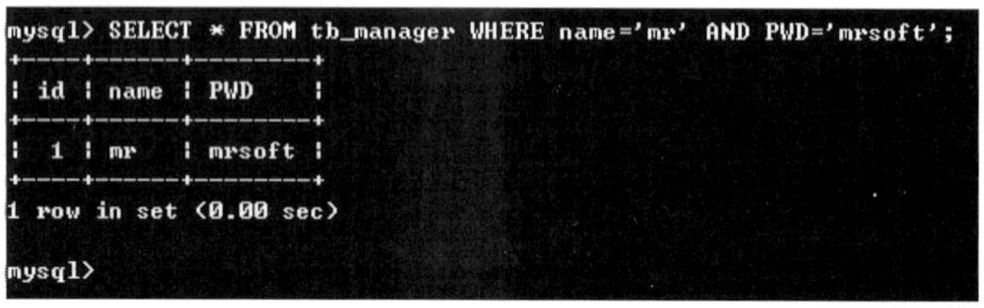

```
mysql> SELECT * FROM tb_manager WHERE name='mr' AND PWD='mrsoft';
+----+------+--------+
| id | name | PWD    |
+----+------+--------+
|  1 | mr   | mrsoft |
+----+------+--------+
1 row in set (0.00 sec)

mysql>
```

图 8.12　使用 AND 关键字实现多条件查询

8.2.9　带 OR 的多条件查询

OR 关键字也可以用来联合多个条件进行查询，但是与 AND 关键字不同，OR 关键字只要满足查询条件中的一个，那么此记录就会被查询出来；如果不满足这些查询条件中的任何一个，这样的记录将被排除掉。OR 关键字的语法格式如下：

```
SELECT * FROM 数据表名 WHERE 条件 1 OR 条件 2 [···OR 条件表达式 n];
```

OR 可以用来连接两个条件表达式。而且，可以同时使用多个 OR 关键字连接多个条件表达式。

【例 8.09】 查询 tb_manager 表中 name 字段值为 mr 或者 mingrisoft 的记录。查询语句如下：（实例位置：资源包\源码\08\8.09）

```
SELECT * FROM tb_manager WHERE name='mr' OR name='mingrisoft';
```

查询结果如图 8.13 所示。

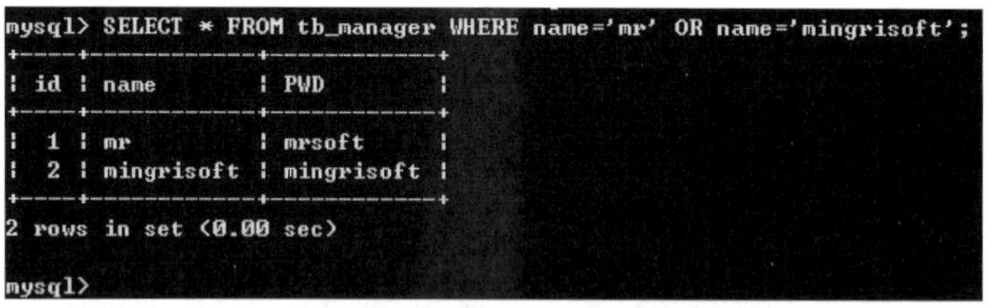

```
mysql> SELECT * FROM tb_manager WHERE name='mr' OR name='mingrisoft';
+----+------------+------------+
| id | name       | PWD        |
+----+------------+------------+
|  1 | mr         | mrsoft     |
|  2 | mingrisoft | mingrisoft |
+----+------------+------------+
2 rows in set (0.00 sec)

mysql>
```

图 8.13　使用 OR 关键字实现多条件查询

8.2.10　用 DISTINCT 关键字去除结果中的重复行

使用 DISTINCT 关键字可以去除查询结果中的重复记录，语法格式如下：

```
SELECT DISTINCT 字段名 FROM 表名 ;
```

【**例 8.10**】 实现从图书馆管理系统的读者信息表中获取职业。要求使用 DISTINCT 关键字去除 tb_reader 表中 vocation 字段中的重复记录。查询语句如下:(实例位置:资源包 \ 源码 \08\8.10)

```
SELECT DISTINCT vocation FROM tb_reader;
```

查询结果如图 8.14 所示。去除重复记录前的 vocation 字段值如图 8.15 所示。

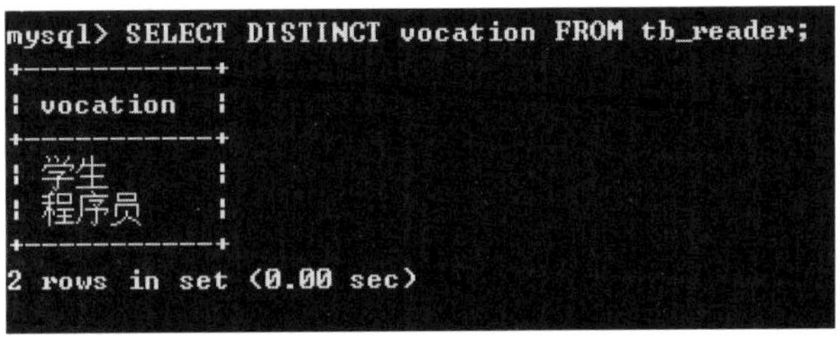

图 8.14　使用 DISTINCT 关键字去除结果中的重复行

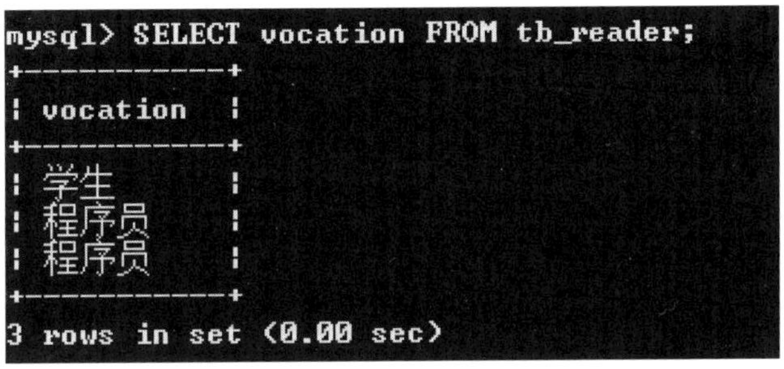

图 8.15　去除重复记录前的 vocation 字段值

8.2.11　用 ORDER BY 关键字对查询结果排序

使用 ORDER BY 可以对查询的结果进行升序(ASC)和降序(DESC)排列,在默认情况下,ORDER BY 按升序输出结果。如果要按降序排列可以使用 DESC 来实现。语法格式如下:

```
ORDER BY 字段名 [ASC|DESC];
```

ASC 表示按升序进行排序;DESC 表示按降序进行排序。

说明

　如果对含有 NULL 值的列进行排序时,如果是按升序排列,NULL 值将出现在最前面,如果是按降序排列,NULL 值将出现在最后。

【**例 8.11**】 实现对图书借阅信息进行排序。要求查询 tb_borrow 表中的所有信息,并按照 borrowTime 进行降序排列。查询语句如下:(实例位置:资源包 \ 源码 \08\8.11)

```
SELECT * FROM tb_borrow ORDER BY borrowTime DESC;
```

查询结果如图 8.16 所示。

```
mysql> SELECT * FROM tb_borrow ORDER BY borrowTime DESC;
+----+----------+--------+------------+------------+----------+--------+
| id | readerid | bookid | borrowTime | backTime   | operator | ifback |
+----+----------+--------+------------+------------+----------+--------+
|  9 |        5 |      8 | 2017-03-05 | 2017-04-05 | mr       |      0 |
|  8 |        4 |      7 | 2017-02-24 | 2017-03-16 | mr       |      0 |
|  7 |        4 |      7 | 2017-02-16 | 2017-02-26 | mr       |      1 |
+----+----------+--------+------------+------------+----------+--------+
3 rows in set (0.00 sec)
```

图 8.16　按借阅时间进行降序排列

8.2.12　用 GROUP BY 关键字分组查询

通过 GROUP BY 子句可以将数据划分到不同的组中，实现对记录进行分组查询。在查询时，所查询的列必须包含在分组的列中，目的是使查询到的数据没有矛盾。

1．使用 GROUP BY 关键字来分组

单独使用 GROUP BY 关键字，查询结果只显示每组的一条记录。通常情况下，GROUP BY 关键字会与聚合函数一起使用。

【例 8.12】 实现分组统计每本图书的借阅次数。要求使用 GROUP BY 关键字对 tb_borrow 表中 bookid 字段进行分组查询。查询语句如下：（实例位置：资源包 \ 源码 \08\8.12）

```
SELECT bookid,COUNT(*) FROM tb_borrow GROUP BY bookid;
```

查询结果如图 8.17 所示。

```
mysql> SELECT bookid,COUNT(*) FROM tb_borrow GROUP BY bookid;
+--------+----------+
| bookid | COUNT(*) |
+--------+----------+
|      7 |        2 |
|      8 |        1 |
+--------+----------+
2 rows in set (0.00 sec)

mysql>
```

图 8.17　使用 GROUP BY 关键进行分组查询

2．GROUP BY 关键字与 GROUP_CONCAT() 函数一起使用

【例 8.13】 仍然对图书借阅表进行分组统计，这次使用 GROUP BY 关键字和 GROUP_CONCAT() 函数对表中的 bookid 字段进行分组查询。查询语句如下：（实例位置：资源包 \ 源码 \08\8.13）

```
SELECT bookid, GROUP_CONCAT(readerid) FROM tb_borrow GROUP BY bookid;
```

查询结果如图 8.18 所示。

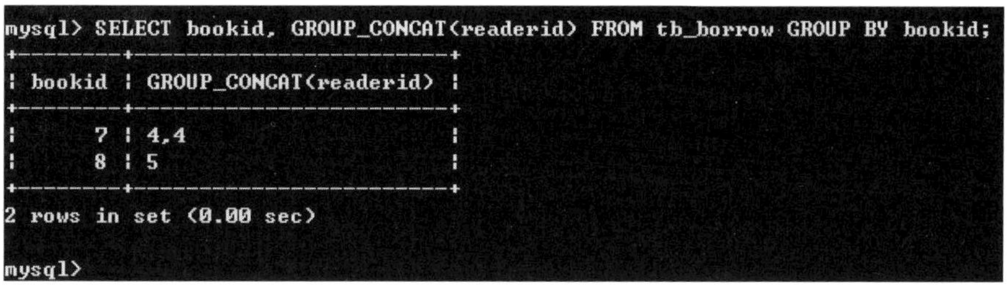

```
mysql> SELECT bookid, GROUP_CONCAT(readerid) FROM tb_borrow GROUP BY bookid;
+--------+------------------------+
| bookid | GROUP_CONCAT(readerid) |
+--------+------------------------+
|      7 | 4,4                    |
|      8 | 5                      |
+--------+------------------------+
2 rows in set (0.00 sec)

mysql>
```

图 8.18　使用 GROUP BY 关键字与 GROUP_CONCAT() 函数进行分组查询

从图 8.18 中可以看出，图书 ID 为 7 的图书被编号为 4 的读者借阅了两次。

3. 按多个字段进行分组

使用 GROUP BY 关键字也可以按多个字段进行分组。在分组过程中，先按照第一个字段进行分组，当第一个字段有相同值时，再按第二个字段进行分组，依此类推。

【例 8.14】 对 tb_borrow1 表中的 bookid 字段和 readerid 字段进行分组，分组过程中，先按照 bookid 字段进行分组。当 bookid 字段的值相等时，再按照 readerid 字段进行分组。查询语句如下：（实例位置：资源包 \ 源码 \08\8.14）

```
SELECT bookid,readerid FROM tb_borrow GROUP BY bookid,readerid;
```

查询结果如图 8.19 所示。

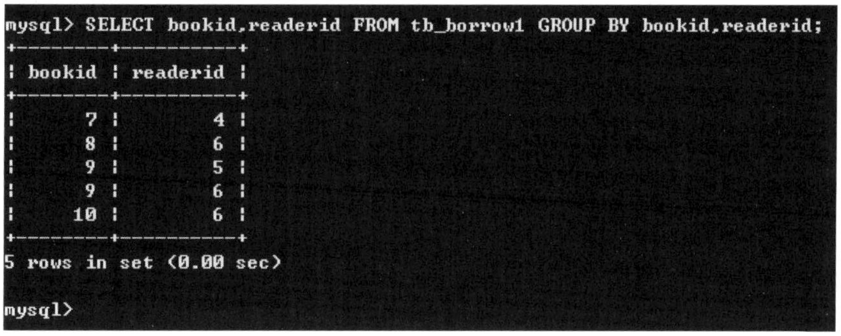

```
mysql> SELECT bookid,readerid FROM tb_borrow1 GROUP BY bookid,readerid;
+--------+----------+
| bookid | readerid |
+--------+----------+
|      7 |        4 |
|      8 |        6 |
|      9 |        5 |
|      9 |        6 |
|     10 |        6 |
+--------+----------+
5 rows in set (0.00 sec)

mysql>
```

图 8.19　使用 GROUP BY 关键字实现多个字段分组

8.2.13　用 LIMIT 限制查询结果的数量

查询数据时，可能会查询出很多的记录。而用户需要的记录可能只是很少的一部分。这样就需要来限制查询结果的数量。LIMIT 是 MySQL 中的一个特殊关键字。LIMIT 子句可以对查询结果的记录条数进行限定，控制它输出的行数。下面通过具体实例来了解 LIMIT 的使用方法。

【例 8.15】 实现查询最后被借阅的 3 本图书。具体方法是查询 tb_borrow1 表中，按照借阅时间进行降序排列，显示前 3 条记录。查询语句如下：（实例位置：资源包 \ 源码 \08\8.15）

```
SELECT * FROM tb_borrow1 ORDER BY borrowTime DESC LIMIT 3;
```

查询结果如图 8.20 所示。

图 8.20　使用 LIMIT 关键字查询指定记录数

使用 LIMIT 还可以从查询结果的中间部分取值。首先要定义两个参数，参数 1 是开始读取的第一条记录的编号（在查询结果中，第一个结果的记录编号是 0，而不是 1）；参数 2 是要查询记录的个数。

【例 8.16】 对 tb_borrow1 表按照借阅时间进行降序排列，并从编号 2 开始，查询 3 条记录。查询语句如下：（实例位置：资源包 \ 源码 \08\8.16）

```
SELECT * FROM tb_borrow1 ORDER BY borrowTime DESC LIMIT 2,3;
```

查询结果如图 8.21 所示。

图 8.21　使用 LIMIT 关键字查询指定范围的记录

视频讲解

8.3　聚合函数查询

聚合函数的最大特点是它们根据一组数据求出一个值。聚合函数的结果值只根据选定行中非 NULL 的值进行计算，NULL 值被忽略。

8.3.1　COUNT() 函数

COUNT() 函数用于对除 "*" 以外的任何参数，返回所选择集合中非 NULL 值的行的数目；对于参数 "*"，返回选择集合中所有行的数目，包含 NULL 值的行。没有 WHERE 子句的 COUNT(*) 是经过内部优化的，能够快速地返回表中所有的记录总数。

【例 8.17】 实现统计图书馆管理系统中的读者人数。具体的实现方法是使用 COUNT() 函数统计 tb_reader 表中的记录数。查询语句如下：（实例位置：资源包 \ 源码 \08\8.17）

```
SELECT COUNT(*) FROM tb_reader;
```

查询结果如图 8.22 所示。结果显示，tb_reader 表中共有 3 条记录，表示有 3 位读者。

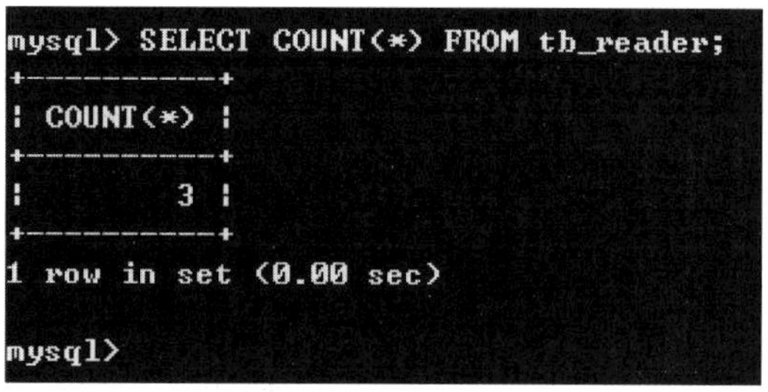

```
mysql> SELECT COUNT(*) FROM tb_reader;
+----------+
| COUNT(*) |
+----------+
|        3 |
+----------+
1 row in set (0.00 sec)

mysql>
```

图 8.22　使用 COUNT() 函数统计记录数

8.3.2　SUM() 函数

SUM() 函数可以求出表中某个数值类型字段取值的总和。

【例 8.18】 实现统计商品的销售金额。具体的实现方法是使用 SUM() 函数统计 tb_sell 表中销售金额字段（amount）的总和。查询语句如下：（实例位置：资源包 \ 源码 \08\8.18）

在统计前，先来查询一下 tb_sell 表中 amount 字段的值，代码如下：

```
SELECT amount FROM tb_sell;
```

结果如图 8.23 所示。

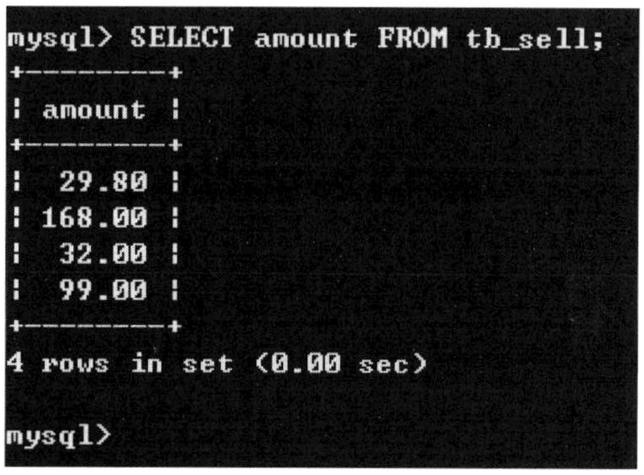

```
mysql> SELECT amount FROM tb_sell;
+--------+
| amount |
+--------+
|  29.80 |
| 168.00 |
|  32.00 |
|  99.00 |
+--------+
4 rows in set (0.00 sec)

mysql>
```

图 8.23　查询 tb_sell 表中 amount 字段的值

下面使用 SUM() 函数来查询。查询语句如下：

```
SELECT SUM(amount) FROM tb_sell;
```

查询结果如图 8.24 所示。结果显示 amount 字段的总和为 328.80。

```
mysql> SELECT SUM(amount) FROM tb_sell;
+-------------+
| SUM(amount) |
+-------------+
|      328.80 |
+-------------+
1 row in set (0.00 sec)

mysql>
```

图 8.24　使用 SUM() 函数统计销售金额的总和

8.3.3　AVG() 函数

AVG() 函数可以求出表中某个数值类型字段取值的平均值。

【例 8.19】 计算学生的平均成绩。具体实现方法是使用 AVG() 函数求 tb_student 表中总成绩（score）字段值的平均值。查询语句如下：（实例位置：资源包 \源码 \08\8.19）

在计算前，先来查询一下 tb_student 表中 score 字段的值，代码如下：

```
SELECT score FROM tb_student;
```

结果如图 8.25 所示。

```
mysql> SELECT score FROM tb_student;
+--------+
| score  |
+--------+
| 199.00 |
| 194.00 |
| 199.00 |
| 188.00 |
| 198.00 |
| 200.00 |
+--------+
6 rows in set (0.00 sec)

mysql>
```

图 8.25　查询 tb_student 表中 score 字段的值

下面使用 AVG() 函数来计算。具体代码如下：

```
SELECT AVG(score) FROM tb_student;
```

查询结果如图 8.26 所示。

```
mysql> SELECT AVG(score) FROM tb_student;
+------------+
| AVG(score) |
+------------+
| 196.333333 |
+------------+
1 row in set (0.00 sec)

mysql>
```

图 8.26　使用 AVG() 函数求 score 字段值的平均值

8.3.4　MAX() 函数

MAX() 函数可以求出表中某个数值类型字段取值的最大值。

【例 8.20】 计算学生表中的最高成绩。具体的实现方法是使用 MAX() 函数查询 tb_student 表中 score 字段的最大值。查询语句如下：(实例位置：资源包 \ 源码 \08\8.20)

```
SELECT MAX(score) FROM tb_student;
```

查询结果如图 8.27 所示。

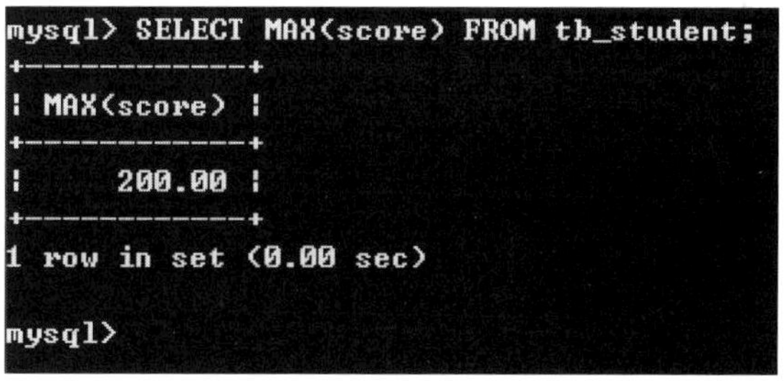

从 8.3.3 节的图 8.25 中可以 score 字段中最大值为 200.00，与使用 MAX() 函数查询的结果一致。

8.3.5　MIN() 函数

MIN() 函数的用法与 MAX() 函数基本相同，它可以求出表中某个数值类型字段取值的最小值。

【例 8.21】 计算学生表中的最低成绩。具体的实现方法是使用 MIN() 函数查询 tb_student 表中 score 字段的最小值。查询语句如下：(实例位置：资源包 \ 源码 \08\8.21)

```
SELECT MIN(score) FROM tb_student;
```

查询结果如图 8.28 所示。

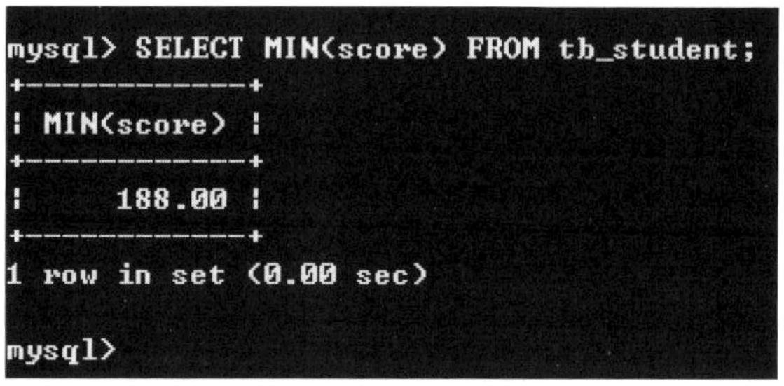

图 8.27　使用 MAX() 函数求 score 字段的最大值

图 8.28　使用 MIN() 函数求 score 字段的最小值

8.4　连 接 查 询

连接是把不同表的记录连到一起的最普遍的方法。一种错误的观念认为由于 MySQL 的简单性和源代码开放性，使它不擅长连接。这种观念是错误的。MySQL 从一开始就能够很好地支持连接，现在还可以支持标准的 SQL 2 连接语句，这种连接语句可以以多种高级方法来组合表记录。

8.4.1　内连接查询

内连接是最普遍的连接类型，而且是最匀称的，因为它们要求构成连接的每个表的共有列匹配，不匹配的行将被排除。

内连接包括相等连接和自然连接，最常见的例子是相等连接，也就是使用等号运算符根据每个表共有的列的值匹配两个表中的行。这种情况下，最后的结果集只包含参加连接的表中与指定字段相符的行。

通过具体的数据表介绍内连接的执行过程如图 8.29 所示。

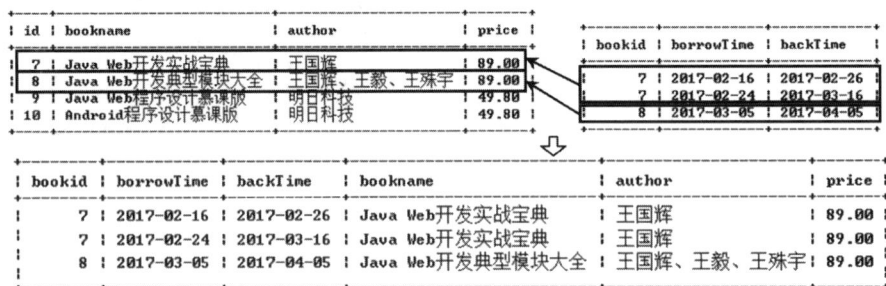

图 8.29　内连接的执行过程

【**例 8.22**】　使用内连接查询出图书的借阅信息。主要涉及图书信息表 tb_bookinfo 和借阅表 tb_borrow，这两个表通过图书 ID 进行关联值。具体步骤如下。（实例位置：资源包 \ 源码 \08\8.22）

（1）查询图书信息表关键数据，包括 id、bookname、author、price 和 page 字段，代码如下：

```
SELECT id,bookname,author,price,page FROM tb_bookinfo;
```

执行效果如图 8.30 所示。

图 8.30　图书信息表数据

（2）查询借阅表关键数据，包括 bookid、borrowTime、backTime 和 ifback 字段，代码如下：

```
SELECT bookid,borrowTime,backTime,ifback FROM tb_borrow;
```

执行效果如图 8.31 所示。

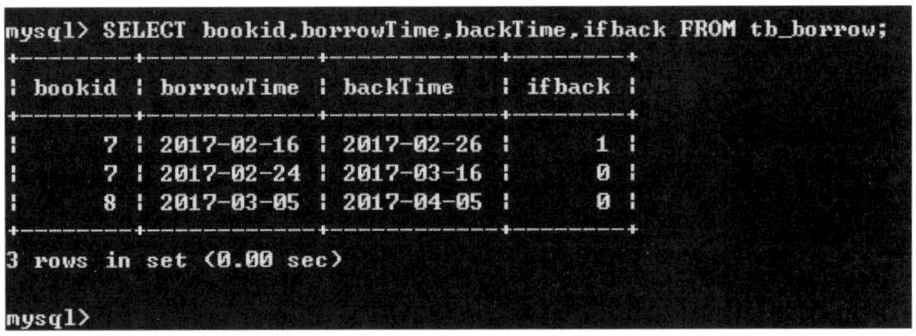

```
mysql> SELECT bookid,borrowTime,backTime,ifback FROM tb_borrow;
+--------+------------+------------+--------+
| bookid | borrowTime | backTime   | ifback |
+--------+------------+------------+--------+
|      7 | 2017-02-16 | 2017-02-26 |      1 |
|      7 | 2017-02-24 | 2017-03-16 |      0 |
|      8 | 2017-03-05 | 2017-04-05 |      0 |
+--------+------------+------------+--------+
3 rows in set (0.00 sec)

mysql>
```

图 8.31　图书信息表数据

（3）从图 8.30 和图 8.31 中可以看出，在两个表中存在一个图书编号字段，它在两个表中是等同的，即 tb_bookinfo 表的 id 字段与 tb_borrow 表的 bookid 字段相等，因此可以通过它们创建两个表的连接关系。代码如下：

```
SELECT bookid,borrowTime,backTime,ifback,bookname,author,price
FROM tb_borrow,tb_bookinfo WHERE tb_borrow.bookid=tb_bookinfo.id;
```

查询结果如图 8.32 所示。

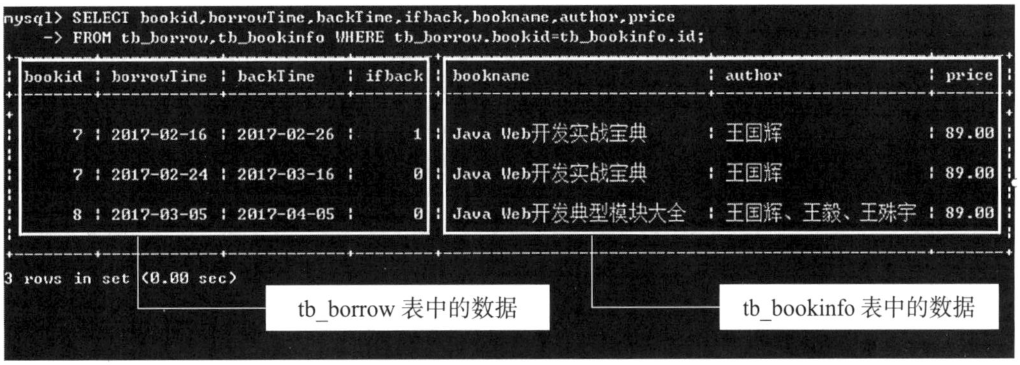

```
mysql> SELECT bookid,borrowTime,backTime,ifback,bookname,author,price
    -> FROM tb_borrow,tb_bookinfo WHERE tb_borrow.bookid=tb_bookinfo.id;
+--------+------------+------------+--------+------------------------+--------------------+-------+
| bookid | borrowTime | backTime   | ifback | bookname               | author             | price |
+--------+------------+------------+--------+------------------------+--------------------+-------+
|      7 | 2017-02-16 | 2017-02-26 |      1 | Java Web开发实战宝典     | 王国辉              | 89.00 |
|      7 | 2017-02-24 | 2017-03-16 |      0 | Java Web开发实战宝典     | 王国辉              | 89.00 |
|      8 | 2017-03-05 | 2017-04-05 |      0 | Java Web开发典型模块大全 | 王国辉、王毅、王殊宇 | 89.00 |
+--------+------------+------------+--------+------------------------+--------------------+-------+
3 rows in set (0.00 sec)
```


图 8.32　内连接查询

8.4.2　外连接查询

与内连接不同，外连接是指使用 OUTER JOIN 关键字将两个表连接起来。外连接生成的结果集不仅包含符合连接条件的行数据，而且还包括左表（左外连接时的表）、右表（右外连接时的表）或两边连接表（全外连接时的表）中所有的数据行。语法格式如下：

```
SELECT 字段名称 FROM 表名 1 LEFT|RIGHT JOIN 表名 2 ON 表名 1. 字段名 1= 表名 2. 属性名 2;
```

外连接分为左外连接（LEFT JOIN）、右外连接（RIGHT JOIN）和全外连接 3 种类型。

1. 左外连接

左外连接（LEFT JOIN）是指将左表中的所有数据分别与右表中的每条数据进行连接组合，返回的结果除内连接的数据外，还包括左表中不符合条件的数据，并在右表的相应列中添加 NULL 值。

例如，通过左外连接查询如图 8.30 所示的图书信息表和如图 8.31 所示的借阅表，代码如下：

```
SELECT bookid,borrowTime,backTime,ifback,bookname,author,price
 FROM tb_borrow LEFT JOIN tb_bookinfo ON tb_borrow.bookid=tb_bookinfo.id;
```

将得到如图 8.33 所示的结果。

```
mysql> SELECT bookid,borrowTime,backTime,ifback,bookname,author,price
    -> FROM tb_borrow LEFT JOIN tb_bookinfo ON tb_borrow.bookid=tb_bookinfo.id;
+--------+------------+------------+--------+-------------------------+--------------------+-------+
| bookid | borrowTime | backTime   | ifback | bookname                | author             | price |
+--------+------------+------------+--------+-------------------------+--------------------+-------+
|      7 | 2017-02-16 | 2017-02-26 |      1 | Java Web开发实战宝典      | 王国辉              | 89.00 |
|      7 | 2017-02-24 | 2017-03-16 |      0 | Java Web开发实战宝典      | 王国辉              | 89.00 |
|      8 | 2017-03-05 | 2017-04-05 |      0 | Java Web开发典型模块大全  | 王国辉、王毅、王殊宇 | 89.00 |
+--------+------------+------------+--------+-------------------------+--------------------+-------+
3 rows in set (0.00 sec)
```

图 8.33　左外连接查询图书借阅信息

从图 8.32 和图 8.33 中可以看出，针对这里的图书信息表和借阅表，内连接和左外连接得到的结果是一样。这是因为左表（借阅表）中的数据在右表（图书信息表）中一定有与之相对应的数据。而如果将图书信息表作为左表，借阅表作为右表，则将得到如图 8.34 所示的结果。

```
mysql> SELECT bookname,author,price,bookid,borrowTime,backTime,ifback
    -> FROM tb_bookinfo LEFT JOIN tb_borrow ON tb_borrow.bookid=tb_bookinfo.id;
+-------------------------+--------------------+-------+--------+------------+------------+--------+
| bookname                | author             | price | bookid | borrowTime | backTime   | ifback |
+-------------------------+--------------------+-------+--------+------------+------------+--------+
| Java Web开发实战宝典      | 王国辉              | 89.00 |      7 | 2017-02-16 | 2017-02-26 |      1 |
| Java Web开发实战宝典      | 王国辉              | 89.00 |      7 | 2017-02-24 | 2017-03-16 |      0 |
| Java Web开发典型模块大全  | 王国辉、王毅、王殊宇 | 89.00 |      8 | 2017-03-05 | 2017-04-05 |      0 |
| Java Web程序设计慕课版    | 明日科技            | 49.80 |   NULL | NULL       | NULL       |   NULL |
| Android程序设计慕课版     | 明日科技            | 49.80 |   NULL | NULL       | NULL       |   NULL |
+-------------------------+--------------------+-------+--------+------------+------------+--------+
5 rows in set (0.00 sec)
```

图 8.34　左外连接查询图书借阅信息 2

【例 8.23】 在图书馆管理系统中，图书信息表（tb_bookinfo）和图书类型表（tb_booktype）之间通过类型 ID 字段相关联，并且在图书类型表中保存着图书的可借阅天数。因此，要实现获取图书的最多借阅天数，需要使用左外连接来实现。具体代码如下：（实例位置：资源包 \ 源码 \08\8.23）

```
SELECT bookname,author,price,typeid,days
FROM tb_bookinfo LEFT JOIN tb_bookTYPE ON tb_bookinfo.typeid=tb_booktype.id;
```

查询结果如图 8.35 所示。

```
mysql> SELECT bookname,author,price,typeid,days
    -> FROM tb_bookinfo LEFT JOIN tb_bookTYPE ON tb_bookinfo.typeid=tb_booktype.id;
+-------------------------+--------------------+-------+--------+------+
| bookname                | author             | price | typeid | days |
+-------------------------+--------------------+-------+--------+------+
| Java Web开发实战宝典      | 王国辉              | 89.00 |      4 |   20 |
| Java Web开发典型模块大全  | 王国辉、王毅、王殊宇 | 89.00 |      4 |   20 |
| Android程序设计慕课版     | 明日科技            | 49.80 |      4 |   20 |
| Java Web程序设计慕课版    | 明日科技            | 49.80 |      5 |   15 |
+-------------------------+--------------------+-------+--------+------+
4 rows in set (0.00 sec)
```

获取到图书的最多借阅天数

图 8.35　左外连接查询

2. 右外连接

右外连接（RIGHT JOIN）是指将右表中的所有数据分别与左表中的每条数据进行连接组合，返回的结果除内连接的数据外，还包括右表中不符合条件的数据，并在左表的相应列中添加 NULL。

【例 8.24】 对例 8.23 中的两个数据表进行右外连接，其中图书类型表（tb_bookTYPE）作为右表，图书信息表（tb_bookinfo）作为左表，两表通过图书类型 ID 字段关联，代码如下：（实例位置：资源包\源码\08\8.24）

```
SELECT tb_booktype.id,days,bookname,author,price
FROM tb_bookinfo RIGHT JOIN tb_bookTYPE ON tb_booktype.id = tb_bookinfo.typeid;
```

查询结果如图 8.36 所示。

```
mysql> SELECT tb_booktype.id,days,bookname,author,price
    -> FROM tb_bookinfo RIGHT JOIN tb_bookTYPE ON tb_booktype.id = tb_bookinfo.typeid;
+----+------+---------------------------+--------------------+-------+
| id | days | bookname                  | author             | price |
+----+------+---------------------------+--------------------+-------+
|  4 |   20 | Java Web开发实战宝典      | 王国辉             | 89.00 |
|  4 |   20 | Java Web开发典型模块大全  | 王国辉、王毅、王殊宇 | 89.00 |
|  5 |   15 | Java Web程序设计慕课版    | 明日科技           | 49.80 |
|  4 |   20 | Android程序设计慕课版     | 明日科技           | 49.80 |
|  7 |   30 | NULL                      | NULL               |  NULL |
|  8 |   25 | NULL                      | NULL               |  NULL |
+----+------+---------------------------+--------------------+-------+
6 rows in set (0.00 sec)

mysql>
```

图 8.36　右外连接查询

8.4.3 复合条件连接查询

在连接查询时，也可以增加其他的限制条件。通过多个条件的复合查询，可以使查询结果更加准确。

【例 8.25】 应用复合条件连接查询实现查询出未归还的图书借阅信息，主要是在例 8.22 的基础上加上判断是否归还字段的值等于 0 的条件，具体代码如下：（实例位置：资源包\源码\08\8.25）

```
SELECT bookid,borrowTime,backTime,ifback,bookname,author,price
FROM tb_borrow,tb_bookinfo WHERE tb_borrow.bookid=tb_bookinfo.id AND ifback=0;
```

查询结果如图 8.37 所示。

```
mysql> SELECT bookid,borrowTime,backTime,ifback,bookname,author,price
    -> FROM tb_borrow,tb_bookinfo WHERE tb_borrow.bookid=tb_bookinfo.id AND ifback=0;
+--------+------------+------------+--------+--------------------------+--------------------+-------+
| bookid | borrowTime | backTime   | ifback | bookname                 | author             | price |
+--------+------------+------------+--------+--------------------------+--------------------+-------+
|      7 | 2017-02-24 | 2017-03-16 |      0 | Java Web开发实战宝典     | 王国辉             | 89.00 |
|      8 | 2017-03-05 | 2017-04-05 |      0 | Java Web开发典型模块大全 | 王国辉、王毅、王殊宇 | 89.00 |
+--------+------------+------------+--------+--------------------------+--------------------+-------+
2 rows in set (0.00 sec)
```

图 8.37　复合条件连接查询

8.5 子 查 询

子查询就是 SELECT 查询是另一个查询的附属。MySQL 4.1 可以嵌套多个查询，在外面一层的查询中使用里面一层查询产生的结果集。这样就不是执行两个（或者多个）独立的查询，而是执行包含一个（或者多个）子查询的单独查询。

当遇到这样的多层查询时,MySQL 从最内层的查询开始，然后从它开始向外向上移动到外层（主）查询，在这个过程中每个查询产生的结果集都被赋给包围它的父查询，接着这个父查询被执行，它的结果也被指定给它的父查询。

除了结果集经常由包含一个或多个值的一列组成外，子查询和常规 SELECT 查询的执行方式一样。子查询可以用在任何可以使用表达式的地方，它必须由父查询包围，而且，如同常规的 SELECT 查询，它必须包含一个字段列表（这是一个单列列表）、一个具有一个或者多个表名字的 from 子句，以及可选的 where，having 和 group by 子句。

8.5.1 带 IN 关键字的子查询

只有子查询返回的结果列包含一个值时，比较运算符才适用。假如一个子查询返回的结果集是值的列表，这时比较运算符就必须用 IN 运算符代替。

IN 运算符可以检测结果集中是否存在某个特定的值，如果检测成功就执行外部的查询。

【例 8.26】 应用带 IN 关键字的子查询实现查询被借阅过的图书信息。（实例位置：资源包\源码\08\8.26）

在查询前，先来分别看一下图书信息表（tb_bookinfo）和借阅表（tb_borrow）中的图书编号字段的值，以便进行对比，tb_bookinfo 表中的 id 字段值如图 8.38 所示。tb_borrow 表中的 bookid 字段值如图 8.39 所示。

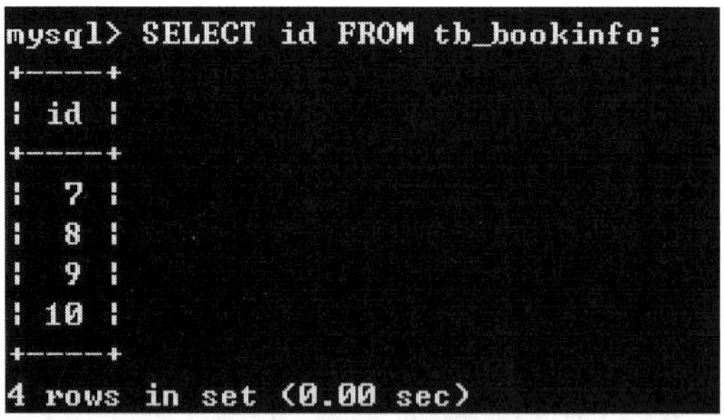

```
mysql> SELECT id FROM tb_bookinfo;
+----+
| id |
+----+
|  7 |
|  8 |
|  9 |
| 10 |
+----+
4 rows in set (0.00 sec)
```

图 8.38　tb_bookinfo 表中的 id 字段值

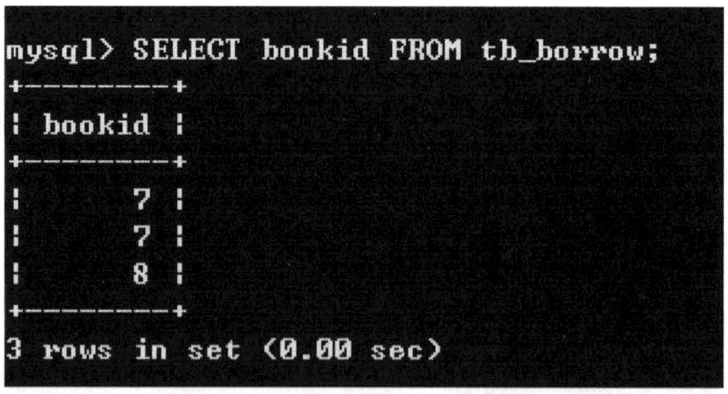

```
mysql> SELECT bookid FROM tb_borrow;
+--------+
| bookid |
+--------+
|      7 |
|      7 |
|      8 |
+--------+
3 rows in set (0.00 sec)
```

图 8.39　tb_borrow 表中的 bookid 字段值

从上面的查询结果可以看出，在 tb_borrow 表的 bookid 字段中没有出现 9 和 10 的值。下面编写以下带 IN 关键字的子查询语句。

```
SELECT id,bookname,author,price
FROM tb_bookinfo WHERE id IN(SELECT bookid FROM tb_borrow);
```

查询结果如图 8.40 所示。

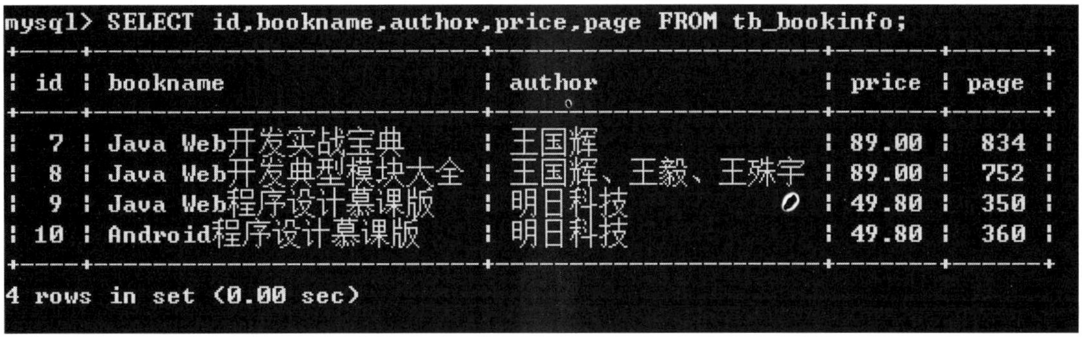

图 8.40　使用 IN 关键子实现子查询

查询结果只查询出了图书编号为 7 和 8 的记录，因为在 tb_borrow 表的 bookid 字段中没有出现 9 和 10 的值。

说明

NOT IN 关键字的作用与 IN 关键字刚好相反。在本例中，如果将 IN 换为 NOT IN，则查询结果将会显示图书编号为 9 和 10 的记录。

8.5.2　带比较运算符的子查询

子查询可以使用比较运算符。这些比较运算符包括 =、!=、>、>=、<、<= 等。比较运算符在子查询时使用得非常广泛。

【例 8.27】　从学生信息表（tb_student）和等级表（tb_grade）中查询考试成绩为优秀的学生信息。（实例位置：资源包 \ 源码 \08\8.27）

在等级表（tb_grade）中查询考试成绩为"优秀"的分数，代码如下：

```
SELECT score FROM tb_grade WHERE name=' 优秀 ';
```

执行结果如图 8.41 所示。

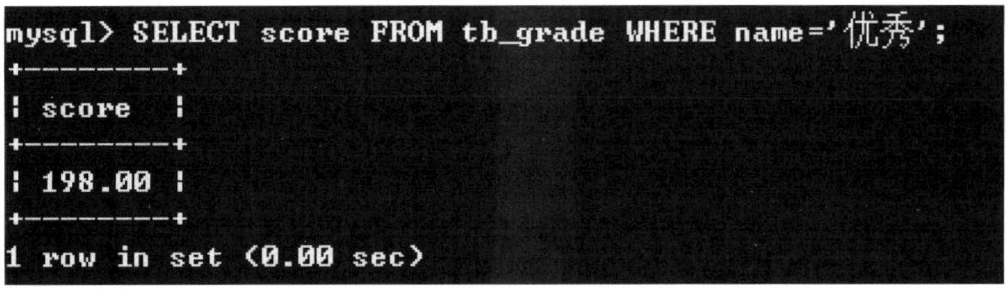

图 8.41　查询考试成绩为"优秀"的分数

从结果中看出，当分数大于等于 198.00 时即为"优秀"，下面再来查询 tb_student 学生信息表的记录，代码如下：

```
SELECT * FROM tb_student;
```

执行结果如图 8.42 所示。

```
mysql> SELECT * FROM tb_student;
+----+--------+------+---------+--------+
| id | name   | sex  | classid | score  |
+----+--------+------+---------+--------+
|  1 | 琦琦   | 女   |      13 | 199.00 |
|  2 | 宁宁   | 女   |      13 | 194.00 |
|  3 | 浩浩   | 男   |      11 | 199.00 |
|  4 | 涵涵   | 男   |      12 | 188.00 |
|  5 | 远远   | 男   |      14 | 198.00 |
|  6 | 聪聪   | 女   |      16 | 200.00 |
+----+--------+------+---------+--------+
6 rows in set (0.00 sec)
```

图 8.42　查询 tb_student 表中的记录

结果显示，有 4 名学生的成绩为“优秀”。下面使用比较运算符的子查询方式来查询成绩为“优秀”的学生信息，代码如下：

```
SELECT * FROM tb_student
WHERE score >=( SELECT score FROM tb_grade WHERE name=' 优秀 ');
```

查询结果如图 8.43 所示。

```
mysql> SELECT * FROM tb_student
    -> WHERE score >=( SELECT score FROM tb_grade WHERE name='优秀');
+----+--------+------+---------+--------+
| id | name   | sex  | classid | score  |
+----+--------+------+---------+--------+
|  1 | 琦琦   | 女   |      13 | 199.00 |
|  3 | 浩浩   | 男   |      11 | 199.00 |
|  5 | 远远   | 男   |      14 | 198.00 |
|  6 | 聪聪   | 女   |      16 | 200.00 |
+----+--------+------+---------+--------+
4 rows in set (0.00 sec)

mysql>
```

图 8.43　使用比较运算符的子查询方式来查询成绩为“优秀”的学生信息

8.5.3　带 EXISTS 关键字的子查询

使用 EXISTS 关键字时，内层查询语句不返回查询的记录。而是返回一个真假值。如果内层查询语句查询到满足条件的记录，就返回一个真值（true），否则将返回一个假值（false）。当返回的值为 true 时，外层查询语句将进行查询；当返回的为 false 时，外层查询语句不进行查询或者查询不出任何记录。

【例 8.28】 应用带 EXISTS 关键字的子查询实现查询已经被借阅的图书信息。具体代码如下：（实例位置：资源包 \ 源码 \08\8.28）

```
SELECT id,bookname,author,price FROM tb_bookinfo
WHERE EXISTS (SELECT * FROM tb_borrow WHERE tb_borrow.bookid=tb_bookinfo.id);
```

查询结果如图 8.44 所示。

```
mysql> SELECT id,bookname,author,price FROM tb_bookinfo
    ->  WHERE EXISTS (SELECT * FROM tb_borrow WHERE tb_borrow.bookid=tb_bookinfo.id);
+----+--------------------------------+--------------------------------+--------+
| id | bookname                       | author                         | price  |
+----+--------------------------------+--------------------------------+--------+
|  7 | Java Web开发实战宝典           | 王国辉                         | 89.00  |
|  8 | Java Web开发典型模块大全       | 王国辉、王毅、王殊宇           | 89.00  |
+----+--------------------------------+--------------------------------+--------+
2 rows in set (0.00 sec)
```

图 8.44　使用 EXISTS 关键字的子查询

如果在 tb_borrow 表中存在 bookid 的值与 bookinfo 表中的 id 值相等的数据，则返回值为真。外层查询接收真值后，开始执行查询。

当 EXISTS 关键与其他查询条件一起使用时，需要使用 AND 或者 OR 来连接表达式与 EXISTS 关键字。

说明

NOT EXISTS 与 EXISTS 刚好相反，使用 NOT EXISTS 关键字时，当返回的值是 true 时，外层查询语句不执行查询；当返回值是 false 时，外层查询语句将执行查询。

例如，将例 8.28 中的 EXISTS 关键字修改为 NOT EXISTS 关键字，代码如下：

```
SELECT id,bookname,author,price FROM tb_bookinfo
WHERE NOT EXISTS (SELECT * FROM tb_borrow WHERE tb_borrow.bookid=tb_bookinfo.id);
```

则执行结果为查询尚未被借阅的图书信息，执行效果如图 8.45 所示。

```
mysql> SELECT id,bookname,author,price FROM tb_bookinfo
    ->  WHERE NOT EXISTS (SELECT * FROM tb_borrow WHERE tb_borrow.bookid=tb_bookinfo.id);
+----+--------------------------------+--------------+--------+
| id | bookname                       | author       | price  |
+----+--------------------------------+--------------+--------+
|  9 | Java Web程序设计慕课版         | 明日科技     | 49.80  |
| 10 | Android程序设计慕课版          | 明日科技     | 49.80  |
+----+--------------------------------+--------------+--------+
2 rows in set (0.00 sec)

mysql>
```

图 8.45　使用 NOT EXISTS 关键字的子查询

8.5.4　带 ANY 关键字的子查询

ANY 关键字表示满足其中任意一个条件。通常与比较运算符一起使用。使用 ANY 关键字时，只要满足内层查询语句返回的结果中的任意一个，就可以通过该条件来执行外层查询语句。语法格式如下：

```
列名 比较运算符 ANY( 子查询 )
```

如果比较运算符是“<”，则表示小于子查询结果集中某一个值；如果是“>”，则表示至少大于子查询结果集中的某一个值（或者说大于子查询结果集中的最小值）。

【例 8.29】 实现查询比一年三班最低分高的全部学生信息。主要是通过带 ANY 关键字的

子查询实现成绩大于一年三班的任何一名同学的学生信息。具体代码如下:（实例位置: 资源包 \
源码 \08\8.29）

```
SELECT * FROM tb_student1
WHERE score > ANY(SELECT score FROM tb_student1 WHERE classid=13);
```

查询结果如图 8.46 所示。

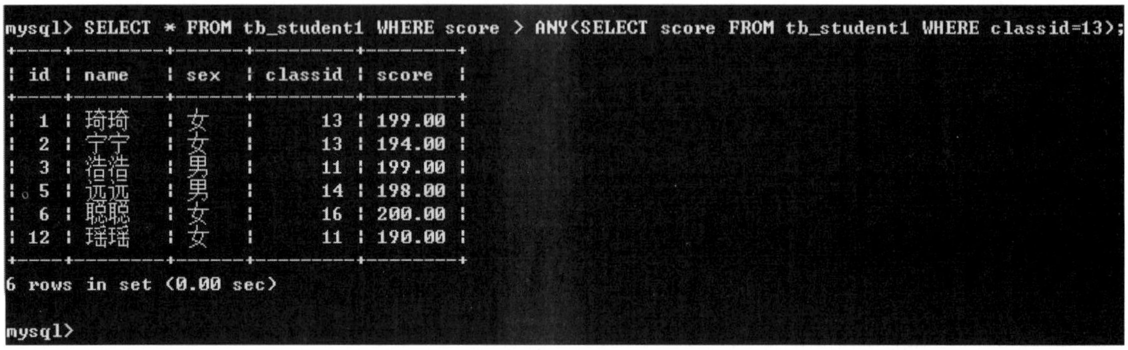

图 8.46　使用 ANY 关键字实现子查询

为了使结果更加直观，应用下面的语句查询 tb_student1 表中的一年三班的学生成绩和 tb_student1
表中全部学生成绩。

```
SELECT score FROM tb_student1 WHERE classid=13;
SELECT score FROM tb_student1;
```

执行结果如图 8.47 所示。

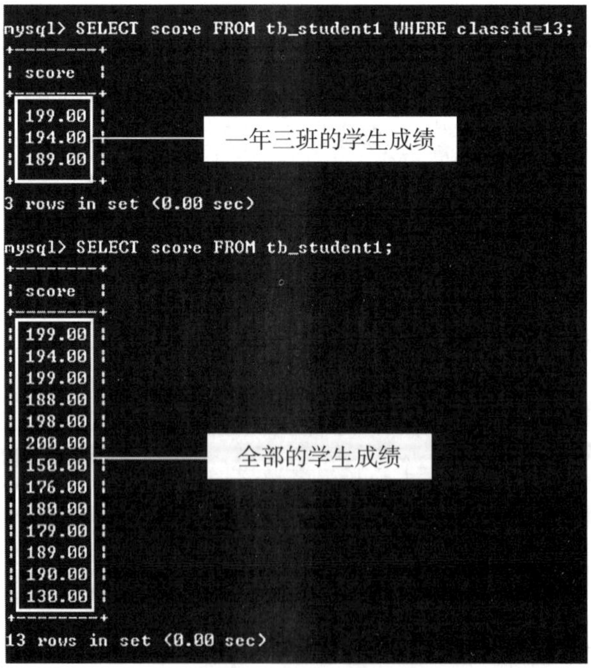

图 8.47　tb_student1 表中的一年三班的学生成绩和全部学生成绩

结果显示，tb_student1 表中的一年三班的学生成绩的最小值为 189.00，在 tb_ student1 表中成绩大于 189.00 的记录有 6 条，与带 ANY 关键字的子查询结果相同。

8.5.5　带 ALL 关键字的子查询

ALL 关键字表示满足所有条件。通常与比较运算符一起使用。使用 ALL 关键字时，只有满足内层查询语句返回的所有结果，才可以执行外层查询语句。语法格式如下：

```
列名 比较运算符 ALL( 子查询 )
```

如果比较运算符是“<”，则表示小于子查询结果集中的任何一个值（或者说小于子查询结果集中的最小值）；如果是“>”，则表示大于子查询结果集中的任何一个值（或者说大于子查询结果集中的最大值）。

【例 8.30】 实现查询比一年三班最高分高的全部学生信息。主要是通过带 ALL 关键字的子查询实现成绩大于一年三班的任何一名同学的学生信息。具体代码如下：（实例位置：资源包\源码\08\8.30）

```
SELECT * FROM tb_student1
WHERE score > ALL(SELECT score FROM tb_student1 WHERE classid=13);
```

查询结果如图 8.48 所示。

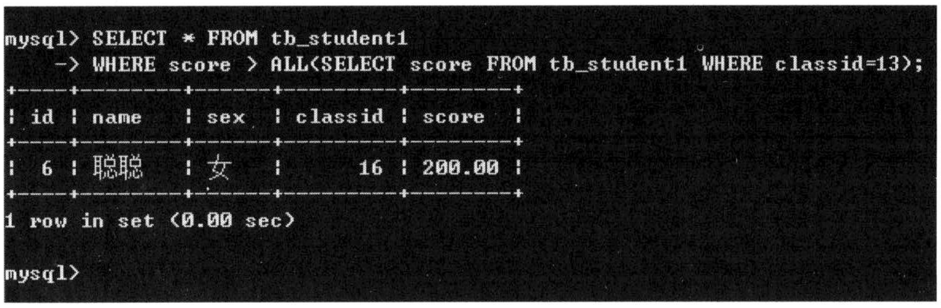

```
mysql> SELECT * FROM tb_student1
    -> WHERE score > ALL(SELECT score FROM tb_student1 WHERE classid=13);
+----+--------+------+---------+--------+
| id | name   | sex  | classid | score  |
+----+--------+------+---------+--------+
|  6 | 聪聪   | 女   |      16 | 200.00 |
+----+--------+------+---------+--------+
1 row in set (0.00 sec)

mysql>
```

图 8.48　使用 ANY 关键字实现子查询

从图 8.47 可以看出，一年三班的最高分成绩是 199.00，在 tb_ student1 表中成绩大于 199.00 的记录只有一条，与带 ALL 关键字的子查询结果相同。

说明

ANY 关键字和 ALL 关键字的使用方式是一样的，但是这两者有很大的区别。使用 ANY 关键字时，只要满足内层查询语句返回的结果中的任何一个，就可以通过该条件来执行外层查询语句。而 ALL 关键字则需要满足内层查询语句返回的所有结果，才可以执行外层查询语句。

8.6　合并查询结果

合并查询结果是将多个 SELECT 语句的查询结果合并到一起。因为某种情况下，需要将几个 SELECT 语句查询出来的结果合并起来显示。合并查询结果使用 UNION 和 UNION ALL 关键字。

UNION 关键字是将所有的查询结果合并到一起，然后去除相同记录；而 UNION ALL 关键字则只是简单地将结果合并到一起，下面分别介绍这两种合并方法。

（1）使用 UNION 关键字

使用 UNION 关键字可以将多个结果集合并到一起，并且会去除相同记录。下面举例说明具体的使用方法。

【例 8.31】 将图书信息表 1（tb_bookinfo）和图书信息表 2（tb_bookinfo1）合并。（实例位置：资源包 \ 源码 \08\8.31）

先来看一下 tb_bookinfo 表和 tb_bookinfo1 表中 bookname 字段的值，查询结果如图 8.49 和图 8.50 所示。

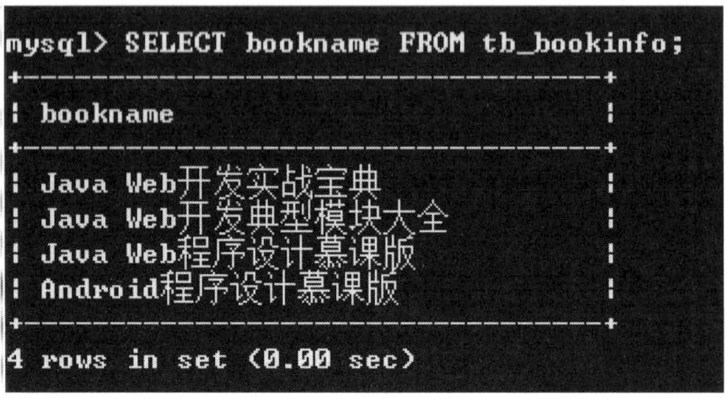

```
mysql> SELECT bookname FROM tb_bookinfo;
+----------------------------------+
| bookname                         |
+----------------------------------+
| Java Web开发实战宝典             |
| Java Web开发典型模块大全         |
| Java Web程序设计慕课版           |
| Android程序设计慕课版            |
+----------------------------------+
4 rows in set (0.00 sec)
```

图 8.49　tb_bookinfo 表中 bookname 字段的值

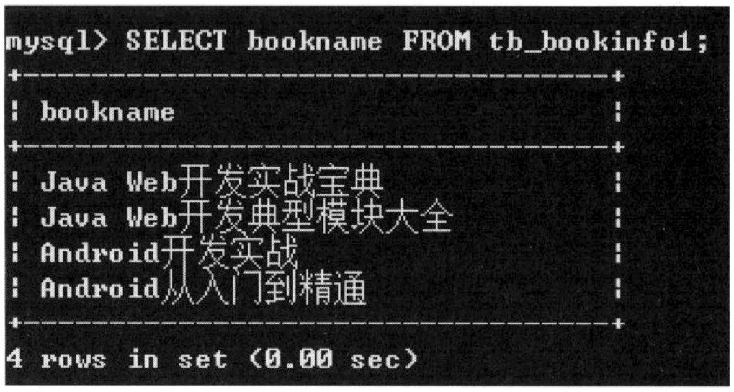

```
mysql> SELECT bookname FROM tb_bookinfo1;
+----------------------------------+
| bookname                         |
+----------------------------------+
| Java Web开发实战宝典             |
| Java Web开发典型模块大全         |
| Android开发实战                  |
| Android从入门到精通              |
+----------------------------------+
4 rows in set (0.00 sec)
```

图 8.50　ttb_bookinfo1 表中 bookname 字段的值

结果显示，在 tb_bookinfo 表中 bookname 字段的值有 4 个，而 tb_bookinfo1 表中 bookname 字段的值也有 4 个。但是它们的前两个值是相同的。下面使用 UNION 关键字合并两个表的查询结果，查询语句如下：

```
SELECT bookname FROM tb_bookinfo
UNION
SELECT bookname FROM tb_bookinfo1;
```

查询结果如图 8.51 所示。结果显示，合并后将所有结果合并到了一起，并去除了重复值。

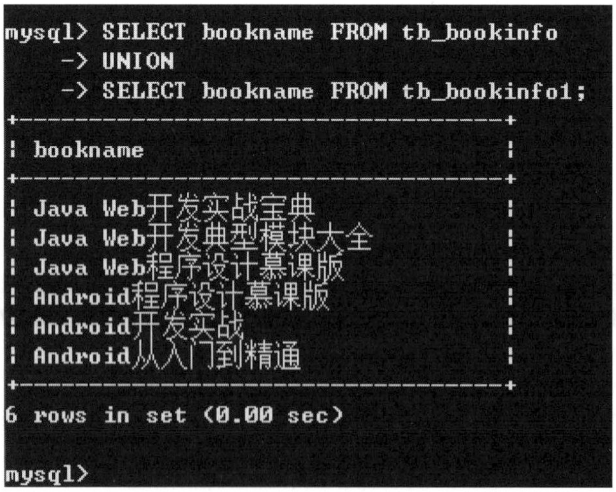

```
mysql> SELECT bookname FROM tb_bookinfo
    -> UNION
    -> SELECT bookname FROM tb_bookinfo1;
+----------------------------------+
| bookname                         |
+----------------------------------+
| Java Web开发实战宝典             |
| Java Web开发典型模块大全         |
| Java Web程序设计慕课版           |
| Android程序设计慕课版            |
| Android开发实战                  |
| Android从入门到精通              |
+----------------------------------+
6 rows in set (0.00 sec)

mysql>
```

图 8.51　使用 UNION 关键字合并查询结果

（2）使用 UNION ALL 关键字

UNION ALL 关键字的使用方法同 UNION 关键字类似，也是将多个结果集合并到一起，但是该关键字不会去除相同记录。

下面修改例 8.31，实现查询 tb_bookinfo 表和 tb_bookinfo1 表中的 bookname 字段，并使用 UNION ALL 关键字合并查询结果，但是不去除重复值，具体代码如下：

```
SELECT bookname FROM tb_bookinfo
UNION ALL
SELECT bookname FROM tb_bookinfo1;
```

查询结果如图 8.52 所示。tb_bookinfo 表和 tb_bookinfo1 表的记录请参见例 8.31。

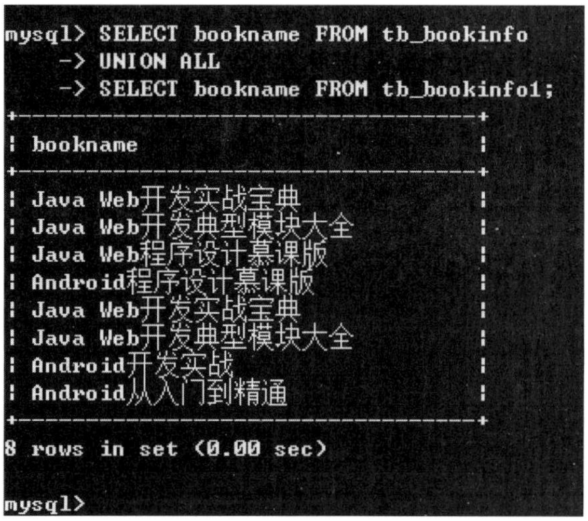

```
mysql> SELECT bookname FROM tb_bookinfo
    -> UNION ALL
    -> SELECT bookname FROM tb_bookinfo1;
+----------------------------------+
| bookname                         |
+----------------------------------+
| Java Web开发实战宝典             |
| Java Web开发典型模块大全         |
| Java Web程序设计慕课版           |
| Android程序设计慕课版            |
| Java Web开发实战宝典             |
| Java Web开发典型模块大全         |
| Android开发实战                  |
| Android从入门到精通              |
+----------------------------------+
8 rows in set (0.00 sec)

mysql>
```

图 8.52　使用 UNION ALL 关键字合并查询结果

8.7　定义表和字段的别名

在查询时，可以为表和字段取一个别名，这个别名可以代替其指定的表和字段。为字段和表取别名，能够使查询更加方便。而且可以使查询结果以更加合理的方式显示。

8.7.1　为表取别名

当表的名称特别长或者进行连接查询时，在查询语句中直接使用表名很不方便。这时可以为表取一个贴切的别名。

【例 8.32】 使用左连接查询出图书的完整信息，并为图书信息表（tb_bookinfo）指定别名为 book，为图书类别表（tb_booktype）指定别名为 type。具体代码如下：（实例位置：资源包\源码\08\8.32）

```
SELECT bookname,author,price,page,typename,days
FROM tb_bookinfo AS book
LEFT JOIN tb_booktype AS type ON book.typeid= type.id;
```

其中，tb_bookinfo AS book 表示 tb_bookinfo 表的别名为 book；book.typeid 表示 tb_bookinfo 表中的 typeid 字段。查询结果如图 8.53 所示。

图 8.53　为表取别名

8.7.2　为字段取别名

当查询数据时，MySQL 会显示每个输出列的名称。默认情况下，显示的列名是创建表时定义的列名。我们同样可以为这个列取一个别名。另外，在使用聚合函数进行查询时，也可以为统计结果列设置一个别名。

MySQL 中为字段取别名的基本形式如下：

字段名 [AS] 别名

【例 8.33】　实现统计每本图书的借阅次数，并取别名为 degree。在例 8.12 的基础上进行修改，只需要在 COUNT(*) 后面接上 AS 关键字和别名 degree 即可，修改后的代码如下：（实例位置：资源包 \ 源码 \08\8.33）

```
SELECT bookid,COUNT(*) AS degree FROM tb_borrow GROUP BY bookid;
```

查询结果如图 8.54 所示。

图 8.54　为字段取别名

8.8　小　　结

本章对 MySQL 数据库常见的表记录的检索方法进行了详细讲解，并通过大量的举例说明，使读者更好地理解所学知识的用法。在阅读本章时，读者应该重点掌握多条件查询、连接查询、子查询和查询结果排序。

第2篇

提高篇

▸▸ 第 9 章　视图

▸▸ 第 10 章　索引

▸▸ 第 11 章　触发器

▸▸ 第 12 章　存储过程与存储函数

▸▸ 第 13 章　备份与恢复

▸▸ 第 14 章　MySQL 性能优化

▸▸ 第 15 章　事务与锁机制

▸▸ 第 16 章　权限管理及安全控制

▸▸ 第 17 章　PHP 管理 MySQL 数据库

　　本篇介绍了视图，索引，触发器，存储过程与存储函数、MySQL 性能优化，事务与锁机制，权限管理及安全控制，PHP 管理 MySQL 数据库等内容。学习完本篇，能够对 MySQL 数据库有进一步的了解。

第 9 章

视 图

（ 视频讲解：21 分钟 ）

视图是从一个或多个表中导出的表，是一种虚拟存在的表。视图就像一个窗口，通过这个窗口可以看到系统专门提供的数据。这样，用户可以不用看到整个数据库表中数据，而只关心对自己有用的数据。视图可以使用户的操作更方便，而且可以保障数据库系统的安全性。本章将介绍视图的含义和作用，以及视图定义的原则和创建视图的方法，并详细讲解查看、修改、更新和删除视图的方法。

学习摘要：

➤ 了解使用 CREATE VIEW 语句创建视图

➤ 了解创建视图的注意事项

➤ 掌握使用 SHOW TABLE STATUS 语句查看视图

➤ 掌握使用 CREATE OR REPLACE VIEW 语句修改视图

➤ 掌握使用 ALTER 语句修改视图

➤ 掌握更新视图的方法和使用 DROP VIEW 语句删除视图

9.1 视 图 概 述

视图是由数据库中的一个表或多个表导出的虚拟表,其作用是方便用户对数据的操作。本节将详细讲解视图的概念和作用。

9.1.1 视图的概念

视图是一个虚拟表,是从数据库的一个或多个表中导出来的,其内容由查询定义。同真实的表一样,视图包含一系列带有名称的列和行数据。但是,数据库中只存放了视图的定义,而并没有存放视图中的数据。这些数据存放在原来的表中。使用视图查询数据时,数据库系统会从原来的表中取出对应的数据。因此,视图中的数据是依赖于原来的表中的数据的。一旦表中的数据发生改变,显示在视图中的数据也会发生改变。

视图是存储在数据库中的查询的 SQL 语句,其使用主要出于两个原因:一个是安全原因,视图可以隐藏一些数据,例如员工信息表的视图,可以只显示姓名、工龄和地址,而不显示社会保险号和工资数等;另一个原因是可使复杂的查询易于理解和使用。

9.1.2 视图的作用

对所引用的基础表来说,视图的作用类似于筛选。定义视图的筛选可以来自当前或其他数据库的一个或多个表,或者其他视图。通过视图进行查询没有任何限制,通过它们进行数据修改时的限制也很少。下面将视图的作用归纳为如下几点。

1.简单性

看到的就是需要的。视图不仅可以简化用户对数据的理解,也可以简化他们的操作。可以将经常使用的查询定义为视图,从而不必为以后的每次操作都指定全部的条件。

2.安全性

视图的安全性可以防止未授权用户查看特定的行或列,权限用户只能看到表中特定行的方法如下:
(1)在表中增加一个标志用户名的列。
(2)建立视图,使用户只能看到标有自己用户名的行。
(3)把视图授权给其他用户。

3.逻辑数据独立性

视图可以使应用程序和数据库表在一定程度上独立。如果没有视图,程序一定是建立在表上的。有了视图之后,程序可以建立在视图之上,从而程序与数据库表被视图分割开来。视图可以在以下几个方面使程序与数据独立。
(1)如果应用建立在数据库表上,当数据库表发生变化时,可以在表上建立视图,通过视图屏蔽表的变化，从而应用程序可以不动。

（2）如果应用建立在数据库表上，当应用发生变化时，可以在表上建立视图，通过视图屏蔽应用的变化，从而使数据库表不动。

（3）如果应用建立在视图上，当数据库表发生变化时，可以在表上修改视图，通过视图屏蔽表的变化，从而应用程序可以不动。

（4）如果应用建立在视图上，当应用发生变化时，可以在表上修改视图，通过视图屏蔽应用的变化，从而数据库可以不动。

9.2　创建视图

创建视图是指在已经存在的数据库表上建立视图。视图可以建立在一张表中，也可以建立在多张表中。本节主要讲解创建视图的方法。

9.2.1　查看创建视图的权限

创建视图需要具有 CREATE VIEW 权限，同时应该具有查询涉及的列的 SELECT 权限。可以使用 SELECT 语句来查询这些权限信息，查询语法如下：

```
SELECT Selete_priv,Create_view_priv FROM mysql.user WHERE user=' 用户名 ';
```

Selete_priv 属性表示用户是否具有 SELECT 权限，Y 表示拥有 SELECT 权限，N 表示没有；Create_view_priv 属性表示用户是否具有 CREATE VIEW 权限；mysql.user 表示 MySQL 数据库下面的 user 表；"用户名"参数表示要查询是否拥有查询表以及创建视图权限的用户，该参数需要用单引号引起来。

【例 9.01】 查询 MySQL 中 root 用户是否具有创建视图的权限。代码如下：（实例位置：资源包 \ 源码 \09\9.01）

```
SELECT Select_priv,Create_view_priv FROM mysql.user WHERE user=' root' ;
```

执行结果如图 9.1 所示。

```
mysql> SELECT Select_priv,Create_view_priv FROM mysql.user WHERE user='root';
+-------------+------------------+
| Select_priv | Create_view_priv |
+-------------+------------------+
| Y           | Y                |
| Y           | Y                |
| Y           | Y                |
+-------------+------------------+
3 rows in set (0.00 sec)
```

图 9.1　查看用户是否具有创建视图的权限

结果中 Select_priv 和 Create_view_priv 列的值都为 Y，表示 root 用户具有 SELECT（查看）和 CREATE VIEW（创建视图）的权限。

9.2.2　创建视图

在 MySQL 中，创建视图是通过 CREATE VIEW 语句实现的。其语法如下：

```
CREATE [ALGORITHM={UNDEFINED|MERGE|TEMPTABLE}]
    VIEW 视图名 [( 属性清单 )]
    AS SELECT 语句
    [WITH [CASCADED|LOCAL] CHECK OPTION];
```

ALGORITHM 是可选参数，表示视图选择的算法；“视图名”参数表示要创建的视图名称；“属性清单”是可选参数，指定视图中各个属性的名称，默认情况下与 SELECT 语句中查询的属性相同；SELECT 语句参数是一个完整的查询语句，表示从某个表中查出某些满足条件的记录，将这些记录导入视图中；WITH CHECK OPTION 是可选参数，表示更新视图时要保证在该视图的权限范围之内。

【例 9.02】 在数据库 db_librarybak 中创建一个保存完整图书信息的视图，命名为 v_book，该视图包括两张数据表，分别是图书信息表（tb_bookinfo）和图书类别表（tb_booktype）。视图包含 tb_bookinfo 表中的 barcode、bookname、author、price 和 page 列；包含 tb_booktype 表中的 typename 字段。代码如下：（实例位置：资源包 \ 源码 \09\9.02）

```
CREATE VIEW
v_book (barcode,bookname,author,price,page,booktype)
AS SELECT barcode,bookname,author,price,page,typename
FROM tb_bookinfo AS b ,tb_booktype AS t WHERE b.typeid=t.id;
```

执行结果如图 9.2 所示。

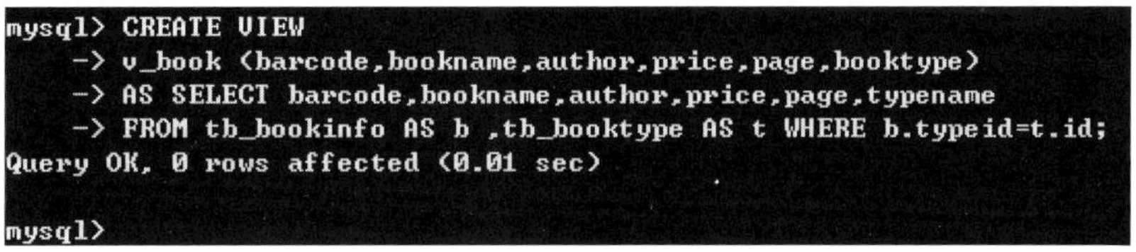

```
mysql> CREATE VIEW
    -> v_book (barcode,bookname,author,price,page,booktype)
    -> AS SELECT barcode,bookname,author,price,page,typename
    -> FROM tb_bookinfo AS b ,tb_booktype AS t WHERE b.typeid=t.id;
Query OK, 0 rows affected (0.01 sec)

mysql>
```

图 9.2　创建视图 v_book

注意

在执行上面的代码前，如果没有执行过选择当前数据库的语句，则需要先执行 USE db_librarybak 语句选择当前的数据库，否则将提示 ERROR 1046 (3D000): No database selected 的错误信息。

视图 v_book 创建后，就可以通过 SELECT 语句查询视图中的数据（即完整的图书信息），具体代码如下：

```
SELECT * FROM v_book;
```

执行效果如图 9.3 所示。

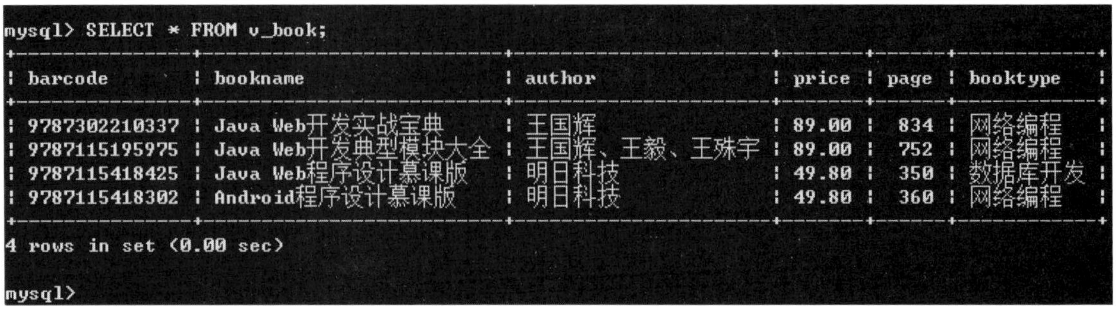

```
mysql> SELECT * FROM v_book;
+---------------+--------------------------+----------------------+-------+------+------------+
| barcode       | bookname                 | author               | price | page | booktype   |
+---------------+--------------------------+----------------------+-------+------+------------+
| 9787302210337 | Java Web开发实战宝典     | 王国辉               | 89.00 |  834 | 网络编程   |
| 9787115195975 | Java Web开发典型模块大全 | 王国辉、王毅、王殊宇 | 89.00 |  752 | 网络编程   |
| 9787115418425 | Java Web程序设计慕课版   | 明日科技             | 49.80 |  350 | 数据库开发 |
| 9787115418302 | Android程序设计慕课版    | 明日科技             | 49.80 |  360 | 网络编程   |
+---------------+--------------------------+----------------------+-------+------+------------+
4 rows in set (0.00 sec)

mysql>
```

图 9.3　通过视图查看完整的图书信息

如果在获取图书信息时，还需要获取对应的书架名称，那么可以应用下面的代码，再创建一个名称为 v_book1 的视图。在该视图中，包括 3 张数据表，分别是图书信息表（tb_bookinfo）、图书类别表（tb_booktype）和书架表（tb_bookcase）。

```
CREATE VIEW v_book1 (barcode,bookname,author,price,page,booktype,bookcase)
AS
SELECT barcode,bookname,author,price,page,typename,c.name
FROM
(SELECT b.*,t.typename FROM tb_bookinfo AS b ,tb_booktype AS t WHERE b.typeid=t.id)
AS book,tb_bookcase AS c
WHERE book.bookcase=c.id ;
```

视图创建完毕后，可以应用下面的 SQL 语句查询包括书架名称的图书信息。

```
SELECT * FROM v_book1;
```

执行效果如图 9.4 所示。

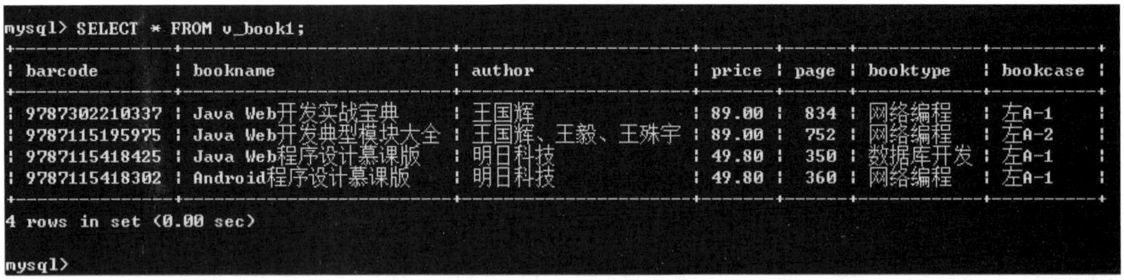

```
mysql> SELECT * FROM v_book1;
+---------------+--------------------------+----------------------+-------+------+------------+----------+
| barcode       | bookname                 | author               | price | page | booktype   | bookcase |
+---------------+--------------------------+----------------------+-------+------+------------+----------+
| 9787302210337 | Java Web开发实战宝典     | 王国辉               | 89.00 |  834 | 网络编程   | 左A-1    |
| 9787115195975 | Java Web开发典型模块大全 | 王国辉、王毅、王殊宇 | 89.00 |  752 | 网络编程   | 左A-2    |
| 9787115418425 | Java Web程序设计慕课版   | 明日科技             | 49.80 |  350 | 数据库开发 | 左A-1    |
| 9787115418302 | Android程序设计慕课版    | 明日科技             | 49.80 |  360 | 网络编程   | 左A-1    |
+---------------+--------------------------+----------------------+-------+------+------------+----------+
4 rows in set (0.00 sec)

mysql>
```

图 9.4　查询包括书架名称的图书信息

9.2.3　创建视图的注意事项

创建视图时需要注意以下几点。

（1）运行创建视图的语句需要用户具有创建视图（CREATE VIEW）的权限，若加了 [or replace]，还需要用户具有删除视图（DROP VIEW）的权限。

（2）SELECT 语句不能包含 FROM 子句中的子查询。

（3）SELECT 语句不能引用系统或用户变量。

（4）SELECT 语句不能引用预处理语句参数。

（5）在存储子程序内，定义不能引用子程序参数或局部变量。

（6）在定义中引用的表或视图必须存在。但是，创建了视图后，能够舍弃定义引用的表或视图。要想检查视图定义是否存在这类问题，可使用 CHECK TABLE 语句。

（7）在定义中不能引用 temporary 表，不能创建 temporary 视图。

（8）在视图定义中命名的表必须已存在。

（9）不能将触发程序与视图关联在一起。

（10）在视图定义中允许使用 ORDER BY，但是，如果从特定视图进行了选择，而该视图使用了具有自己 ORDER BY 的语句，它将被忽略。

9.3　视　图　操　作

视频讲解

9.3.1　查看视图

查看视图是指查看数据库中已存在的视图。查看视图必须要有 SHOW VIEW 权限。查看视图的语句主要包括 DESCRIBE、SHOW TABLE STATUS、SHOW CREATE VIEW 等。本节将主要介绍这几种查看视图的方法。

1. DESCRIBE 语句

DESCRIBE 可以缩写成 DESC，DESC 语句的格式如下：

DESCRIBE 视图名；

例如，使用 DESC 语句查询 v_book 视图中的结构，其代码如图 9.5 所示。

```
mysql> DESC v_book;
+----------+------------------+------+-----+---------+-------+
| Field    | Type             | Null | Key | Default | Extra |
+----------+------------------+------+-----+---------+-------+
| barcode  | varchar(30)      | YES  |     | NULL    |       |
| bookname | varchar(70)      | YES  |     | NULL    |       |
| author   | varchar(30)      | YES  |     | NULL    |       |
| price    | float(8,2)       | YES  |     | NULL    |       |
| page     | int(10) unsigned | YES  |     | NULL    |       |
| booktype | varchar(30)      | YES  |     | NULL    |       |
+----------+------------------+------+-----+---------+-------+
6 rows in set (0.02 sec)
```

图 9.5　使用 DESC 语句查询 v_book 视图中的结构

上面的结果中显示了字段的名称（Field）、数据类型（Type）、是否为空（Null）、是否为主外键（Key）、默认值（Default）和额外信息（Extra）等内容。

说明

如果只需了解视图中各个字段的简单信息，可以使用 DESCRIBE 语句。DESCRIBE 语句查看视图的方式与查看普通表的方式是相同的，结果显示的方式也相同。通常情况下，都是使用 DESC 代替 DESCRIBE。

2. SHOW TABLE STATUS 语句

在 MySQL 中，可以使用 SHOW TABLE STATUS 语句查看视图的信息。其语法格式如下：

```
SHOW TABLE STATUS LIKE ' 视图名 ';
```

LIKE 表示后面匹配的是字符串；"视图名"参数指要查看的视图名称，需要用单引号定义。

说明

在 MySQL 的命令行窗口中，语句结束符可以为 ";" "\G" 或者 "\g"。其中 ";" 和 "\g" 的作用一样，都是按表格的形式显示结果，而 "\G" 则会将结果旋转 90°，把原来的列按行显示。

【**例 9.03**】 下面使用 SHOW TABLE STATUS 语句查看图书视图（v_book）的结构。代码如下：（实例位置：资源包 \ 源码 \09\9.03）

```
SHOW TABLE STATUS LIKE 'v_book'\G
```

执行结果如图 9.6 所示。

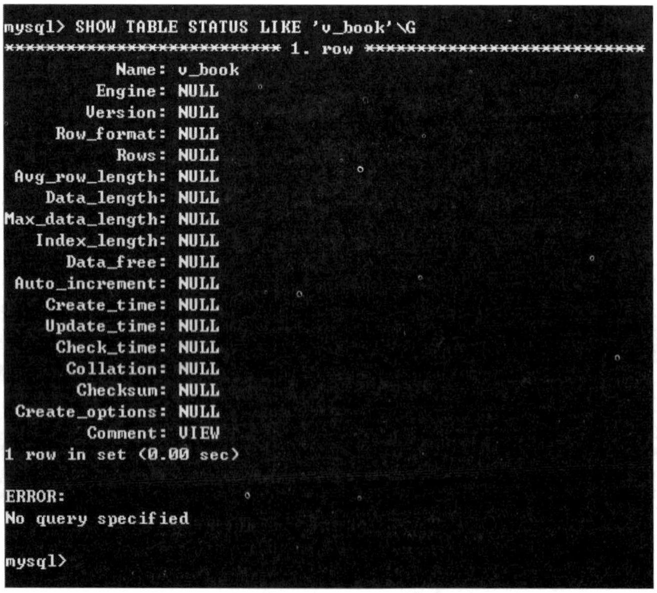

图 9.6 使用 SHOW TABLE STATUS 语句查看视图 v_book 中的信息

从执行结果可以看出，存储引擎、数据长度等信息都显示为 NULL，则说明视图为虚拟表，与普通数据表是有区别的。下面使用 SHOW TABLE STATUS 语句来查看 tb_bookinfo 表的信息，执行结果如图 9.7 所示。

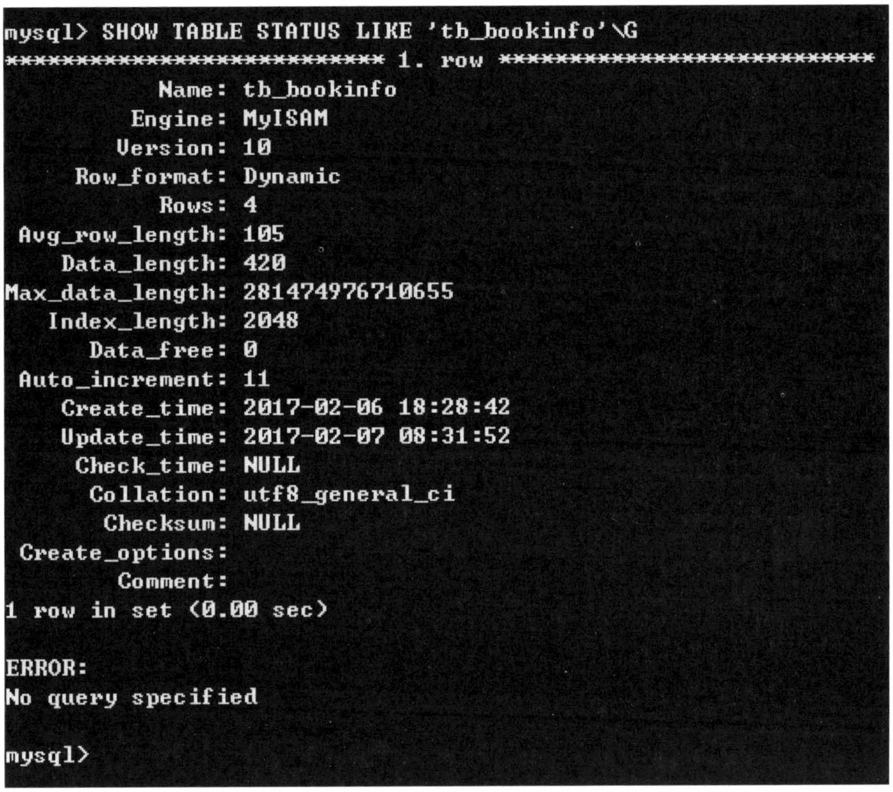

```
mysql> SHOW TABLE STATUS LIKE 'tb_bookinfo'\G
*************************** 1. row ***************************
           Name: tb_bookinfo
         Engine: MyISAM
        Version: 10
     Row_format: Dynamic
           Rows: 4
 Avg_row_length: 105
    Data_length: 420
Max_data_length: 281474976710655
   Index_length: 2048
      Data_free: 0
 Auto_increment: 11
    Create_time: 2017-02-06 18:28:42
    Update_time: 2017-02-07 08:31:52
     Check_time: NULL
      Collation: utf8_general_ci
       Checksum: NULL
 Create_options:
        Comment:
1 row in set (0.00 sec)

ERROR:
No query specified

mysql>
```

图 9.7　使用 SHOW TABLE STATUS 语句查看 tb_bookinfo 表的信息

从上面的结果可以看出，数据表的信息都已经显示出来了，这就是视图和普通数据表的区别。

3. SHOW CREATE VIEW 语句

在 MySQL 中，使用 SHOW CREATE VIEW 语句可以查看视图的详细定义。其语法格式如下：

```
SHOW CREATE VIEW 视图名
```

【例 9.04】 下面使用 SHOW CREATE VIEW 语句查看视图 v_book 的详细定义。代码如下：（实例位置：资源包\源码\09\9.04）

```
SHOW CREATE VIEW v_book\G
```

代码执行结果如图 9.8 所示。

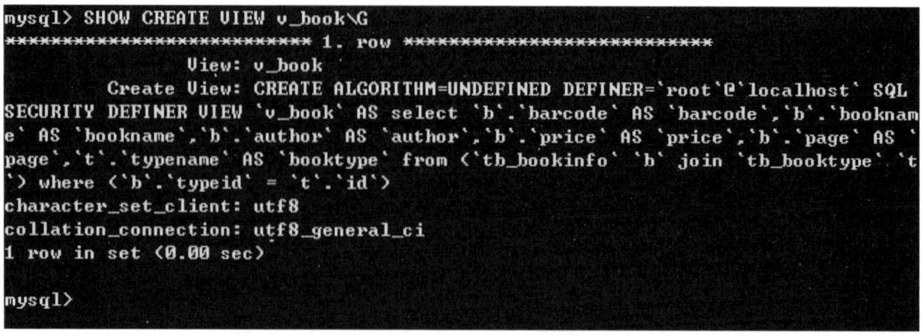

```
mysql> SHOW CREATE VIEW v_book\G
*************************** 1. row ***************************
                View: v_book
         Create View: CREATE ALGORITHM=UNDEFINED DEFINER=`root`@`localhost` SQL
SECURITY DEFINER VIEW `v_book` AS select `b`.`barcode` AS `barcode`,`b`.`booknam
e` AS `bookname`,`b`.`author` AS `author`,`b`.`price` AS `price`,`b`.`page` AS `
page`,`t`.`typename` AS `booktype` from (`tb_bookinfo` `b` join `tb_booktype` `t
`) where (`b`.`typeid` = `t`.`id`)
character_set_client: utf8
collation_connection: utf8_general_ci
1 row in set (0.00 sec)

mysql>
```

图 9.8　使用 SHOW CREATE VIEW 语句查看视图 v_book 的定义

通过 SHOW CREATE VIEW 语句，可以查看视图的所有信息。

9.3.2　修改视图

修改视图是指修改数据库中已存在的表的定义。当基本表的某些字段发生改变时，可以通过修改视图来保持视图和基本表之间一致。MySQL 中通过 CREATE OR REPLACE VIEW 语句和 ALTER VIEW 语句来修改视图。下面介绍这两种修改视图的方法。

1. CREATE OR REPLACE VIEW

在 MySQL 中，CREATE OR REPLACE VIEW 语句可以用来修改视图。该语句的使用非常灵活，在视图已经存在的情况下，对视图进行修改；视图不存在时，可以创建视图。CREATE OR REPLACE VIEW 语句的语法如下：

```
CREATE OR REPLACE [ALGORITHM={UNDEFINED | MERGE | TEMPTABLE}]
VIEW 视图 [( 属性清单 )]
AS SELECT 语句
[WITH [CASCADED | LOCAL] CHECK OPTION];
```

【例 9.05】 下面使用 CREATE OR REPLACE VIEW 语句将视图 v_book 的字段修改为 barcode、bookname、price 和 booktype。代码如下：（实例位置：资源包 \ 源码 \09\9.05）

```
CREATE OR REPLACE VIEW
v_book (barcode,bookname,price,booktype)
AS SELECT barcode,bookname,price,typename
FROM tb_bookinfo AS b ,tb_booktype AS t WHERE b.typeid=t.id;
```

执行结果如图 9.9 所示。

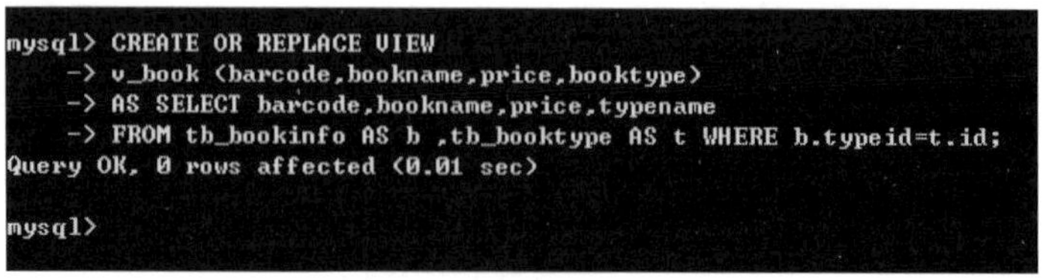

```
mysql> CREATE OR REPLACE VIEW
    -> v_book (barcode,bookname,price,booktype)
    -> AS SELECT barcode,bookname,price,typename
    -> FROM tb_bookinfo AS b ,tb_booktype AS t WHERE b.typeid=t.id;
Query OK, 0 rows affected (0.01 sec)

mysql>
```

图 9.9　使用 CREATE OR REPLACE VIEW 语句修改视图

使用 DESC 语句查询 v_book 视图，结果如图 9.10 所示。

```
mysql> DESC v_book;
+----------+-------------+------+-----+---------+-------+
| Field    | Type        | Null | Key | Default | Extra |
+----------+-------------+------+-----+---------+-------+
| barcode  | varchar(30) | YES  |     | NULL    |       |
| bookname | varchar(70) | YES  |     | NULL    |       |
| price    | float(8,2)  | YES  |     | NULL    |       |
| booktype | varchar(30) | YES  |     | NULL    |       |
+----------+-------------+------+-----+---------+-------+
4 rows in set (0.00 sec)

mysql>
```

图 9.10　使用 DESC 语句查询 v_book

从上面的结果中可以看出，修改后的 v_book 中只有 4 个字段。

2. ALTER VIEW

ALTER VIEW 语句改变视图的定义，包括被索引视图，但不影响所依赖的存储过程或触发器。该语句与 CREATE VIEW 语句有着同样的限制，如果删除并重建了一个视图，就必须重新为它分配权限。

ALTER VIEW 语句的语法如下：

```
ALTER VIEW [algorithm={merge | temptable | undefined} ]VIEW view_name [(column_list)] AS select_statement
[WITH [cascaded | local] CHECK OPTION]
```

algorithm 参数已经在创建视图中做了介绍，这里不再赘述；view_name 表示视图的名称；select_statement 表示 SQL 语句用于限定视图。

注意

在创建视图时，在使用了 WITH CHECK OPTION、WITH ENCRYPTION、WITH SCHEMABING 或 VIEW_METADATA 选项时，如果想保留这些选项提供的功能，必须在 ALTER VIEW 语句中将它们包括进去。

【例 9.06】 下面将 v_book 视图进行修改，将原有的 barcode、bookname、price 和 booktype 4 个属性更改为 barcode、bookname 和 booktype 3 个属性。代码如下：（实例位置：资源包\源码\09\9.06）

```
ALTER v_book(barcode,bookname,booktype)
AS SELECT barcode,bookname,typename
FROM tb_bookinfo AS b ,tb_booktype AS t WHERE b.typeid=t.id
WITH CHECK OPTION;
```

执行效果如图 9.11 所示。

图 9.11　修改视图属性

结果显示修改成功。下面再来查看一下修改后的视图属性，结果如图 9.12 所示。

图 9.12　查看修改后的视图属性

结果显示，此时视图中包含 3 个属性。

9.3.3　更新视图

对视图的更新其实就是对表的更新，更新视图是指通过视图来插入（INSERT）、更新（UPDATE）和删除（DELETE）表中的数据。因为视图是一个虚拟表，其中没有数据，通过视图更新时，都是转换到基本表来更新。更新视图时，只能更新权限范围内的数据。超出了范围，就不能更新。本节讲解更新视图的方法和更新视图的限制。

1. 更新视图

下面通过一个具体的实例介绍更新视图的方法。

【例 9.07】 对图书视图 v_book 中的数据进行更新（实例位置：资源包 \ 源码 \09\9.07）

先来查看 v_book 视图中的原有数据，如图 9.13 所示。

图 9.13　查看 v_book 视图中的数据

下面更新视图中的第 3 条记录，将 bookname 的值修改为"Java Web 程序设计（慕课版）"，代码如下：

```
UPDATE v_book SET bookname=' Java Web 程序设计（慕课版）' WHERE barcode=' 9787115418425';
```

执行效果如图 9.14 所示。

图 9.14　更新视图中的数据

结果显示更新成功。下面再来查看一下 v_book 视图中的数据是否有变化，结果如图 9.15 所示。

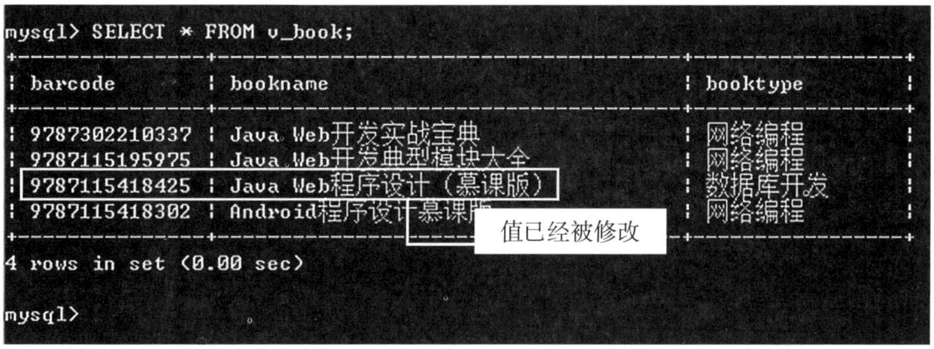

图 9.15　查看更新后视图中的数据

下面再来查看一下 tb_book 表中的数据是否有变化，结果如图 9.16 所示。

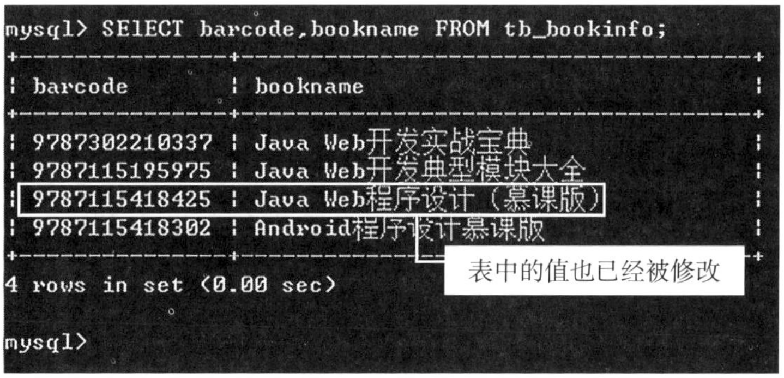

图 9.16　查看 tb_book 表中的数据

从上面的结果可以看出，对视图的更新其实就是对基本表的更新。

2．更新视图的限制

并不是所有的视图都可以更新，以下几种情况是不能更新视图的。

（1）视图中包含 COUNT()、SUM()、MAX() 和 MIN() 等函数。例如：

```
CREATE VIEW book_view1(a_sort,a_book)
```

```
AS SELECT sort,books, COUNT(name) FROM tb_book;
```

（2）视图中包含 UNION、UNION ALL、DISTINCT、GROUP BY 和 HAVIG 等关键字。例如：

```
CREATE VIEW book_view1(a_sort,a_book)
AS SELECT sort,books, FROM tb_book GROUP BY id;
```

（3）常量视图。例如：

```
CREATE VIEW book_view1
AS SELECT 'Aric' as a_book;
```

（4）视图中的 SELECT 中包含子查询。例如：

```
CREATE VIEW book_view1(a_sort)
AS SELECT (SELECT name FROM tb_book);
```

（5）由不可更新的视图导出的视图。例如：

```
CREATE VIEW book_view1
AS SELECT * FROM book_view2;
```

（6）创建视图时，ALGORITHM 为 TEMPTABLE 类型。例如：

```
CREATE ALGORITHM=TEMPTABLE
VIEW book_view1
AS SELECT * FROM tb_book;
```

（7）视图对应的表上存在没有默认值的列，而且该列没有包含在视图里。例如，表中包含的 name 字段没有默认值，但是视图中不包括该字段，那么这个视图是不能更新的。因为，在更新视图时，这个没有默认值的记录将没有值插入，也没有 NULL 值插入。数据库系统是不会允许这样的情况出现的，其会阻止这个视图更新。

上面的几种情况其实就是一种情况，规则就是，视图的数据和基本表的数据不一样。

> **注意**
>
> 视图中虽然可以更新数据，但是有很多限制。一般情况下，最好将视图作为查询数据的虚拟表，而不要通过视图更新数据。因为，使用视图更新数据时，如果没有全面考虑在视图中更新数据的限制，可能会造成数据更新失败。

9.3.4　删除视图

删除视图是指删除数据库中已存在的视图。删除视图时，只能删除视图的定义，不会删除数据。MySQL 中，使用 DROP VIEW 语句来删除视图。但是，用户必须拥有 DROP 权限。本节将介绍删除视图的方法。

DROP VIEW 语句的语法如下：

```
DROP VIEW IF EXISTS < 视图名 > [RESTRICT | CASCADE]
```

IF EXISTS 参数指判断视图是否存在，如果存在则执行，不存在则不执行；"视图名"参数表示要删除的视图的名称和列表，各个视图名称之间用逗号隔开。

该语句从数据字典中删除指定的视图定义；如果该视图导出了其他视图，则使用 CASCADE 级联删除，或者先显式删除导出的视图，再删除该视图；删除基表时，由该基表导出的所有视图定义都必须显式删除。

【例 9.08】 删除前面实例中一直使用的图书视图 v_book。代码如下：（实例位置：资源包\源码\09\9.08）

```
DROP VIEW IF EXISTS v_book;
```

执行结果如图 9.17 所示。

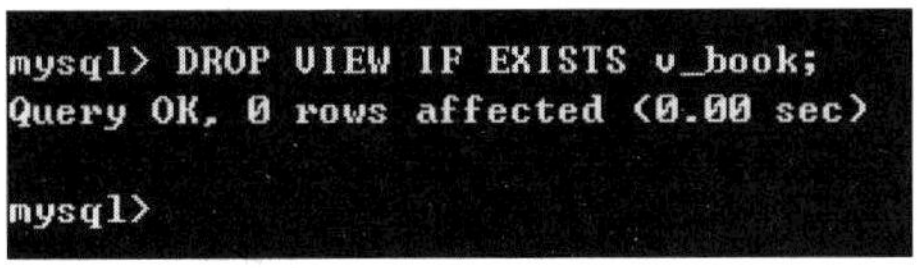

```
mysql> DROP VIEW IF EXISTS v_book;
Query OK, 0 rows affected (0.00 sec)

mysql>
```

图 9.17　删除视图

执行结果显示删除成功。下面验证一下视图是否真正被删除，执行 SHOW CREATE VIEW 语句查看视图的结构，代码如下：

```
SHOW CREATE VIEW v_book;
```

执行结果如图 9.18 所示。

```
mysql> SHOW CREATE VIEW v_book;
ERROR 1146 (42S02): Table 'db_librarybak.v_book' doesn't exist
mysql>
```

图 9.18　查看视图是否删除成功

结果显示，视图 v_book 不存在，说明 DROP VIEW 语句删除视图成功。

9.4　小　　结

本章对 MySQL 数据库的视图的含义和作用进行了详细讲解，并且讲解了创建视图、修改视图和删除视图的方法。创建视图和修改视图是本章的重点内容，并且需要在计算机上实际操作。读者在创建视图和修改视图后，一定要查看视图的结构，以确保创建和修改的操作是否正确。更新视图是本章的一个难点，因为实际中存在一些造成视图不能更新的因素。希望读者在练习中认真分析。

第 *10* 章

索 引

（ 视频讲解：22 分钟 ）

　　索引是一种特殊的数据库结构，可以用来快速查询数据库表中的特定记录。索引是提高数据库性能的重要方式。MySQL 中，所有的数据类型都可以被索引。MySQL 的索引包括普通索引、唯一性索引、全文索引、单列索引、多列索引和空间索引等。本章将介绍索引的含义、作用，以及索引不同类别。还可以了解用不同的方法创建索引，同时，还可以了解删除索引的方法。

　　学习摘要：

▸▸ **了解 MySQL 索引的概念**

▸▸ **了解 MySQL 数据库索引的分类**

▸▸ **掌握在建立数据表时创建索引**

▸▸ **掌握在已建立数据表中创建索引**

▸▸ **掌握修改数据表结构添加索引**

▸▸ **掌握删除索引的使用方法**

10.1　索　引　概　述

在 MySQL 中，索引由数据表中一列或多列组合而成，创建索引的目的是为了优化数据库的查询速度。其中，用户创建的索引指向数据库中具体数据所在的位置。当用户通过索引查询数据库中的数据时，不需要遍历数据库中的所有数据，大幅度提高了查询效率。

10.1.1　MySQL 索引概述

索引是一种将数据库中单列或者多列的值进行排序的结构。应用索引，可以大幅度提高查询的速度。

用户通过索引查询数据，不但可以提高查询速度，也可以降低服务器的负载。用户查询数据时，系统可以不必遍历数据表中的所有记录，而是查询索引列。一般过程的数据查询是通过遍历全部数据，并寻找数据库中的匹配记录而实现的。与一般形式的查询相比。索引就像一本书的目录。而当用户通过目录查找书中内容时，就好比用户通过目录查询某章节的某个知识点。这样就为用户在查找内容过程中，缩短大量时间。帮助用户有效地提高查找速度。所以，使用索引可以有效地提高数据库系统的整体性能。

应用 MySQL 数据库时，并非用户在查询数据的时候，总需要应用索引来优化查询。凡事都有双面性，使用索引可以提高检索数据的速度，对于依赖关系的子表和父表之间的联合查询时，可以提高查询速度，并且可以提高整体的系统性能。但是，创建索引和维护需要耗费时间，并且该耗费时间与数据量的大小成正比；另外，索引需要占用物理空间，给数据的维护造成很多麻烦。

整体来说，索引可以提高查询的速度，但是会影响用户操作数据库的插入操作。因为，向有索引的表中插入记录时，数据库系统会按照索引进行排序。所以，用户可以将索引删除后，插入数据，当数据插入操作完成后，用户可以重新创建索引。

> **说明**
>
> 不同的存储引擎定义每个表的最大索引数和最大索引长度不同。所有存储引擎对每个表至少支持 16 个索引。总索引长度至少为 256 字节。有些存储引擎支持更多的索引数和更大的索引长度。索引有两种存储类型，包括 B 型树（BTREE）索引和哈希（HASH）索引。其中 B 型树为系统默认索引方法。

10.1.2　MySQL 索引分类

MySQL 的索引包括普通索引、唯一性索引、全文索引、单列索引、多列索引和空间索引等。

1. 普通索引

普通索引，即不应用任何限制条件的索引，该索引可以在任何数据类型中创建。字段本身的约束条件可以判断其值是否为空或唯一。创建该类型索引后，用户在查询时，便可以通过索引进行查询。在某数据表的某一字段中，建立普通索引后，用户需要查询数据时，只需根据该索引进行查询即可。

2．唯一性索引

使用 UNIQUE 参数可以设置唯一索引。创建该索引时，索引的值必须唯一，通过唯一索引，用户可以快速地定位某条记录，主键是一种特殊唯一索引。

3．全文索引

使用 FULLTEXT 参数可以设置索引为全文索引。全文索引只能创建在 CHAR、VARCHAR 或者 TEXT 类型的字段上。查询数据量较大的字符串类型的字段时，使用全文索引可以提高查询速度。例如，查询带有文章回复内容的字段，可以应用全文索引方式。需要注意的是，在默认情况下，应用全文搜索大小写不敏感。如果索引的列使用二进制排序后，可以执行大小写敏感的全文索引。

4．单列索引

顾名思义，单列索引即只对应一个字段的索引。其可以包括上述叙述的 3 种索引方式。应用该索引的条件只需要保证该索引值对应一个字段即可。

5．多列索引

多列索引是在表的多个字段上创建一个索引。该索引指向创建时对应的多个字段，用户可以通过这几个字段进行查询。要想应用该索引，用户必须使用这些字段中第一个字段。

6．空间索引

使用 SPATIAL 参数可以设置索引为空间索引。空间索引只能建立在空间数据类型上，这样可以提高系统获取空间数据的效率。MySQL 中只有 MyISAM 存储引擎支持空间检索。而且索引的字段不能为空值。

10.2　创　建　索　引

创建索引是指在某个表的至少一列中建立索引，以便提高数据库性能。其中，建立索引可以提高表的访问速度。本节通过几种不同的方式创建索引。其中包括在建立数据库时创建索引、在已经建立的数据表中创建索引和修改数据表结构创建索引。

10.2.1　在建立数据表时创建索引

在建立数据表时可以直接创建索引，这种方式比较直接，且方便易用。在建立数据表时创建索引的基本语法结构如下。

```
create table table_name(
属性名 数据类型 [约束条件],
```

属性名 数据类型 [约束条件]
…
属性名 数据类型
[UNIQUE | FULLTEXT | SPATIAL] INDEX }KEY
[别名](属性名 1 [(长度)] [ASC | DESC])
);

其中，属性名后的属性值，其含义如下。

☑　UNIQUE：可选参数，表明索引为唯一性索引。

☑　FULLTEXT：可选参数；表明索引为全文搜索。

☑　SPATIAL：可选参数，表明索引为空间索引。

INDEX 和 KEY 参数用于指定字段索引，用户在选择时，只需要选择其中的一种即可；另外别名为可选参数，其作用是给创建的索引取新名称；别名的参数如下。

☑　属性名 1：指索引对应的字段名称，该字段必须被预先定义。

☑　长度：可选参数，其指索引的长度，必须是字符串类型才可以使用。

☑　ASC/DESC：可选参数，ASC 表示升序排列，DESC 参数表示降序排列。

1. 普通索引创建

创建普通索引，即不添加 UNIQUE、FULLTEXT 等任何参数。

【例 10.01】 下面创建表名为 score 的数据表，并在该表的 id 字段上建立索引，其主要代码如下：（ 实例位置：资源包 \ 源码 \10\10.01 ）

```
create table score(
id int(10) auto_increment primary key not null,
name varchar(50) not null,
math int(5) not null,
english int(5) not null,
chinese int(5) not null,
index(id));
```

运行以上代码的结果如图 10.1 所示。

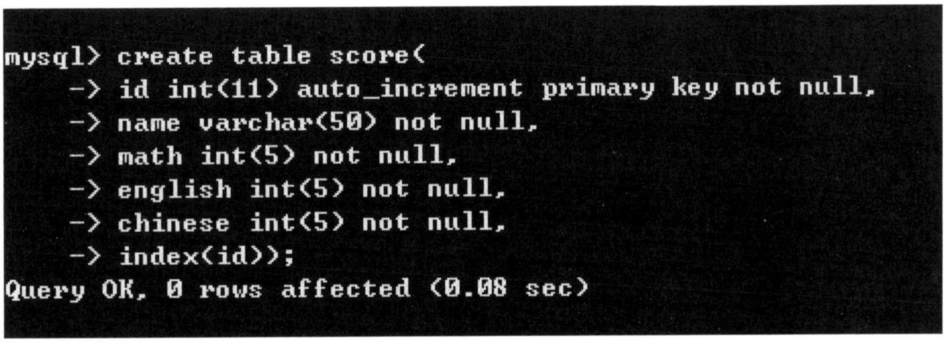

图 10.1　创建普通索引

在命令提示符中使用 SHOW CREATE TABLE 语句查看该表的结构，在命令提示符中输入的代码如下：

```
show create table score;
```

其运行结果如图 10.2 所示。

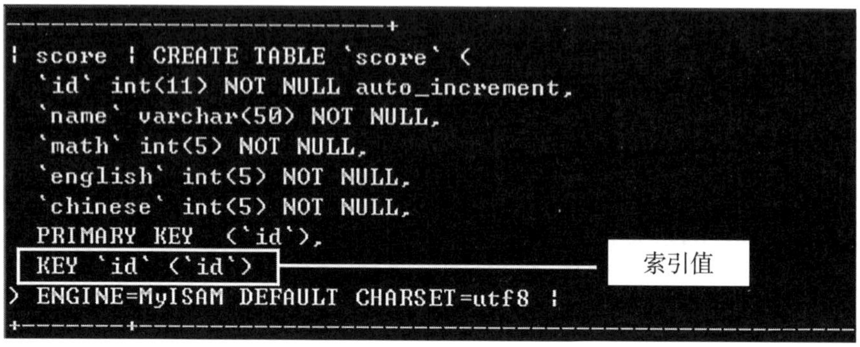

图 10.2　查看数据表结构

从图 10.2 中可以清晰地看到，该表结构的索引为 id，则可以说明该表的索引建立成功。

2．创建唯一性索引

创建唯一性索引与创建一般索引的语法结构大体相同，但是在创建唯一索引的时候，需要使用 UNIQUE 参数进行约束。

【例 10.02】　创建一个表名为 address 的数据表，并指定该表的 id 字段上建立唯一索引，其代码如下：（实例位置：资源包 \ 源码 \10\10.02）

```
create table address(
id int(10) auto_increment primary key not null,
name varchar(50),
address varchar(200),
UNIQUE INDEX address(id ASC));
```

应用 SHOW CREATE TABLE 语句查看表的结构，其运行如图 10.3 所示。

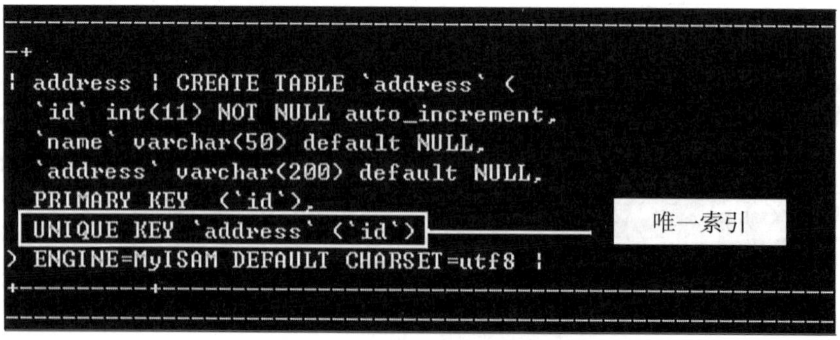

图 10.3　查看唯一索引的表结构

从图 10.3 中可以看到，该表的 id 字段上已经建立了一个名为 address 的唯一索引。

说明

　　虽然添加唯一索引可以约束字段的唯一性，但是有时候并不能提高用户查找速度，即不能实现优化查询目的。所以，读者在使用过程中需要根据实际情况来选择唯一索引。

3. 创建全文索引

与创建普通索引和唯一索引不同，全文索引的创建只能作用在 CHAR、VARCHAR、TEXT 类型的字段上。创建全文索引需要使用 FULLTEXT 参数进行约束。

【例 10.03】　创建一个名称为 cards 的数据表，并在该表的 number 字段上创建全文索引，其代码如下：（实例位置：资源包 \ 源码 \10\10.03）

```
create table cards(
id int(10) auto_increment primary key not null,
name varchar(50),
number bigint(10),
info varchar(50),
FULLTEXT KEY cards_info(info)) engine=MyISAM;
```

在命令提示符中应用 SHOW CREATE TABLE 语句查看表结构。其代码如下：

```
SHOW CREATE TABLE cards;
```

运行结果如图 10.4 所示。

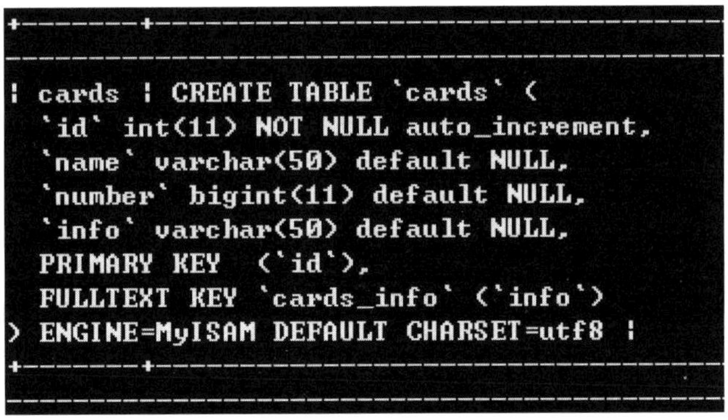

图 10.4　查看全文索引的数据表结构

说明

　　只有 MyISAM 类型的数据表支持 FULLTEXT 全文索引，InnoDB 或其他类型的数据表不支持全文索引。当用户在建立全文索引的时候，返回 "ERROR 1283 (HY000): Column 'number' cannot be part of FULLTEXT index" 的错误，则说明用户操作的当前数据表不支持全文索引，即不为 MyISAM 类型的数据表。

4．创建单列索引

创建单列索引，即在数据表的单个字段上创建索引。创建该类型索引不需要引入约束参数，用户在建立时只需指定单列字段名，即可创建单列索引。

【例 10.04】 创建名称为 telephone 的数据表，并指定在 tel 字段上建立名称为 tel_num 的单列索引，其代码如下：（实例位置：资源包 \ 源码 \10\10.04）

```
create table telephone(
id int(10) primary key auto_increment not null,
name varchar(50) not null,
tel varchar(50) not null,
index tel_num(tel(20))
);
```

运行上述代码后，应用 SHOW CREATE TABLE 语句查看表的结构，其运行结果如图 10.5 所示。

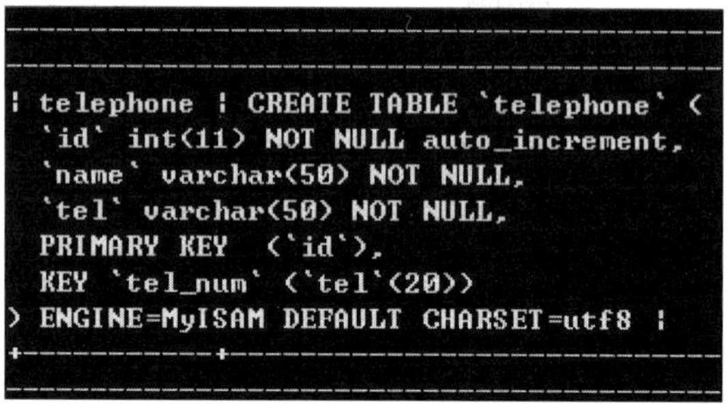

```
| telephone | CREATE TABLE `telephone` (
  `id` int(11) NOT NULL auto_increment,
  `name` varchar(50) NOT NULL,
  `tel` varchar(50) NOT NULL,
  PRIMARY KEY  (`id`),
  KEY `tel_num` (`tel`(20))
) ENGINE=MyISAM DEFAULT CHARSET=utf8 |
```

图 10.5　查看单列索引表的数据表结构

说明

数据表中的字段长度为 50，而创建的索引的字段长度为 20，这样做的目的是为了提高查询效率，优化查询速度。

5．创建多列索引

与创建单列索引相仿，创建多列索引即指定表的多个字段即可实现。

【例 10.05】 创建名称为 information 的数据表，并指定 name 和 sex 为多列索引，其代码如下：（实例位置：资源包 \ 源码 \10\10.05）

```
create table information(
id int(10) auto_increment primary key not null,
name varchar(50) not null,
sex varchar(5) not null,
birthday varchar(50) not null,
INDEX info(name,sex)
);
```

应用 SHOW CREATE TABLE 语句查看创建多列的数据表结构，其运行结果如图 10.6 所示。

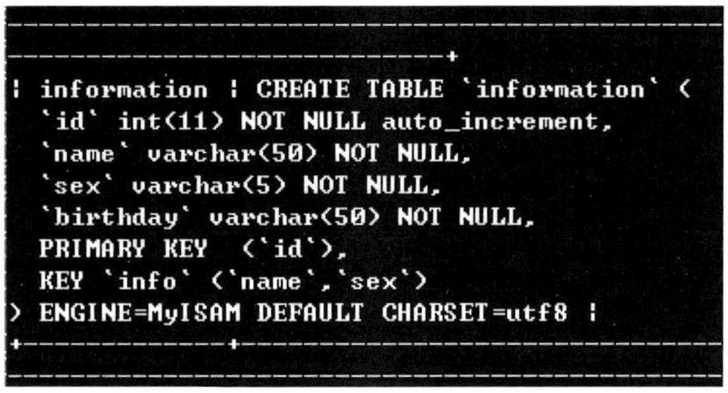

图 10.6　查看多列索引表的数据结构

需要注意的是，在多列索引中，只有查询条件中使用了这些字段中的第一个字段（即上面示例中的 name 字段）时，索引才会被使用。

说明

触发多列索引的条件是用户必须使用索引的第一字段，如果没有用到第一字段，则索引不起任何作用，用户想要优化查询速度，可以应用该类索引形式。

6. 创建空间索引

创建空间索引时，需要设置 SPATIAL 参数。同样，必须说明的是，只有 MyISAM 类型表支持该类型索引。而且，索引字段必须有非空约束。

【例 10.06】 创建一个名称为 list 的数据表，并创建一个名为 listinfo 的空间索引。其代码如下：（实例位置：资源包 \ 源码 \10\10.06）

```
create table list(
id int(10) primary key auto_increment not null,
goods geometry not null,
SPATIAL INDEX listinfo(goods)
)engine=MyISAM;
```

运行上述代码，创建成功后，在命令提示符中应用 SHOW CREATE TABLE 语句查看表的结构。其运行结果如图 10.7 所示。

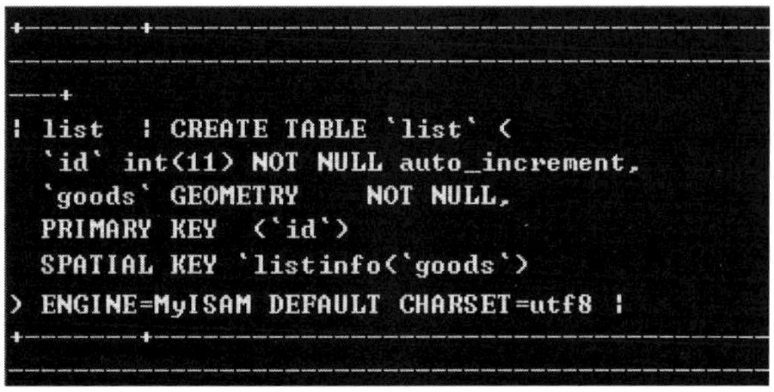

图 10.7　查看空间索引表的结构

从图 10.7 中可以看到，goods 字段上已经建立名称为 listinfo 的空间索引，其中 goods 字段必须不能为空，且数据类型是 GEOMETRY。该类型是空间数据类型。空间类型不能用其他类型代替。否则在生成空间索引时会产生错误且不能正常创建该类型索引。

📖 **说明**

空间类型除了上述示例中提到的 GEOMETRY 类型外，还包括如 POINT、LINESTRING、POLYGON 等类型。这些空间数据类型在平常的操作中很少被用到。

10.2.2 在已建立的数据表中创建索引

在 MySQL 中，不但可以在用户创建数据表时创建索引，用户也可以直接在已经创建的表中，在已经存在的一个或几个字段创建索引。其基本的命令结构如下所示：

```
CREATE [UNIQUE | FULLTEXT |SPATIAL ] INDEX index_name
ON table_name( 属性 [(length)] [ ASC | DESC]);
```

命令的参数说明如下。

- ☑ index_name 为索引名称，该参数作用是给用户创建的索引赋予新的名称。
- ☑ table_name 为表名，即指定创建索引的表名称。
- ☑ 可选参数，指定索引类型，包括 UNIQUE（唯一索引）、FULLTEXT（全文索引）、SPATIAL（空间索引）。
- ☑ 属性参数，指定索引对应的字段名称。该字段必须已经预存在于用户想要操作的数据表中，如果该数据表中不存在用户指定的字段，则系统会提示异常。
- ☑ length 为可选参数，用于指定索引长度。
- ☑ ASC 和 DESC 参数，指定数据表的排序顺序。

与建立数据表时创建索引相同，在已建立的数据表中创建索引同样包含 6 种索引方式。

1. 创建普通索引

【例 10.07】 首先，应用 SHOW CREATE TABLE 语句查看 studentinfo 表的结构，其运行结果如图 10.8 所示。（实例位置：资源包 \ 源码 \10\10.07）

```
| studentinfo | CREATE TABLE `studentinfo` (
`sid` int(11) NOT NULL auto_increment,
`name` varchar(50) NOT NULL,
`age` varchar(11) NOT NULL,
`sex` varchar(2) NOT NULL default 'M',
`tel` bigint(11) NOT NULL,
`time` varchar(50) NOT NULL,
PRIMARY KEY  (`sid`),
KEY `index_name` (`name`),
KEY `index_student_info` (`name`,`sex`)
) ENGINE=MyISAM AUTO_INCREMENT=10 DEFAULT CHARSET=utf8 |
```

图 10.8 查看未添加索引前的表结构

然后，在该表中创建名称为 stu_info 的普通索引，在命令提示符中输入如下命令：

```
create INDEX stu_info ON studentinfo(sid);
```

输入上述命令后，应用 SHOW CREATE TABLE 语句查看该数据表的结构。其运行结果如图 10.9 所示。

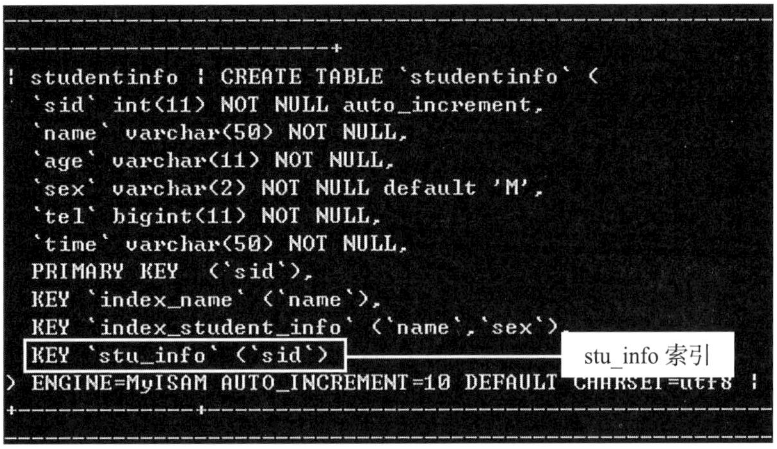

图 10.9 查看添加索引后的表格结构

从图 10.9 中可以看出，名称为 stu_info 的数据表创建成功。如果系统没有提示异常或错误，则说明已经向 studentinfo 数据表中建立名称为 stu_info 的普通索引。

2. 创建唯一索引

在已经存在数据表中建立唯一索引的命令如下：

CREATE UNIQUE INDEX 索引名 ON 数据表名称 (字段名称);

其中 UNIQUE 是用来设置索引唯一性的参数，该表中的字段名称既可以存在唯一性约束，也可以不存在唯一性约束。

【例 10.08】 下面在 index1 表中的 cid 字段上建立名为 index1_id 的唯一性索引。SQL 代码如下：
（实例位置：资源包 \ 源码 \10\10.08）

CREATE UNIQUE INDEX index1_id ON index1(cid);

输入上述命令后，应用 SHOW CREATE TABLE 语句查看该数据表的结构。其运行结果如图 10.10 所示。

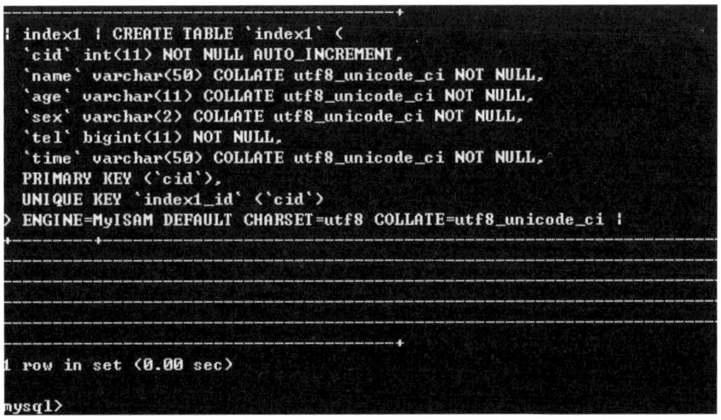

图 10.10 查看添加唯一索引后的表格结构

3．创建全文索引

在 MySQL 中，为已经存在的数据表创建全文索引的命令如下：

CREATE FULLTEXT INDEX 索引名 ON 数据表名称 (字段名称);

其中，FULLTEXT 用来设置索引为全文索引。操作的数据表类型必须为 MyISAM 类型。字段类型必须为 VARCHAR、CHAR、TEXT 等类型。

【例 10.09】 下面在 index2 表中的 info 字段上建立名为 index2_info 的全文索引。SQL 代码如下：（ 实例位置：资源包 \ 源码 \10\10.09 ）

CREATE FULLTEXT INDEX index2_info ON index2(info);

输入上述命令后，应用 SHOW CREATE TABLE 语句查看该数据表的结构。其运行结果如图 10.11 所示。

```
index2 | CREATE TABLE `index2` (
`cid` int(11) NOT NULL AUTO_INCREMENT,
`info` varchar(50) COLLATE utf8_unicode_ci NOT NULL,
PRIMARY KEY (`cid`),
FULLTEXT KEY `index2_info` (`info`)
) ENGINE=MyISAM DEFAULT CHARSET=utf8 COLLATE=utf8_unicode_ci |

1 row in set (0.00 sec)

mysql>
```

图 10.11　查看添加全文索引后的表格结构

4．创建单列索引

与建立数据表时创建单列索引相同，用户可以设置单列索引。其命令结构如下：

CREATE INDEX 索引名 ON 数据表名称 (字段名称 (长度));

设置字段名称长度，可以优化查询速度，提高查询效率。

【例 10.10】 下面在 index3 表中的 address 字段上建立名为 index3_addr 的单列索引。Address 字段的数据类型为 varchar(20)，索引的数据类型为 char(4)。SQL 代码如下：（ 实例位置：资源包 \ 源码 \10\10.10 ）

CREATE INDEX index3_addr ON index3(address(4));

输入上述命令后，应用 SHOW CREATE TABLE 语句查看该数据表的结构。其运行结果如图 10.12 所示。

```
| index3 | CREATE TABLE `index3` (
 `cid` int(11) NOT NULL AUTO_INCREMENT,
 `address` varchar(20) COLLATE utf8_unicode_ci NOT NULL,
 PRIMARY KEY (`cid`),
 KEY `index3_addr` (`address`(4))
) ENGINE=MyISAM DEFAULT CHARSET=utf8 COLLATE=utf8_unicode_ci |
```

图 10.12　查看添加单列索引后的表格结构

5. 创建多列索引

建立多列索引与建立单列索引类似。其主要命令结构如下：

CREATE INDEX 索引名 ON 数据表名称 (字段名称 1, 字段名称 2…);

与建立数据表时创建多列索引相同，当创建多列索引时，用户必须使用第一字段作为查询条件，否则，索引不能生效。

【例 10.11】 下面在 index4 表中的 name 和 address 字段上建立名为 index4_na 的多列索引。代码如下：(实例位置：资源包 \ 源码 \10\10.11)

CREATE INDEX index4_na ON index4(name,address);

输入上述命令后，应用 SHOW CREATE TABLE 语句查看该数据表的结构。其运行结果如图 10.13 所示。

```
| index4 | CREATE TABLE `index4` (
 `cid` int(11) NOT NULL AUTO_INCREMENT,
 `name` varchar(20) COLLATE utf8_unicode_ci NOT NULL,
 `address` varchar(20) COLLATE utf8_unicode_ci NOT NULL,
 PRIMARY KEY (`cid`),
 KEY `index4_na` (`name`,`address`)
) ENGINE=MyISAM DEFAULT CHARSET=utf8 COLLATE=utf8_unicode_ci |
```

图 10.13　查看添加多列索引后的表格结构

6. 创建空间索引

建立空间索引，用户需要应用 SPATIAL 参数作为约束条件。其命令结构如下：

CREATE SPATIAL　INDEX 索引名 ON 数据表名称 (字段名称);

其中，SPATIAL 用来设置索引为空间索引。用户要操作的数据表类型必须为 MyISAM 类型。并且字段名称必须存在非空约束。否则将不能正常创建空间索引。

10.2.3 修改数据表结构添加索引

修改已经存在表上的索引。可以通过 ALTER TABLE 语句为数据表添加索引，其基本结构如下：

ALTER TABLE table_name ADD [UNIQUE | FULLTEXT |SPATIAL] INDEX index_name(属性名 [(length)] [ASC | DESC]);

该参数与 10.2.1 小节和 10.2.2 小节中所介绍的参数相同，故这里不再赘述，请读者参阅前面两小节中的内容。

1．添加普通索引

首先，应用 SHOW CREATE TABLE 语句查看 studentinfo 表的结构，其运行结果如图 10.14 所示。

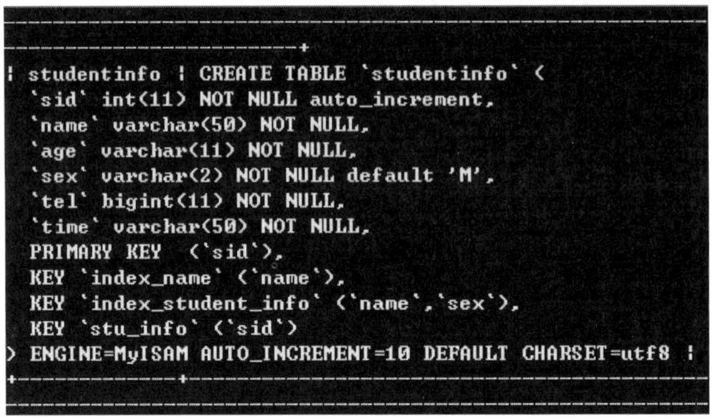

图 10.14　查看未添加索引前的表结构

然后，在该表中添加名称为 timer 的普通索引，在命令提示符中输入如下命令：

alter table studentinfo ADD INDEX timer (time(20));

输入上述命令后，应用 SHOW CREATE TABLE 语句查看该数据表的结构。其运行结果如图 10.15 所示。

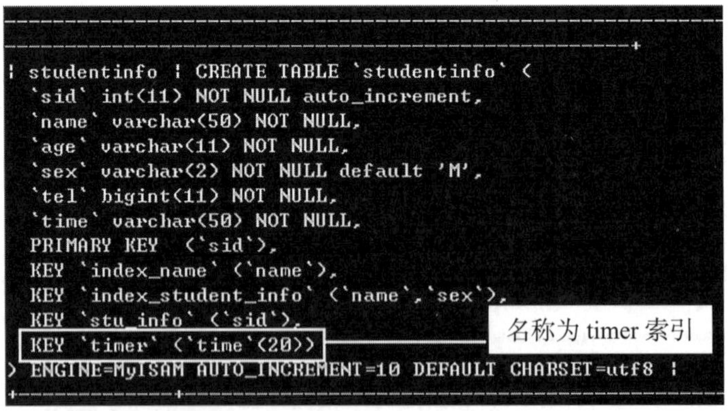

图 10.15　查看添加索引后的表格结构

从图 10.10 中可以看出，名称为 timer 的数据表添加成功，已经成功向 studentinfo 数据表中添加名称为 timer 的普通索引。

> **说明**
>
> 　　从功能上看，修改数据表结构添加索引与在已存在数据表中建立索引所实现功能大体相同，二者均是在已经建立的数据表中添加或创建新的索引。所以，用户在使用的时候，可以根据个人需求和实际情况，选择适合的方式向数据表中添加索引。

2. 添加唯一索引

与已存在的数据表中添加索引的过程类似，在数据表中添加唯一索引的命令结构如下所示：

> ALTER TABLE 表名 ADD UNIQUE INDEX 索引名称（字段名称）；

其中，ALTER 语句一般是用来修改数据表结构的语句，ADD 为添加索引的关键字；UNIQUE 是用来设置索引唯一性的参数，该表中的字段名称既可以存在唯一性约束，也可以不存在唯一性约束。

3. 添加全文索引

创建全文索引与创建普通索引和唯一索引不同，全文索引创建只能作用在 CHAR、VARCHAR、TEXT 类型的字段上。创建全文索引需要使用 FULLTEXT 参数进行约束。

在 MySQL 中，为已经存在的数据表添加全文索引的命令如下：

> ALTER TABLE 表名 ADD　 FULLTEXT INDEX 索引名称（字段名称）；

其中，ADD 是添加的关键字，FULLTEXT 用来设置索引为全文索引。操作的数据表类型必须为 MyISAM 类型。字段类型同样必须为 VARCHAR、CHAR、TEXT 等类型。

【例 10.12】　使用 ALTER INDEX 语句在数据表 workinfo 的 address 字段上创建名为 index_ext 的全文索引。具体步骤如下。（实例位置：资源包 \ 源码 \10\10.12）

用修改数据表结果的方式添加全文索引。用 ALTER INDEX 语句在 address 字段上创建名为 index_ext 的全文索引，具体代码如下：

> ALTER TABLE workinfo ADD FULLTEXT INDEX index_ext(address);

输入上述命令后，应用 SHOW CREATE TABLE 语句查看该数据表的结构。其运行结果如图 10.16 所示。

图 10.16　查看使用 alter table 语句创建的全文索引

4. 添加单列索引

与建立数据表时创建单列索引相同，用户可以设置单列索引。其命令结构如下：

```
ALTER TABLE 表名 ADD INDEX 索引名称（字段名称（长度））;
```

同样，用户可以设置字段名称长度，以便优化查询速度。提高执行效率。

5. 添加多列索引

添加多列索引与建立单列索引类似。其主要命令结构如下：

```
ALTER TABLE 表名 ADD INDEX 索引名称 ( 字段名称 1, 字段名称 2...);
```

使用 ALTER 修改数据表结构同样可以添加多列索引。与建立数据表时创建多列索引相同，当创建多列索引时，用户必须使用第一字段作为查询条件，否则，索引不能生效。

6. 添加空间索引

添加空间索引，用户需要应用 SPATIAL 参数作为约束条件。其命令结构如下：

```
ALTER TABLE 表名 ADD SPATIAL INDEX 索引名称 ( 字段名称 );
```

其中，SPATIAL 用来设置索引为空间索引。用户要操作的数据表类型必须为 MyISAM 类型。并且字段名称必须存在非空约束。否则将不能正常创建空间索引。该类别索引并不常用，所以，对于初学者来说，了解该索引类型即可。

视频讲解

10.3 删 除 索 引

在 MySQL 中，创建索引后，如果用户不再需要该索引，则可以删除指定表的索引。因为这些已经被建立且不常使用的索引，一方面可能会占用系统资源，另一方面也可能导致更新速度下降，这极大地影响了数据表的性能。所以，在用户不需要该表的索引时，可以手动删除指定索引。其中删除索引可以通过 DROP 语句来实现。其基本的命令如下：

```
DROP INDEX index_name ON table_name;
```

其中，参数 index_name 是用户需要删除的索引名称，参数 table_name 指定数据表名称，下面应用示例向读者展示如何删除数据表中已经存在的索引，打开 MySQL 后，应用 SHOW CREATE TABLE 语句查看数据表的索引，其运行结果如图 10.17 所示。

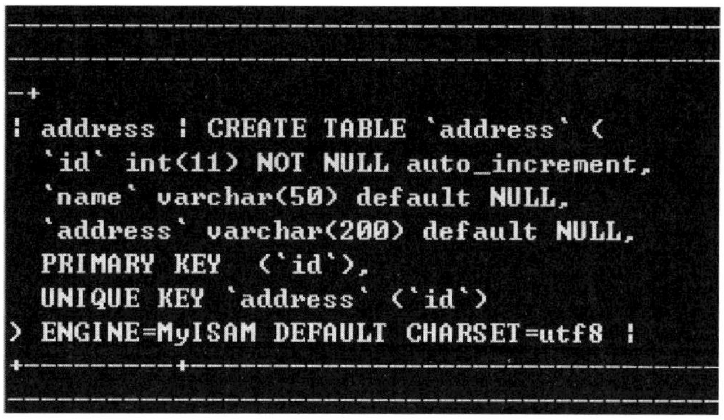

图 10.17　查看 address 数据表内的索引

从上图中可以看出，名称为 address 的数据表中存在唯一索引 address。在命令提示符中继续输入如下命令：

DROP INDEX id ON address

运行上述代码的结果如图 10.18 所示。

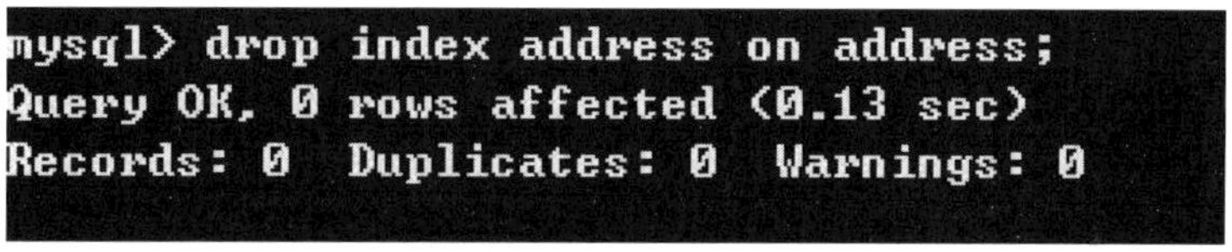

图 10.18　删除唯一索引 address

在用户顺利删除索引后，为确定该索引是否已被删除，用户可以再次应用 SHOW CREATE TABLE 语句来查看数据表结构。其运行结果如图 10.19 所示。

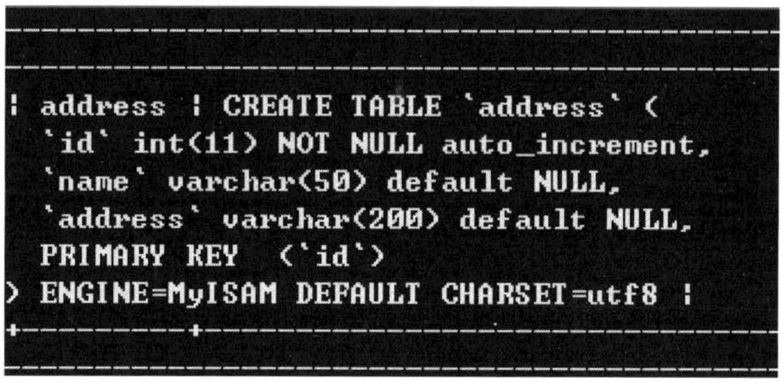

图 10.19　再次查看 address 数据表结构

从图 10.19 可以看出，名称为 address 的唯一索引已经被删除。

【例 10.13】　本实例将使用 DROP 语句从数据表中删除不再需要的索引，效果如图 10.20 所示。（实例位置：资源包 \ 源码 \10\10.13）

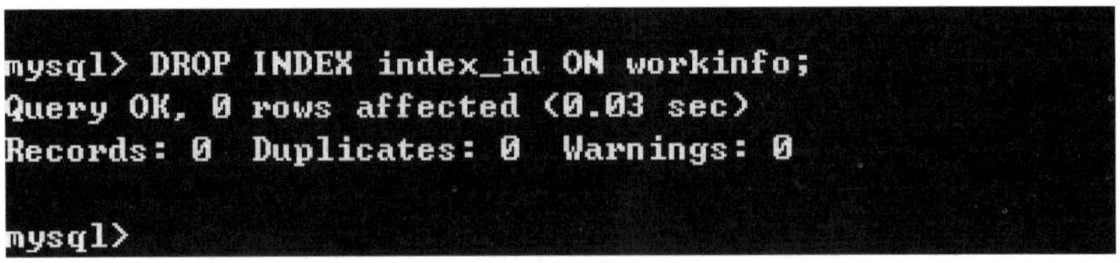

图 10.20　删除唯一性索引

使用 DROP 语句删除 workinfo 表的唯一性索引 index_id，具体代码如下：

```
DROP INDEX index_id ON workinfo;
```

10.4　小　　结

本章对 Mysql 数据库的索引的基础知识、创建索引和删除索引进行了详细讲解，创建索引的内容是本章的重点。读者应该重点掌握创建索引的 3 种方法，分别为创建表的时候创建索引、使用 CREATE INDEX 语句来创建索引和使用 ALTER TABLE 语句来创建索引。

第 11 章

触 发 器

（ 视频讲解：21 分钟 ）

触发器是由事件来触发某个操作。这些事件包括 INSERT 语句、UPDATE 语句和 DELETE 语句。当数据库系统执行这些事件时，就会激活触发器执行相应的操作。本章将介绍触发器的含义、作用。还可以了解创建触发器、查看触发器和删除触发器的方法。同时，还可以了解各种事件的触发器的执行情况。

学习摘要：

▸▸ 了解 MySQL 触发器的概念

▸▸ 了解在 MySQL 中创建单个执行语句的触发器

▸▸ 掌握 MySQL 中创建多个语句的触发器

▸▸ 掌握在 MySQL 数据库中查看触发器

▸▸ 掌握删除触发器

▸▸ 掌握如何应用触发器

视频讲解

11.1 MySQL 触发器

触发器是由 MySQL 的基本命令事件来触发某种特定操作，这些基本的命令由 INSERT、UPDATE、DELETE 等事件来触发某些特定操作。满足触发器的触发条件时，数据库系统就会自动执行触发器中定义的程序语句。这样可以令某些操作之间的一致性得到协调。

11.1.1 创建 MySQL 触发器

在 MySQL 中，创建只有一个执行语句的触发器的基本形式如下：

```
CREATE TRIGGER 触发器名 BEFORE | AFTER 触发事件
ON 表名 FOR EACH ROW 执行语句
```

具体的参数说明如下。

（1）触发器名指定要创建的触发器名字。

（2）参数 BEFORE 和 AFTER 指定触发器执行的时间。BEFORE 指在触发时间之前执行触发语句；AFTER 表示在触发时间之后执行触发语句。

（3）触发事件参数指数据库操作触发条件，其中包括 INSERT\UPDATE 和 DELETE。

（4）表名指定触发事件操作表的名称。

（5）FOR EACH ROW 表示任何一条记录上的操作满足触发事件都会触发该触发器。

（6）执行语句指触发器被触发后执行的程序。

【例 11.01】 实现保存图书信息时，自动向日志表添加一条数据。具体的实现方法是为图书信息表（tb_bookinfo）创建一个由插入命令 INSERT 触发的触发器 auto_save_log，具体步骤如下。（实例位置：资源包 \ 源码 \11\11.01）

（1）创建一个名称为 tb_booklog 的数据表，该表的结构非常简单，只包括 id、event 和 logtime 3 个字段。具体代码如下：

```
CREATE TABLE IF NOT EXISTS tb_booklog (
id int(11) PRIMARY KEY auto_increment NOT NULL,
event varchar(200) NOT NULL,
logtime timestamp NOT NULL DEFAULT current_timestamp
);
```

执行结果如图 11.1 所示。

图 11.1 创建名称为 tb_booklog 的数据表

（2）为 tb_bookinfo 表创建名称为 auto_save_log 的触发器，其代码如下：

```
DELIMITER //
CREATE TRIGGER auto_save_log BEFORE INSERT
ON tb_bookinfo FOR EACH ROW
INSERT INTO tb_booklog (event,logtime) values(' 插入了一条图书信息 ',now());
//
```

以上代码的运行结果如图 11.2 所示。

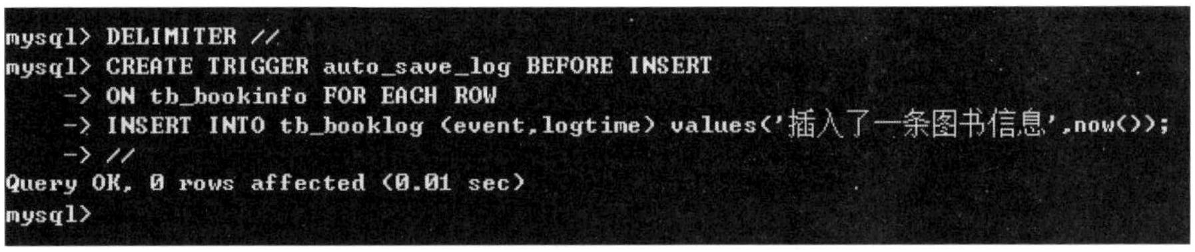

图 11.2　创建 auto_save_log 触发器

auto_save_log 触发器创建成功，其具体的功能是当用户向 tb_bookinfo 表中执行 INSERT 插入操作时，数据库系统会自动在插入语句执行之前向 tb_bookinfo 表中插入日志信息（包括操作名称和执行时间）。下面通过向 tb_bookinfo 表中插入一条图书信息来查看触发器的作用，代码如下：

```
INSERT INTO tb_bookinfo
(barcode,bookname,typeid,author,ISBN,price,page,bookcase,inTime,del,id)
VALUES
('9787115418081','MySQL 从入门到精通（微视频版）',5,' 明日科技 ','115',49.80,312,4,'2018-07-10',0,10);;
```

执行效果如图 11.3 所示。

图 11.3　向 tb_bookinfo 表中插入一条图书信息

执行 SELECT 语句查看 tb_booklog 表中是否执行 INSERT 操作，代码如下：

```
SELECT * FROM tb_booklog;
```

执行结果图 11.4 所示。

图 11.4　查看 tb_booklog 表中是否执行插入操作

以上结果显示，在向 tb_bookinfo 表中插入数据时，tb_booklog 表中也会被插入一条日志信息。

11.1.2　创建具有多个执行语句的触发器

在 11.1.1 小节中，已经介绍了如何创建一个最基本的触发器，但是在实际应用中，往往触发器中包含多个执行语句。其中创建具有多个执行语句的触发器语法结构如下：

```
CREATE TRIGGER 触发器名称 BEFORE | AFTER 触发事件
ON 表名 FOR EACH ROW
BEGIN
执行语句列表
END
```

其中，创建具有多个执行语句触发器的语法结构与创建触发器的一般语法结构大体相同，其参数说明请参考 11.1.1 小节中的参数说明。这里不再赘述。在该结构中，将要执行的多条语句放入 BEGIN 与 END 之间。多条语句需要执行的内容，需要用分隔符 ";" 隔开。

说明

一般放在 BEGIN 与 END 之间的多条执行语句必须用结束分隔符 ";" 分开。在创建触发器过程中需要更改分隔符，这里应用 DELIMITERT 语句，将结束符号变为 "//"。当触发器创建完成后，读者同样可以应用该语句将结束符换回 ";"。

下面创建一个由 DELETE 触发多个执行语句的触发器 delete_time_info。模拟一个删除日志数据表和一个删除时间表。当用户删除数据库中的某条记录后，数据库系统会自动向日志表中写入日志信息。

【例 11.02】 实现删除图书信息时，分别向日志表和临时表中各添加一条数据，具体步骤如下。（实例位置：资源包 \ 源码 \11\11.02）

（1）在例 11.01 的基础上，再创建一个名称为 tb_bookinfobak 图书信息临时表，可以通过直接复制图书信息表 tb_bookinfo1 的表结构实现，具体代码如下：

```
CREATE TABLE tb_bookinfobak
    LIKE tb_bookinfo;
```

（2）创建一个由 DELETE 触发多个执行语句的触发器 delete_book_info。实现在删除数据时，向日志信息表中插入一条日志信息，并且向图书信息临时表中，添加删除的这条数据，这样可以保存数据的安全性，其代码如下：

```
DELIMITER //
CREATE DEFINER='root'@'localhost' TRIGGER  delete_book_info BEFORE  DELETE
ON tb_bookinfo FOR EACH ROW
BEGIN
INSERT INTO tb_booklog (event,logtime) values(' 删除了一条图书信息 ',now());
INSERT INTO tb_bookinfobak SELECT * FROM tb_bookinfo1 where id=OLD.id;
END
//
```

运行以上代码的结果如图 11.5 所示。

```
mysql> DELIMITER //
mysql> CREATE DEFINER=`root`@`localhost` TRIGGER delete_book_info BEFORE DELETE
    -> ON tb_bookinfo FOR EACH ROW
    -> BEGIN
    -> INSERT INTO tb_booklog (event,logtime) values('删除了一条图书信息',now());
    -> INSERT INTO tb_bookinfobak SELECT * FROM tb_bookinfo where id=OLD.id;
    -> END
    -> //
Query OK, 0 rows affected (0.09 sec)
```

图 11.5　创建具有多个语句的触发器 delete_book_info

（3）触发器创建成功，当执行删除操作后，tb_booklog 与 tb_bookinfobak 表中将各插入一条相关记录。执行删除操作的代码如下：

DELETE FROM tb_bookinfo WHERE id=10;

删除成功后，应用 SELECT 语句分别查看 tb_booklog 与 tb_bookinfobak 数据表的数据。代码如下：

SELECT * FROM tb_booklog;
SELECT * FROM tb_bookinfobak;

其运行结果如图 11.6 和图 11.7 所示。

```
mysql> SELECT * FROM tb_booklog;
+----+--------------------+---------------------+
| id | event              | logtime             |
+----+--------------------+---------------------+
|  1 | 插入了一条图书信息   | 2018-07-09 10:32:40 |
|  2 | 删除了一条图书信息   | 2018-07-09 11:05:28 |
+----+--------------------+---------------------+
2 rows in set (0.03 sec)

mysql>
```

图 11.6　查看 tb_booklog 数据表信息

```
mysql> SELECT * FROM tb_bookinfobak;//
+---------------+------------------------------+--------+--------+----------+--------+-------+
| barcode       | bookname                     | typeid | author | ISBN     | price  |
| page | bookcase | inTime    | del | id |
+---------------+------------------------------+--------+--------+----------+--------+-------+
| 9787115418081 | MySQL从入门到精通（微视频版） |      5 | 明日科技 | 115    | 49.80 |
|  312 |        4 | 2018-07-10 |   0 | 10 |
+---------------+------------------------------+--------+--------+----------+--------+-------+
1 row in set (0.00 sec)
```

图 11.7　查看 tb_bookinfobak 数据表信息

从图 11.6 和图 11.7 中可以看出，触发器创建成功后，当用户对 tb_bookinfo1 表执行 DELETE 操作时，将向 tb_booklog 表插入一条日志信息；向 tb_bookinfobak 表中插入被删除的图书信息。

> **说明**
>
> 在 MySQL 中，一个表在相同的触发事件和相同的触发时间只能创建一个触发器，如触发事件为 INSERT，触发时间为 AFTER 的触发器只能有一个。但是可以定义 BEFORE 的触发器。

11.2　查看触发器

查看触发器是指查看数据库中已存在的触发器的定义、状态和语法等信息。查看触发器应用 SHOW TRIGGERS 语句。

11.2.1　SHOW TRIGGERS

在 MySQL 中，可以执行 SHOW TRIGGERS 语句查看触发器的基本信息，其基本形式如下：

```
SHOW TRIGGERS;
```

或者

```
SHOW TRIGGERS\G
```

进入 MySQL 数据库，选择 db_librarybak 数据库并查看该数据库中存在的触发器，其运行结果如图 11.8 所示。

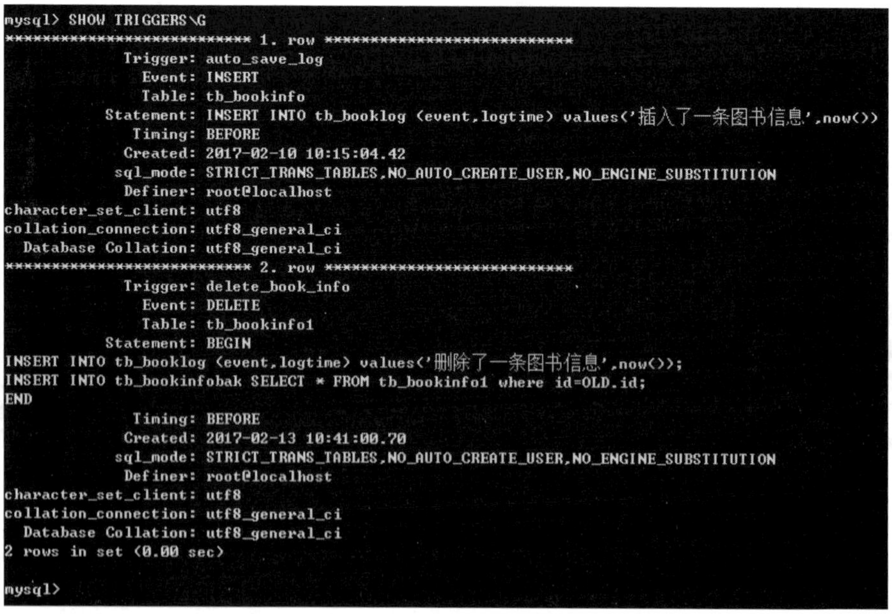

图 11.8　查看触发器

在命令提示符中输入 SHOW TRIGGERS 语句即可查看选择数据库中的所有触发器，但是，应用该查看语句存在一定弊端，即只能查询所有触发器的内容，并不能指定查看某个触发器的信息。这样一来，就会在用户查找指定触发器信息的时候带来极大不便。故推荐读者只在触发器数量较少的情况下应用 SHOW TRIGGERS 语句查询触发器基本信息。

11.2.2　查看 triggers 表中触发器的信息

在 MySQL 中，所有触发器的定义都存在该数据库的 triggers 表中。读者可以通过查询 triggers 表来查看数据库中所有触发器的详细信息。SQL 语句如下：

```
SELECT * FROM information_schema.triggers;
```

或者

```
SELECT * FROM information_schema.triggers\G
```

其中 information_schema 是 MySQL 中默认存在的库，而 information_schema 是数据库中用于记录触发器信息的数据表。通过 SELECT 语句查看触发器信息。

但是如果用户想要查看某个指定触发器的内容。可以通过 where 子句应用 trigger 字段作为查询条件。

要查询指定名称的触发器，可以使用下面的语法格式。

```
SELECT * FROM information_schema.triggers WHERE TRIGGER_NAME= ' 触发器名称 ';
```

其中"触发器名称"这一参数为用户指定要查看的触发器名称，和其他 SELECT 查询语句相同，该名称内容需要用一对""""（单引号）引用指定的文字内容。

要查询指定数据库对应的触发器，可以使用下面的语法格式。

```
SELECT * FROM information_schema.triggers WHERE TRIGGER_SCHEMA= ' 数据库名称 ';
```

例如，要查看 db_librarybak 数据库中的全部触发器，可以使用下面的代码。

```
SELECT * FROM information_schema.triggers WHERE TRIGGER_SCHEMA='db_librarybak'\G
```

其运行结果与图 11.8 相同。

说明

如果数据库中存在数量较多的触发器，建议读者使用第二种查看触发器的方式。这样会在查找指定触发器过程中避免很多不必要的麻烦。

11.3 使用触发器

在 MySQL 中，触发器按以下顺序执行：BEFORE 触发器、表操作、AFTER 触发器操作，其中表操作包括常用的数据库操作命令如 INSERT、UPDATE、DELETE。

11.3.1 触发器的执行顺序

下面通过一个具体的实例演示触发器的执行顺序。

【例 11.03】 触发器与表操作存在一定的执行顺序，下面通过创建一个示例向读者展示三者的执行顺序关系，具体步骤如下。（实例位置：资源包 \ 源码 \11\11.03）

（1）创建一个名称为 tb_temp 的临时表，代码如下：

```
CREATE TABLE IF NOT EXISTS tb_temp (
id int(11) PRIMARY KEY auto_increment NOT NULL,
event varchar(200) NOT NULL,
time timestamp NOT NULL DEFAULT current_timestamp
);
```

（2）在 tb_bookcase 数据表上创建名称为 before_in 的 BEFORE INSERT 触发器，其代码如下：

```
CREATE TRIGGER before_in BEFORE INSERT ON
tb_bookcase FOR EACH ROW
INSERT INTO tb_temp (event) values ('BEFORE INSERT');
```

（3）在 tb_bookcase 数据表上创建名称为 after_in 的 AFTER INSERT 触发器，其代码如下：

```
CREATE TRIGGER after_in AFTER INSERT ON
tb_bookcase for each row
INSERT INTO tb_temp (event) values ('AFTER INSERT');
```

运行步骤（2）和步骤（3）的结果如图 11.9 所示。

```
mysql> CREATE TRIGGER before_in BEFORE INSERT ON
    -> tb_bookcase FOR EACH ROW
    -> INSERT INTO tb_temp (event) values ('BEFORE INSERT');
Query OK, 0 rows affected (0.02 sec)

mysql> CREATE TRIGGER after_in AFTER INSERT ON
    -> tb_bookcase for each row
    -> INSERT INTO tb_temp (event) values ('AFTER INSERT');
Query OK, 0 rows affected (0.02 sec)

mysql>
```

图 11.9　创建触发器运行结果

（4）创建完毕触发器，向数据表 tb_bookcase 中插入一条记录。代码如下：

```
INSERT INTO tb_bookcase(name) VALUES (' 右 A-2');
```

执行成功后，通过 SELECT 语句查看 tb_temp 数据表的插入情况。代码如下：

```
SELECT * FROM tb_temp;
```

运行以上代码，其运行结果如图 11.10 所示。

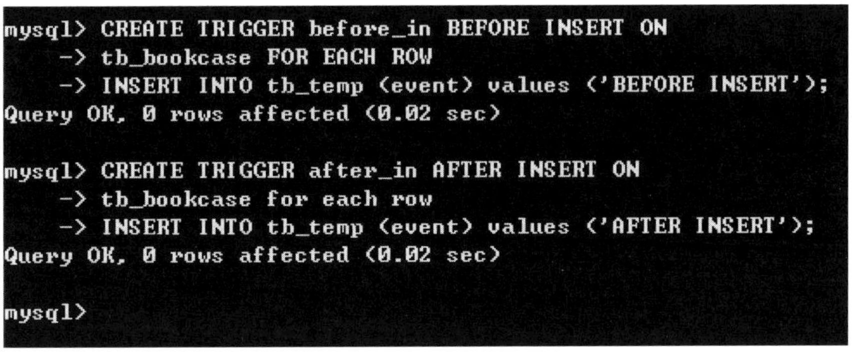

```
mysql> CREATE TRIGGER before_in BEFORE INSERT ON
    -> tb_bookcase FOR EACH ROW
    -> INSERT INTO tb_temp (event) values ('BEFORE INSERT');
Query OK, 0 rows affected (0.02 sec)

mysql> CREATE TRIGGER after_in AFTER INSERT ON
    -> tb_bookcase for each row
    -> INSERT INTO tb_temp (event) values ('AFTER INSERT');
Query OK, 0 rows affected (0.02 sec)

mysql>
```

图 11.10 查看 timeinfo 表中触发器的执行顺序

查询结果显示 before 和 after 触发器被激活。before 触发器首先被激活，然后 after 触发器再被激活。

说明

如果数据库中存在数量较多的触发器，建议读者使用第二种查看触发器的方式。这样会在查找指定触发器过程中避免很多不必要的麻烦。

11.3.2 使用触发器维护冗余数据

在数据库中，冗余数据的一致性非常重要。为了避免数据不一致问题的发生，尽量不要采用人工维护数据，建议通过编程自动维护。比如，通过触发器实现。下面通过一个具体的实例介绍如何使用触发器维护冗余数据。

【例 11.04】 使用触发器维护库存数量。主要是通过商品销售信息表创建一个触发器，实现当添加一条商品销售信息时，自动修改库存信息表中的库存数量，具体步骤如下。（实例位置：资源包 \ 源码 \11\11.04）

（1）创建库存信息表 tb_stock，包括 id（编号）、goodsname（商品名称）、number（库存数量）字段，具体代码如下：

```
CREATE TABLE IF NOT EXISTS tb_stock (
id int(11) PRIMARY KEY auto_increment NOT NULL,
goodsname varchar(200) NOT NULL,
number int(11)
```

```
);
```

（2）向库存信息表 tb_stock 中添加一条商品库存信息，代码如下：

```
INSERT INTO tb_stock(goodsname,number) VALUES (' 马克杯 350ML',100);
```

（3）为商品销售信息表 tb_sell 创建一个触发器，名称为 auto_number，实现向商品销售信息表 tb_sell 中添加数据时自动更新库存信息表 tb_stock 的商品库存数量，具体代码如下：

```
DELIMITER //
CREATE TRIGGER auto_number AFTER INSERT
ON tb_sell FOR EACH ROW
BEGIN
DECLARE sellnum int(10);
SELECT number FROM tb_sell where id=NEW.id INTO @sellnum;
UPDATE tb_stock SET number=number-@sellnum WHERE goodsname=' 马克杯 350ML';
END
//
```

说明

在上面的代码中，DECLARE 关键字用于定义一个变量，这里定义的是保存销售数量的变量。在 MySQL 中，引用变量时需要在变量名前面添加“@”符号。

（4）向商品销售信息表 tb_sell 中插入一条商品销售信息，具体代码如下：

```
INSERT INTO tb_sell(goodsname,goodstype,number,price,amount) VALUES (' 马克杯 350ML',
1,1,29.80,29.80);
```

（5）查看库存信息表 tb_stock 中，商品“马克杯 350ML”的库存数量，代码如下：

```
SELECT * FROM tb_stock WHERE goodsname=' 马克杯 350ML';
```

执行结果如图 11.11 所示。

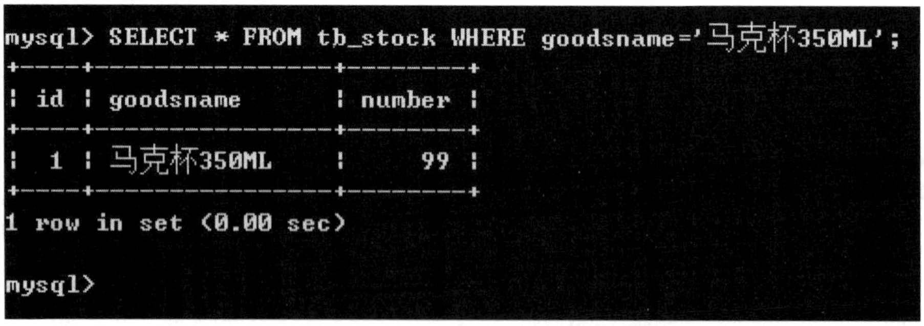

```
mysql> SELECT * FROM tb_stock WHERE goodsname='马克杯350ML';
+----+------------------+--------+
| id | goodsname        | number |
+----+------------------+--------+
|  1 | 马克杯350ML      |     99 |
+----+------------------+--------+
1 row in set (0.00 sec)

mysql>
```

图 11.11　查看库存数量

从图 11.11 中可以看出，现在的库存数量是 99，而在步骤（2）中插入的库存数量是 100，所以库存信息表 tb_stock 中的指定商品（马克杯 350ML）的库存数量已经被自动修改了。

11.4　删除触发器

在 MySQL 中，既然可以创建触发器，同样也可以通过命令删除触发器。删除触发器指删除原来已经在某个数据库中创建的触发器，与 MySQL 中删除数据库的命令相似，删除触发器也是使用 DROP 关键字。其语法格式如下：

DROP TRIGGER 触发器名称

"触发器名称"参数为用户指定要删除的触发器名称，如果指定某个特定触发器名称，MySQL 在执行过程中将会在当前库中查找触发器。

说明

在应用完触发器后，切记一定要将触发器删除，否则在执行某些数据库操作时，会造成数据的变化。

【例 11.05】　删除名称为 delete_book_info 的触发器，其执行代码如下：（实例位置：资源包\源码\11\11.05）

DROP TRIGGER delete_book_info;

执行上述代码，其运行结果如图 11.12 所示。

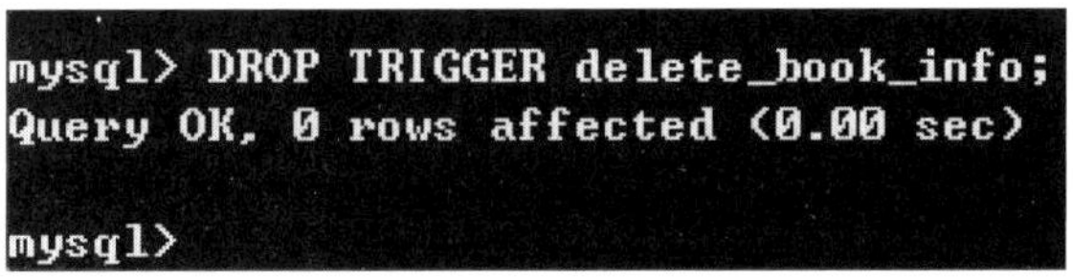

图 11.12　删除触发器

通过查看触发器命令来查看数据库 db_librarybak 中的触发器信息。其代码如下：

SHOW TRIGGERS\G

查看触发器信息，可以从图 11.13 看出，名称为 delete_book_info 的触发器已经被删除。

说明

图 11.13 的返回结果显示，该数据库中存在两个触发器信息，这两个触发器是在 11.1 节中被创建的，如果用户在 db_librarybak 数据库中未创建该触发器，则返回结果会是一个 Empty set。

```
mysql> SHOW TRIGGERS\G
*************************** 1. row ***************************
            Trigger: auto_save_log
              Event: INSERT
              Table: tb_bookinfo
          Statement: INSERT INTO tb_booklog (event,logtime) values('插入了一条图书信息',now())
             Timing: BEFORE
            Created: 2017-02-10 10:15:04.42
           sql_mode: STRICT_TRANS_TABLES,NO_AUTO_CREATE_USER,NO_ENGINE_SUBSTITUTION
            Definer: root@localhost
character_set_client: utf8
collation_connection: utf8_general_ci
  Database Collation: utf8_general_ci
1 row in set (0.00 sec)

mysql>
```

图 11.13　查看 db_librarybak 数据库中的触发器信息

11.5　小　　结

　　本章对 MySQL 数据库的触发器的定义和作用、创建触发器、查看触发器、使用触发器和删除触发器等内容进行了详细讲解，创建触发器和使用触发器是本章的重点内容。读者在创建触发器后，一定要查看触发器的结构。使用触发器时，触发器执行的顺序为 BEFORE 触发器、表操作（INSERT、UPDATE 和 DELETE）和 AFTER 触发器。读者需要将本章的知识结合实际需要来设计触发器。

第 *12* 章

存储过程与存储函数

（ 📹 视频讲解：22 分钟）

存储过程和存储函数是在数据库中定义一些 SQL 语句的集合，然后直接调用这些存储过程和存储函数来执行已经定义好的 SQL 语句。存储过程和存储函数可以避免开发人员重复编写相同的 SQL 语句。而且，存储过程和存储函数是在 MySQL 服务器中存储和执行的，可以减少客户端和服务器端的数据传输。本章将介绍存储过程和存储函数的含义、作用，以及创建、调用、查看、修改及删除存储过程和存储函数的方法。

学习摘要：

▸▸ 了解 MySQL 存储过程和存储函数中光标的使用和一般步骤

▸▸ 掌握 MySQL 中存储过程和存储函数的创建

▸▸ 掌握 MySQL 存储过程应用函数的参数使用方法

▸▸ 掌握存储过程和存储函数的创建、调用、查看、修改和删除

12.1 创建存储过程和存储函数

在数据库系统中，为了保证数据的完整性、一致性，同时也为提高其应用性能，大多数据库常采用存储过程和存储函数技术。MySQL 5.0 后，也应用了存储过程和存储函数。存储过程和存储函数经常是一组 SQL 语句的组合，这些语句被当作整体存入 MySQL 数据库服务器中。用户定义的存储函数不能用于修改全局库状态，但该函数可从查询中被唤醒调用，也可以像存储过程一样通过语句执行。随着 MySQL 技术的日趋完善，存储过程和存储函数在以后的项目中将得到广泛的应用。

12.1.1 创建存储过程

在 MySQL 中，创建存储过程的基本形式如下：

```
CREATE PROCEDURE sp_name ([proc_parameter[,...]])
[characteristic ...] routine_body
```

其中 sp_name 参数是存储过程的名称；proc_parameter 表示存储过程的参数列表；characteristic 参数指定存储过程的特性；routine_body 参数是 SQL 代码的内容，可以用 BEGIN 和 END 来标识 SQL 代码的开始和结束。

说明

proc_parameter 中的参数由 3 部分组成，分别是输入/输出类型、参数名称和参数类型。其形式为 [IN | OUT | INOUT]param_name type。其中 IN 表示输入参数；OUT 表示输出参数；INOUT 表示既可以输入，也可以输出；param_name 参数是存储过程参数名称；type 参数指定存储过程的参数类型，该类型可以为 MySQL 数据库的任意数据类型。

一个存储过程包括名称、参数列表，还可以包括很多 SQL 语句集。下面创建一个存储过程，其代码如下：

```
DELIMITER //
CREATE PROCEDURE proc_name (in parameter integer)
BEGIN
DECLARE variable VARCHAR(20);
IF parameter=1 THEN
SET variable='MySQL';
ELSE
SET variable='PHP';
END IF;
INSERT INTO tb (name) VALUES (variable);
END;
```

MySQL 中存储过程的建立以关键字 CREATE PROCEDURE 开始，后面紧跟存储过程的名称和参数。MySQL 的存储过程名称不区分大小写，例如 PROCE1() 和 proce1() 代表同一存储过程。存储过程名或存储函数名不能与 MySQL 数据库中的内建函数重名。

MySQL 存储过程的语句块以 BEGIN 开始，以 END 结束。语句体中可以包含变量的声明、控制语句、SQL 查询语句等。由于存储过程内部语句要以分号结束，所以在定义存储过程前，应将语句结束标志";"更改为其他字符，并且应降低该字符在存储过程中出现的概率，更改结束标志可以用关键字 DELIMITER 定义，例如：

```
mysql>DELIMITER //
```

存储过程创建之后，可用如下语句进行删除，参数 proc_name 指存储过程名。

```
DROP PROCEDURE proc_name
```

下面创建一个名称为 proc_count 的存储过程。在创建该存储过程前，需要先创建一个名称为 tb_borrow1 的数据表，该数据表的结构如表 12.1 所示。如果在前面的学习中，已经创建过该数据表，那么就不需要再重新创建了。

表 12.1　tb_borrow1 数据表结构

字　段　名	类型（长度）	默　　认	额　　外	说　　明
id	INT(10)		AUTO_INCREMENT	主键自增型 id
readerid	INT(10)			读者编号
bookid	INT(10)			图书编号
borrowTime	DATE			借阅日期
backTime	DATE			归还日期
operator	VARCHAR(30)			操作员
ifback	TINYINT(1)		DEFAULT '0'	是否归还

【例 12.01】　创建一个统计指定图书借阅次数的存储过程。主要是通过创建一个名称为 proc_count 的存储过程，实现统计 tb_borrow1 数据表中指定图书编号的图书的借阅次数。代码如下：（实例位置：资源包 \ 源码 \12\12.01）

```
DELIMITER //
CREATE PROCEDURE proc_count(IN id INT,OUT borrowcount INT)
READS SQL DATA
BEGIN
SELECT count(*) INTO borrowcount FROM tb_borrow1 WHERE bookid=id;
END
//
```

在上述代码中，定义一个输出变量 borrowcount 和输入变量 id。存储过程应用 SELECT 语句从 tb_borrow1 表中获取指定图书的记录总数。最后将结果传递给变量 borrowcount。存储过程的执行结果如图 12.1 所示。

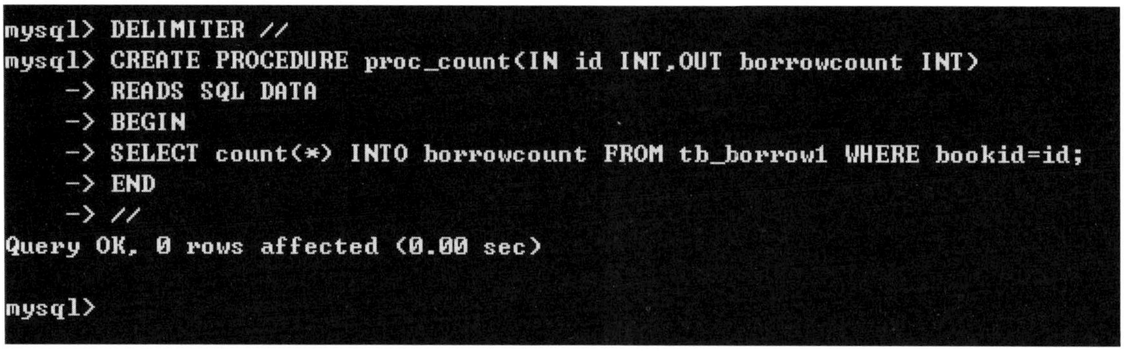

```
mysql> DELIMITER //
mysql> CREATE PROCEDURE proc_count(IN id INT,OUT borrowcount INT)
    -> READS SQL DATA
    -> BEGIN
    -> SELECT count(*) INTO borrowcount FROM tb_borrow1 WHERE bookid=id;
    -> END
    -> //
Query OK, 0 rows affected (0.00 sec)

mysql>
```

图 12.1　创建存储过程 proc_count

这里是通过将查询结果保存在一个输出变量中返回的。实际上，还可以将输出结果通过结果集返回，具体的代码如下：

```
DELIMITER //
CREATE PROCEDURE proc_count1(IN id INT)
READS SQL DATA
BEGIN
SELECT count(*) AS borrowcount FROM tb_borrow1 WHERE bookid=id;
END
//
```

执行结果如图 12.2 所示。

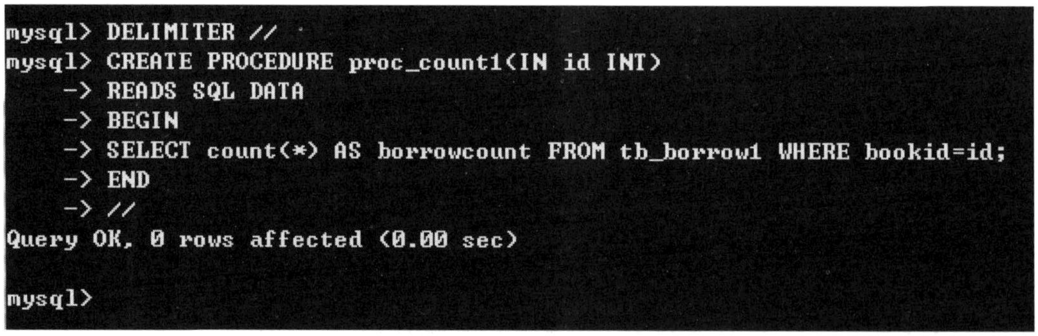

```
mysql> DELIMITER //
mysql> CREATE PROCEDURE proc_count1(IN id INT)
    -> READS SQL DATA
    -> BEGIN
    -> SELECT count(*) AS borrowcount FROM tb_borrow1 WHERE bookid=id;
    -> END
    -> //
Query OK, 0 rows affected (0.00 sec)

mysql>
```

图 12.2　创建存储过程 proc_count1

代码执行完毕后，没有报出任何出错信息就表示存储函数已经创建成功。以后就可以调用这个存储过程实现相应的功能。调用存储过程后，数据库会执行存储过程中的 SQL 语句。

说明

　　MySQL 中默认的语句结束符为分号 ";"，存储过程中的 SQL 语句需要分号来结束。为了避免冲突，首先用 DELIMITER // 语句将 MySQL 的结束符设置为 "//"。最后用 DELIMITER; 语句来将结束符恢复成分号。这与创建触发器时是一样的。

12.1.2　创建存储函数

创建存储函数与创建存储过程大体相同。创建存储函数的基本形式如下：

```
CREATE FUNCTION sp_name ([func_parameter[,...]])
    RETURNS type
        [characteristic ...] routine_body
```

创建存储函数的参数说明如表 12.2 所示。

表 12.2　创建存储函数的参数说明

参　　数	说　　明
sp_name	存储函数的名称
func_parameter	存储函数的参数列表
RETURNS type	指定返回值的类型
characteristic	指定存储函数的特性
routine_body	SQL 代码的内容

func_parameter 可以由多个参数组成，其中每个参数均由参数名称和参数类型组成，其结构如下：

```
param_name type
```

param_name 参数是存储函数的名称；type 参数用于指定存储函数的类型，该类型可以是 MySQL 数据库所支持的类型。

【例 12.02】　创建一个统计指定图书借阅次数的存储函数，名称为 func_count。实现统计 tb_borrow1 数据表中指定图书编号的图书的借阅次数。代码如下：（实例位置：资源包 \ 源码 \12\12.02）

```
DELIMITER //
CREATE FUNCTION func_count(id INT)
RETURNS INT(10)
BEGIN
RETURN(SELECT count(*) FROM tb_borrow1 WHERE bookid=id);
END
//
```

上述代码中，存储函数的名称为 func_count；该函数的参数为 id；返回值是 INT 类型，用于实现从 tb_borrow1 数据表中统计 bookid 与参数 id 相同的记录数，并返回。存储函数的执行结果如图 12.3 所示。

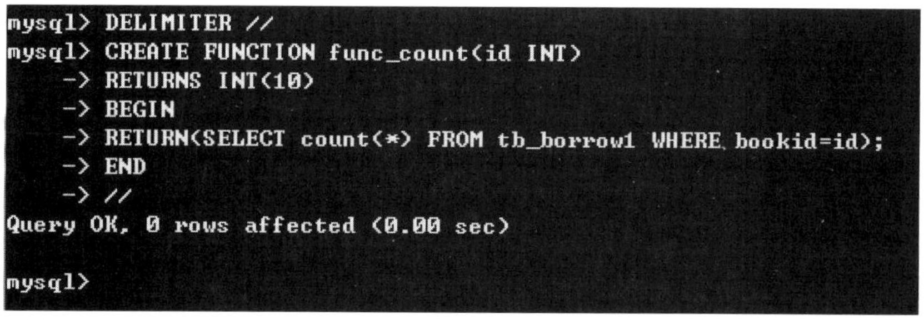

```
mysql> DELIMITER //
mysql> CREATE FUNCTION func_count(id INT)
    -> RETURNS INT(10)
    -> BEGIN
    -> RETURN(SELECT count(*) FROM tb_borrow1 WHERE bookid=id);
    -> END
    -> //
Query OK, 0 rows affected (0.00 sec)

mysql>
```

图 12.3　创建 func_count 存储函数

12.1.3 变量的应用

MySQL 存储过程中的参数主要有局部参数和全局参数两种，又称为局部变量和全局变量。局部变量只在定义该局部变量的 BEGIN...END 范围内有效，全局变量在整个存储过程范围内均有效。

1. 局部变量

在 MySQL 中，局部变量以关键字 DECLARE 声明，后跟变量名和变量类型，基本语法如下：

```
DECLARE var_name[,...] type [DEFAULT value]
```

DECLARE 用来声明变量；var_name 参数是设置变量的名称。如果用户需要，也可以同时定义多个变量；type 参数用来指定变量的类型；DEFAULT value 的作用是指定变量的默认值，不对该参数进行设置时，其默认值为 NULL。

例如，应用下面的语句将声明一个局部变量，但不为变量设置默认值。

```
DECLARE id INT
```

下面的语句将实现在声明变量的同时，为其指定默认值。

```
DECLARE id INT DEFAULT 10
```

下面通过一个具体的实例演示如何在 MySQL 存储过程中定义局部变量及其使用方法。在该例中，分别在内层和外层 BEGIN...END 块中都定义同名的变量 x，按照语句从上到下执行的顺序，如果变量 x 在整个程序中都有效，则最终结果应该都为"内层"，但真正的输出结果却不同，这说明在内部 BEGIN...END 块中定义的变量只在该块内有效。

【例 12.03】 演示局部变量只在某个 BEGIN...END 块内有效。代码如下：（实例位置：资源包 \ 源码 \12\12.03）

```
DELIMITER //
CREATE PROCEDURE proc_local()
BEGIN
DECLARE x CHAR(10) DEFAULT ' 外层 ';
BEGIN
DECLARE x CHAR(10) DEFAULT ' 内层 ';
SELECT x;
END;
SELECT x;
END;
//
```

上述代码的运行结果如图 12.4 所示。

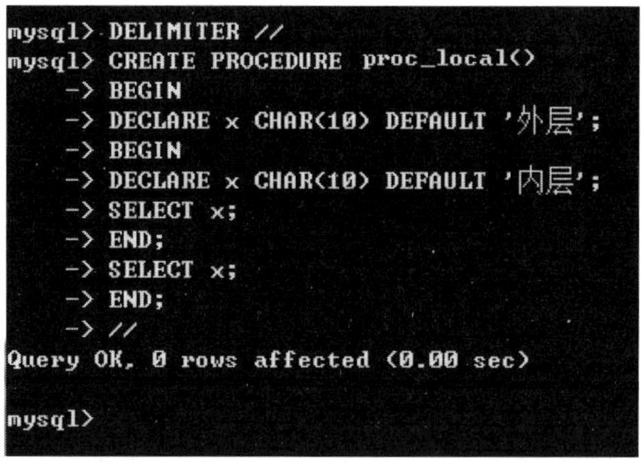

图 12.4　创建定义局部变量的存储过程

应用 MySQL 调用该存储过程，代码如下：

```
CALL proc_local() //
```

运行结果如图 12.5 所示。

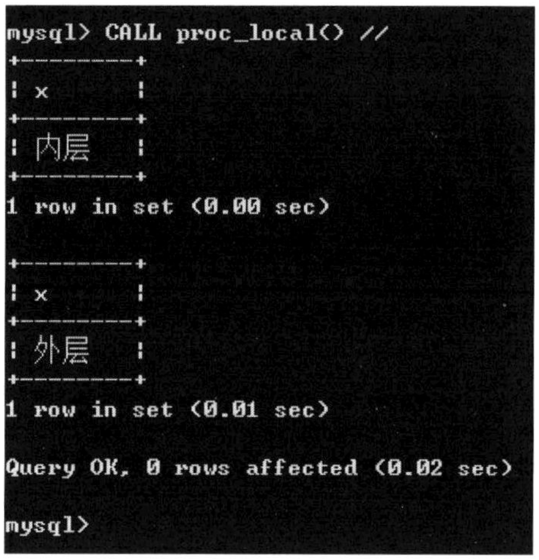

图 12.5　调用存储过程 proc_local 的结果

2．全局变量

MySQL 中的全局变量不必声明即可使用，全局变量在整个过程中有效，全局变量名以字符 "@"
作为起始字符。

【例 12.04】　在该例中，分别在内部和外部 BEGIN...END 块中定义了同名的全局变量 @t，并且
最终输出结果相同，从而说明全局变量的作用范围为整个程序。设置全局变量的代码如下：（实例位置：
资源包 \ 源码 \12\12.04）

```
DELIMITER //
CREATE PROCEDURE proc_global()
BEGIN
```

```
SET @t=" 外层 ";
BEGIN
SET @t=" 内层 ";
SELECT @t;
END;
SELECT @t;
End;
//
```

上述代码的运行结果如图 12.6 所示。

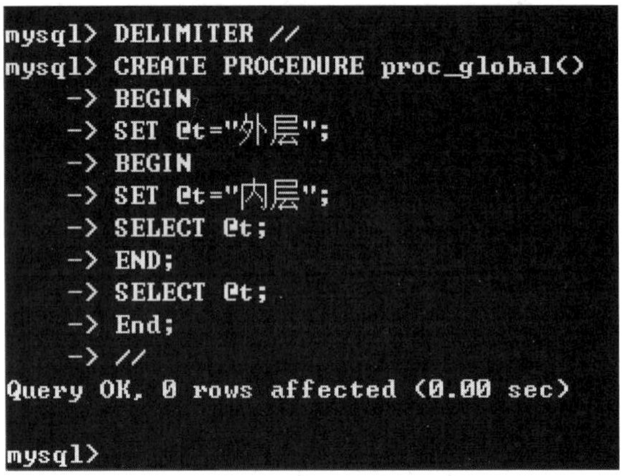

图 12.6　创建全局变量的存储过程

应用 MySQL 调用该存储过程，具体代码如下：

```
CALL proc_global() //
```

运行结果如图 12.7 所示。

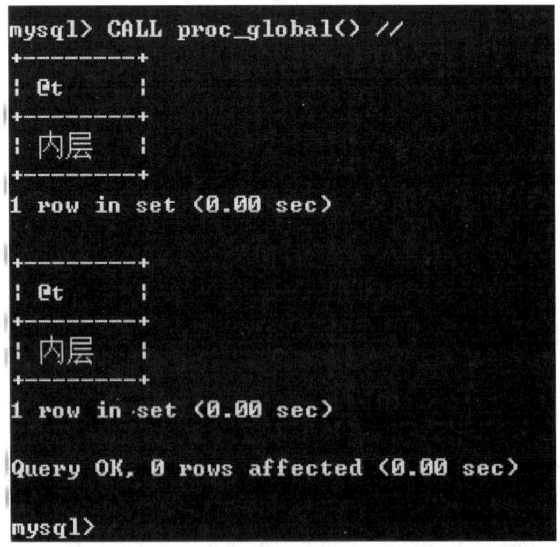

图 12.7　调用存储过程 proc_global 的结果

3．为变量赋值

在 MySQL 中，除了在声明局部变量和全局变量时可以为其设置默认值外，还可以应用以下两种方式为其赋值。

（1）使用 SET 关键字为变量赋值

MySQL 中可以使用 SET 关键字为变量赋值。SET 语句的基本语法如下：

```
SET var_name=expr[,var_name=expr]...
```

其中，SET 关键字用来为变量赋值；var_name 参数是变量的名称；expr 参数是赋值表达式。一个 SET 语句可以同时为多个变量赋值，各个变量的赋值语句之间用","隔开。例如，为变量 mr_soft 赋值，代码如下：

```
SET mr_soft=10;
```

（2）使用 SELECT...INTO 语句为变量赋值

使用 SELECT...INTO 语句也可以为变量赋值。其语法结构如下：

```
SELECT col_name[,...] INTO var_name[,...] FROM table_name WHERE condition
```

其中 col_name 参数标识查询的字段名称；var_name 参数是变量的名称；table_name 参数为指定数据表的名称；condition 参数为指定查询条件。

例如，从 tb_bookinfo 表中查询 barcode 为 9787115418425 的记录。将该记录下的 price 字段内容赋值给变量 book_price。其关键代码如下：

```
SELECT price INTO book_price FROM tb_bookinfo WHERE barcode= '9787115418425';
```

> **说明**
>
> 上述赋值语句必须存在于创建的存储过程中，且需将赋值语句放置在 BEGIN...END 之间。若脱离此范围，该变量将不能使用或被赋值。

12.1.4　光标的运用

通过 MySQL 查询数据库，其结果可能为多条记录。在存储过程和函数中使用光标可以实现逐条读取结果集中的记录。光标使用包括声明光标（DECLARE CURSOR）、打开光标（OPEN CURSOR）、使用光标（FETCH CURSOR）和关闭光标（CLOSE CURSOR）。值得一提的是，光标必须声明在处理程序之前，且声明在变量和条件之后。

1．声明光标

在 MySQL 中，声明光标仍使用 DECLARE 关键字，其语法如下：

```
DECLARE cursor_name CURSOR FOR select_statement
```

cursor_name 是光标的名称，光标名称使用与表名同样的规则；select_statement 是一个 SELECT 语句，返回一行或多行数据，该语句也可以在存储过程中定义多个光标，但是必须保证每个光标名称的唯一性，即每一个光标必须有自己唯一的名称。

通过上述定义来声明光标 cursor_book，其代码如下：

```
DECLARE cursor_book CURSOR FOR SELECT
barcode,bookname,price
FROM tb_bookinfo
WHERE typeid=4;
```

说明

这里 SELECT 子句中不能包含 INTO 子句，并且光标只能在存储过程或存储函数中使用。上述代码并不能单独执行。

2．打开光标

在声明光标之后，要从光标中提取数据，必须首先打开光标。在 MySQL 中，使用 OPEN 关键字来打开光标。其基本的语法如下：

```
OPEN cursor_name
```

其中 cursor_name 参数表示光标的名称。在程序中，一个光标可以打开多次。由于可能在用户打开光标后，其他用户或程序正在更新数据表，所以可能会导致用户在每次打开光标后，显示的结果都不同。

打开上面已经声明的光标 cursor_book，其代码如下：

```
OPEN cursor_book
```

3．使用光标

光标在顺利打开后，可以使用 FETCH...INTO 语句来读取数据。其语法如下：

```
FETCH  cursor_name INTO var_name[,var_name]...
```

其中 cursor_name 代表已经打开光标的名称；var_name 参数表示将光标中 SELECT 语句查询出来的信息存入该参数中；var_name 是存放数据的变量名，必须在声明光标前定义好。FETCH...INTO 语句与 SELECT...INTO 语句具有相同的意义。

将已打开的光标 cursor_book 中 SELECT 语句查询出来的信息存入 tmp_barcode、tmp_bookname 和 tmp_price 中。其中 tmp_barcode、tmp_bookname 和 tmp_price 必须在使用前定义。其代码如下：

```
FETCH cursor_book INTO tmp_barcode,tmp_bookname,tmp_price;
```

4．关闭光标

光标使用完毕后，要及时关闭，在 MySQL 中采用 CLOSE 关键字关闭光标，其语法格式如下：

```
CLOSE cursor_name
```

cursor_name 参数表示光标名称。下面关闭已打开的光标 cursor_book。代码如下：

```
CLOSE cursor_book
```

说明

对于已关闭的光标，在其关闭之后则不能使用 FETCH 来使用光标。光标在使用完毕后一定要关闭。

12.2　调用存储过程和存储函数

视频讲解

存储过程和存储函数都是存储在服务器的 SQL 语句的集合。要使用已经定义好的存储过程和存储函数，就必须要通过调用的方式来实现。对存储过程和存储函数的操作主要可以分为调用、查看、修改和删除，本节主要介绍调用操作。

12.2.1　调用存储过程

存储过程的调用在前面的示例中多次被用到。MySQL 中使用 CALL 语句来调用存储过程。调用存储过程后，数据库系统将执行存储过程中的语句，然后将结果返回给输出值。CALL 语句的基本语法形式如下：

```
CALL sp_name([parameter[,…]]);
```

其中 sp_name 是存储过程的名称；parameter 是存储过程的参数。

【例 12.05】　调用统计指定图书借阅次数的存储过程。代码如下：（实例位置：资源包\源码\12\12.05）

```
SET @bookid=7;
CALL proc_count(@bookid,@borrowcount);
SELECT @borrowcount;
```

执行结果如图 12.8 所示。

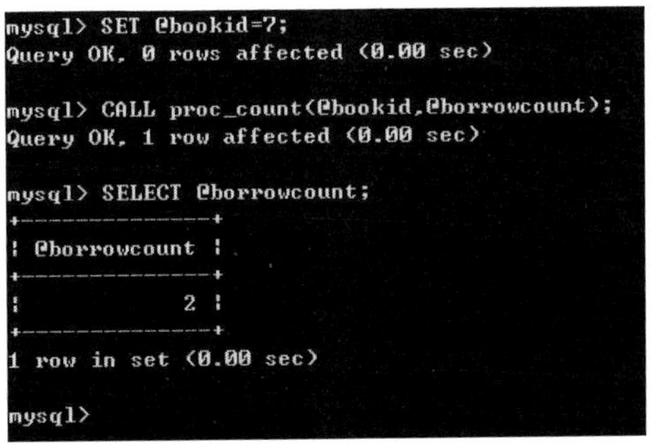

图 12.8　调用存储过程 proc_count

应用下面的语句查询 tb_borrow1 中 bookid 为 7 的记录。

```
SELECT * FROM tb_borrow1 WHERE bookid=7;
```

执行结果如图 12.9 所示。

```
mysql> SELECT * FROM tb_borrow1 WHERE bookid=7;
+----+----------+--------+------------+------------+----------+--------+
| id | readerid | bookid | borrowTime | backTime   | operator | ifback |
+----+----------+--------+------------+------------+----------+--------+
|  1 |        4 |      7 | 2017-02-16 | 2017-02-26 | mr       |      1 |
|  2 |        4 |      7 | 2017-02-24 | 2017-03-16 | mr       |      0 |
+----+----------+--------+------------+------------+----------+--------+
2 rows in set (0.00 sec)

mysql>
```

图 12.9　tb_borrow1 中 bookid 为 7 的记录

从图 12.8 中可以看出，符合条件的记录为两条，与图 12.9 的执行结果完全一致。

如果想要调用 12.1.1 节创建的存储过程 proc_count1，可以使用下面的代码。

```
SET @bookid=7;
CALL proc_count1(@bookid);
```

执行结果如图 12.10 所示。

```
mysql> CALL proc_count1(@bookid);
+-------------+
| borrowcount |
+-------------+
|           2 |
+-------------+
1 row in set (0.00 sec)

Query OK, 0 rows affected (0.00 sec)

mysql>
```

图 12.10　调用存储过程 proc_count1

12.2.2　调用存储函数

在 MySQL 中，存储函数的使用方法与 MySQL 内部函数的使用方法基本相同。用户自定义的存储函数与 MySQL 内部函数性质相同。区别在于，存储函数是用户自定义的，而内部函数由 MySQL 自带。其语法结构如下：

```
SELECT function_name([parameter[,...]]);
```

【例 12.06】 调用统计图书借阅次数的存储函数，即例 12.02 创建的存储函数 func_count。代码如

下：（实例位置：资源包 \ 源码 \12\12.06）

```
SET @bookid=7;
SELECT func_count(@bookid);
```

执行结果如图 12.11 所示。

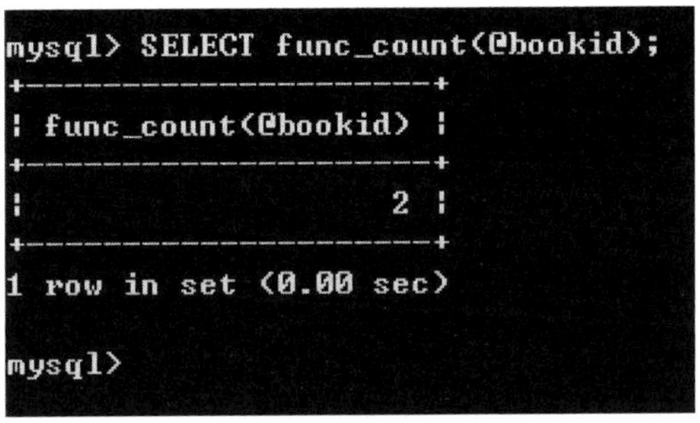

```
mysql> SELECT func_count(@bookid);
+---------------------+
| func_count(@bookid) |
+---------------------+
|                   2 |
+---------------------+
1 row in set (0.00 sec)

mysql>
```

图 12.11　调用存储函数 func_count

说明

存储过程可以使用 SELECT 语句返回结果集，但是存储函数则不能使用 SELECT 语句返回结果集，否则将显示 Not allowed to return a result set from a function 的错误提示。

视频讲解

12.3　查看存储过程和存储函数

存储过程和存储函数创建以后，用户可以通过 SHOW STATUS 语句查看存储过程和存储函数的状态，通过 SHOW CREATE 语句查看存储过程和存储函数的定义。

12.3.1　SHOW STATUS 语句

在 MySQL 中可以通过 SHOW STATUS 语句查看存储过程和存储函数的状态。其基本语法结构如下：

```
SHOW {PROCEDURE | FUNCTION}STATUS[LIKE 'pattern']
```

其中，PROCEDURE 参数表示查看存储过程；FUNCTION 参数表示查看存储函数；LIKE 'pattern' 参数用来匹配存储过程或存储函数名称。

12.3.2　SHOW CREATE 语句

在 MySQL 中可以通过 SHOW CREATE 语句查看存储过程和存储函数的定义。其语法结构如下：

```
SHOW CREATE{PROCEDURE | FUNCTION } sp_name;
```

其中，PROCEDURE 参数表示查看存储过程；FUNCTION 参数表示查看存储函数；sp_name 参数表示存储过程或存储函数的名称。

【例 12.07】 查询名称为 proc_count 的存储过程。代码如下：（实例位置：资源包\源码\12\12.07）

```
SHOW CREATE PROCEDURE proc_count\G
```

其运行结果如图 12.12 所示。

```
mysql> SHOW CREATE PROCEDURE proc_count\G
*************************** 1. row ***************************
           Procedure: proc_count
            sql_mode: STRICT_TRANS_TABLES,NO_AUTO_CREATE_USER,NO_ENGINE_SUBSTITUTION
    Create Procedure: CREATE DEFINER=`root`@`localhost` PROCEDURE `proc_count`(IN id INT,OUT borrowcount INT)
    READS SQL DATA
BEGIN
SELECT count(*) INTO borrowcount FROM tb_borrow1 WHERE bookid=id;
END
character_set_client: utf8
collation_connection: utf8_general_ci
  Database Collation: utf8_general_ci
1 row in set (0.00 sec)
```

图 12.12　应用 SHOW CREATE 语句查看存储过程

查询结果显示存储过程的定义和字符集等信息。

说明

SHOW STATUS 语句只能查看存储过程或存储函数所操作的数据库对象，如存储过程或存储函数的名称、类型、定义者、修改时间等信息，并不能查询存储过程或存储函数的具体定义。如果需要查看详细定义，需要使用 SHOW CREATE 语句。

12.4　修改存储过程和存储函数

修改存储过程和存储函数是指修改已经定义好的存储过程和存储函数。MySQL 中通过 ALTER PROCEDURE 语句来修改存储过程，通过 ALTER FUNCTION 语句来修改存储函数。

MySQL 中修改存储过程和存储函数的语句的语法形式如下：

```
ALTER {PROCEDURE | FUNCTION} sp_name [characteristic ...]
characteristic:
    { CONTAINS SQL | NO SQL | READS SQL DATA | MODIFIES SQL DATA }
  | SQL SECURITY { DEFINER | INVOKER }
  | COMMENT 'string'
```

其参数说明如表 12.3 所示。

表 12.3　修改存储过程和存储函数的语法的参数说明

参　　数	说　　明
sp_name	存储过程或函数的名称
characteristic	指定存储函数的特性
CONTAINS SQL	表示子程序包含 SQL 语句，但不包含读写数据的语句
NO SQL	表示子程序不包含 SQL 语句
READS SQL DATA	表示子程序中包含读数据的语句
MODIFIES SQL DATA	表示子程序中包含写数据的语句
SQL SECURITY{DEFINER|INVOKER}	指明权限执行。DEFINER 表示只有定义者自己才能够执行；INVOKER 表示调用者可以执行
COMMENT'string'	注释信息

【例 12.08】　修改例 12.01 创建的存储过程 proc_count，为其指定执行权限。代码如下：（实例位置：资源包 \ 源码 \12\12.08）

```
ALTER PROCEDURE proc_count
MODIFIES SQL DATA
SQL SECURITY INVOKER;
```

其运行结果如图 12.13 所示。

图 12.13　修改存储过程 proc_count 的定义

说明

　　如果读者希望查看修改后的结果，可以应用 SELECT...FROM information_schema.Routines WHERE ROUTINE_NAME='sp_name' 来查看表的信息。由于篇幅限制，这里不进行详细讲解。

12.5　删除存储过程和存储函数

视频讲解

　　删除存储过程和存储函数指删除数据库中已经存在的存储过程或存储函数。MySQL 中使用 DROP PROCEDURE 语句来删除存储过程，通过 DROP FUNCTION 语句来删除存储函数。在删除之前，必须确认该存储过程或函数没有任何依赖关系，否则可能会导致其他与其关联的存储过程无法运行。

　　删除存储过程和存储函数的语法如下：

```
DROP {PROCEDURE | FUNCTION} [IF EXISTS] sp_name
```

其中 IF EXISTS 是 MySQL 的扩展，判断存储过程或函数是否存在，以免发生错误；sp_name 参数表示存储过程或存储函数的名称。

【例 12.09】 删除例 12.01 创建的存储过程 proc_count。其关键代码如下：（实例位置：资源包 \ 源码 \12\12.09）

```
DROP PROCEDURE proc_count;
```

运行结果如图 12.14 所示。

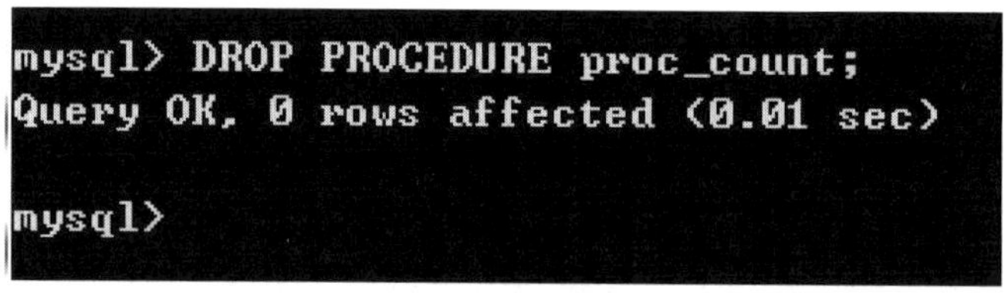

图 12.14　删除存储过程 proc_count

【例 12.10】 删除例 12.02 创建的存储函数 func_count。其关键代码如下：（实例位置：资源包 \ 源码 \12\12.10）

```
DROP FUNCTION func_count;
```

运行结果如图 12.15 所示。

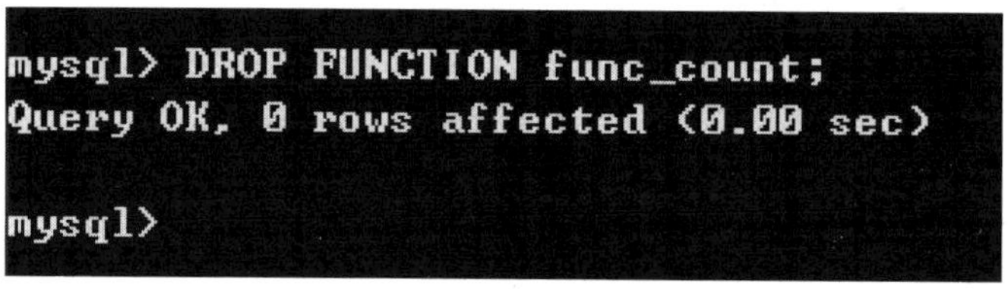

图 12.15　删除存储函数 func_count

当返回结果没有提示警告或报错时，则说明存储过程或存储函数已经被顺利删除。用户可以通过查询 information_schema 数据库下的 Routines 表来确认上面的删除是否成功。

12.6　小　　结

本章对 MySQL 数据库的存储过程和存储函数进行了详细讲解，存储过程和存储函数都是用户自己定义的 SQL 语句的集合。它们都存储在服务器端，只要调用就可以在服务器端执行。本章重点讲解了创建存储过程和存储函数的方法。通过 CREATE PROCEDURE 语句来创建存储过程，通过 CREATE FUNCTION 语句来创建存储函数。这两个内容是本章的难点，需要读者将书中的知识点结合实际操作进行练习。

第 *13* 章

备份与恢复

（ ▣ 视频讲解：3分钟）

为了保证数据的安全，需要定期对数据进行备份。备份的方式有很多种，效果也不一样。如果数据库中的数据出现了错误，就需要使用备份好的数据进行数据还原。这样可以将损失降至最低。而且，可能还会涉及数据库之间的数据导入与导出。本章将介绍备份和还原的方法、MySQL数据库的数据安全等内容进行讲解。

学习摘要：

▸▸ **熟悉每种备份与还原的使用**

▸▸ **掌握用命令导出文本文件**

▸▸ **掌握数据备份的使用**

▸▸ **掌握数据恢复**

▸▸ **掌握数据库迁移**

▸▸ **掌握导出和导入文本文件**

13.1 数 据 备 份

备份数据是数据库管理最常用的操作。为了保证数据库中数据的安全，数据管理员需要定期地进行数据备份。一旦数据库遭到破坏，即通过备份的文件来还原数据库。因此，数据备份时很重要的工作。本节将为读者介绍数据备份的方法。

13.1.1 使用 mysqldump 命令备份

MySQL 提供了很多免费的客户端实用程序，保存在 MySQL 安装目录下的 bin 子目录下，如图 13.1 所示。这些客户端程序可以连接到 MySQL 服务器进行数据库的访问，或者对 MySQL 进行管理。

在使用这些工具时，需要打开计算机的 DOS 命令窗口，然后在该窗口的命令提示符下输入要运行程序所对应的命令。例如，要运行 mysqlimport.exe 程序，可以输入 mysqlimport 命令，再加上对应的参数即可。

在 MySQL 提供的客户端实用程序中，mysqlpump.exe 就是用于实现 MySQL 数据库备份的实用工具。它可以将数据库中的数据备份成一个文本文件，并且将表的结构和表中的数据存储在这个文本文件中。下面将介绍如何使用 mysqlpump.exe 工具进行数据库备份。

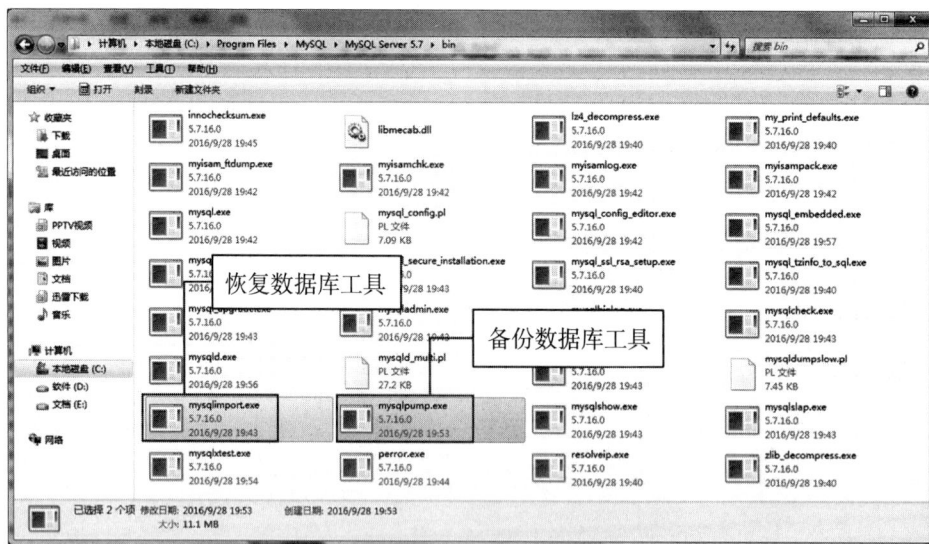

图 13.1　MySQL 提供的客户端实用程序

mysqldump 命令的工作原理很简单。它先查出需要备份的表的结构，并且在文本文件中生成一个 CREATE 语句。然后将表中的所有记录转换成一条 INSERT 语句。这些 CREATE 语句和 INSERT 语句都是还原时使用的。还原数据时就可以使用其中的 CREATE 语句来创建表，使用其中的 INSERT 语句来还原数据。

1. 备份一个数据库

使用 mysqldump 命令备份一个数据库的基本语法如下：

```
mysqldump –u username -p dbname table1 table2 ...>BackupName.sql
```

其中，dbname 参数表示数据库的名称；table1 和 table2 参数表示表的名称，没有该参数时将备份整个数据库；BackupName.sql 参数表示备份文件的名称，文件名前面可以加上一个绝对路径。通常将数据库备份成一个后缀名为 .sql 的文件。

说明

> mysqldump 命令备份的文件并非一定要求后缀名为 .sql，备份成其他格式的文件也是可以的，例如，后缀名为 .txt 的文件。但是，通常情况下是备份成后缀名为 .sql 的文件。因为，后缀名为 .sql 的文件给人第一感觉就是与数据库有关的文件。

【**例 13.01**】 应用 mysqldump 命令备份图书馆管理系统的数据库 db_library。(实例位置：资源包\源码\13\13.01)

选择"开始"/"运行"命令，在弹出的"运行"窗口中输入 cmd 命令，按 Enter 键后进入 DOS 窗口，在命令提示符下输入以下代码：

```
mysqldump -u root -p db_library >D:\db_library.sql
```

在 DOS 命令窗口中执行上面的命令时，将提示输入连接数据库的密码，输入密码后将完成数据备份，执行效果如图 13.2 所示。

图 13.2　执行 mysqldump 数据备份命令

说明

> 应用本例所介绍的命令生成的 .sql 文件中，并不包括创建数据库的语句。在应用该脚本文件恢复数据库前需要先创建对应的数据库。

数据备份完成后，可以在 D:\ 找到 db_library.sql 文件。db_library.sql 文件中的部分内容如图 13.3 所示。

```
db_library.sql - 记事本
文件(F) 编辑(E) 格式(O) 查看(V) 帮助(H)
-- MySQL dump 10.13  Distrib 5.7.17, for Win64 (x86_64)
--
-- Host: localhost    Database: db_library
-- ------------------------------------------------------
-- Server version	5.7.17-log

/*!40101 SET @OLD_CHARACTER_SET_CLIENT=@@CHARACTER_SET_CLIENT */;
/*!40101 SET @OLD_CHARACTER_SET_RESULTS=@@CHARACTER_SET_RESULTS */;
/*!40101 SET @OLD_COLLATION_CONNECTION=@@COLLATION_CONNECTION */;
/*!40101 SET NAMES utf8 */;
/*!40103 SET @OLD_TIME_ZONE=@@TIME_ZONE */;
/*!40103 SET TIME_ZONE='+00:00' */;
/*!40014 SET @OLD_UNIQUE_CHECKS=@@UNIQUE_CHECKS, UNIQUE_CHECKS=0 */;
/*!40014 SET @OLD_FOREIGN_KEY_CHECKS=@@FOREIGN_KEY_CHECKS, FOREIGN_KEY_CHECKS=0 */;
/*!40101 SET @OLD_SQL_MODE=@@SQL_MODE, SQL_MODE='NO_AUTO_VALUE_ON_ZERO' */;
/*!40111 SET @OLD_SQL_NOTES=@@SQL_NOTES, SQL_NOTES=0 */;

--
-- Table structure for table `tb_bookinfo`
--

DROP TABLE IF EXISTS `tb_bookinfo`;
/*!40101 SET @saved_cs_client     = @@character_set_client */;
/*!40101 SET character_set_client = utf8 */;
CREATE TABLE `tb_bookinfo` (
  `barcode` varchar(30) DEFAULT NULL,
```

图 13.3　备份一个数据库

文件开头记录了 MySQL 的版本、备份的主机名和数据库名。文件中，以“--”开头的都是 SQL 语言的注释。以“/*！ 40101”等形式开头的内容是只有 MySQL 版本大于或等于指定的版 4.1.1 才执行的语句。下面的“/*！ 40103”“/*！ 40014”也是这个作用。

注意

上面 db_library.sql 文件中没有创建数据库的语句，因此，student.sql 文件中的所有表和记录必须还原到一个已经存在的数据库中。还原数据时，CREATE TABLE 语句会在数据库中创建表，然后执行 INSERT 语句向表中插入记录。

2. 备份多个数据库

mysqldump 命令备份多个数据库的语法如下：

```
mysqldump –u username –p --databases dbname1 dbname2   >BackupName.sql
```

这里要加上 --databases 这个选项，然后后面跟多个数据库的名称。

说明

本语法也可以用于备份单个数据库，只需要在 --databases 后面跟上一个要备份的数据库即可。此时，生成的备份文件中，将包含创建数据库的 SQL 语句。因此，使用此方法也可以实现生成带创建数据库语句的备份单个数据库的脚本文件。

【**例 13.02**】 应用 mysqldump 命令备份 db_library 和 db_library_gbk 数据库，具体步骤如下。（实例位置：资源包 \ 源码 \13\13.02）

选择 "开始" / "运行" 命令，在弹出的 "运行" 窗口中输入 cmd 命令，按 Enter 键后进入 DOS 窗口，在命令提示符下输入以下代码：

```
mysqldump -u root -p --databases db_library db_library_gbk >D:\library.sql
```

命令的执行效果如图 13.4 所示。

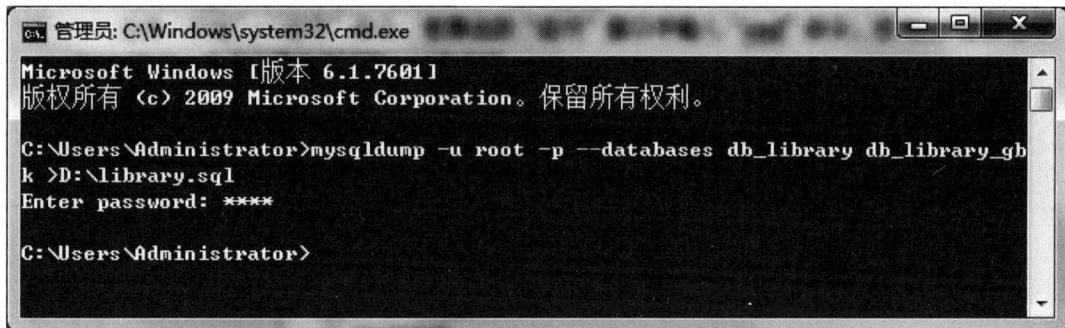

图 13.4　备份多个数据库

在 DOS 命令窗口中执行上面的命令时，将提示输入连接数据库的密码，输入密码后将完成数据备份，这时可以在 D:\ 下看到名为 library.sql 的文件。这个文件中存储着这两个数据库的所有信息。

3. 备份所有数据库

mysqldump 命令备份所有数据库的语法如下：

```
mysqldump –u username –p --all–databases >BackupName.sql
```

使用 --all-databases 选项就可以备份所有数据库了。

【**例 13.03**】 下面使用 root 用户备份所有数据库，命令如下：（实例位置：资源包 \ 源码 \13\13.03）

```
mysqldump -u root -p --all-databases >D:\backupAll.sql
```

命令的执行效果如图 13.5 所示。

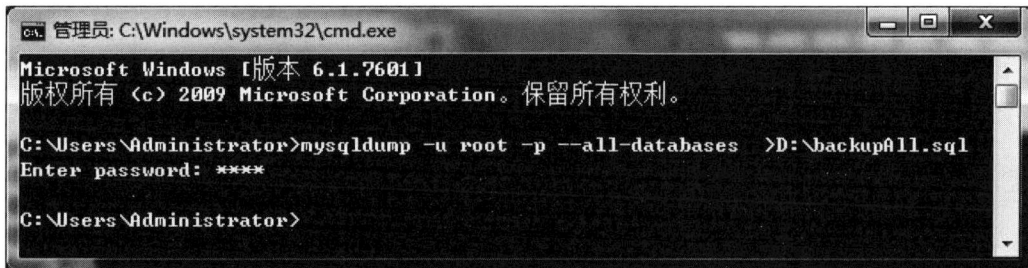

图 13.5　备份所有数据库

在 DOS 命令窗口中执行上面的命令时，将提示输入连接数据库的密码，输入密码后将完成数据备份，这时可以在 D:\ 下看到名为 backupAll.sql 的文件。这个文件存储着所有数据库的所有信息。

13.1.2 直接复制整个数据库目录

MySQL 有一种最简单的备份方法，就是将 MySQL 中的数据库文件直接复制出来。这种方法最简单，速度也最快。使用这种方法时，最好将服务器先停止。这样，可以保证在复制期间数据库中的数据不会发生变化。如果在复制数据库的过程中还有数据写入，就会造成数据不一致。

这种方法虽然简单快捷，但不是最好的备份方法。因为，实际情况可能不允许停止 MySQL 服务器。而且，这种方法对 InnoDB 存储引擎的表不适用。对于 MyISAM 存储引擎的表，这样备份和还原很方便。但是还原时最好是相同版本的 MySQL 数据库，否则可能会存在存储文件类型不同的情况。

采用直接复制整个数据库目录的方式备份数据库时，需要找到数据库文件的保存位置，具体的方法是，在 MySQL 命令行提示窗口中输入以下代码查看。

```
show variables like '%datadir%';
```

执行结果如图 13.6 所示。

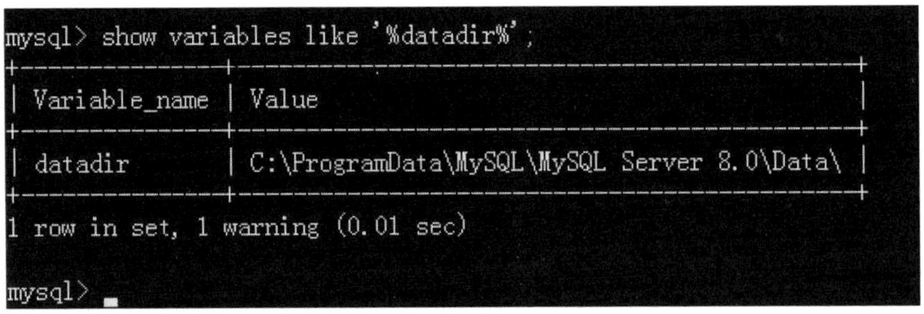

图 13.6 查看 MySQL 数据库文件保存位置

13.1.3 使用 mysqlhotcopy 工具快速备份

如果备份时不能停止 MySQL 服务器，可以采用 mysqlhotcopy 工具。mysqlhotcopy 工具的备份方式比 mysqldump 命令快。下面为读者介绍 mysqlhotcopy 工具的工作原理和使用方法。

mysqlhotcopy 工具是一个 Perl 脚本，主要在 Linux 操作系统下使用。mysqlhotcopy 工具使用 LOCK TABLES、FLUSH TABLES 和 cp 来进行快速备份。其工作原理是，先将需要备份的数据库加上一个读操作锁，然后，用 FLUSH TABLES 将内存中的数据写回到硬盘上的数据库中，最后，把需要备份的数据库文件复制到目标目录。使用 mysqlhotcopy 的命令如下：

```
[root@localhost  ~ ]#mysqlhotcopy[option] dbname1 dbname2...backupDir/
```

其中，dbname1 等表示需要备份的数据库的名称；backupDir 参数指出备份到哪个文件夹下。这个命令的含义就是将 dbname1、dbname2 等数据库备份到 backupDir 目录下。mysqlhotcopy 工具有一些常用的选项，这些选项的介绍如下。

--help：用来查看 mysqlhotcopy 的帮助。

--allowold：如果备份目录下存在相同的备份文件，将旧的备份文件名加上 _old。

--keepold：如果备份目录下存在相同的备份文件，不删除旧的备份文件，而是将旧文件更名。

--flushlog：本次备份之后，将对数据库的更新记录到日志中。

--noindices：只备份数据文件，不备份索引文件。

--user= 用户名：用来指定用户名，可以用 -u 代替。

--password= 密码：用来指定密码，可以用 -p 代替。使用 -p 时，密码与 -p 紧挨着。或者只使用 -p，然后用交换的方式输入密码。这与登录数据库时的情况是一样的。

--port= 端口号：用来指定访问端口，可以用 -P 代替。

--socket=socket 文件：用来指定 socket 文件，可以用 -S 代替。

> **说明**
>
> 　　mysqlhotcopy 工具不是 MySQL 自带的，需要安装 Perl 的数据接口包，Perl 的数据库接口包可以在 MySQL 官方网站下载，网址是 http://dev.mysql.com/downloads/dbi.html。mysqlhotcopy 工具的工作原理是讲数据库文件拷贝到目标目录。因此 mysqlhotcopy 工具只能备份 MyISAM 类型的表，不能用来备份 InnoDB 类型的表。

13.2　数 据 恢 复

管理员的非法操作和计算机的故障都会破坏数据库文件。当数据库遇到这些意外时，可以通过备份文件将数据库还原到备份时的状态。这样可以将损失降低到最小。本节将为读者介绍数据还原的方法。

13.2.1　使用 mysql 命令还原

通常使用 mysqldump 命令将数据库的数据备份成一个文本文件，这个文件的后缀名一般设置为 .sql。需要还原时，可以使用 mysql 命令来还原备份的数据。

备份文件中通常包含 CREATE 语句和 INSERT 语句。mysql 命令可以执行备份文件中的 CREATE 语句和 INSERT 语句。通过 CREATE 语句来创建数据库和表。通过 INSERT 语句来插入备份的数据。mysql 命令的基本语法如下：

```
mysql –uroot –p [dbname]    <backup.sql
```

其中，dbname 参数表示数据库名称。该参数是可选参数，可以指定数据库名，也可以不指定。指定数据库名时，表示还原该数据库下的表。不指定数据库名时，表示还原特定的一个数据库。而备份文件中有创建数据库的语句。

【**例 13.04**】 应用 MySQL 命令还原例 13.01 中备份的图书馆管理系统的数据库，对应的脚本文件为 D:\db_library.sql，具体步骤如下。（实例位置：资源包 \ 源码 \13\13.04）

（1）在 MySQL 的命令行窗口的 MySQL 命令提示符下输入以下代码，创建要还原的数据库，这里为 db_library。

```
CREATE DATABASE IF NOT EXISTS db_library;
```

（2）选择"开始"/"运行"命令，在弹出的"运行"窗口中输入 cmd 命令，按 Enter 键后进入 DOS 窗口，在命令提示符下输入以下代码，用于应用 mysql 命令还原数据库 db_library，具体代码如下：

```
mysql -u root -p db_library <D:\db_library.sql
```

在 DOS 命令窗口中执行上面的命令时，将提示输入连接数据库的密码，输入密码后将完成数据还原，如图 13.7 所示。

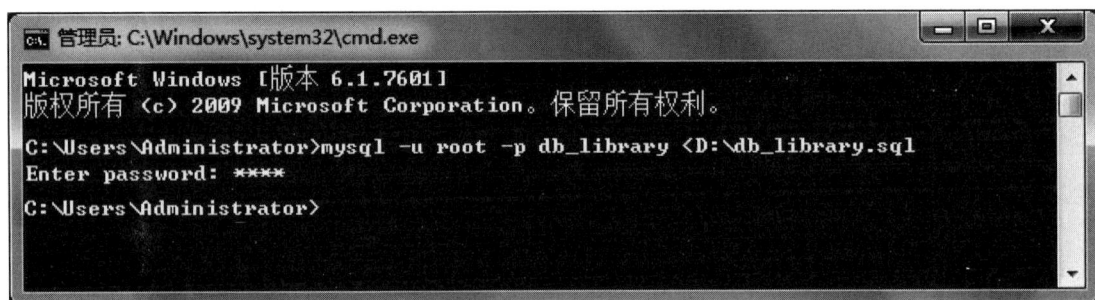

图 13.7　应用 mysql 命令还原数据库 db_library

这时，MySQL 就已经还原了 db_library.sql 文件中的所有数据表到数据库 db_library 中。

注意

如果使用 --all-databases 参数备份了所有的数据库，那么还原时不需要指定数据库。因为，其对应的 sql 文件包含有 CREATE DATABASE 语句，可以通过该语句创建数据库。创建数据库之后，可以执行 sql 文件中的 use 语句选择数据库，然后在数据库中创建表并且插入记录。

13.2.2　直接复制到数据库目录

在 13.1.2 节介绍过一种直接复制数据的备份方法。通过这种方式备份的数据，可以直接复制到 MySQL 的数据库目录下。通过这种方式还原时，必须保证两个 MySQL 数据库的主版本号是相同的。而且，这种方式对 MyISAM 类型的表比较有效。对于 InnoDB 类型的表则不可用，因为 InnoDB 表的表空间不能直接复制。

13.3　数据库迁移

数据库迁移就是指将数据库从一个系统移动到另一个系统上。数据库迁移的原因是多种多样的。可能是因为升级了计算机，或者是部署开发的管理系统，或者升级了 MySQL 数据库。甚至是换用其他的数据库。根据上述情况，可以将数据库迁移大致分为两类，一类是 MySQL 数据库之间迁移，另一类是不同数据库之间的迁移。下面分别进行介绍。

13.3.1　MySQL 数据库之间的迁移

MySQL 数据库之间进行数据库迁移的原因有多种，通常的原因是更换了新的机器、重新安装了操作系统，或者是升级了 MySQL 的版本。虽然原因很多，但是实现的方法基本上就是下面介绍的两种。

（1）复制数据库目录

MySQL 数据库之间的迁移主要有两种方法，一种是通过复制数据库目录来实现数据库迁移。但是，只有数据库表都是 MyISAM 类型的才能使用这种方式。另外，也只能是在主版本号相同的 MySQL 数据库之间进行数据库迁移。

（2）使用命令备份和还原数据库

最常用和最安全的方式是使用 mysqldump 命令来备份数据库，然后使用 mysql 命令将备份文件还原到新的 MySQL 数据库中。这里可以将备份和迁移同时进行。假设从一个名称为 host1 的机器中备份出所有数据库，然后将这些数据库迁移到名称为 host2 的机器上，可以在 DOS 窗口中使用下面的命令。

```
mysqldump –h host1 –u root --password=password1 --all-databases | mysql –h host2 –u root  --password=password2
```

其中，"|"符号表示管道，其作用是将 mysqldump 备份的文件送给 mysql 命令；-password=password1 是 host1 主机上 root 用户的密码。同理，password2 是 host2 主机上的 root 用户的密码。通过这种方式可以直接实现数据库之间的迁移，包括相同版本的和不同版本的 MySQL 之间的数据库迁移。

13.3.2　不同数据库之间的迁移

不同数据库之间迁移是指从其他类型的数据库迁移到 MySQL 数据库，或者从 MySQL 数据库迁移到其他类型的数据库。例如，某个网站原来使用 Oracle 数据库，因为运营成本太高等诸多原因，希望改用 MySQL 数据库。或者某个管理系统原来使用 MySQL 数据库，因为某种特殊性能的要求，希望改用 Oracle 数据库。针对这种迁移，MySQL 没有通用的解决方法，需要具体问题具体对待。例如，在 Windows 操作系统下，通常可以使用 MyODBC 实现 MySQL 数据库与 SQL Server 之间的迁移。而将 MySQL 数据库迁移到 Oracle 数据库时，就需要使用 mysqldump 命令先导出 SQL 文件，再手动修改 SQL 文件中的 CREATE 语句。

说明

MyODBC 是 MySQL 开发的 ODBC 连接驱动。通过它可以让各式各样的应用程序直接存取 MySQL 数据库，不但方便，而且也容易使用。

说明

　　由于数据库厂商没有完全按照 SQL 标准来设计数据库，所以不同数据库使用的 SQL 语句的差异。例如，微软的 SQL Server 软件使用的是 T-SQL 语言。T-SQL 中包含了非标准的 SQL 语句。这就造成了 SQL Server 和 MySQL 的 SQL 语句不能兼容。另外，不同的数据库之间的数据类型也有差异。例如，SQL Server 数据库中有 ntext、Image 等数据类型，在 MySQL 中则没有。MySQL 支持的 ENUM 和 SET 类型，SQL Server 数据库也不支持。

13.4　表的导出和导入

　　MySQL 数据库中的表可以导出成文本文件、XML 文件或者 HTML 文件。相应的文本文件也可以导入 MySQL 数据库中。在数据库的日常维护中，经常需要进行表的导出和导入的操作。本节将为读者介绍导出和导入文本文件的方法。

13.4.1　用 SELECT...INTO OUTFILE 导出文本文件

　　MySQL 中，可以在命令行窗口（MySQL Commend Line Client）中使用 SELECT...INTO OUTFILE 语句将表的内容导出成一个文本文件。其基本语法形式如下：

```
SELECT[ 列名 ] FROM table[WHERE 语句 ]
INTO OUTFILE ' 目标文件 ' [OPTION];
```

　　该语句分为两个部分。前半部分是一个普通的 SELECT 语句，通过这个 SELECT 语句来查询所需要的数据；后半部分是导出数据的。其中，"目标文件"参数指出将查询的记录导出到哪个文件；OPTION 参数时可以有常用的 6 个选项，介绍如下。

　　（1）FIELDS TERMINATED BY '字符串'：设置字符串为字段的分隔符，默认值是"\t"。

　　（2）FIELDS ENCLOSED BY '字符'：设置字符来括上字段的值。默认情况下不使用任何符号。

　　（3）FIELDS OPTIOINALLY ENCLOSED BY '字符'：设置字符来括上 CHAR、VARCHAR、和 TEXT 等字符型字段。默认情况下不使用任何符号。

　　（4）FIELDS ESCAPED BY '字符'：设置转义字符，默认值为"\"。

　　（5）LINES STARTING BY '字符串'：设置每行开头的字符，默认情况下无任何字符。

　　（6）LINES TERMINATED BY '字符串'：设置每行的结束符，默认值是"\n"。

　　在使用 SELECT...INTO OUTFILE 语句时，指定的目标路径只能是 MySQL 的 secure_file_priv 参数所指定的位置，该位置可以在 MySQL 的命令行窗口中，通过以下语句获得。

```
SELECT @@secure_file_priv;
```

　　执行结果如图 13.8 所示。

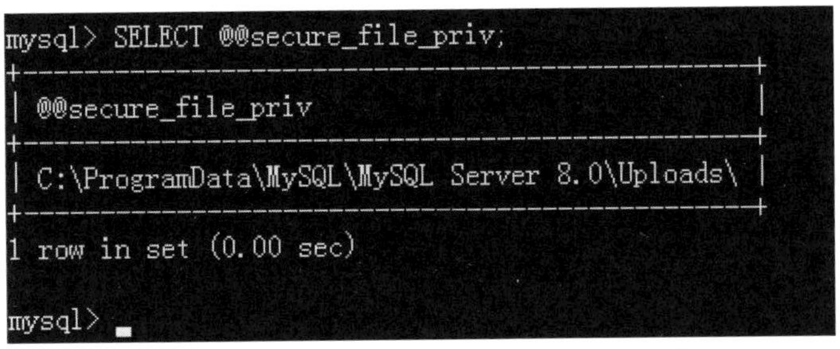

```
mysql> SELECT @@secure_file_priv;
+------------------------------------------------+
| @@secure_file_priv                             |
+------------------------------------------------+
| C:\ProgramData\MySQL\MySQL Server 8.0\Uploads\ |
+------------------------------------------------+
1 row in set (0.00 sec)

mysql>
```

图 13.8　获取 secure_file_priv 参数所指定的位置

从图 13.8 中可以看出，获得的路径为 C:\ProgramData\MySQL\MySQL Server 8.0\Uploads\，在使用时，需要把中“\”修改为“/”，即 C:/ProgramData/MySQL/MySQL Server 8.0/Uploads/。如果不将目标路径指定为该路径，那么将产生如图 13.9 所示的错误。

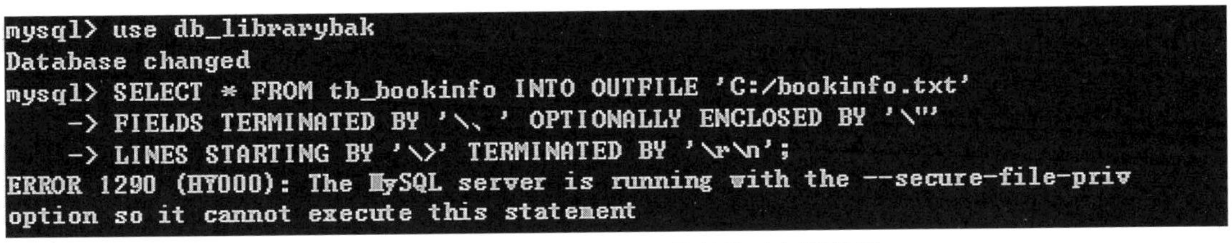

```
mysql> use db_librarybak
Database changed
mysql> SELECT * FROM tb_bookinfo INTO OUTFILE 'C:/bookinfo.txt'
    -> FIELDS TERMINATED BY '\、' OPTIONALLY ENCLOSED BY '\"'
    -> LINES STARTING BY '\>' TERMINATED BY '\r\n';
ERROR 1290 (HY000): The MySQL server is running with the --secure-file-priv
option so it cannot execute this statement
```

图 13.9　出现没有对本地文件的修改权限错误

【例 13.05】 应用 SELECT…INTO OUTFILE 语句实现导出图书馆管理系统的图书信息表的记录。其中，字段之间用“、”隔开，字符型数据用双引号括起来。每条记录以“>”开头。在 MySQL 的命令行窗口中输入以下命令。（实例位置：资源包\源码\13\13.05）

```
USE db_librarybak
SELECT * FROM tb_bookinfo INTO OUTFILE 'C:/ProgramData/MySQL/MySQL Server 8.0/Uploads/bookinfo.txt'
FIELDS TERMINATED BY '\、' OPTIONALLY ENCLOSED BY '\"'
LINES STARTING BY '\>' TERMINATED BY '\r\n';
```

TERMINATED BY '\r\n' 表示可以保证每条记录占一行。因为 Windows 操作系统下“\r\n”才是回车换行。如果不加这个选项，默认情况只是“\n”。使用 root 用户登录到 MySQL 数据库中，然后执行上述命令。执行结果如图 13.10 所示。

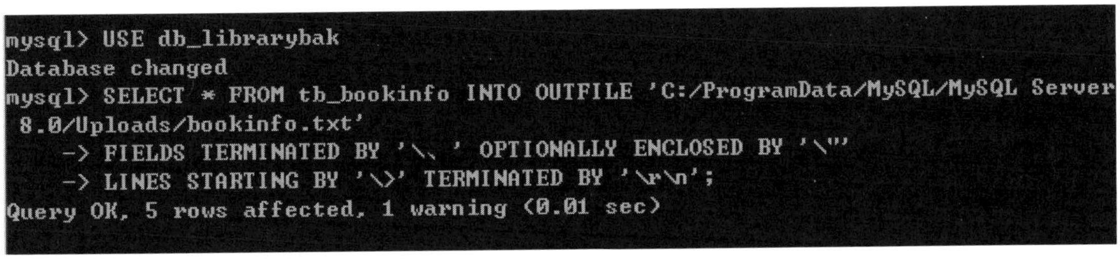

```
mysql> USE db_librarybak
Database changed
mysql> SELECT * FROM tb_bookinfo INTO OUTFILE 'C:/ProgramData/MySQL/MySQL Server
 8.0/Uploads/bookinfo.txt'
    -> FIELDS TERMINATED BY '\、' OPTIONALLY ENCLOSED BY '\"'
    -> LINES STARTING BY '\>' TERMINATED BY '\r\n';
Query OK, 5 rows affected, 1 warning (0.01 sec)
```

图 13.10　导出图书信息表

执行完后，可以在 C:/ProgramData/MySQL/MySQL Server 8.0/Uploads/ 目录下看到一个名为 bookinfo.txt 的文本文件。bookinfo.txt 中的内容如图 13.11 所示。

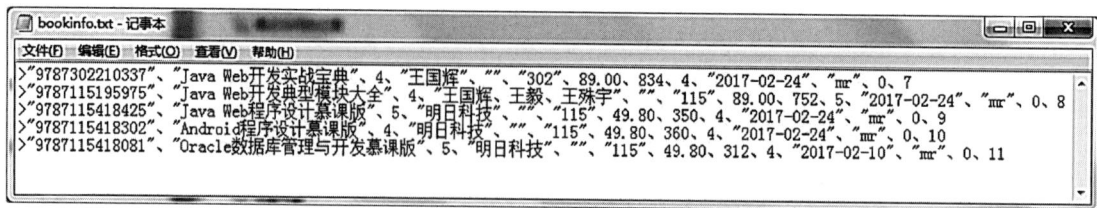

图 13.11　用 SELECT...INTO OUTFILE 导出文本文件

这些记录都是以"＞"开头，每个字段之间以"、"隔开。而且，字符数据都加上了引号。

13.4.2　用 mysqldump 命令导出文本文件

mysqldump 命令可以备份数据库中的数据。但是，备份时是在备份文件中保存了 CREATE 语句和 INSERT 语句。不仅如此，mysqldump 命令还可以导出文本文件。其基本的语法形式如下：

```
mysqldump –u root –pPassword –T " 目标目录 " dbname table [option];
```

其中，Password 参数表示 root 用户的密码，密码紧挨着 -p 选项；目标目录参数时指导出的文本文件的路径；dbname 参数表示数据库的名称；table 参数表示表的名称；option 表示附件选项。这些选项介绍如下。

--fields-terminated-by= 字符串：设置字符串为字段的分隔符，默认值是"\t"。

--fields-enclosed-by= 字符：设置字符来括上字段的值。

--fields-optionally-enclosed-by= 字符：设置字符括上 CHAR、VARCHAR 和 TEXT 等字符型字段。

--fields-escaped-by= 字符：设置转义字符。

--lines-terminated-by= 字符串：设置每行的结束符。

注意

这些选项必须用双引号括起来，否则 MySQL 数据库系统将不能识别这几个参数。

【**例 13.06**】　使用 mysqldump 命令导出图书馆管理系统的图书信息表 tb_bookinfo 的记录。其中，字段之间用"、"隔开，字符型数据用双引号括起来。命令如下：(实例位置：资源包 \ 源码 \13\13.06)

```
mysqldump -u root -p --default-character-set=gbk -T "C:/ProgramData/MySQL/MySQL Server 8.0/Uploads/"
db_librarybak tb_bookinfo "--lines-terminated-by=\r\n""--fields-terminated-by=、""--fields-optionally-enclosed-by="""
```

其中，root 用户的密码为 root，密码紧挨着 -p 选项。--fields-terminated-by 等选项都用双引号括起来。执行结果如图 13.12 所示。

命令执行完后，可以在 C:\ 下看到一个名为 tb_bookinfo.txt 的文本文件和 tb_bookinfo.sql 文件。tb_bookinfo.txt 中的内容如图 13.13 所示。

这些记录都是以"、"隔开。而且，字符数据都是加上了引号。其实，mysqldump 命令也是调用 SELECT...INTO OUTFILE 语句来导出文本文件的。除此之外，mysqldump 命令同时还生成了 bookinfo.sql 文件。这个文件中有表的结构和表中的记录。

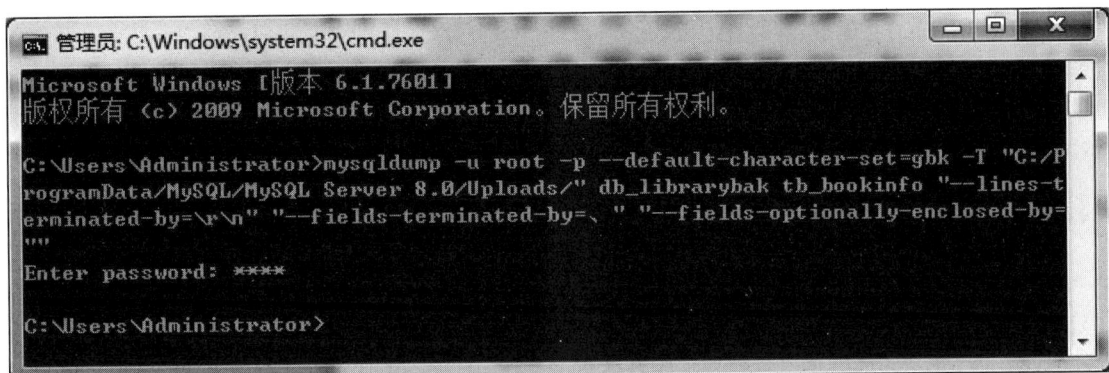

图 13.12 使用 mysqldump 命令导出记录

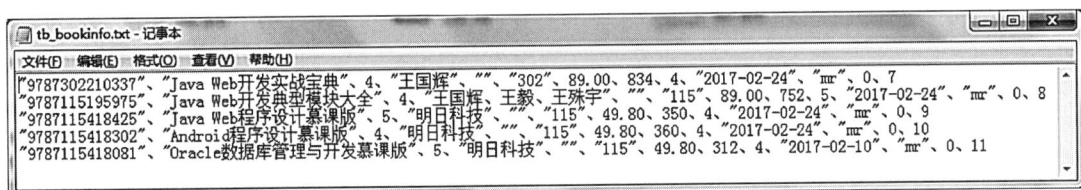

图 13.13 用 mysqldump 命令导出的文本文件

说明

导出数据时，一定要注意数据的格式。通常每个字段之间都必须用分隔符隔开，可以使用逗号（,）、空格或者制表符（Tab 键）。每条记录占用一行，新记录要从下一行开始。字符串数据要使用双引号括起来。

mysqldump 命令还可以导出 xml 格式的文件，其基本语法如下：

```
mysqldump -u root –pPassword --xml|–X dbname table >D:\name.xml;
mysqldump -u root -p --xml|–X db_librarybak tb_bookinfo >D:\name.xml
```

其中，Password 表示 root 用户的密码；使用 --xml 或者 -X 选项就可以导出 xml 格式的文件；dbname 表示数据库的名称；table 表示表的名称；D:\name.xml 表示导出的 xml 文件的路径。

例如，将 db_librarybak 数据库中的 tb_bookinfo 表导出到 XML 文件中，可以使用下面的代码。

```
mysqldump -u root -p --xml db_librarybak tb_bookinfo >D:\name.xml
```

执行结果如图 13.14 所示。

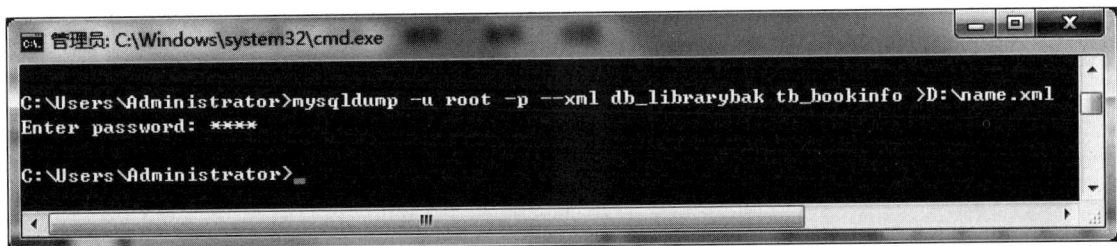

图 13.14 导出数据表到 XML 文件

13.4.3　用 mysql 命令导出文本文件

mysql 命令可以用来登录 MySQL 服务器，也可以用来还原备份文件。同时，mysql 命令也可以导出文本文件。其基本语法形式如下：

```
mysql –u root –pPassword –e"SELECT 语句 " dbname >D:/name.txt
```

其中，Password 表示 root 用户的密码；使用 -e 选项就可以执行 SQL 语句：SELECT 语句用来查询记录；D:/name.txt 表示导出文件的路径。

【例 13.07】　使用 mysql 命令导出图书馆管理系统的图书信息表 tb_bookinfo 的记录。命令如下：（实例位置：资源包 \ 源码 \13\13.07）

```
mysql -u root -proot -e"SELECT * FROM tb_bookinfo" db_librarybak > D:/bookinfo2.txt
```

执行效果如图 13.15 所示。

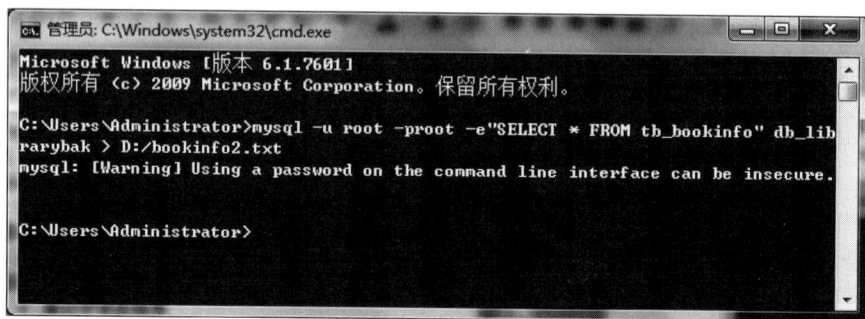

图 13.15　mysql 命令导出文本文件

在 DOS 命令窗口中执行上述命令，可以将 tb_bookinfo 表中的所用记录查询出来，然后写入到 bookinfo2.txt 文件中。bookinfo2.txt 中的内容如图 13.16 所示。

图 13.16　生成的文本文件的内容

mysql 命令还可以导出 XML 文件和 HTML 文件。mysql 命令导出 XML 文件的语法如下：

```
mysql –u root –pPassword --xml|–X –e"SELECT 语句 " dbname >D:/filename.xml
```

其中，Password 表示 root 用户的密码；使用 --xml 或者 -X 选项就可以导出 xml 格式的文件；dbname 表示数据库的名称；D:/filename.xml 表示导出的 XML 文件的路径。

例如，下面的命令可以将 db_librarybak 数据库中的 tb_bookinfo 表的数据导出到名称为 book.xml 的 XML 文件中。

```
mysql -u root -proot --xml  -e"SELECT * FROM tb_bookinfo " db_librarybak >D:/book.xml
```

mysql 命令导出 HTML 文件的语法如下：

```
mysql –u root –pPassword --html|–H –e"SELECT 语句 " dbname >D:/filename.html
```

其中，使用 --html 或者 -H 选项就可以导出 HTML 格式的文件。

例如，下面的命令可以将 db_librarybak 数据库中的 tb_bookinfo 表的数据导出到名称为 book.html 的 HTML 文件中。

```
mysql -u root -proot --html  -e"SELECT * FROM tb_bookinfo" db_librarybak >D:/book.html
```

13.5　小　　结

本章对备份数据库、还原数据库、数据库迁移、导出表和导入表进行了详细讲解，备份数据库和还原数据库是本章的重点内容。在实际应用中，通常使用 mysqldump 命令备份数据库，使用 mysql 命令还原数据库。数据库迁移、导出表和导入表是本章的难点。数据迁移需要考虑数据库的兼容性问题，最好是在相同版本的 MySQL 数据库之间迁移。导出表和导入表的方法比较多，希望读者能够多练习这些方法。

第 14 章

MySQL 性能优化

（ 视频讲解：10 分钟）

性能优化是通过某些有效的方法提高 MySQL 数据库的性能。性能优化是为了使 MySQL 数据运行速度更快、占用的磁盘空间更小。性能优化包括很多方面，例如优化查询速度、优化更新速度和优化 MySQL 服务器等。本章将介绍性能优化的目的、优化查询、优化数据库结构和优化 MySQL 服务器的方法，以提高 MySQL 数据库的运行速度。

学习摘要：

➠ 了解使用索引优化查询

➠ 了解在 MySQL 中分析查询效率

➠ 掌握在 MySQL 中应用高速缓存提高查询性能

➠ 掌握如何在多表查询中提高查询性能

➠ 掌握在 MySQL 中使用临时表提高优化查询效率

➠ 掌握通过控制数据表的设计和处理，实现优化查询性能

14.1　优　化　概　述

优化 MySQL 数据库是数据库管理员的必备技能。通过不同的优化方式达到提高 MySQL 数据库性能的目的。本节将为读者介绍优化的基本知识。

MySQL 数据库的用户和数据非常少的时候，很难判断一个 MySQL 数据库的性能的好坏。只有当长时间运行，并且有大量用户进行频繁操作时，MySQL 数据库的性能才能体现出来。例如，一个每天有几万用户同时在线的大型网站的数据库性能的优劣就很明显。这么多用户在同时连接 MySQL 数据库，并且进行查询、插入和更新的操作。如果 MySQL 数据库的性能很差，很可能无法承受如此多用户同时操作。试想用户查询一条记录需要花费很长时间，用户很难会喜欢这个网站。

因此，为了提高 MySQL 数据库的性能，需要进行一系列的优化措施。如果 MySQL 数据库需要进行大量的查询操作，那么就需要对查询语句进行优化。对于耗费时间的查询语句进行优化，可以提高整体的查询速度。如果连接 MySQL 数据库用户很多，那么就需要对 MySQL 服务器进行优化。否则，大量的用户同时连接 MySQL 数据库，可能会造成数据库系统崩溃。

14.1.1　分析 MySQL 数据库的性能

数据库管理员可以使用 SHOW STATUS 语句查询 MySQL 数据库的性能。语法形式如下：

```
SHOW STATUS LIKE 'value';
```

其中，value 参数常用的几个统计参数如下。
Connections：连接 MySQL 服务器的次数；
Uptime：MySQL 服务器的上线时间；
Slow_queries：慢查询的次数；
Com_select：查询操作的次数；
Com_insert：插入操作的次数；
Com_delete：删除操作的次数。

✓**说明**

　　MySQL 中存在查询 InnoDB 类型的表的一些参数。例如，Innodb_rows_read 参数表示 SELECT 语句查询的记录数；Innodb_rows_inserted 参数表示 INSERT 语句插入的记录数；Innodb_ rows _updated 参数表示 UPDATE 语句更新的记录数；Innodb_rows_deleted 参数表示 DELETE 语句删除的记录数。

如果需要查询 MySQL 服务器的连接次数，可以执行下面的 SHOW STATUS 语句：

```
SHOW STATUS LIKE 'Connections';
```

通过这些参数可以分析 MySQL 数据库性能。然后根据分析结果，进行相应的性能优化。

14.1.2　通过 profile 工具分析语句消耗性能

在 MySQL 的命令行窗口中输入查询语句后，在查询结果下方会自动显示查询所用时间，但是这个时间是以秒为单位，如果数据量少，机器配置又不低时，很难看出速度上的差异。这时可以通过 MySQL 提供的 profile 工具实现分析语句的消耗性能。

在 MySQL 8.0 安装后，默认情况下，未开启 profile 工具。MySQL 主要是通过 profiling 参数标记 profile 工具是否开启的。因此，可以通过下面的命令查看 profile 工具是否开启。

```
SHOW VARIABLES LIKE '%pro%';
```

执行结果如图 14.1 所示。

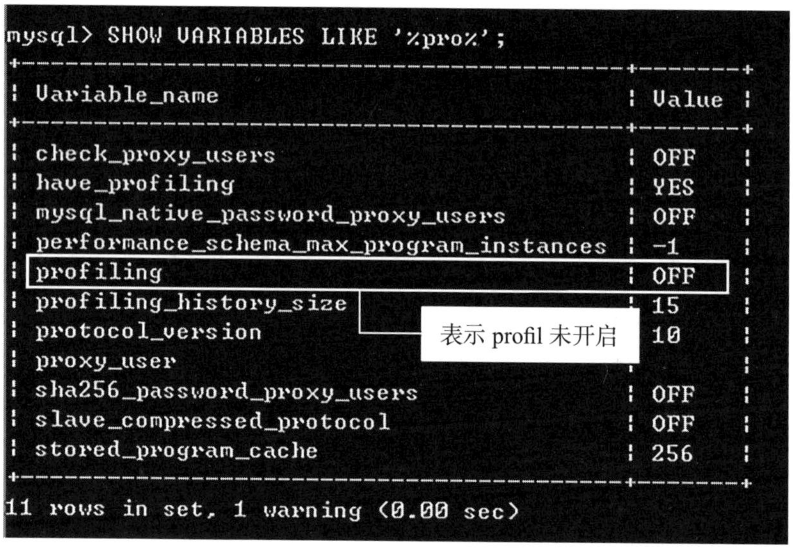

图 14.1　查看 profile 是否开启

从图中可以看出 profiling 的值为 OFF，则表示 profile 未开启。如果想要开启，可以将 profiling 设置为 1，代码如下：

```
SET profiling=1;
```

执行上面的语句后，再次执行 SHOW VARIABLES LIKE '%pro%'; 语句，将显示 profiling 的值为 ON，表示 profile 已经开启。profile 开启后，就可以通过该工具获取相应 SQL 语句的执行时间。

说明

在默认的情况下，通过上面介绍的方法开启 profile 后，只对当前启动的命令行窗口有效，关闭该窗口后，profiling 的值恢复为 OFF。

例如，想要获取查询 tb_student 数据表中的全部数据所需要的执行时间，可以先执行以下查询语句。

```
SELECT * FROM tb_student;
```

然后再应用下面的语法查看 SQL 语句的执行时间。

```
SHOW profiles;
```

执行结果如图 14.2 所示。

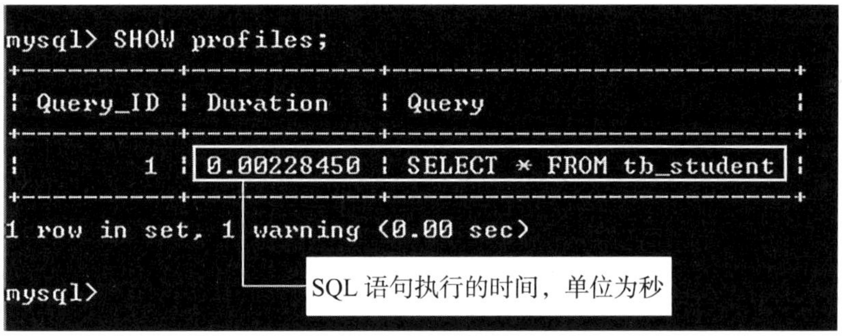

图 14.2　查看 SQL 语句的执行时间

14.2　优 化 查 询

查询是数据库最频繁的操作。提高了查询速度可以有效地提高 MySQL 数据库的性能。本节将为读者介绍优化查询的方法。

14.2.1　分析查询语句

在 MySQL 中，可以使用 EXPLAIN 语句和 DESCRIBE 语句来分析查询语句。
应用 EXPLAIN 关键字分析查询语句，其语法结构如下：

```
EXPLAIN SELECT 语句;
```

SELECT 语句参数为一般数据库查询命令，如 SELECT * FROM students。

【例 14.01】　下面使用 EXPLAIN 语句分析一个查询语句，其代码如下:（实例位置: 资源包 \ 源码 \14\14.01）

```
EXPLAIN SELECT * FROM tb_bookinfo;
```

其运行结果如图 14.3 所示。

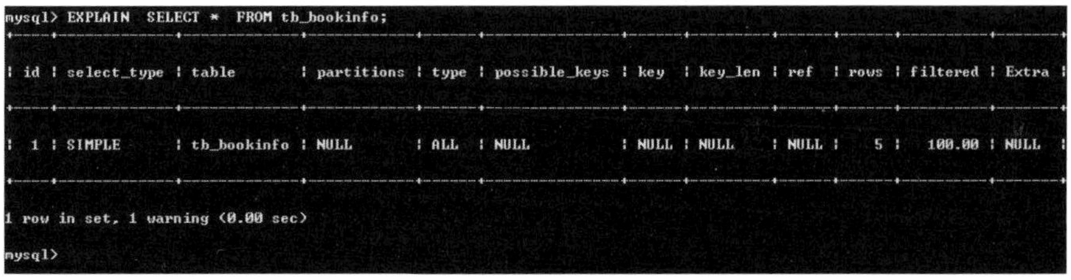

图 14.3　应用 EXPLAIN 分析查询语句

其中各字段所代表的意义如下所示。

（1）id 列：指出在整个查询中 SELECT 的位置。

（2）table 列：存放所查询的表名。

（3）type 列：连接类型，该列中存储很多值，范围从 const 到 ALL。

（4）possible_keys 列：指出为了提高查找速度，在 MySQL 中可以使用的索引。

（5）key 列：指出实际使用的键。

（6）rows 列：指出 MySQL 需要在相应表中返回查询结果所检验的行数，为了得到该总行数，MySQL 必须扫描处理整个查询，再生成一每个表的行值。

（7）Extra 列：包含一些其他信息，设计 MySQL 如何处理查询。

在 MySQL 中，也可以应用 DESCRIBE 语句来分析查询语句。DESCRIBE 语句的使用方法与 EXPLAIN 语法是相同的，这两者的分析结果也大体相同。其中 DESCRIBE 的语法结构如下：

```
DESCRIBE SELECT 语句；
```

在命令提示符下输入如下命令：

```
DESCRIBE SELECT * FROM tb_bookinfo;
```

其运行结果如图 14.4 所示。

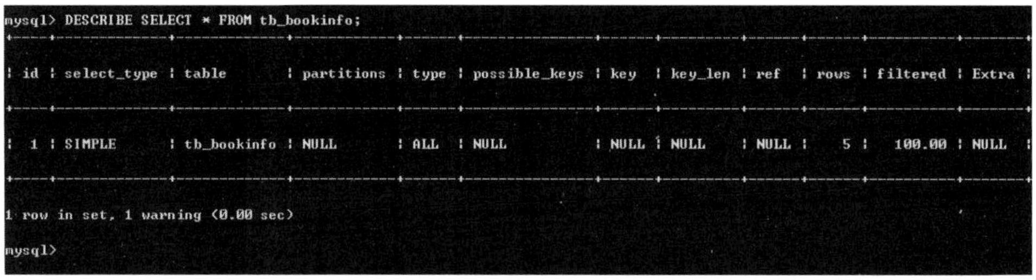

图 14.4   应用 DESCRIBE 分析查询语句

将图 14.4 与图 14.3 对比，读者可以清楚地看出，其运行结果基本相同。分析查询也可以应用 DESCRIBE 关键字。

说明

DESCRIBE 可以缩写成 DESC。

14.2.2   索引对查询速度的影响

在查询过程中使用索引，势必会提高数据库查询效率，应用索引来查询数据库中的内容，可以减少查询的记录数，从而达到查询优化的目的。

下面将通过对使用索引和不使用索引进行对比，来分析查询的优化情况。

【例 14.02】举例分析应用 LIKE 关键字优化索引查询。（实例位置：资源包 \ 源码 \14\14.02）

首先，分析未使用索引时的查询情况，其代码如下：

```
EXPLAIN SELECT * FROM tb_bookinfo WHERE bookname= 'Android 程序设计慕课版 ';
```

其运行结果如图 14.5 所示。

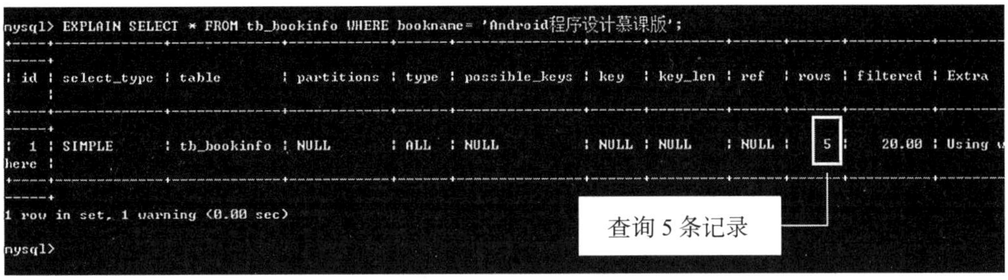

图 14.5　未使用索引的查询情况

上述结果表明，表格字段 rows 下为 5，这意味着在执行查询过程中，数据库存在的 5 条数据都被查询了一遍，这样在数据存储量小的时候，查询不会有太大影响，试想当数据库中存储庞大的数据资料时，用户为了搜索一条数据而遍历整个数据库中的所有记录，这将会耗费很多时间。现在，在 bookname 字段上建立一个名为 index_name 的索引。创建索引的代码如下：

```
CREATE INDEX index_name ON tb_bookinfo(bookname);
```

上述代码的作用是在 studentinfo 表的 name 字段添加索引。执行结果如图 14.6 所示。

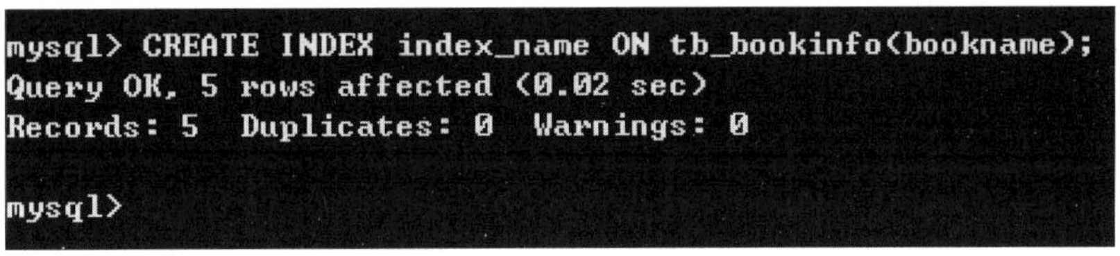

图 14.6　创建索引

在建立索引完毕后，然后再应用 EXPLAIN 关键字分析执行情况，其代码如下：

```
EXPLAIN SELECT * FROM tb_bookinfo WHERE bookname= 'Android 程序设计慕课版 ';
```

其运行结果如图 14.7 所示。

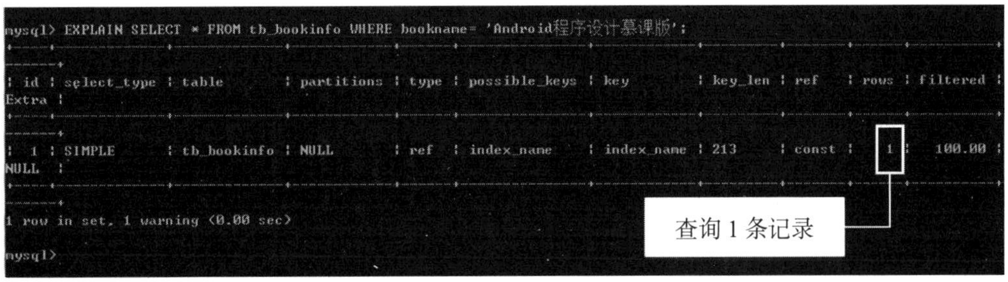

图 14.7　使用索引后查询情况

从上述结果可以看出，由于创建的索引使访问的行数由 5 行减少到 1 行。所以，在查询操作中，使用索引不但会自动优化查询效率，同时也会降低服务器的开销。

14.2.3 使用索引查询

在 MySQL 中，索引可以提高查询的速度。但并不能充分发挥其作用，所以在应用索引查询时，也可以通过关键字或其他方式来对查询进行优化处理。

1. 应用 LIKE 关键字优化索引查询

下面通过具体的实例演示如何应用 LIKE 关键字优化索引查询。

【例 14.03】举例分析应用 LIKE 关键字优化索引查询。（实例位置：资源包 \ 源码 \14\14.03）

首先，应用 LIKE 关键字，并且匹配字符串中含有百分号 "%" 符号，应用 EXPLAIN 语句执行如下命令：

```
EXPLAIN SELECT * FROM tb_bookinfo WHERE bookname LIKE '%Java Web';
```

其运行结果如图 14.8 所示。

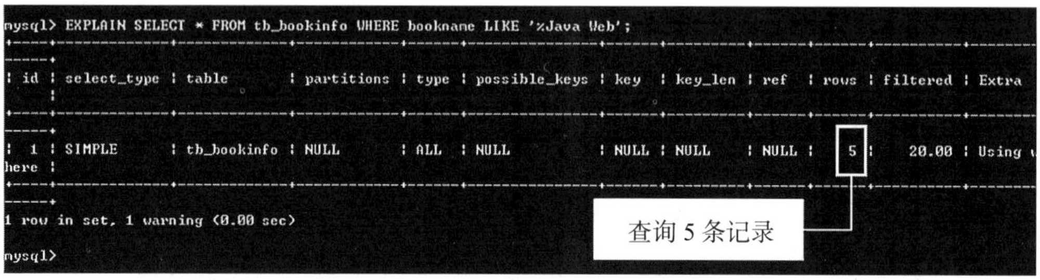

图 14.8　应用 LIKE 关键字优化索引查询

从图 14.8 中可能看出其 rows 参数仍为 5 并没有起到优化作用，这是因为如果匹配字符串中，第一个字符为百分号 "%" 时，索引不会被使用，如果 "%" 所在匹配字符串中的位置不是第一位置，则索引会被正常使用，在命令提示符中输入如下命令：

```
EXPLAIN SELECT * FROM tb_bookinfo WHERE bookname LIKE 'Java Web%';
```

运行结果如图 14.9 所示。

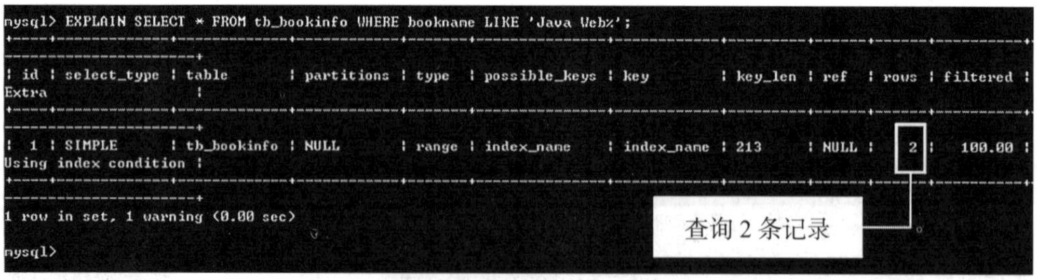

图 14.9　正常应用索引的 LIKE 子句运行结果

2. 查询语句中使用多列索引

多列索引是指在表的多个字段上创建一个索引。只有查询条件中使用了这些字段中的第一个字段时，索引才会被正常使用。

例如，应用多列索引在表 tb_bookinfo 的多个字段（bookname 和 price 字段）中创建一个索引，其命令如下：

```
CREATE INDEX index_book_info ON tb_bookinfo(bookname,price);
```

说明

在应用 price 字段时，索引不能被正常使用。这就意味着索引并未在 MySQL 优化中起到任何作用，故必须使用第一字段 bookname 时，索引才可以被正常使用，有兴趣的读者可以实际动手操作一下。这里不再赘述。

3. 查询语句中使用 OR 关键字

在 MySQL 中，查询语句只有包含 OR 关键字时，要求查询的两个字段必须同为索引，如果所搜索的条件中，有一个字段不为索引，则在查询中不会应用索引进行查询。其中，应用 OR 关键字查询索引的命令如下：

```
SELECT * FROM tb_bookinfo WHERE bookname='Android 程序设计慕课版 ' OR price=89;
```

【**例 14.04**】　通过 EXPLAIN 来分析使用 OR 关键字的查询命令。（实例位置：资源包 \ 源码 \14\14.04）

在 bookname 字段上建立一个名为 index_price 的索引。创建索引的代码如下：

```
CREATE INDEX index_price ON tb_bookinfo(price);
```

使用 EXPLAIN 来分析查询命令分析使用 OR 关键字的查询，命令如下：

```
EXPLAIN SELECT * FROM tb_bookinfo WHERE bookname='Android 程序设计慕课版 ' OR price=89;
```

其运行结果如图 14.10 所示。

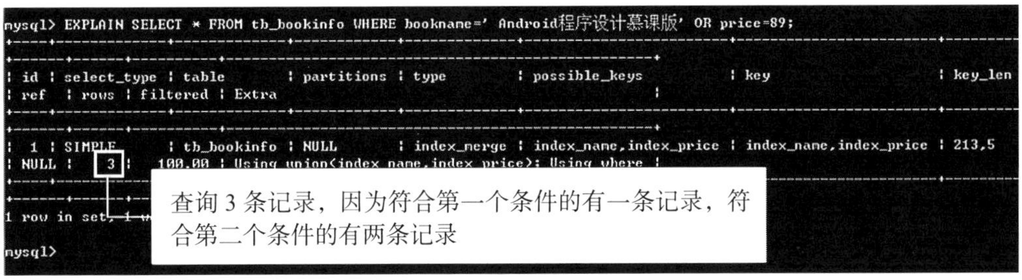

图 14.10　应用 OR 关键字

从图 14.8 中可以看出，由于两个字段均为索引，故查询被优化。如果在子查询中存在没有被设置成索引的字段，则将该字段作为子查询条件时，则查询速度不会被优化。

14.3　优化数据库结构

数据库结构是否合理，需要考虑是否存在冗余、对表的查询和更新的速度、表中字段的数据类型是否合理等多方面的内容。本节将为读者介绍优化数据库结构的方法。

14.3.1　将字段很多的表分解成多个表

有些表在设计时设置了很多的字段。这个表中有些字段的使用频率很低。当这个表的数据量很大时，查询数据的速度就会很慢。本小节将为读者介绍优化这种表的方法。

对于这种字段特别多且有些字段的使用频率很低的表，可以将其分解成多个表。

【例 14.05】　在学生表 tb_student 中有很多字段，其中 extra 字段中存储着学生的备注信息。有些备注信息的内容特别多。但是，备注信息很少使用。这样就可以分解出另外一个表（同时将 tb_student 表中的 extra 字段删除），将这个分解出来的表取名为 tb_student_extra。表中存储两个字段，分别为 id 和 extra。其中，id 字段为学生的学号，extra 字段存储备注信息。tb_student_extra 表的结构如图 14.11 所示。（实例位置：资源包 \ 源码 \14\14.05）

```
mysql> DESC tb_student_extra;
+-------+--------------+------+-----+---------+-------+
| Field | Type         | Null | Key | Default | Extra |
+-------+--------------+------+-----+---------+-------+
| id    | int(11)      | NO   | PRI | NULL    |       |
| extra | varchar(500) | YES  |     | NULL    |       |
+-------+--------------+------+-----+---------+-------+
2 rows in set (0.00 sec)

mysql>
```

图 14.11　tb_student_extra 表的结构

如果需要查询某个学生的备注信息，可以用学号（id）来查询。如果需要将学生的学籍信息与备注信息同时显示时，可以将 tb_student 表和 tb_student_extra 表进行联表查询，查询语句如下：

```
SELECT * FROM tb_student,tb_student_extra WHERE tb_student.id=tb_student_extra.id;
```

通过这种分解，可以提高 tb_student 表的查询效率。因此，遇到这种字段很多，而且有些字段使用得不频繁的，可以通过这种分解的方式来优化数据库的性能。

14.3.2　增加中间表

有时需要经常查询某两个表中的几个字段。如果经常进行联表查询，会降低 MySQL 数据库的查询速度。对于这种情况，可以建立中间表来提高查询速度。下面将为读者介绍增加中间表的方法。

先分析经常需要同时查询哪几个表中的哪些字段，然后将这些字段建立一个中间表，并将原来那几个表的数据插入到中间表中，之后就可以使用中间表来进行查询和统计。

【例 14.06】 创建包含学生常用信息的中间表。（实例位置：资源包 \ 源码 \14\14.06）

有个两张数据表，即学生表 tb_student 和班级表 tb_classes，它们的表结构如图 14.12 所示。

图 14.12　学生表 tb_student 和班级表 tb_classes 的表结构

实际应用中，经常要查学生的学号、姓名和班级。根据这种情况可以创建一个 temp_student 表。temp_student 表中存储 3 个字段，分别是 id、name 和 classname。CREATE 语句执行如下：

```
CREATE TABLE temp_student(id INT NOT NULL,
name VARCHAR(45) NOT NULL,
classname varchar(45));
```

然后从 tb_student 表和 tb_classes 表中将记录导入到 temp_student 表中。INSERT 语句如下：

```
INSERT INTO temp_student SELECT s.id,s.name,c.name
FROM tb_student s,tb_classes c WHERE s.classid=c.id;
```

将这些数据插入到 temp_student 表中以后，可以直接从 temp_student 表中查询学生的学号、姓名和班级名称，如图 14.13 所示。这样就省去了每次查询时进行表连接。这样可以提高数据库的查询速度。

图 14.13　通过中间表查询学生及班级信息

14.3.3 优化插入记录的速度

插入记录时，索引、唯一性校验都会影响到插入记录的速度。而且，一次插入多条记录和多次插入记录所耗费的时间是不一样的。根据这些情况，分别进行不同的优化。本小节将为读者介绍优化插入记录的速度的方法。

1. 禁用索引

插入记录时，MySQL 会根据表的索引对插入的记录进行排序。如果插入大量数据时，这些排序会降低插入记录的速度。为了解决这种情况，在插入记录之前先禁用索引。等到记录都插入完毕后再开启索引。禁用索引的语句如下：

```
ALTER TABLE 表名 DISABLE KEYS;
```

重新开启索引的语句如下：

```
ALTER TABLE 表名 ENABLE KEYS;
```

对于新创建的表，可以先不创建索引。等到记录都导入以后再创建索引。这样可以提高导入数据的速度。

2. 禁用唯一性检查

插入数据时，MySQL 会对插入的记录进行校验。这种校验也会降低插入记录的速度。可以在插入记录之前禁用唯一性检查。等到记录插入完毕后再开启。禁用唯一性检查的语句如下：

```
SET UNIQUE_CHECKS=0;
```

重新开启唯一性检查的语句如下：

```
SET UNIQUE_CHECKS=1;
```

3. 优化 INSERT 语句

插入多条记录时，可以采取两种 INSERT 语句的方式。第一种是一个 INSERT 语句插入多条记录。INSERT 语句的情形如下：

```
INSERT INTO tb_food VALUES
(NULL,' 果冻 ','CC 果冻厂 ',1.8,'2011',' 北京 '),
(NULL,' 咖啡 ','CF 咖啡厂 ',25,'2012',' 天津 '),
(NULL,' 奶糖 ',' 旺仔奶糖 ',15,'2013',' 广东 ');
```

第二种是一个 INSERT 语句只插入一条记录，执行多个 INSERT 语句来插入多条记录。INSERT 语句的情形如下：

```
INSERT INTO tb_food VALUES(NULL,' 果冻 ','CC 果冻厂 ',1.8,'2011',' 北京 ');
```

```
INSERT INTO tb_food VALUES(NULL,' 咖啡 ','CF 咖啡厂 ',25,'2012',' 天津 ');
INSERT INTO tb_food VALUES(NULL,' 奶糖 ',' 旺仔奶糖 ',15,'2013',' 广东 ');
```

第一种方式减少了与数据库之间的连接等操作，其速度比第二种方式要快。

说明

当插入大量数据时，建议使用一个 INSERT 语句插入多条记录的方式。而且，如果能用 LOAD DATA INFILE 语句，就尽量用 LOAD DATA INFILE 语句。因为 LOAD DATA INFILE 语句导入数据的速度比 INSERT 语句的速度快。

14.3.4　分析表、检查表和优化表

分析表主要作用是分析关键字的分布。检查表主要作用是检查表是否存在错误。优化表主要作用是删除或者更新造成的空间浪费。本小节将为读者介绍分析表、检查表和优化表的方法。

1. 分析表

MySQL 中使用 ANALYZE TABLE 语句来分析表，该语句的基本语法如下：

```
ANALYZE TABLE 表名 1[, 表名 2...];
```

使用 ANALYZE TABLE 分析表的过程中，数据库系统会对表加一个只读锁。在分析期间，只能读取表中的记录，不能更新和插入记录。ANALYZE TABLE 语句能够分析 InnoDB 和 MyISAM 类型的表。

【例 14.07】 使用 ANALYZE TABLE 语句分析 score 表，具体代码如下：（实例位置：资源包 \ 源码 \14\14.07）

```
ANALYZE TABLE tb_classes;
```

分析结果如下图 14.14 所示。

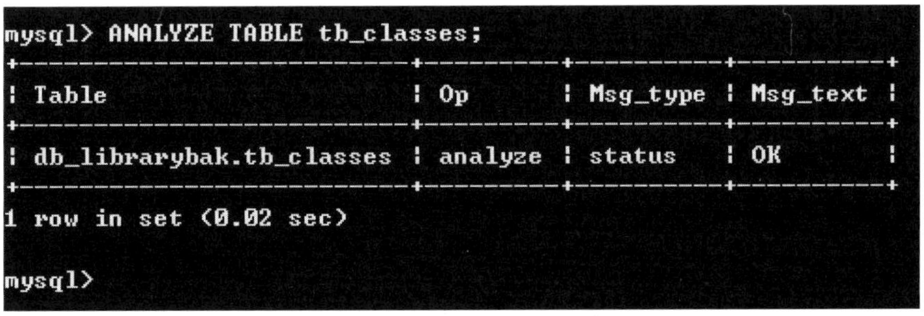

```
mysql> ANALYZE TABLE tb_classes;
+---------------------------+---------+----------+----------+
| Table                     | Op      | Msg_type | Msg_text |
+---------------------------+---------+----------+----------+
| db_librarybak.tb_classes  | analyze | status   | OK       |
+---------------------------+---------+----------+----------+
1 row in set (0.02 sec)

mysql>
```

图 14.14　分析表

上面结果显示了 4 列信息，详细介绍如下。

（1）Table：表示表的名称。

（2）Op：表示执行的操作。analyze 表示进行分析操作。check 表示进行检查查找。optimize 表示进行优化操作。

（3）Msg_type：表示信息类型，其显示的值通常是状态、警告、错误或信息中的一个。

（4）Msg_text：显示信息。

检查表和优化表之后也会出现这4列信息。

2．检查表

MySQL 中使用 CHECK TABLE 语句来检查表。CHECK TABLE 语句能够检查 InnoDB 和 MyISAM 类型的表是否存在错误。而且，该语句还可以检查视图是否存在错误。该语句的基本语法如下：

```
CHECK TABLE 表名 1[, 表名 2....][option];
```

其中，option 参数有5个参数，分别是 QUICK、FAST、CHANGED、MEDIUM 和 EXTENDED。这5个参数的执行效率依次降低。option 选项只对 MyISAM 类型的表有效，对 InnoDB 类型的表无效。CHECK TABLE 语句在执行过程中也会给表加上只读锁。

3．优化表

MySQL 中使用 OPTIMIZE TABLE 语句来优化表。该语句对 InnoDB 和 MyISAM 类型的表都有效。但是，OPTILMIZE TABLE 语句只能优化表中的 VARCHAR、BLOB 或 TEXT 类型的字段。OPTILMIZE TABLE 语句的基本语法如下：

```
OPTIMIZE TABLE 表名 1[, 表名 2...];
```

通过 OPTIMIZE TABLE 语句可以删除和更新造成的磁盘碎片，从而减少空间的浪费。OPTIMIZE TABLE 语句在执行过程中也会给表加上只读锁。

> **说明**
>
> 如果一个表使用了 TEXT 或者 BLOB 这样的数据类型，那么更新、删除等操作就会造成磁盘空间的浪费。因为，更新和删除操作后，以前分配的磁盘空间不会自动收回。使用 OPTIMIZE TABLE 语句就可以将这些磁盘碎片整理出来，以便以后再利用。

视频讲解

14.4　优化多表查询

在 MySQL 中，用户可以通过连接来实现多表查询，在查询过程中，用户将表中的一个或多个共同字段进行连接，定义查询条件，返回统一的查询结果。这通常用来建立 RDBMS 常规表之间的关系。在多表查询中，可以应用子查询来优化多表查询，即在 SELECT 语句中嵌套其他 SELECT 语句。采用子查询优化多表查询的好处有很多，比如，可以将分步查询的结果整合成一个查询，这样就不需要在执行多个单独查询，从而提高了多表查询的效率。

下面通过一个实例来说明如何优化多表查询。

【例 14.08】 演示优化多表查询。要求优化查询属于"一年三班"的全部学生姓名的查询语句。

要求学生姓名在 tb_student 表中，班级名称在 tb_classes 表中。（实例位置：资源包 \ 源码 \14\14.08）

首先应用 MySQL 的连接查询所需数据，对应的 SQL 语句如下：

```
SELECT s.name FROM tb_student2 s,tb_classes c WHERE s.classid=c.id AND c.name=' 一年三班 ';
```

其运行结果如图 14.15 所示。

图 14.15　应用连接查询

然后应用子查询实现查询所需数据，对应的 SQL 语句如下：

```
SELECT name FROM tb_student2 WHERE classid=(SELECT id FROM tb_classes c WHERE name=' 一年三班 ');
```

其执行结果如图 14.16 所示。

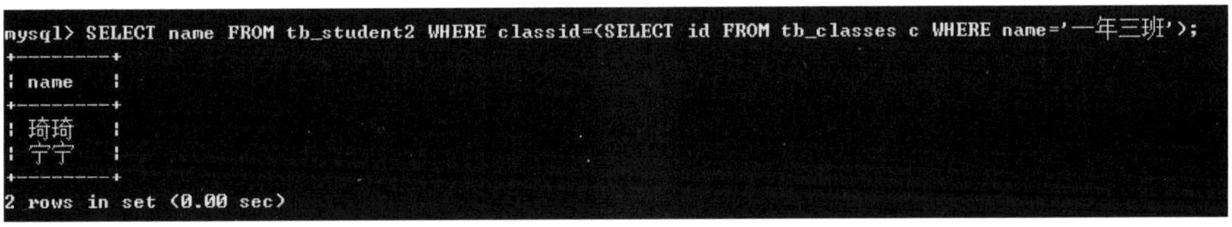

图 14.16　应用子查询

从图 14.15 和图 14.16 中，看不出哪条语句用时更少，所以需要应用 11.1.2 节介绍的 profile 工具获取各语句的执行时间。

```
SHOW profiles;
```

执行结果如图 14.17 所示。

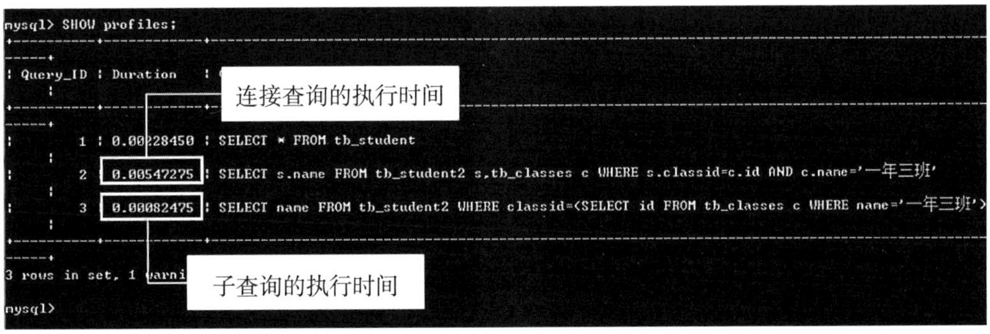

图 14.17　获取各语句的执行时间

从图 14.17 中可以看出，执行子查询的时间比执行连接查询的时间要少很多。

14.5　优化表设计

在 MySQL 数据库中，为了优化查询，使查询能够更加精炼、高效，在用户设计数据表的同时，也应该考虑一些因素。

首先，在设计数据表时应优先考虑使用特定字段长度，后考虑使用变长字段，如在用户创建数据表时，考虑创建某个字段类型为 varchar 而设置其字段长度为 255，但是在实际应用时，该用户所存储的数据根本达不到该字段所设置的最大长度，命令外如设置用户性别的字段，往往可以用 M 表示男性，F 表示女性，如果给该字段设置长度为 varchar(50)，则该字段占用了过多列宽，这样不仅浪费资源，也会降低数据表的查询效率。适当调整列宽不仅可以减少磁盘空间，同时也可以使数据在进行处理时产生的 I/O 过程减少。将字段长度设置成其可能应用的最大范围可以充分地优化查询效率。

改善性能的另一项技术是使用 OPTIMIZE TABLE 命令处理用户经常操作的表，频繁地操作数据库中的特定表会导致磁盘碎片的增加，这样降低 MySQL 的效率，故可以应用该命令处理经常操作的数据表，以便于优化访问查询效率。

在考虑改善表性能的同时，要检查用户已经建立的数据表，确认这些表是否有必要整合为一个表，如没有必要整合，在查询过程中，用户可以使用连接，如果连接的列采用相同的数据类型和长度，同样可以达到查询优化的作用。

> **说明**
>
> 数据库表的类型 InnoDB 或 BDB 表处理行存储与 MyISAM 或 ISAM 表的情况不同。在 InnoDB 或 BDB 类型表中使用定长列，并不能提高其性能。

14.6　小　　结

本章对数据库优化的含义和查看数据性能参数的方法进行了详细讲解，然后，介绍了优化查询的方法、优化数据库结构的方法和优化 MySQL 服务器的方法。优化查询的方法和优化数据库结果是本章的重点内容，优化查询部分主要介绍了索引对查询速度的影响。优化数据库结构部分主要介绍了如何对表进行优化。本章的难点是优化 MySQL 服务器，因为这部分涉及很多 MySQL 配置文件和配置文件中的参数。

第 15 章

事务与锁机制

（ 视频讲解：14 分钟 ）

软件开发中，事务与并发一直是个很令人头疼的问题，在 MySQL 中同样也存在该问题。因此，为了保证数据的一致性和完整性，有必要掌握 MySQL 中的事务机制、锁机制，以及事务的并发问题等内容。本章将进行详细讲解。

学习摘要：

▸▸ 了解事务的概念和特征

▸▸ 掌握如何提交和回滚事务

▸▸ 掌握锁机制的基本知识

▸▸ 熟悉为 MyISAM 表设置表级锁

▸▸ 了解为 InnoDB 表设置行级锁

▸▸ 了解死锁和事务

15.1　事务机制

视频讲解

15.1.1　事务的概念

　　所谓事务，是指一组相互依赖的操作单元的集合，用来保证对数据库的正确修改，保持数据的完整性，如果一个事务的某个单元操作失败，将取消本次事务的全部操作。例如，银行交易、股票交易和网上购物等，都需要利用事务来控制数据的完整性，比如将 A 账户的资金转入 B 账户，在 A 中扣除成功，在 B 中添加失败，导致数据失去平衡，事务将回滚到原始状态，即 A 中没少，B 中没多。数据库事务必须具备以下特征（简称 ACID）。

- ☑ 原子性（Atomicity）：每个事务是一个不可分割的整体，只有所有的操作单元执行成功，整个事务才成功；否则此次事务就失败，所有执行成功的操作单元必须撤销，数据库回到此次事务之前的状态。
- ☑ 一致性（Consistency）：在执行一次事务后，关系数据的完整性和业务逻辑的一致性不能被破坏。例如 A 与 B 转账结束后，他们的资金总额是不能改变的。
- ☑ 隔离性（Isolation）：在并发环境中，一个事务所做的修改必须与其他事务所做的修改相隔离。例如一个事务查看的数据必须是其他并发事务修改之前或修改完毕的数据，不能是修改中的数据。
- ☑ 持久性（Durability）：事务结束后，对数据的修改是永久保存的，即使系统故障导致重启数据库系统，数据依然是修改后的状态。

15.1.2　事务机制的必要性

　　银行应用是解释事务必要性的一个经典例子。假设一个银行的数据库中，有一张账户表（tb_account），保存着两张借记卡账户 A 和 B，并且要求这两张借记卡账户都不能透支（即两个账户的余额不能小于零）。

　　【例 15.01】　实现从借记卡账户 A 向 B 转账 700 元，成功后再从 A 向 B 转账 500 元，具体步骤如下。（实例位置：资源包 \ 源码 \15\15.01）

　　（1）创建银行的数据库 db_bank，并且选择该数据库为当前默认数据库，具体代码如下：

```
CREATE DATABASE db_bank;
USE db_bank;
```

　　（2）在数据库 db_bank 中，创建一个名称为 tb_account 的数据表，具体代码如下：

```
CREATE TABLE tb_account(
  id int(10) unsigned NOT NULL AUTO_INCREMENT PRIMARY KEY,
  name varchar(30),
  balance FLOAT(8,2) unsigned DEFAULT 0
);
```

说明

要想实现账户余额不能透支，可以将余额字段设置为无符号数，也可以通过定义 CHECK 约束实现。本实例中采用设置为无符号数实现，这种方法比较简单。

（3）向 tb_account 数据表插入两条记录（账户初始数据），分别为创建 A 账户，并存储 1000 元；创建 B 账户，存储 0 元，具体代码如下：

```
INSERT INTO tb_account (name,balance)VALUES
('A',1000),
('B',0);
```

（4）查询插入后的结果，具体代码如下：

```
SELECT * FROM tb_account;
```

执行结果如图 15.1 所示。

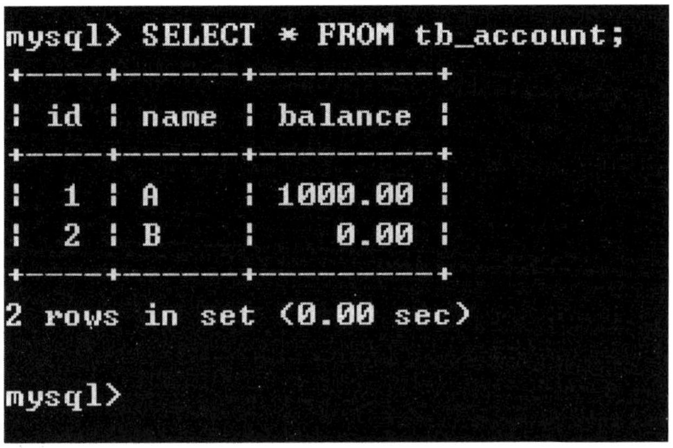

```
mysql> SELECT * FROM tb_account;
+----+------+---------+
| id | name | balance |
+----+------+---------+
|  1 | A    | 1000.00 |
|  2 | B    |    0.00 |
+----+------+---------+
2 rows in set (0.00 sec)

mysql>
```

图 15.1　插入初始账户数据

从图 15.1 中可以看出，账户 A 对应的 id 为 1；账户 B 对应的 id 为 2。在后面转账过程中将使用账户 ID（1 和 2）代替 A 和 B 账户。

（5）创建模拟转账操作的存储过程。在该存储过程中，实现将一个账户的指定金额添加到另一个账户中，具体代码如下：

```
DELIMITER //
CREATE PROCEDURE proc_transfer (IN id_from INT,IN id_to INT,IN money int)
READS SQL DATA
BEGIN
UPDATE tb_account SET balance=balance+money WHERE id=id_to;
UPDATE tb_account SET balance=balance-money WHERE id=id_from;
END
//
```

执行效果如图 15.2 所示。

```
mysql> DELIMITER //
mysql> CREATE PROCEDURE proc_transfer (IN id_from INT,IN id_to INT,IN money int)
    -> READS SQL DATA
    -> BEGIN
    -> UPDATE tb_ACCOUNT SET balance=balance+money WHERE id=id_to;
    -> UPDATE tb_ACCOUNT SET balance=balance-money WHERE id=id_from;
    -> END
    -> //
Query OK, 0 rows affected (0.01 sec)

mysql>
```

图 15.2　创建用于转账的存储过程

（6）调用刚刚创建的存储过程 proc_transfer，实现从账户 A 向账户 B 转账 700 元，并查看转账结果，代码如下：

```
CALL proc_transfer(1,2,700);
SELECT * FROM tb_account;
```

执行效果如图 15.3 所示。

```
mysql> CALL proc_transfer(1,2,700);
Query OK, 1 row affected (0.00 sec)

mysql> SELECT * FROM tb_account;
+----+------+---------+
| id | name | balance |
+----+------+---------+
|  1 | A    |  300.00 |
|  2 | B    |  700.00 |
+----+------+---------+
2 rows in set (0.00 sec)

mysql>
```

图 15.3　第一次转账的结果

从图 15.3 中可以看出，A 账户的余额由原来的 1000 变为 300，减少了 700 元，而 B 账户的余额则多了 700 元，由此可见，转账成功。

（7）再一次调用存储过程 proc_transfer，实现从账户 A 向账户 B 转账 500 元，并查看转账结果，代码如下：

```
CALL proc_transfer(1,2,500);
SELECT * FROM tb_account;
```

执行效果如图 15.4 所示。

从图 15.4 可以看出，在进行第二次转账时，由于 A 账户的余额不能小于零，所以出现了错误。但是在查询账户余额时却发现，A 账户的余额没有变化，而 B 账户的余额却为 1200 元，比之前多了 500 元。这样 A 和 B 账户的余额总和就由转账前的 1000 元，变为 1500 元，由此产生了数据不一致的问题。

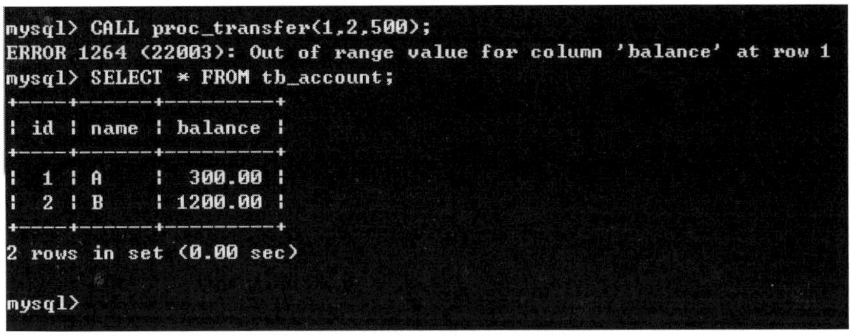

```
mysql> CALL proc_transfer(1,2,500);
ERROR 1264 (22003): Out of range value for column 'balance' at row 1
mysql> SELECT * FROM tb_account;
+----+------+---------+
| id | name | balance |
+----+------+---------+
|  1 | A    |  300.00 |
|  2 | B    | 1200.00 |
+----+------+---------+
2 rows in set (0.00 sec)

mysql>
```

图 15.4　第二次转账的结果

为了避免这种情况，MySQL 中引入了事务的概念。通过在存储过程中加入事务，将原来独立执行的两条 UPDATE 语句绑定在一起，实现只要其中的一个执行不成功，那么两个语句就都不执行的约束，从而保持数据的一致性。

15.1.3　关闭 MySQL 自动提交

MySQL 默认采用自动提交（AUTOCOMMIT）模式。也就是说，如果不显式地开启一个事务，则每个 SQL 语句都被当作一个事务执行提交操作。例如，在例 15.01 编写的存储过程 proc_transfer 中，包括两个更新语句，由于 MySQL 默认开启了自动提交功能，所以，无论第二条语句执行成功与否，都不影响第一条语句的执行结果。因此，对于像银行转账之类的业务逻辑来说，有必要关闭 MySQL 的自动提交功能。

要想查看 MySQL 的自动提交功能是否关闭，可以使用 MySQL 的 SHOW VARIABLES 命令查询 autocommit 变量的值，如果该变量的值为 1 或者 ON 则表示启用，为 0 或者 OFF 时表示禁用。具体代码如下：

```
SHOW VARIABLES LIKE 'autocommit';
```

执行上面的代码将显示如图 15.5 所示的运行结果。

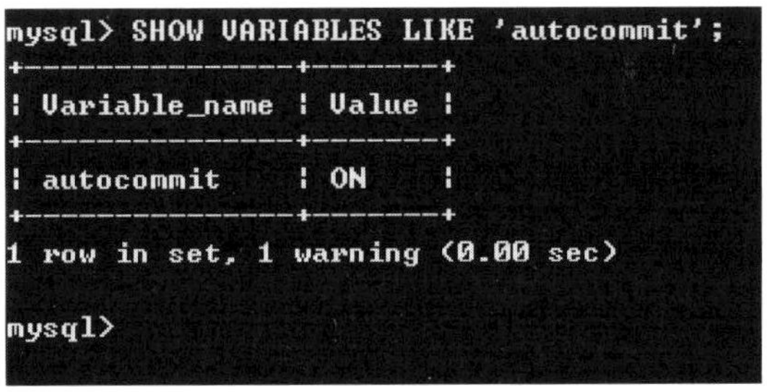

```
mysql> SHOW VARIABLES LIKE 'autocommit';
+---------------+-------+
| Variable_name | Value |
+---------------+-------+
| autocommit    | ON    |
+---------------+-------+
1 row in set, 1 warning (0.00 sec)

mysql>
```

图 15.5　查看自动提交功能是否开启

在 MySQL 中，关闭自动提交功能可以分为以下两种情况。

（1）显式关闭自动提交功能

在当前连接中，可以通过将 AUTOCOMMIT 变量设置为 0，来禁用自动提交功能。禁用自动提交功能，并且查看修改后的值的具体代码如下：

```
SET AUTOCOMMIT=0;
SHOW VARIABLES LIKE 'autocommit';
```

执行结果如图 15.6 所示。

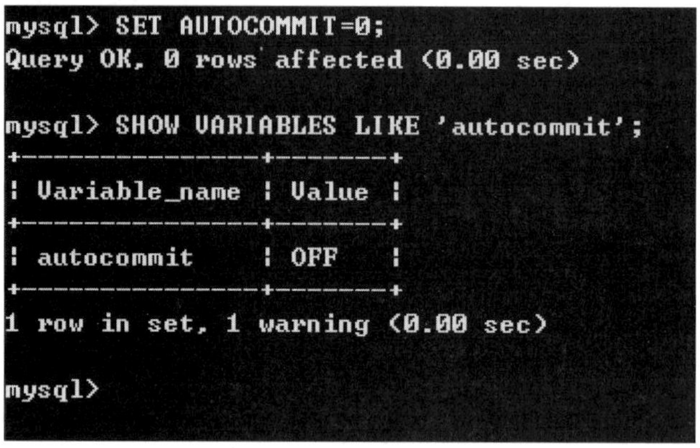

图 15.6　关闭自动提交功能

说明

系统变量 AUTOCOMMIT 是会话变量，只在当前命令行窗口有效。即在命令行窗口 A 中设置的 AUTOCOMMIT 变量值，不会影响命令行窗口 B 中该变量的值。

当 AUTOCOMMIT 变量设置为 0 时，所有的 SQL 语句都是在一个事务中，直到显式地执行提交（COMMIT）或者（ROLLBACK）时，该事务才结束，同时又会开启另一个新事务。

另外，还有一些命令，在执行前会强制执行 COMMIT 提交当前的活动事务。例如，ALTER TABLE。

说明

修改 AUTOCOMMIT 变量值对于采用 MyISAM 存储引擎的表没有影响，即无论自动提交功能是否关闭，更新操作都将立即执行，并且将执行结果提交到数据库中，成为数据库永久的组成部分。

（2）隐式关闭自动提交功能

当使用 START TRANSACTION; 命令时，可以隐式地关闭自动提交功能。该方法不会修改 AUTOCOMMIT 变量的值。

15.1.4　事务回滚

事务回滚也叫撤销。当关闭自动提交功能后，数据库开发人员可以根据需要回滚更新操作。下面还是以例 15.01 的数据库为例进行操作。

【例 15.02】 实现从借记卡账户 A 向 B 转账 500 元，出错时进行事务回滚，具体步骤如下。（实例位置：资源包 \ 源码 \15\15.02）

（1）关闭 MySQL 的自动提交功能，代码如下：

```
SET AUTOCOMMIT=0;
```

（2）调用例 15.01 编写的存储过程 proc_transfer，实现从借记卡账户 A 向 B 转账 500 元，并查看账户余额，代码如下：

```
SELECT * FROM tb_account;
CALL proc_transfer(1,2,500);
SELECT * FROM tb_account;
```

执行结果如图 15.7 所示。

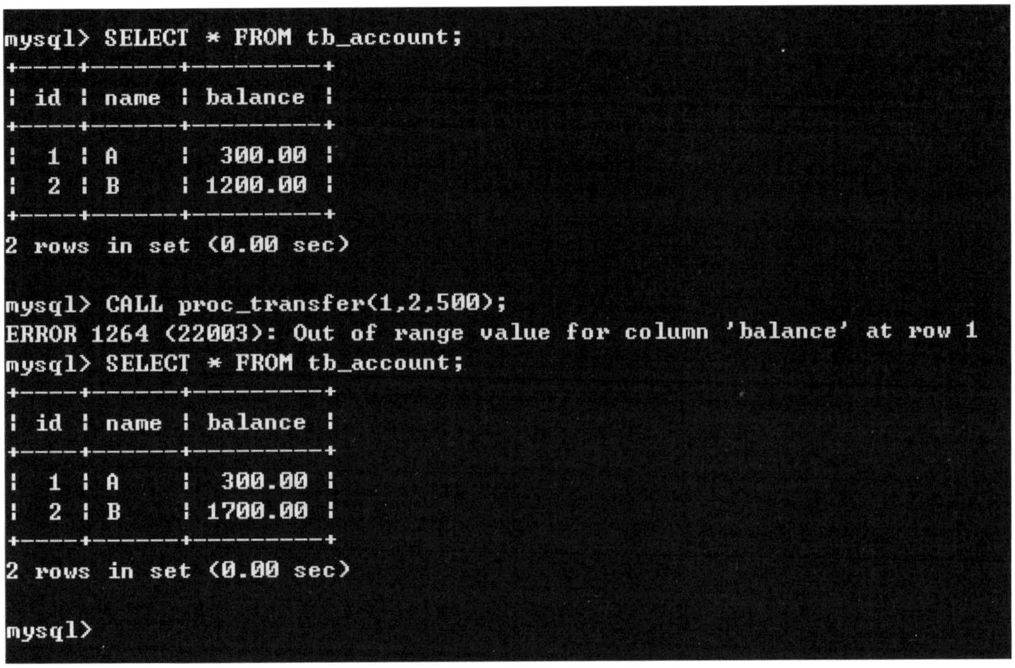

```
mysql> SELECT * FROM tb_account;
+----+------+---------+
| id | name | balance |
+----+------+---------+
|  1 | A    |  300.00 |
|  2 | B    | 1200.00 |
+----+------+---------+
2 rows in set (0.00 sec)

mysql> CALL proc_transfer(1,2,500);
ERROR 1264 (22003): Out of range value for column 'balance' at row 1
mysql> SELECT * FROM tb_account;
+----+------+---------+
| id | name | balance |
+----+------+---------+
|  1 | A    |  300.00 |
|  2 | B    | 1700.00 |
+----+------+---------+
2 rows in set (0.00 sec)

mysql>
```

图 15.7　从借记卡账户 A 向 B 转账 500 元

从图 15.7 中可以看出，B 账户由原来的 1200 元变为 1700 元，多了 500 元。这时需要确认一下，数据库中是否已经真的接收到了这个变化。

（3）重新打开一个 MySQL 命令行窗口，选择 db_bank 数据库为当前数据库，然后查询数据表 tb_account 中的数据，代码如下：

```
USE db_bank;
SELECT * FROM tb_account;
```

执行结果如图 15.8 所示。

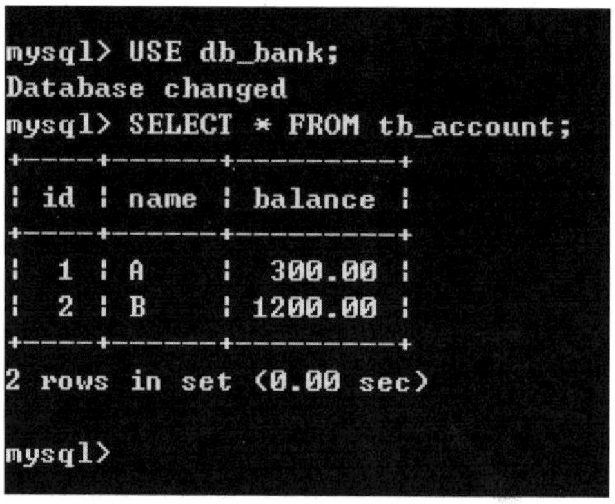

图 15.8　在另一个命令行窗口中查看余额

从图 15.8 中可以看出，B 的余额仍然是转账前的 1200 元，并没有加上 500 元。这是因为关闭了 MySQL 的自动提交功能后，如果不手动提交，那么 UPDATE 操作的结果将仅仅影响内存中的临时记录，并没有真正写入数据库文件。所以当前命令行窗口中执行 SELECT 查询语句时，获得的是临时记录，并不是实际数据表中的数据。此时的结果走向取决于接下来执行的操作，如果执行 ROLLBACK（回滚），那么将放弃所做的修改，如果执行 COMMIT（提交），那么会将修改的结果永久保存到数据库文件。

（4）由于更新后的数据与想要实现的结果不一致，这里执行 ROLLBACK（回滚）操作，放弃之前的修改。执行回滚操作，并查看余额的代码如下：

```
ROLLBACK;
SELECT * FROM tb_account;
```

执行结果如图 15.9 所示。

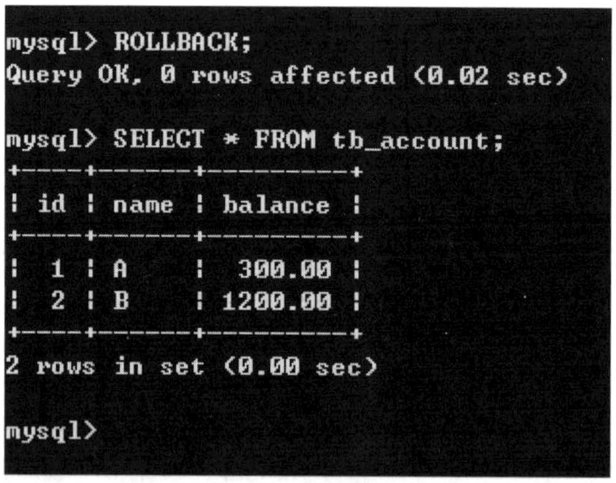

图 15.9　执行回滚后的结果

从图 15.9 中可以看出，步骤（3）所做的修改被回滚了，也就是放弃了之前所做的修改。

15.1.5　事务提交

当关闭自动提交功能后，数据库开发人员可以根据需要提交更新操作，否则更新的结果不能提交到数据库文件中，成为数据库永久的组成部分。关闭自动提交功能后，提交事务可以分为以下两种情况。

（1）显式提交

关闭自动提交功能后，可以使用 COMMIT 命令显式提交更新语句。例如，15.1.4 节的例 15.02 中，如果将第（4）步中的回滚语句替换为提交语句 COMMIT，将得到如图 15.10 所示的结果。

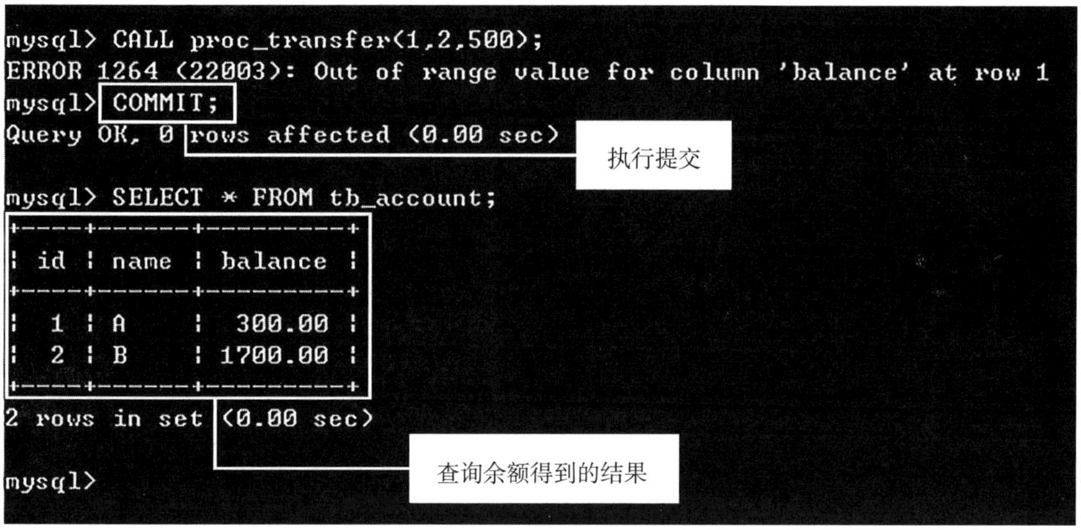

图 15.10　显示提交

从图 15.10 中可以看出，更新操作已经被提交。此时，再打开一个新的命令行窗口查询余额，可以发现得到的结果与图 15.10 所示的查询余额得到的结果是一致的。

（2）隐式提交

关闭自动提交功能后，如果没有手动提交更新操作或者进行过回滚操作，那么执行如表 15.1 所示的命令也将执行提交操作。

表 15.1　会隐式执行提交操作的命令

BEGIN	SET AUTOCOMMIT=1	LOCK TABLES
START TRANSACTION	CREATE DATABASE/TABLE/INDEX/PROCEDURE	UNLOCK TABLES
TRUNCATE TABLE	ALTER DATABASE/TABLE/INDEX/PROCEDURE	
RENAME TABLE	DROP DATABASE/TABLE/INDEX/PROCEDURE	

例如，在执行了关闭 MySQL 自动提交功能的命令后，执行 SET AUTOCOMMIT=1 命令，此时除了开启自动提交功能外，还会提交之前的所有更新语句。

15.1.6　MySQL 中的事务

在 MySQL 中，应用 START TRANSACTION 命令来标记一个事务的开始。具体的语法格式如下：

```
START TRANSACTION;
```

通常 START TRANSACTION 命令后面跟随的是组成事务的 SQL 语句，并且在所有要执行的操作全部完成后，添加 COMMIT 命令，提交事务。下面通过一个具体的实例演示 MySQL 中事务的应用。

【例 15.03】 这里还是以例 15.01 的数据库为例进行操作。创建存储过程，并且在该存储过程中创建事务，实现从借记卡账户 A 向 B 转账 700 元，出错时进行事务回滚，具体步骤如下。（实例位置：资源包 \ 源码 \15\15.03）

（1）创建存储过程，名称为 prog_tran_account，在该存储过程中创建一个事务，实现从一个账户向另一个账户转账功能，具体代码如下：

```
DELIMITER //
CREATE PROCEDURE prog_tran_account(IN id_from INT,IN id_to INT,IN money int)
MODIFIES SQL DATA
BEGIN
DECLARE EXIT HANDLER FOR SQLEXCEPTION ROLLBACK;
START TRANSACTION;
UPDATE tb_account SET balance=balance+money WHERE id=id_to;
UPDATE tb_account SET balance=balance-money WHERE id=id_from;
COMMIT;
END
//
```

执行结果如图 15.11 所示。

```
mysql> DELIMITER //
mysql> CREATE PROCEDURE prog_tran_account(IN id_from INT,IN id_to INT,IN money int)
    -> MODIFIES SQL DATA
    -> BEGIN
    -> DECLARE EXIT HANDLER FOR SQLEXCEPTION ROLLBACK;
    -> START TRANSACTION;
    -> UPDATE tb_account SET balance=balance+money WHERE id=id_to;
    -> UPDATE tb_account SET balance=balance-money WHERE id=id_from;
    -> COMMIT;
    -> END
    -> //
Query OK, 0 rows affected (0.00 sec)

mysql>
```

图 15.11　创建存储过程 prog_tran_account

（2）调用刚刚创建的存储过程 prog_tran_account，实现从账户 A 向账户 B 转账 700 元，并查看转账结果，代码如下：

```
CALL prog_tran_account(1,2,700);
SELECT * FROM tb_account;
```

执行效果如图 15.12 所示。

从图 15.12 中可以看出，各账户的余额并没有改变，而且也没有出现错误，这是因为对出现的错误进行了处理，并且进行了事务回滚。

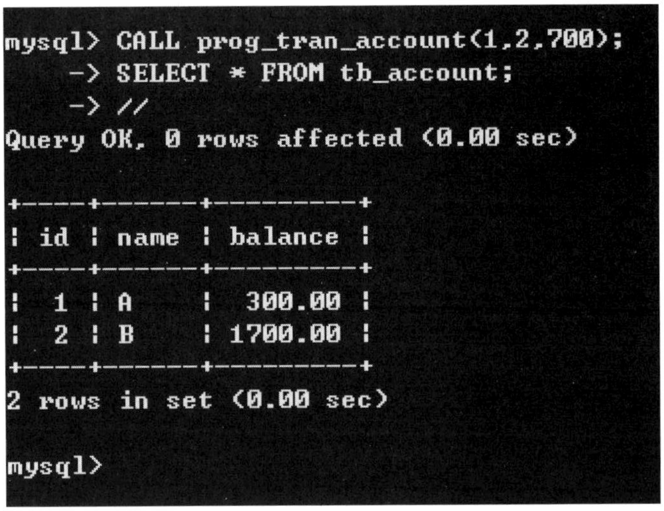

```
mysql> CALL prog_tran_account(1,2,700);
    -> SELECT * FROM tb_account;
    -> //
Query OK, 0 rows affected (0.00 sec)

+----+------+---------+
| id | name | balance |
+----+------+---------+
|  1 | A    |  300.00 |
|  2 | B    | 1700.00 |
+----+------+---------+
2 rows in set (0.00 sec)

mysql>
```

图 15.12　调用存储过程实现转账的结果

如果在调用存储过程时，将其中的转账金额修改为 200 元，那么将正常实现转账，代码如下：

```
CALL prog_tran_account(1,2,200);
SELECT * FROM tb_account;
```

执行结果如图 15.13 所示。

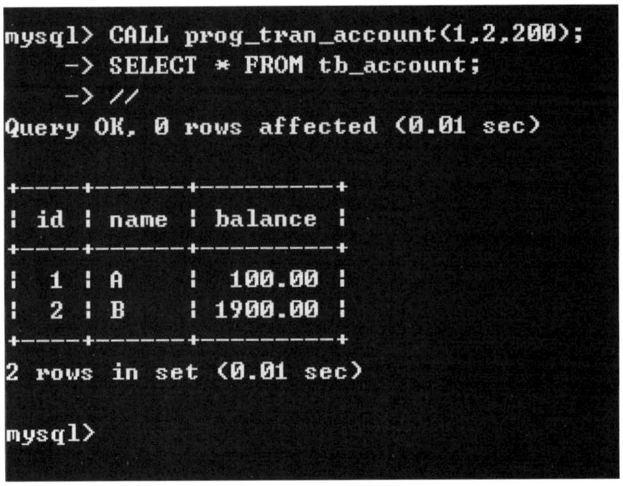

```
mysql> CALL prog_tran_account(1,2,200);
    -> SELECT * FROM tb_account;
    -> //
Query OK, 0 rows affected (0.01 sec)

+----+------+---------+
| id | name | balance |
+----+------+---------+
|  1 | A    |  100.00 |
|  2 | B    | 1900.00 |
+----+------+---------+
2 rows in set (0.01 sec)

mysql>
```

图 15.13　事务被提交

说明

在 MySQL 中，除了可以使用 START TRANSACTION 命令外，还可以使用 BEGIN 或者 BEGIN WORK 命令开启一个事务。

通过上面的实例可以得出如图 15.14 所示的事务执行流程图。

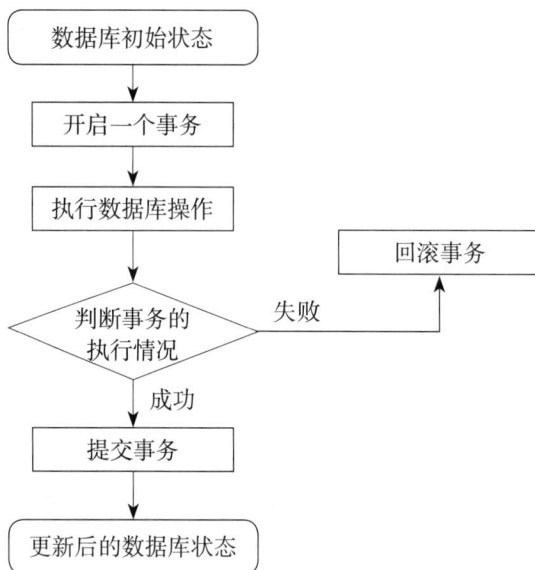

图 15.14　事务执行流程图

15.1.7　回退点

在默认的情况下，事务一旦回滚，那么事务中的所有更新操作都将被撤销。有时候，并不是想要全部撤销，而是只需要撤销一部分，这时可以通过设置回退点来实现。回退点又称保存点。使用 SAVEPOINT 命令实现在事务中设置一个回退点，具体语法格式如下：

```
SAVEPOINT 回退点名；
```

设置回退点后，可以在需要进行事务回滚时，指定该回退点，具体的语法格式如下：

```
rollback to savepoint 定义的回退点名；
```

【例 15.04】　创建一个名称为 prog_savepoint_account 的存储过程，在该存储过程中创建一个事务，实现向 tb_account 表中添加一个账户 C，并且向该账户存入 1000 元。然后从 A 账户向 B 账户转账 500 元。当出现错误时，回滚到提前定义的回退点，否则提交事务，具体步骤如下。（实例位置：资源包 \ 源码 \15\15.04）

（1）创建存储过程，名称为 prog_savepoint_account，在该存储过程中创建一个事务，实现从一个账户向另一个账户转账功能，并且定义回退点，具体代码如下：

```
DELIMITER //
CREATE PROCEDURE prog_savepoint_account()
MODIFIES SQL DATA
BEGIN
DECLARE CONTINUE HANDLER FOR SQLEXCEPTION
BEGIN
ROLLBACK TO A;
```

```
COMMIT;
END;
START TRANSACTION;
START TRANSACTION;
INSERT INTO tb_account (name,balance)VALUES('C',1000);
savepoint A;
UPDATE tb_account SET balance=balance+500 WHERE id=2;
UPDATE tb_account SET balance=balance-500 WHERE id=1;
COMMIT;
END
//
```

执行结果如图 15.15 所示。

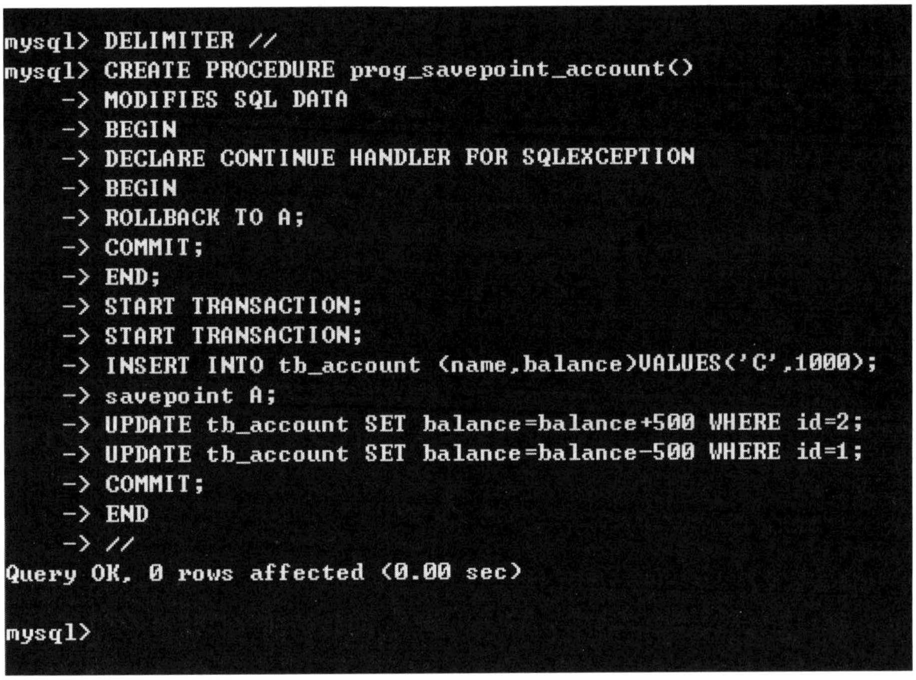

图 15.15　创建存储过程 prog_savepoint_account

（2）调用刚刚创建的存储过程 prog_savepoint_account，实现添加账户 C 和转账功能，并查看转账结果，代码如下：

```
CALL prog_savepoint_account();
SELECT * FROM tb_account;
```

执行效果如图 15.16 所示。

从图 15.16 中可以看出，第一条插入语句成功执行，后面两条更新语句，由于最后一条更新语句出现错误，所以事务回滚了。

图 15.16　调用存储过程实现转账的结果

15.2　锁　机　制

数据库管理系统采用锁机制来管理事务。当多个事务同时修改同一数据时，只允许持有锁的事务修改该数据，其他事务只能"排队等待"，直到前一个事务释放其拥有的锁。下面对 MySQL 中提供的锁机制进行详细介绍。

15.2.1　MySQL 锁机制的基本知识

在同一时刻，可能会有多个客户端对表中同一行记录进行操作，例如，有的客户端在读取该行数据，有的则尝试去删除它。为了保证数据的一致性，数据库就要对这种并发操作进行控制，因此就有了锁的概念。下面将对 MySQL 锁机制涉及的基本概念进行介绍。

1. 锁的类型

在处理并发读或者写时，可以通过实现一个由两种类型的锁组成的锁系统来解决问题。这两种类型的锁通常称为读锁（Read Lock）和写锁（Write Lock）。下面分别进行介绍。

（1）读锁

读锁也称为共享锁（Shared Lock）。它是共享的，或者说是相互不阻塞的。多个客户端在同一时间可以同时读取同一资源，互不干扰。

（2）写锁

写锁也称为排他锁（Exclusive Lock）。它是排他的，也就是说一个写锁会阻塞其他的写锁和读锁。这是为了确保在给定的时间里，只有一个用户能执行写入，并防止其他用户读取正在写入的同一资源，保证安全。

在实际数据库系统中，随时都在发生锁定。例如，当某个用户在修改某一部分数据时，MySQL 就会通过锁定防止其他用户读取同一数据。在大多数时候，MySQL 锁的内部管理都是透明的。

226

读锁和写锁的区别如表 15.2 所示。

表 15.2 读锁和写锁的区别

请求模式　　请求模式	读　锁	写　锁
读锁	兼容	不兼容
写锁	不兼容	不兼容

2. 锁粒度

一种提高共享资源并发性的方式就是让锁定对象更有选择性。也就是尽量只锁定部分数据，而不是所有的资源。这就是锁粒度的概念。它是指锁的作用范围，是为了对数据库中高并发响应和系统性能两方面进行平衡而提出的。

锁粒度越小，并发访问性能越高，越适合做并发更新操作（即采用 InnoDB 存储引擎的表适合做并发更新操作）；锁粒度越大，并发访问性能越低，越适合做并发查询操作（即采用 MyISAM 存储引擎的表适合做并发查询操作）。

不过需要注意：在给定的资源上，锁定的数据量越少，系统的并发程度越高，完成某个功能时所需的加锁和解锁的次数就会越多，反而会消耗较多的资源，甚至会出现资源的恶性竞争，乃至于发生死锁。

注意

由于加锁也需要消耗资源，所以需要注意，如果系统花费大量的时间来管理锁，而不是存储数据，那就有些得不偿失了。

3. 锁策略

锁策略是指在锁的开销和数据的安全性之间寻求平衡，但是这种平衡会影响性能，所以大多数商业数据库系统没有提供更多的选择，一般都是在表上施加行级锁，并以各种复杂的方式来实现，以便在高并发的情况下，提供更好的性能。

在 MySQL 中，每种存储引擎都可以实现自己的锁策略和锁粒度。因此，它提供了多种锁策略。在存储引擎的设计中，锁管理是非常重要的决定，它将锁粒度固定在某个级别，可以为某些特定的应用场景提供更好的性能，但同时会失去对另外一个应用场景的良好支持。幸好 MySQL 支持多个存储引擎，所以不用单一的通用解决方法。下面将介绍两种重要的锁策略。

（1）表级锁（Table Lock）

表级锁是 MySQL 中最基本的锁策略，而且是开销最小的策略。它会锁定整张表，一个用户在对表进行操作（如插入、更新和删除等）前，需要先获得写锁，这会阻塞其他用户对该表的所有读写操作。只有没有写锁时，其他读取的用户才能获得读锁，并且读锁之间是不相互阻塞的。

另外，由于写锁比读锁的优先级高，所以一个写锁请求可能会被插入到读锁队列的前面，但是读锁则不能插入到写锁的前面。

（2）行级锁（Row Lock）

行级锁可以最大限度地支持并发处理，同时也带来了最大的锁开销。在 InnoDB 或者一些其他存储引擎中实现了行级锁。行级锁只在存储引擎层实现，而服务器层没有实现。服务器层完全不了解存储引擎中的锁实现。

4．锁的生命周期

锁的生命周期是指在一个 MySQL 会话内，对数据进行加锁到解锁之间的时间间隔。锁的声明周期越长，并发性能就越低，反之并发性能就越高。另外，锁是数据库管理系统的重要资源，需要占据一定的服务器内存，锁的周期越长，占用的服务器内存时间就越长；相反占用的内存也就越短。因此，我们应该尽可能地缩短锁的生命周期。

15.2.2　MyISAM 表的表级锁

在 MySQL 的 MyISAM 类型数据表中，并不支持 COMMIT（提交）和 ROLLBACK（回滚）命令。当用户对数据库执行插入、删除、更新等操作时，这些变化的数据都被立刻保存在磁盘中。这样，在多用户环境中，会导致诸多问题，为了避免同一时间有多个用户对数据库中指定表进行操作，可以应用表锁定来避免在用户操作数据表过程中受到干扰。当且仅当该用户释放表的操作锁定后，其他用户才可以访问这些修改后的数据表。

设置表级锁定代替事务的基本步骤如下。

（1）为指定数据表添加锁定。其语法如下：

```
LOCK TABLES table_name lock_type,...
```

其中 table_name 为被锁定的表名；lock_type 为锁定类型，该类型包括以读方式（READ）锁定表和以写方式（WRITE）锁定表。

（2）用户执行数据表的操作，可以添加、删除或者更改部分数据。

（3）用户完成对锁定数据表的操作后，需要对该表进行解锁操作，释放该表的锁定状态。其语法如下：

```
UNLOCK TABLES
```

下面将分别介绍如何以读方式和以写方式锁定数据表。

1．以读方式锁定数据表

以读方式锁定数据表是设置锁定用户的其他方式操作，如删除、插入、更新都不被允许，直至用户进行解锁操作。

【例 15.05】　演示以读方式锁定 db_bank 数据库中的用户数据表 tb_user，具体步骤如下。（实例位置：资源包 \ 源码 \15\15.05）

（1）在 db_bank 数据库中，创建一个采用 MyISAM 存储引擎的用户表 tb_user，具体代码如下：

```
CREATE TABLE tb_user (
 id int(10) unsigned NOT NULL AUTO_INCREMENT PRIMARY KEY,
 username varchar(30),
 pwd varchar(30)
) ENGINE=MyISAM;
```

（2）将 tb_user 表中插入 3 条用户信息，具体代码如下：

```
INSERT INTO tb_user(username,pwd)VALUES
('mr','111111'),
('mingrisoft','111111'),
('wgh','111111');
```

（3）输入以读方式锁定数据库 db_bank 中的用户数据表 tb_user 的代码，具体代码如下：

```
LOCK TABLE tb_user READ;
```

执行结果如图 15.17 所示。

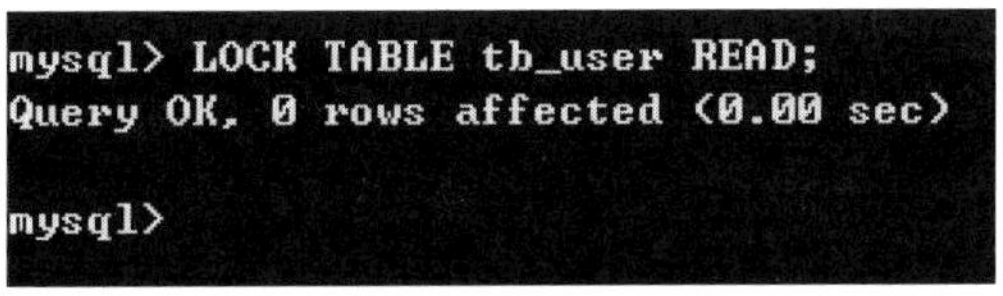

图 15.17　以读方式锁定数据表

（4）应用 SELECT 语句查看数据表 tb_user 中的信息，具体代码如下：

```
SELECT * FROM tb_user;
```

其运行结果如图 15.18 所示。

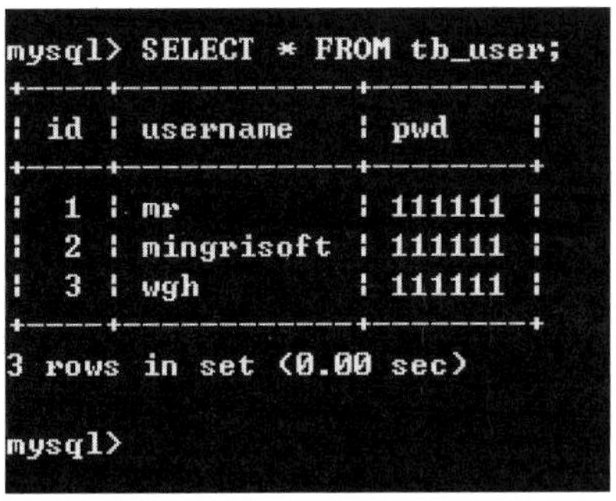

图 15.18　查看以读方式锁定的 tb_user 表

（5）尝试向数据表 tb_user 中插入一条数据，代码如下：

```
INSERT INTO tb_user(username,pwd)VALUES('mrsoft','111111');
```

其运行结果如图 15.19 所示。

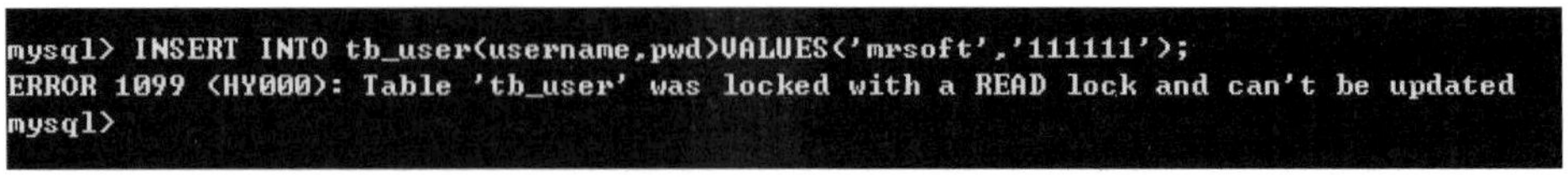

```
mysql> INSERT INTO tb_user(username,pwd)VALUES('mrsoft','111111');
ERROR 1099 (HY000): Table 'tb_user' was locked with a READ lock and can't be updated
mysql>
```

图 15.19　向以读方式锁定的表中插入数据

从上述结果可以看出，当用户试图向数据库插入数据时，将会返回失败信息。当用户将锁定的表解锁后，再次执行插入操作，代码如下：

```
UNLOCK TABLES;
INSERT INTO tb_user(username,pwd)VALUES('mrsoft','111111');
```

其运行结果如图 15.20 所示。

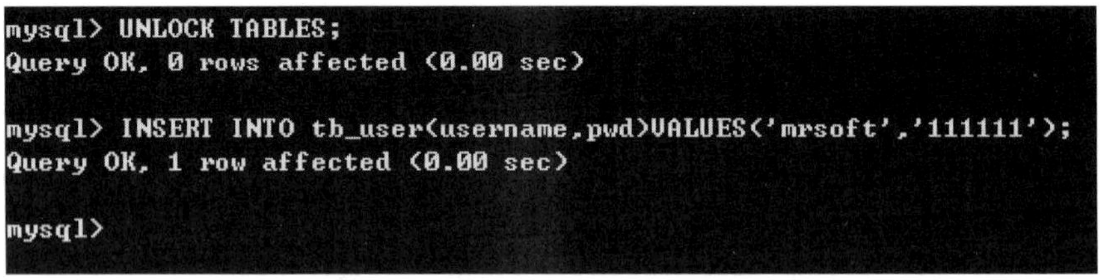

```
mysql> UNLOCK TABLES;
Query OK, 0 rows affected (0.00 sec)

mysql> INSERT INTO tb_user(username,pwd)VALUES('mrsoft','111111');
Query OK, 1 row affected (0.00 sec)

mysql>
```

图 15.20　向解锁后的数据表中添加数据

锁定被释放后，用户可以对数据库执行添加、删除、更新等操作。

说明

在 LOCK TABLES 的参数中，用户指定数据表以读方式（READ）锁定数据表的变体为 READ LOCAL 锁定，其与 READ 锁定的不同点是：该参数所指定的用户会话可以执行 INSERT 操作。它是为了使用 MySQL dump 工具而创建的一种变体形式。

2. 以写方式锁定数据表

与以读方式锁定表类似，表的以写锁定是设置用户可以修改数据表中的数据，但是除自己以外其他会话中的用户不能进行任何读操作。以写方式锁定数据表的命令如下：

```
LOCK TABLE 要锁定的数据表 WRITE;
```

【例 15.06】 仍然以例 15.05 创建的数据表 tb_user 为例进行演示。这里演示以写方式锁定用户表 tb_user，具体步骤如下。（实例位置：资源包 \ 源码 \15\15.06）

输入以写方式锁定数据库 db_bank 中的用户数据表 tb_user 的代码，具体代码如下：

```
LOCK TABLE tb_user WRITE;
```

执行结果如图 15.21 所示。

```
mysql> LOCK TABLE tb_user WRITE;
Query OK, 0 rows affected (0.01 sec)
```

图 15.21　以写方式锁定数据表

因为 tb_user 表为写锁定，所以用户可以对数据库的数据执行修改、添加、删除等操作。那么是否可以应用 SELECT 语句查询该锁定表呢。输入以下命令：

SELECT * FROM tb_user;

其运行结果如图 15.22 所示。

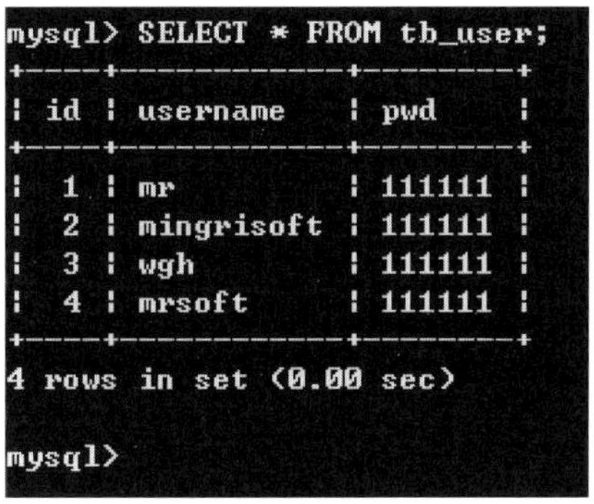

```
mysql> SELECT * FROM tb_user;
+----+-----------+--------+
| id | username  | pwd    |
+----+-----------+--------+
|  1 | mr        | 111111 |
|  2 | mingrisoft| 111111 |
|  3 | wgh       | 111111 |
|  4 | mrsoft    | 111111 |
+----+-----------+--------+
4 rows in set (0.00 sec)

mysql>
```

图 15.22　查询应用写操作锁定的 tb_user 数据表

从图 15.22 中可以看到，当前用户仍然可以应用 SELECT 语句查询该表的数据，并没有限制用户对数据表的读操作。这是因为，以写方式锁定数据表并不能限制当前锁定用户的查询操作。下面再打开一个新用户会话，即保持图 15.22 所示窗口不被关闭，重新打开一个 MySQL 的命令行客户端，并执行下面的查询语句。

USE db_bank;
SELECT * FROM tb_user;

其运行结果如图 15.23 所示。

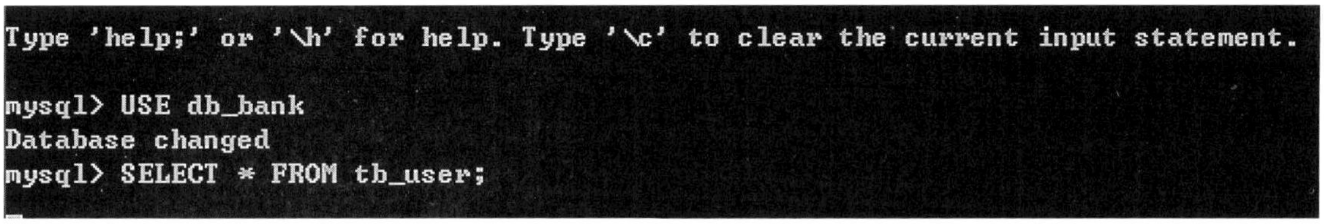

```
Type 'help;' or '\h' for help. Type '\c' to clear the current input statement.

mysql> USE db_bank
Database changed
mysql> SELECT * FROM tb_user;
```

图 15.23　打开新会话查询被锁定的数据表

在新打开的命令行提示窗口中可以看到，应用 SELECT 语句执行查询操作，并没有结果显示，这是因为之前该表以写方式锁定。故当操作用户释放该数据表锁定后，其他用户才可以通过 SELECT 语句查看之前被锁定的数据表。在图 15.23 所示的命令行窗口中输入如下代码解除写锁定。

UNLOCK TABLES;

这时，在第二次打开的命令行窗口中，即可显示出查询结果，如图 15.24 所示。

由此可知，当数据表被释放锁定后，其他访问数据库的用户才可以查看数据表的内容。即使用 UNLOCK TABLE 命令后，将会释放所有当前处于锁定状态的数据表。

客户端一　　　　　　　　　　　　　客户端二

图 15.24　解除写锁定

15.2.3　InnoDB 表的行级锁

为 InnoDB 表设置锁比为 MyISAM 表设置锁更为复杂，这是因为 InnoDB 表既支持表级锁，又支持行级锁。由于为 InnoDB 表设置表级锁也是使用 LOCK TABLES 命令，其使用方法同 MyISAM 表基本相同，这里不再赘述。下面将重点介绍如何为 InnoDB 表设置行级锁。

在 InnoDB 表中，提供了两种类型的行级锁，分别是读锁（也称为共享锁）和写锁（也称为排他锁）。InnoDB 表的行级锁的粒度仅仅是受查询语句或者更新语句影响的记录。

为 InnoDB 表设置行级锁主要分为以下 3 种方式。

（1）在查询语句中设置读锁，其语法格式如下：

SELECT 语句 LOCK IN SHARE MODE;

例如，为采用 InnoDB 存储引擎的数据表 tb_account 在查询语句中设置读锁，可以使用下面的语句。

SELECT * FROM tb_account LOCK IN SHARE MODE;

（2）在查询语句中设置写锁，其语法格式如下：

SELECT 语句 FOR UPDATE;

例如，为采用 InnoDB 存储引擎的数据表 tb_account 在查询语句中设置写锁，可以使用下面的语句。

SELECT * FROM tb_account FOR UPDATE;

（3）在更新（包括 INSERT、UPDATE 和 DELTET）语句中，InnoDB 存储引擎自动为更新语句影响的记录添加隐式写锁。

通过以上 3 种方式为表设置行级锁的生命周期非常短暂。为了延长行级锁的生命周期，可以开启事务。

【例 15.07】　通过事务实现延长行级锁的生命周期，具体步骤如下。（实例位置：资源包 \ 源码 \15\15.07）

（1）在 MySQL 命令行窗口（一）中开启事务，并为采用 InnoDB 存储引擎的数据表 tb_account 在查询语句中设置写锁，具体代码如下：

```
USE db_bank;
START TRANSACTION;
SELECT * FROM tb_account FOR UPDATE;
```

执行结果如图 15.25 所示。

图 15.25　MySQL 命令行窗口（一）

（2）在 MySQL 命令行窗口（二）中开启事务，并为采用 InnoDB 存储引擎的数据表 tb_account 在查询语句中设置写锁，具体代码如下：

```
USE db_bank;
START TRANSACTION;
SELECT * FROM tb_account FOR UPDATE;
```

执行结果如图 15.26 所示。

图 15.26　MySQL 命令行窗口（二）被"阻塞"

（3）在 MySQL 命令行窗口（一）中，执行提交事务语句，从而为 tb_user 表解锁，具体代码如下：

```
COMMIT;
```

执行提交命令后，在 MySQL 命令行窗口（二）中，将显示具体的查询结果，如图 15.27 所示。

图 15.27　MySQL 命令行窗口（二）被"唤醒"

由此可知，事务中的行级锁的生命周期从加锁开始，直到事务提交或者回滚才会被释放。

15.2.4　死锁的概念与避免

死锁，即当两个或者多个处于不同序列的用户打算同时更新某相同的数据库时，因互相等待对方释放权限而导致双方一直处于等待状态。在实际应用中，两个不同序列的客户打算同时对数据执行操作，极有可能产生死锁。更具体地讲，当两个事务相互等待操作对方释放所持有的资源，而导致两个事务都无法操作对方持有的资源，这样无限期的等待被称作死锁。

不过，MySQL 的 InnoDB 表处理程序具有检查死锁这一功能，如果该处理程序发现用户在操作过程中产生死锁，该处理程序立刻通过撤销操作来撤销其中一个事务，以便使死锁消失。这样就可以使另一个事务获取对方所占有的资源而执行逻辑操作。

15.3　事务的隔离级别

锁机制有效地解决了事务的并发问题，但也影响了事务的并发性能。所谓并发是指数据库系统同时为多个用户提供服务的能力。当一个事务将其操纵的数据资源锁定时，其他欲操纵该资源的事务必须等待锁定解除，才能继续进行，这就降低了数据库系统同时响应多客户的速度，因此，合理地选择隔离级别，将关系到一个软件的性能。下面将对 MySQL 的事务的隔离级别进行详细介绍。

15.3.1　事务的隔离级别与并发问题

数据库系统提供了 4 种可选的事务隔离级别，它们与并发性能之间的关系如图 15.28 所示。

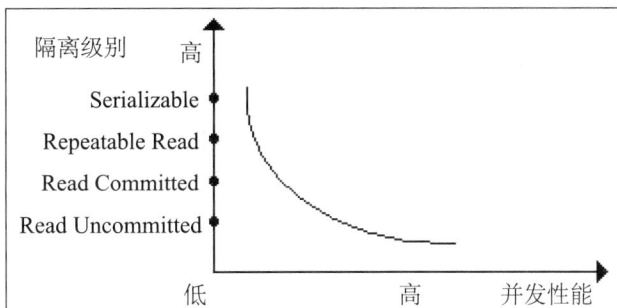

图 15.28　事务的隔离级别与并发性能之间的关系

各种隔离级别的作用如下。

（1）Serializable（串行化）

采用此隔离级别，一个事务在执行过程中首先将其欲操纵的数据锁定，待事务结束后释放。如果此时另一个事务也要操纵该数据，必须等待前一个事务释放锁定后才能继续进行。两个事务实际上是串行化方式运行的。

（2）Repeatable Read（可重复读）

采用此隔离级别，一个事务在执行过程中能够看到其他事务已经提交的新插入记录，看不到其他事务对已有记录的修改。

（3）Read Committed（读已提交数据）

采用此隔离级别，一个事务在执行过程中能够看到其他事务已经提交的新插入记录，也能看到其他事务已经提交的对已有记录的修改。

（4）Read Uncommitted（读未提交数据）

采用此隔离级别，一个事务在执行过程中能够看到其他事务未提交的新插入记录，也能看到其他事务未提交的对已有记录的修改。

综上所述，并非隔离级别越高越好，对于多数应用程序，只需把隔离级别设为 Read Committed，尽管会存在一些问题。

15.3.2　设置事务的隔离级别

在 MySQL 中，可以通过执行 SET TRANSACTION ISOLATION LEVEL 命令设置事务的隔离级别。新的隔离级别将在下一个事务开始时生效。

事务的隔离级别的语法格式如下：

```
SET {GLOBAL|SESSION} TRANSACTION ISOLATION LEVEL 具体级别；
```

其中，"具体级别"可以是 SERIALIZABLE、REPEATABLE READ、READ COMMITTED 或者 READ UNCOMMITTED，分别表示对应的隔离级别。

例如，将事务的隔离级别设置为读取已提交数据，并且只对当前会话有效，可以使用下面的语句。

```
SET SESSION TRANSACTION ISOLATION LEVEL READ COMMITTED;
```

执行结果如图 15.29 所示。

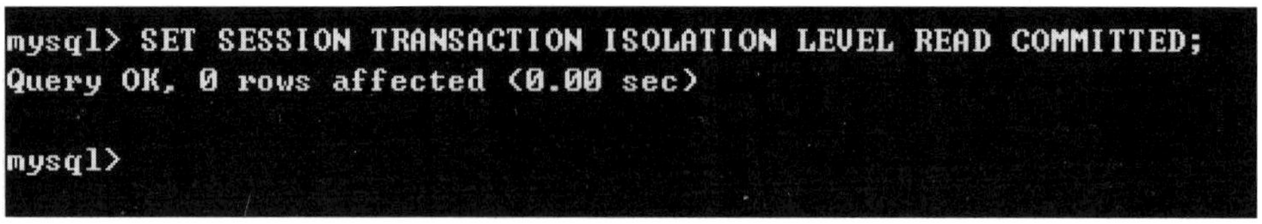

```
mysql> SET SESSION TRANSACTION ISOLATION LEVEL READ COMMITTED;
Query OK, 0 rows affected (0.00 sec)

mysql>
```

图 15.29　设置事务的隔离级别

15.4　小　　结

本章详细讲解了 MySQL 中事务与锁机制的相关知识，其中事务机制主要包括事务的概念、事务机制的必要性、事务回滚和提交，以及 MySQL 中创建事务；在锁机制中，主要介绍了 MySQL 锁机制的基本知识、如何为 MyISAM 表设置表级锁，以及如何为 InnoDB 表设置行级锁等内容。另外，在最后还对事务的隔离级别进行了简要介绍。其中，如何在 MySQL 中创建事务是本章的重点，希望读者认真学习，灵活掌握。

第 16 章

权限管理及安全控制

（ 📹 视频讲解：10 分钟）

　　保护 MySQL 数据库的安全，就如同我们离开汽车时，会花点时间锁上车门，设置警报器。这么做主要是因为，我们知道如果不采取这些基本但很有效的防范措施，那么汽车或者是车中的物品被盗的可能性会大大地增加。本章将介绍有效保护 MySQL 数据库的安全的一些措施。

学习摘要：

▸▸ 了解应用 MySQL 最新版本的命令创建用户

▸▸ 了解如何用各种命令实现对 MySQL 数据库的权限管理

▸▸ 掌握拒绝访问 MySQL 数据库错误的原因

▸▸ 掌握如何设置账户密码

▸▸ 掌握如何使账户密码更安全

▸▸ 掌握一些常用访问错误的方案

16.1　安全保护策略概述

要确保 MySQL 的安全，应先做到以下方面。

1．为操作系统和所安装的软件打补丁

如今当打开计算机的时候，都会弹出软件的安全警告。虽然有些时候这些警告会给我们带来一些困扰，但是采取措施确保系统打上所有的补丁是绝对有必要的。利用攻击指令和因特网上丰富的工具，即使恶意用户在攻击方面没有多少经验，也可以毫无阻碍地攻击未打补丁的服务器。即使用户在使用托管服务器，也不要过分依赖服务提供商来完成必要的升级；相反，要坚持间隔性手动更新，以确保和补丁相关的事情都被处理妥当。

2．禁用所有不使用的系统服务

始终要注意在将服务器放入网络之前，已经消除所有不必要的潜在服务器攻击途径。这些攻击往往是不安全的系统服务带来的，通常运行在不为系统管理员所知的系统中。简言之，如果不打算使用一个服务，就禁用该服务。

3．关闭端口

虽然关闭未使用的系统服务是减少成功攻击可能性的好方法，不过还可以通过关闭未使用的端口来添加第二层安全。对于专用的数据库服务器，可以考虑关闭在 1024 以下的除 22（SSH 协议专用）、3306（MySQL 数据库使用的）和一些"工具"专用的（如 123（NTP 协议专用））的端口号。简言之，如果不希望在指定端口有数据通信，就关闭这个端口。除了在专用防火墙工具或路由器上做这些调整之外，还可以考虑利用操作系统的防火墙。

4．审计服务器的用户帐户

特别是当已有的服务器再作为公司的数据库主机时，要确保禁用所有非特权用户，最好是全部删除。虽然 MySQL 用户和操作系统用户完全无关，但他们都要访问服务器环境，仅凭这一点就可能会有意地破坏数据库服务器及其内容。为完全确保在审计中不会有遗漏，可以考虑重新格式化所有相关的驱动器，并重新安装操作系统。

5．设置 MySQL 的 root 用户密码

对所有 MySQL 用户使用密码。客户端程序不需要知道运行它的人员的身份。对于客户端 / 服务器应用程序，用户可以指定客户端程序的用户名。例如，如果 other_user 没有密码，任何人可以简单地用 mysql -u other_user db_name 冒充他人调用 mysql 程序进行连接。如果所有用户帐户均存在密码，使用其他用户的账户进行连接将困难得多。

16.2　用户和权限管理

MySQL 数据库中的表与其他任何关系表没有区别，都可以通过典型的 SQL 命令修改其结构和数据。随着版本 3.22.11 的发行，可以使用 GRANT 和 REVOKE 命令。通过这些命令，可以创建和禁用用户，可以在线授予和撤回用户访问权限。由于有语法严谨，这消除了由于不好的 SQL 查询（例如，忘记在 UPDATE 查询中加入 WHERE 字句）所带来的潜在危险的错误。

在 5.0 版本中，开发人员向 MySQL 管理工具又增加了两个新命令：CREATE USER 和 DROP USER。从而能更容易地增加新用户、删除和重命名用户，还增加了第三个命令 RENAME USER 用于重命名现有的用户。

16.2.1　使用 CREATE USER 命令创建用户

CREATE USER 用于创建新的 MySQL 账户。要使用 CREATE USER 语句，读者必须拥有 mysql 数据库的全局 CREATE USER 权限，或拥有 INSERT 权限。对于每个账户，CREATE USER 会在没有权限的 mysql.user 表中创建一个新记录。如果账户已经存在，则出现错误。使用自选的 IDENTIFIED BY 子句，可以为账户设置一个密码。user 值和密码的设置方法和 GRANT 语句一样。其命令的原型如下所示：

```
CREATE USER user [IDENTIFIED BY[PASSWORD ' PASSWORD']
[, user [IDENTIFIED BY[PASSWORD ' PASSWORD' ]]….
```

【例 16.01】　应用 CREATE USER 命令创建一个新用户，用户名为 mrsoft，密码为 mr，其运行结果如图 16.1 所示。（实例位置：资源包 \ 源码 \16\16.01）

```
mysql> CREATE USER mrsoft IDENTIFIED BY 'mr';
Query OK, 0 rows affected (0.00 sec)
```

图 16.1　通过 CREATE USER 创建 mrsoft 的用户

16.2.2　使用 DROP USER 命令删除用户

如果存在一个或是多个账户被闲置，应当考虑将其删除，确保不会用于可能的违法的活动。利用 DROP USER 命令就能很容易地做到，它将从权限表中删除用户的所有信息，即来自所有授权表的账户权限记录。DROP USER 命令原型如下所示：

```
DROP USER user [, user] ...
```

> **说明**
> DROP USER 不能自动关闭任何打开的用户对话。而且，如果用户有打开的对话，此时取消用户，则命令不会生效，直到用户对话被关闭后才生效。一旦对话被关闭，用户也被取消，此用户再次试图登录时将会失败。

【例 16.02】应用 DROP USER 命令删除用户名为 mrsoft 的用户，其运行结果如图 16.2 所示。（实例位置：资源包 \ 源码 \16\16.02）

```
mysql> DROP USER mrsoft;
Query OK, 0 rows affected (0.00 sec)
```

图 16.2   使用 DROP USER 删除 mrsoft 的用户

16.2.3   使用 RENAME USER 命令重命名用户

RENAME USER 语句用于对原有 MySQL 账户进行重命名。RENAME USER 语句的命令原型如下：

```
RENAME USER old_user TO new_user
[, old_user TO new_user] ...
```

注意

如果旧账户不存在或者新账户已存在，则会出现错误。

【例 16.03】应用 RENAME USER 命令将用户名为 mrsoft 的用户重新命名为 lh，其运行结果如图 16.3 所示。（实例位置：资源包 \ 源码 \16\16.03）

```
mysql> RENAME USER mrsoft TO lh;
Query OK, 0 rows affected (0.00 sec)
```

图 16.3   使用 RENAME USER 对 mrsoft 的用户重命名

16.2.4   GRANT 和 REVOKE 命令

GRANT 和 REVOKE 命令用来管理访问权限，也可以用来创建和删除用户，但在 MySQL 5.0.2 中可以利用 CREATE USER 和 DROP USER 命令更容易地实现这些任务。GRANT 和 REVOKE 命令对于谁可以操作服务器及其内容的各个方面提供了多程度的控制，从谁可以关闭服务器，到谁可以修改特定表字段中的信息都能控制。表 16.1 中列出了使用这些命令可以授予或撤回的所有权限。

表 16.1   GRANT 和 REVOKE 管理权限

权　　限	意　　义
ALL [PRIVILEGES]	设置除 GRANT OPTION 之外的所有简单权限
ALTER	允许使用 ALTER TABLE
ALTER ROUTINE	更改或取消已存储的子程序
CREATE	允许使用 CREATE TABLE
CREATE ROUTINE	创建已存储的子程序
CREATE TEMPORARY TABLES	允许使用 CREATE TEMPORARY TABLE

权　　限	意　　义
CREATE USER	允许使用 CREATE USER, DROP USER, RENAME USER 和 REVOKE ALL PRIVILEGES
CREATE VIEW	允许使用 CREATE VIEW
DELETE	允许使用 DELETE
DROP	允许使用 DROP TABLE
EXECUTE	允许用户运行已存储的子程序
FILE	允许使用 SELECT...INTO OUTFILE 和 LOAD DATA INFILE
INDEX	允许使用 CREATE INDEX 和 DROP INDEX
INSERT	允许使用 INSERT
LOCK TABLES	允许对读者拥有 SELECT 权限的表使用 LOCK TABLES
PROCESS	允许使用 SHOW FULL PROCESSLIST
REFERENCES	未被实施
RELOAD	允许使用 FLUSH
REPLICATION CLIENT	允许用户询问从属服务器或主服务器的地址
REPLICATION SLAVE	用于复制型从属服务器（从主服务器中读取二进制日志事件）
SELECT	允许使用 SELECT
SHOW DATABASES	SHOW DATABASES 显示所有数据库
SHOW VIEW	允许使用 SHOW CREATE VIEW
SHUTDOWN	允许使用 mysqladmin shutdown
SUPER	允许使用 CHANGE MASTER, KILL, PURGE MASTER LOGS 和 SET GLOBAL 语句，mysqladmin debug 命令；允许读者连接（一次），即使已达到 max_connections
UPDATE	允许使用 UPDATE
USAGE	"无权限"的同义词
GRANT OPTION	允许授予权限

如果授权表拥有含有 mixed-case 数据库或表名称的权限记录，并且 lower_case_table_names 系统变量已设置，则不能使用 REVOKE 撤销权限，必须直接操纵授权表。（当 lower_case_table_names 已设置时，GRANT 将不会创建此类记录，但是此类记录可能已经在设置变量之前被创建了。）

授予的权限可以分为多个层级。

☑　全局层级

全局权限适用于一个给定服务器中的所有数据库。这些权限存储在 mysql.user 表中。GRANT ALL ON *.* 和 REVOKE ALL ON *.* 只授予和撤销全局权限。

☑　数据库层级

数据库权限适用于一个给定数据库中的所有目标。这些权限存储在 mysql.db 和 mysql.host 表中。

GRANT ALL ON db_name.* 和 REVOKE ALL ON db_name.* 只授予和撤销数据库权限。

☑ 表层级

表权限适用于一个给定表中的所有列。这些权限存储在 mysql.tables_priv 表中。GRANT ALL ON db_name.tbl_name 和 REVOKE ALL ON db_name.tbl_name 只授予和撤销表权限。

☑ 全局层级

列权限适用于一个给定表中的单一列。这些权限存储在 mysql.columns_priv 表中。当使用 REVOKE 时，读者必须指定与被授权列相同的列。

☑ 子程序层级

CREATE ROUTINE，ALTER ROUTINE，EXECUTE 和 GRANT 权限适用于已存储的子程序。这些权限可以被授予为全局层级和数据库层级。而且，除了 CREATE ROUTINE 外，这些权限可以被授予为子程序层级，并存储在 mysql.procs_priv 表中。

【例 16.04】 下面创建一个管理员，以此来讲解 GRANT 和 REVOKE 命令的用法。创建一个管理员，可以输入如图 16.4 所示的命令。（实例位置：资源包 \ 源码 \16\16.04）

以上命令授予用户名为 mr、密码为 mr 的用户使用所有数据库的所有权限，并允许他向其他人授予这些权限。如果不希望用户在系统中存在，可以按如图 16.5 所示的方式撤销。

```
mysql> grant all
    -> on *
    -> to mr identified by 'mr'
    -> with grant option;
```

图 16.4 创建管理员命令

```
mysql> revoke all privileges,grant
    -> from fred;
```

图 16.5 撤销用户命令

现在，按如图 16.6 所示的方式创建一个没有任何权限的常规用户。

```
mysql> grant ueage
    -> on books.*
    -> to mrsoft identified by 'magic123';
```

图 16.6 创建没有任何权限的常规用户

可以为用户 mrsoft 授予适当的权限，方式如图 16.7 所示。

```
mysql> grant select,insert,update,delete,index,alter,create,drop
    -> on books.*
    -> to mrsoft;
```

图 16.7 授予用户适当的权限命令

说明

要完成对 mrsoft 用户授予权限，并不需要指定 mrsoft 的密码。

如果我们认为 mrsoft 权限过高，可以按如图 16.8 所示的方式减少一些权限。

当用户 mrsoft 不再需要使用数据库时，可以按如图 16.9 所示的方式撤销所有的权限。

```
mysql> revoke alter,create,drop
    -> on books.*
    -> from mrsoft;
```

图 16.8 减少权限的命令

```
mysql> revoke all
    -> on books.*
    -> from mrsoft;
```

图 16.9 撤销用户的所有权限

> **说明**
>
> 当用户使用 GRANT 和 REVOKE 命令更改用户权限后，退出 MySQL 系统，用户使用新账户名登录 MySQL 的时候，可能会因为没有刷新用户受权表而导致登录错误。这是因为在用户设置账号完毕后，只有重新加载授权表才能使之前设置的授权表生效。使用 FLUSH PRIVILEGES 命令可以重载授权表。其中该命令将在 16.3.1 小节中为用户讲解。
>
> 另外，需要注意的是，只有如 root 这样拥有全部权限的用户才可以执行此命令。当用户重载授权表后，退出 MySQL 后，使用新创建的用户名即可正常登录 MySQL。

16.3　MySQL 数据库安全常见问题

16.3.1　权限更改何时生效

MySQL 服务器启动的时候以及使用 GRANT 和 REVOKE 语句的时候，服务器会自动读取 grant 表。但是，既然我们知道这些权限保存在什么地方，以及它们是如何保存的，就可以手动修改它们。当手动更新它们的时候，MySQL 服务器将不会注意到它们已经被修改了。

我们必须向服务器指出已经对权限进行了修改，有 3 种方法可以实现了这个任务。可以在 MySQL 命令提示符下（必须以管理员的身份登录进入）键入如下命令：

```
flush privileges;
```

这是更新权限最常使用的方法。或者，还可以在操作系统中运行：

```
mysqladmin flush-privileges
```

或者是

```
mysqladmin reload
```

此后，当用户下次再连接的时候，系统将检查全局级别权限；当下一个命令被执行时，将检查数据库级别的权限；而表级别和列级别权限将在用户下次请求的时候被检查。

16.3.2　设置账户密码

（1）可以用 mysqladmin 命令在 DOS 命令窗口中指定密码：

```
mysqladmin -u user_name -h host_name password "newpwd"
```

mysqladmin 命令重设服务器为 host_name，且用户名为 user_name 的用户的密码，新密码为 newpwd。

（2）通过 set password 命令设置用户的密码：

```
set password for 'jeffrey'@'%' = password('biscuit');
```

只有以 root 用户（可以更新 mysql 数据库的用户）身份登录，才可以更改其他用户的密码。如果读者没有以匿名用户连接，省略 for 子句便可以更改自己的密码：

```
set password = password('biscuit');
```

（3）在全局级别下使用 GRANT USAGE 语句（在 *.*）指定某个账户的密码，而不影响账户当前的权限：

GRANT USAGE ON *.* TO 'jeffrey'@'%' IDENTIFIED BY 'biscuit';

（4）在创建新账户时建立密码，要为 password 列提供一个具体值：

```
mysql -u root mysql
INSERT INTO user (Host,User,Password)
 -> VALUES('%','jeffrey',PASSWORD('biscuit'));
mysql> FLUSH PRIVILEGES;
```

（5）更改已有账户的密码，要应用 UPDATE 语句来设置 password 列值：

```
mysql -u root mysql
UPDATE user SET Password = PASSWORD('bagel')
    -> WHERE Host = '%'AND User = 'francis';
FLUSH PRIVILEGES;
```

📙 **说明**

（1）当使用 SET PASSWORD、INSERT 或者 UPDATE 指定账户的密码时，必须用 PASSWORD() 函数对它进行加密。（唯一的特例是如果密码为空，则不需要使用 PASSWORD()）。之所以使用 PASSWORD() 是因为 user 表以加密方式保存密码，而不是明文。如果采用下面没有进行加密的方式设置密码，代码如下：

```
mysql -u root mysql
INSERT INTO user (Host,User,Password)
    -> VALUES('%','jeffrey','biscuit');
mysql> FLUSH PRIVILEGES;
```

结果是密码 'biscuit' 保存到 user 表后没有加密。当 jeffrey 使用该密码连接服务器时，其代码如下：

```
mysql -u jeffrey -pbiscuit test
Access denied
```

连接使用的密码值将被加密，并同保存在 user 表中的密码进行比较。但是，保存的值为字符串 'biscuit'，因此比较将失败，服务器拒绝连接。

（2）如果使用 GRANT ... IDENTIFIED BY 语句或 mysqladmin password 命令设置密码，它们均会自动加密密码。在这种情况下，不需要使用 PASSWORD() 函数对密码进行加密。

16.3.3　使读者自己的密码更安全

（1）在管理级别，切忌不能将 mysql.user 表的访问权限授予任何非管理账户。

（2）采用下面的命令模式来连接服务器，以此来隐藏读者自己的密码。命令如下：

```
mysql -u francis -p db_name
Enter password: ********
```

"*"字符指示输入密码的地方，输入的密码是不可见的。因为它对其他用户不可见，与在命令行上指定它相比，这样进入读者自己的密码更安全。

（3）如果想要从非交互式方式下运行一个脚本调用一个客户端，就没有从终端输入密码的机会。其最安全的方法是让客户端程序提示输入密码或在适当保护的选项文件中指定密码。

16.4　状态文件和日志文件

MySQL 数据目录里还包含许多状态文件和日志文件，如表 16.2 所示。这些文件默认存放位置是相应的 MySQL 服务器的数据目录，其默认文件名是在服务器主机名上增加一些后缀而得到的。

表 16.2　MySQL 的状态文件和日志文件

文件类型	默 认 名	文件内容
进程 ID 文件	HOSTNAME.pid	MySQL 服务器进程的 ID
常规查询日志	HOSTNAME.log	连接 / 断开连接时间和查询信息
慢查询日志	HOSTNAME-slow.log	耗时很长的查询命令的文本
变更日志	HOSTNAME.nnn	创建 / 变更了数据表的结构定义或者修改了数据表内容的查询命令的文本
二进制变更日志	HOSTNAME-bin.nnn	创建 / 变更了数据表的结构定义或者修改了数据表内容的查询命令的二进制表示法
二进制变更日志的索引文件	HOSTNAME-bin.index	使用中的"二进制变更日志文件"的清单
错误日志	HOSTNAME.err	"启动 / 关机"事件和异常情况

16.4.1　进程 ID 文件

MySQL 服务器会在启动时把自己的进程 ID 写入 PID 文件，等运行结束时又会删除该文件。PID 文件是允许服务器本身被其他进程找到的工具。例如，如果运行 mysql.server，在系统关闭时，关闭 MySQL 服务器的脚本检查 PID 文件以决定它需要向哪个进程发出一个终止信号。

16.4.2　日志文件管理

默认情况下，所有日志创建于 mysqld 数据目录中。通过刷新日志，读者可以强制 mysqld 来关闭和重新打开日志文件（或者在某些情况下切换到一个新的日志）。当读者执行一个 FLUSH LOGS 语句或执行 mysqladmin flush-logs 或 mysqladmin refresh 时，出现日志刷新。如果读者正使用 MySQL 复制功能，从复制服务器将维护更多日志文件，被称为接替日志。日志文件的类型如表 16.3 所示。

表 16.3　日志文件的类型

日志文件	记入文件中的信息类型
错误日志	记录启动、运行或停止 mysqld 时出现的问题
查询日志	记录建立的客户端连接和执行的语句
更新日志	记录更改数据的语句。不赞成使用该日志
二进制日志	记录所有更改数据的语句。还用于复制
慢日志	记录所有执行时间超过 long_query_time 秒的所有查询或不使用索引的查询

1．错误日志

错误日志（error log）记载着 MySQL 数据库系统的诊断和出错信息。如果 mysqld 莫名其妙地"死掉"并且 mysqld_safe 需要重新启动它，mysqld_safe 在错误日志中写入一条 restarted mysqld 消息。如果 mysqld 注意到需要自动检查或者修复一个表，则错误日志中写入一条消息。

在一些操作系统中，如果 mysqld "死掉"，错误日志包含堆栈跟踪信息。跟踪信息可以用来确定 mysqld "死掉"的地方。可以用 --log-error[=file_name] 选项来指定 mysqld 保存错误日志文件的位置。如果没有指定 file_name 值，mysqld 使用错误日志名 host_name.err，并在数据目录中写入日志文件。如果执行 FLUSH LOGS，错误日志用 -old 重新命名后缀，并且 mysqld 创建一个新的空日志文件。（如果未给出 --log-error 选项，则不会重新命名）。

如果不指定 --log-error，或者（在 Windows 中）使用 --console 选项，错误被写入标准错误输出 stderr。通常标准输出为服务器的终端。

在 Windows 中，如果未给出 --console 选项，错误输出总是写入 .err 文件。

2．常规查询日志

如果想要知道 mysqld 内部发生了什么，应该用 --log[=file_name] 或 -l [file_name] 选项启动它。如果没有指定 file_name 的值，默认名是 host_name.log。所有连接和语句被记录到日志文件。如果怀疑在客户端发生了错误并想确切地知道该客户端发送给 mysqld 的语句时，该日志可能非常有用。

mysqld 按照它接收的顺序记录语句到查询日志。这可能与执行的顺序不同。这与更新日志和二进制日志不同，它们在查询执行后，任何一个锁释放前记录日志。（查询日志还包含所有语句，而二进制日志不包含只查询数据的语句）。

服务器重新启动和日志刷新不会产生一般的新查询日志文件（尽管刷新关闭并重新打开一般查询日志文件）。在 Unix 中，可以通过下面的命令重新命名文件并创建一个新文件：

```
shell> mv hostname.log hostname-old.log
shell> mysqladmin flush-logs
shell> cp hostname-old.log to-backup-directory
shell> rm hostname-old.log
```

在 Windows 中，服务器打开日志文件期间不能重新命名日志文件。首先，必须停止服务器。然后重新命名日志文件。最后，重启服务器来创建新的日志文件。

3. 二进制日志

二进制日志包含所有更新的数据或者已经潜在更新的数据（例如，没有匹配任何行的一个DELETE）的所有语句。语句以"事件"的形式保存，它描述数据更改。

说明

二进制日志已经代替了旧的更新日志，更新日志在 MySQL 5.1 中不再使用。

二进制日志还包含关于每个更新数据库的语句的执行时间信息。它不包含没有修改任何数据的语句。如果想要记录所有语句（例如，为了识别有问题的查询），应使用一般查询日志。

二进制日志的主要目的是在恢复时能够最大可能地更新数据库，因为二进制日志包含备份后进行的所有更新。

二进制日志还用于在主复制服务器上记录所有将发送给从服务器的语句。

当用 --log-bin[=file_name] 选项启动时，mysqld 写入包含所有更新数据的 SQL 命令的日志文件。如果未给出 file_name 值，默认名为 -bin 后面所跟的主机名。如果给出了文件名，但没有包含路径，则文件被写入数据目录。如果在日志名中提供了扩展名（例如，--log-bin=file_name.extension），则扩展名会被忽略。

mysqld 在每个二进制日志名后面添加一个数字扩展名。每次启动服务器或刷新日志时该数字则增加。如果当前的日志大小达到 max_binlog_size，还会自动创建新的二进制日志。如果正在使用大的事务，二进制日志超过 max_binlog_size，事务全写入一个二进制日志中，绝对不要写入不同的二进制日志中。为了能够使当前用户知道还使用哪个不同的二进制日志文件，mysqld 还创建一个二进制日志索引文件，包含所有使用的二进制日志文件的文件名。默认情况下与二进制日志文件的文件名相同，扩展名为 .index。可以用 --log-bin-index[=file_name] 选项更改二进制日志索引文件的文件名。当 mysqld 在运行时，不应手动编辑该文件；如果这样做将会使 mysqld 变得混乱。

可以用 RESET MASTER 语句删除所有二进制日志文件，或用 PURGE MASTER LOGS 只删除部分二进制文件。

如果系统正进行二进制文件复制，应确保没有从服务器在使用旧的二进制日志文件，方可删除它们。一种方法是每天一次执行 mysqladmin flush-logs 并删除 3 天前的所有日志。可以手动删除，或最好使用 PURGE MASTER LOGS，该语句还会安全地更新二进制日志索引文件（可以采用日期参数）。

具有 SUPER 权限的客户端可以通过 SET SQL_LOG_BIN=0 语句禁止将自己的语句记入二进制记录。可以用 mysqlbinlog 实用工具检查二进制日志文件。

如果想要重新处理日志的语句，这很有用。例如，可以从二进制日志更新 MySQL 服务器，方法如下：

```
shell> mysqlbinlog log-file | mysql -h server_name
```

如果用户正使用事务，必须使用 MySQL 二进制日志进行备份，而不能使用旧的更新日志。

查询结束后、锁定被释放前或提交完成后的事务，则立即将数据记入二进制日志。这样可以确保按执行顺序记入日志。

对非事务表的更新执行完毕后立即保存到二进制日志中。对于事务表，例如 BDB 或 InnoDB 表，所有更改表的更新（UPDATE、DELETE 或 INSERT）被存入缓存中，直到服务器接收到 COMMIT 语句。在该点，当用户执行完 COMMIT 之前，mysqld 将整个事务写入二进制日志。当处理事务的线程启动时，它为缓冲查询分配 binlog_cache_size 大小的内存。如果语句大于该值，线程则打开临时文件来保存事务。线程结束后临时文件被删除。

Binlog_cache_use 状态变量显示使用该缓冲区（也可能是临时文件）保存语句的事务数量。Binlog_cache_disk_use 状态变量显示这些事务中实际上有多少必须使用临时文件。这两个变量可以用于将 binlog_cache_size 调节到足够大的值，以避免使用临时文件。

max_binlog_cache_size（默认 4GB）可以用来限制用来缓存多语句事务的缓冲区总大小。如果某个事务大于该值，将会失败并执行回滚操作。

如果读者正使用更新日志或二进制日志，当使用 CREATE ... SELECT 或 INSERT ... SELECT 时，并行插入被转换为普通插入。这样通过在备份时使用日志可以确保重新创建表的备份。

默认情况下，并不是每次写入时都将二进制日志与硬盘同步。因此如果操作系统或机器（不仅仅是 MySQL 服务器）崩溃，有可能二进制日志中最后的语句丢失了。要想防止这种情况，读者可以使用 sync_binlog 全局变量（1 是最安全的值，但也是最慢的），使二进制日志在每 N 次二进制日志写入后与硬盘同步。即使 sync_binlog 设置为 1 出现崩溃时，也有可能表内容和二进制日志内容之间存在不一致性。例如，如果使用 InnoDB 表，MySQL 服务器处理 COMMIT 语句，它将整个事务写入二进制日志并将事务提交到 InnoDB 中。如果在两次操作之间出现崩溃，重启时事务被 InnoDB 回滚，但仍然存在二进制日志中。可以用 --innodb-safe-binlog 选项解决该问题，可以增加 InnoDB 表内容和二进制日志之间的一致性。

该选项可以提供更大程度的安全，还应对 MySQL 服务器进行配置，使每个事务的二进制日志（sync_binlog =1）和（默认情况为真）InnoDB 日志与硬盘同步。该选项的效果是崩溃后重启时，在滚回事务后，MySQL 服务器从二进制日志剪切回滚的 InnoDB 事务。这样可以确保二进制日志反馈 InnoDB 表的确切数据等，并使从服务器与主服务器保持同步（不接收回滚的语句）。

注意即使 MySQL 服务器更新其他存储引擎而不是 InnoDB，也可以使用 --innodb-safe-binlog。在 InnoDB 崩溃恢复时，只从二进制日志中删除影响 InnoDB 表的语句/事务。如果崩溃恢复时 MySQL 服务器发现二进制日志变短了（即至少缺少一个成功提交的 InnoDB 事务），如果 sync_binlog =1 并且硬盘/文件系统的确能根据需要进行同步（有些不需要）不会发生，则输出错误消息。在这种情况下，二进制日志不准确，复制应从主服务器的数据快照开始。

4. 慢查询日志

慢查询日志（slow-query log）记载着执行用时较长的查询命令，这里所说的"长"是由 MySQL

服务器变量 long_query_time（以秒为单位）定义的。每出现一个慢查询，MySQL 服务器就会给它的 Slow_queries 状态计算器加上一个 1。

用 --log-slow-queries[=file_name] 选项启动时，mysqld 写一个包含所有执行时间超过 long_query_time 秒的 SQL 语句的日志文件。

如果没有给出 file_name 值，默认为主机名，后缀为 -slow.log。如果给出了文件名，但不是绝对路径名，文件则写入数据目录。

语句执行完并且所有锁释放后记入慢查询日志。记录顺序可以与执行顺序不相同。

慢查询日志可以用来找到执行时间长的查询，可以用于优化。但是，检查又长又慢的查询日志会很困难。要想容易些，可以使用 mysqldumpslow 命令获得日志中显示的查询摘要来处理慢查询日志。

在 MySQL 5.1 的慢查询日志中，不使用索引的慢查询同使用索引的查询一样记录。要想防止不使用索引的慢查询记入慢查询日志，使用 --log-short-format 选项。

在 MySQL 5.1 中，通过 --log-slow-admin-statements 服务器选项，可以请求将慢管理语句，例如 OPTIMIZE TABLE、ANALYZE TABLE 和 ALTER TABLE 写入慢查询日志。

用查询缓存处理的查询不加到慢查询日志中，因为表有零行或一行而不能从索引中受益的查询也不写入慢查询日志。

5．日志文件维护

MySQL 服务器可以创建各种不同的日志文件，从而可以很容易地看见所进行的操作。但是，必须定期清理这些文件，确保日志不会占用太多的硬盘空间。

当启用日志使用 MySQL 时，读者可能想要不时地备份并删除旧的日志文件，并告诉 MySQL 开始记入新文件。在 Linux (Redhat) 的安装上，可为此使用 mysql-log-rotate 脚本。如果从 RPM 分发安装 MySQL，脚本应该自动被安装了。

在其他系统上，必须自己安装短脚本，可从 cron 等入手处理日志文件。可以通过 mysqladmin flush-logs 或 SQL 语句 FLUSH LOGS 来强制 MySQL 开始使用新的日志文件。

日志清空执行的操作如下：

如果使用标准日志（--log）或慢查询日志（--log-slow-queries），关闭并重新打开日志文件（默认为 mysql.log 和 'hostname'-slow.log）。

如果使用更新日志 (--log-update) 或二进制日志 (--log-bin)，关闭日志并且打开有更高序列号的新日志文件。

如果只使用更新日志，只需要重新命名日志文件，然后在备份前清空日志。例如：

```
shell> cd mysql-data-directory
shell> mv mysql.log mysql.old
shell> mysqladmin flush-logs
```

然后做备份并删除 mysql.old。

6．日志失效处理

激活日志功能的弊病之一是随着日志的增加而产生的大量信息，生成的日志文件有可能会填满整个磁盘。如果 MySQL 服务器非常繁忙且需要处理大量的查询。用户既想保持有足够的空间来记录

MySQL 服务器的工作情况日志，又想防止日志文件无限制地增长，就需要应用一些日志文件的失效处理技术。进行日志失效处理的方式主要有以下几种。

（1）日志轮转

该方法适用于常规查询日志和慢查询日志这些文件名固定的日志文件，在日志轮转时，应进行日志刷新操作（mysqladmin flush-logs 命令或 flush logs 语句），以确保缓存在内存中的日志信息写入磁盘。

日志轮转的操作过程是这样的（假设日志文件的名字是 log）：首先，第一次轮转时，把 log 更名为 log.1，然后服务器再创建一个新的 log 文件，在第二次轮转时，再把 log.1 更名为 log.2，把 log 更名为 log.1，然后服务器再创建一个新的 log 文件。如此循环，创建一系列的日志文件。当到达日志轮转失效位置时，下次轮转就不再对它进行更名，直接把最后一个日志文件覆盖掉。例如：如果每天进行一次日志轮转并想保留最后 7 天的日志文件，就需要保留 log.1 ～ log.7 共 7 个日志文件，等下次轮转时，用 log.6 覆盖原来的 log.7 成新的 log.7，原来的 log.7 就自然失效。

日志轮转的频率和需要保留的旧日志时间取决于 MySQL 服务器的繁忙程度（服务器越繁忙，生成的日志信息就越多）和用户分配用于存放旧日志的磁盘空间。

UNIX 系统允许对 MySQL 服务器已经打开并正在使用的当前日志文件进行更名，日志刷新操作将关闭当前日志文件并打开一个新日志文件，用原来的名字创建一个新的日志文件。文件名固定不变的日志文件可以用下面这个 shell 脚本来进行轮转：

```sh
#!/bin/sh
# rotate_fixed_logs.sh - rotate MySQL log file that has a fixed name
# Argument 1:log file name
if [ $# -ne 1 ]; then
  echo "Usage: $0 logname" 1>&2
  exit 1
if
logfile=$1
mv $logfile.6 $logfile.7
mv $logfile.5 $logfile.6
mv $logfile.4 $logfile.5
mv $logfile.3 $logfile.4
mv $logfile.2 $logfile.3
mv $logfile.1 $logfile.2
mv $logfile $logfile.1
mysqladmin flush-logs
```

这个脚本以日志文件名作为参数，既可以直接给出日志文件的完整路径名，也可以先进入日志文件所在的目录再给出日志文件的文件名。比如说，如果想对 /usr/mysql/data 目录名为 log 的日志进行轮转，可以使用下面这条命令：

```
% rotate_fixed_logs.sh /usr/mysql/data/log
```

也可以使用下面的命令：

```
% cd/usr/mysql/data
% rotate_fixed_logs.sh log
```

为确保管理员自己总是存在权限对日志文件进行更名，最好是在以 mysqladm 为登录名上机时运行这个脚本。这里需要注意的是，在这个脚本里的 mysqladmin 命令行上没有给出 -u 或 -p 之类的连接选项参数。

如果用户已经把执行 mysql 客户程序时要用到的连接参数保存到了 mysqladmin 程序的 my.cnf 选项文件里，就用不着在这个脚本中的 mysqladmin 命令行上再次给出它们；如果用户没有使用选项文件，就必须使用 -u 和 -p 选项告诉 mysqladmin 使用哪个 MySQL 账户（这个 MySQL 账户必须具备日志刷新操作所需的权限）去连接 MySQL 服务器。这样，MySQL 账户的口令将会出现在 rotate_fixed_logs.sh 脚本的代码里，所以为了防止这个脚本成为一个安全漏洞，这里建议大家专门创建一个除了能对日志进行刷新以外没有其他任何权限的 MySQL 账户（即一个具备且仅具备 RELOAD 权限的 MySQL 账户），将该账户的口令写到脚本代码里，最后再将这个脚本设置成只允许 mysqladm 用户去编辑和使用。下面这条 GRANT 语句将以 mrsoft 为用户名、以 mrsoftpass 为口令创建出一个如上所述的 MySQL 账户来：

```
GRANT RELOAD ON *.* TO 'flush'@'localhost' IDENTIFIED BY 'mrsoftpass';
```

创建出这个账户之后，再把 rotate_fixed_logs.sh 脚本中的 mysqladmin 命令行改写为如下所示的命令：

```
mysqladmin –u mrsoft –pmrsoftpass mrsoft-logs
```

在 Linux 系统上的 MySQL 发行版本中带有一个用来安装 mysql-log-rotate 日志轮转脚本的 logrotate 工具，所以不必非得使用 rotate_fixed_logs.sh 或者自行编写其他的类似脚本。如用 RPM 安装，则在 /usr/share/mysql 目录，如用二进制方式安装，则在 MySQL 安装目录的 support-files 目录，如用源码安装，则在安装目录的 share/mysql 目录中。

Windows 系统上的日志轮转与 UNIX 系统的不太一样。如果试图对一个已经被 MySQL 服务器打开并使用着的日志文件进行更名操作，就会发生 file in use（文件已被打开）错误。要在 Windows 系统上对日志进行轮转，就得先停止 MySQL 服务器，然后对文件进行更名，最后再重新启动 MySQL 服务器，在 Windows 系统上启动和停止 MySQL 服务器的步骤前面已经介绍了。下面是一个进行日志更名的批处理文件：

```
@echo off
REM rotate_fixed_logs.bat – rotate MySQL log file that has a fixed name
if not"%1" == "" goto ROTATE
  @echo Usage: rotate_fixed_logs logname
  goto DONE
:ROTATE
set logfile=%1
erase %logfile%.7
rename %logfile%.6 %logfile%.7
rename %logfile%.5 %logfile%.6
rename %logfile%.4 %logfile%.5
rename %logfile%.3 %logfile%.4
rename %logfile%.2 %logfile%.3
```

```
rename %logfile%.1 %logfile%.2
rename %logfile% %logfile%.1
:DONE
```

这个批处理程序的用法与 rotate_fixed_logs.sh 脚本差不多，它也需要读者提供一个将被轮转的日志文件名作为参数。如下所示：

```
c:\>rotate_log c:\mysql\data\log
```

或者如下所示：

```
c:\>cd\mysql\data
c:\> rotate_fixed_logs log
```

> **说明**
>
> 在最初几次执行日志轮转脚本的时候，日志文件的数量尚未达到预设的上限值，脚本会提示找不到某几个文件，这是正常的。

（2）以时间为依据对日志进行失效处理

该方法将定期删除超过指定时间的日志文件，适用于变更日志和二进制日志等文件名用数字编号标识的日志文件。

下面是一个用来对以数字编号作为扩展名的日志文件进行失效处理的脚本：

```
#!/usr/bin/perl -w
# expire_numbered_logs.pl – look through a set of numbered MySQL
# log files and delete those that are more than a week old.
# Usage: expire_numbered_logs.pl  logfile ...
use strict;
die "Usage: $0 logfile ...\n" if @ARGV == 0;
my $max_allowed_age = 7;      #max allowed age in days
foreach my $file (@ARGV)      #check each argument
{
   unlink ($file) if -e $file && -M $file >= $max_allowed_age;
}
exit(0);
```

以上这个脚本是用 Perl 语言写的。Perl 一种跨平台的脚本语言，用它编写出来的脚本在 UNIX 和 Windows 系统上皆可使用。这个脚本也需要提供一个被轮转的日志文件名作为参数，下面是在 UNIX 系统上的用法：

```
% expire_numbered_logs.pl /usr/mysql/data/update.[0-9]*
```

或者

```
% cd/usr/mysql/data
% expire_numbered_logs.pl update.[0-9]*
```

这样就会把 /usr/mysql/data 目录里更新时间大于 7 天的所有文件（不仅仅是日志文件）全都删除。

由于通过 DatePicker 对象获取到的月份是从 0 到 11，而不是月份中的 1 到 12，所以需要将获取到的结果再加 1，才能代表真正的月份。

7. 镜像机制

将日志文件镜像到所有的从服务器上。就需要使用镜像机制，用户必须知道主服务器有多少个从服务器，哪些正在运行，并需依次连接每一个从服务器，同时发出 show slave status 语句以确定它正处理主服务器的哪个二进制日志文件（语句输出列表的 Master_Log_File 项），只有所有的从服务器都不会用到的日志文件才能删除。例如：本地 MySQL 服务器是主服务器，它有两个从 MySQL 服务器 S1 和 S2。在主服务器上有 5 个二进制日志文件。它们的名字是 mrlog0.38 ～ mrlog0.42。

SHOW SLAVE STATUS 语句在 S1 上的执行结果是：

```
mysql> SHOW SLAVE STATUS\G
…
Master_Log_File:mrlog.41
…
```

在 S2 上的执行结果是：

```
mysql> SHOW SLAVE STATUS\G
…
Master_Log_File:mrlog.40
…
```

这样，我们就知道从服务器仍在使用的、最低编号的二进制日志是 mrlog.40，而编号比它更小的那些二进制日志，因为不再有从服务器需要用到它们，所以已经可以安全地删掉。于是，连接到主服务器并发出下面的语句：

```
mysql> PURGE MASTER LOGS TO 'mrlog.040';
```

在主服务器上发出的这条命令将把编号小于 40 的二进制日志文件删除。

16.5　小　　结

本章对 MySQL 数据库的账户管理和权限管理的内容进行了详细讲解，其中，账户管理和权限管理是本章的重点内容。这两部分中的密码管理、授权和收回权限是重中之重，因为这些内容涉及 MySQL 数据库的安全。希望读者能够认真学习这部分的内容。

第 17 章

PHP 管理 MySQL 数据库

（ 📹 视频讲解：21 分钟）

PHP 是一种非常适合编写动态 Web 网页的脚本语言，用它编写出来的代码能够方便地嵌入到 Web 页面里。当这个 Web 页面被访问时，嵌入在其中的 PHP 代码就会被执行并生成动态的 HTML 内容，而这些内容将作为 Web 页面的一部分被送往客户的 Web 浏览器去显示。

学习摘要：

▸▸ 了解 PHP 操作 MySQL 数据库的步骤

▸▸ 掌握通过 MySQL 函数操作 MySQL 数据库的方法

▸▸ 了解 PHP 操作 MySQL 数据库出现常见问题及解决方法

▸▸ 掌握使用 PHP 操作 MySQL 数据库

▸▸ 掌握 MySQL 与 PHP 的应用实例

▸▸ 掌握数据的添加、浏览、编辑和删除

17.1　PHP 语言概述

17.1.1　什么是 PHP

PHP 是 Hypertext Preprocessor（超文本预处理器）的缩写，是一种服务器端、跨平台、HTML 嵌入式的脚本语言。其独特的语法混合了 C 语言、Java 语言和 Perl 语言的特点，是一种被广泛应用的开源式的多用途脚本语言，尤其适合 Web 开发。

17.1.2　为什么选择 PHP

PHP 起源于 1995 年，由 Rasmus Lerdorf 开发。目前已有超过 2200 万个网站、1.5 万家公司、450 万程序开发人员在使用 PHP 语言，它是目前动态网页开发中使用最为广泛的语言之一。PHP 是生于网络、用于网络、发展于网络的一门语言，它一诞生就被打上了自由发展的烙印。目前在国内外有数以千计的个人和组织的网站在以各种形式和各种语言学习、发展和完善它，并不断地公布最新的应用和研究成果。PHP 能运行在包括 Windows、Linux 等在内的绝大多数操作系统环境中，常与免费 Web 服务器软件 Apache 和免费数据库 MySQL 配合使用于 Linux 平台上，具有最高的性价比，这 3 种技术的结合号称"黄金组合"。下面介绍 PHP 开发语言的特点。

1. 速度快

PHP 是一种强大的 CGI 脚本语言，语法混合了 C、Java、Perl 和 PHP 式的新语法，执行网页速度比 CGI、Perl 和 ASP 更快，而且内嵌 Zend 加速引擎，性能稳定快速。这是它的第一个突出的特点。

2. 支持面向对象

面向对象编程（OOP）是当前的软件开发趋势，PHP 对 OOP 提供了良好的支持。可以使用 OOP 的思想来进行 PHP 的高级编程，对于提高 PHP 编程能力和规划好 Web 开发构架都非常有意义。

3. 实用性

由于 PHP 是一种面向对象的、完全跨平台的新型 Web 开发语言，所以无论从开发者角度考虑还是从经济角度考虑，都是非常实用的。PHP 语法结构简单，易于入门，很多功能只需一个函数就可以实现，并且很多机构都相继推出了用于开发 PHP 的 IDE 工具。

4. 功能强大

PHP 在 Web 项目开发过程中具有极其强大的功能，而且实现相对简单，主要表现在如下几点。
- ☑　可操纵多种主流与非主流的数据库，例如 MySQL、Access、SQL Server、Oracle、DB2 等，其中，PHP 与 MySQL 是现在绝佳的组合，可以跨平台运行。

- ☑ 可与轻量级目录访问协议进行信息交换。
- ☑ 可与多种协议进行通信，包括 IMAP、POP3、SMTP、SOAP 和 DNS 等。
- ☑ 使用基于 POSIX 和 Perl 的正则表达式库解析复杂字符串。
- ☑ 可以实现对 XML 文档进行有效管理及创建和调用 Web 服务等操作。

5. 可选择性

PHP 可以采用面向过程和面向对象两种开发模式，并向下兼容，开发人员可以从所开发网站的规模和日后维护等多角度考虑，以选择所开发网站应采取的模式。

PHP 进行 Web 开发过程中使用最多的是 MySQL 数据库。PHP 5.0 以上版本中不仅提供了早期 MySQL 数据库操纵函数，而且提供了 MySQLi 扩展技术对 MySQL 数据库的操纵，这样开发人员可以从稳定性和执行效率等方面考虑操纵 MySQL 数据库的方式。

6. 成本低

PHP 具有很好的开放性和可扩展性，属于自由软件，其源代码完全公开，任何程序员为 PHP 扩展附加功能非常容易。在很多网站上都可以下载到最新版本的 PHP。目前，PHP 主要是基于 Web 服务器运行的，支持 PHP 脚本运行的服务器有多种，其中最有代表性的为 Apache 和 IIS，PHP 不受平台束缚，可以在 UNIX、Linux 等众多版本的操作系统中架设基于 PHP 的 Web 服务器。采用 Linux+Apache+PHP+MySQL 这种开源免费的框架结构可以为网站经营者节省很大一笔开支。

7. 版本更新速度快

与数年才更新一次的 ASP 相比，PHP 的更新速度要快得多，因为 PHP 几乎每年更新一次。

8. 模板化

实现程序逻辑与用户界面分离。

9. 应用范围广

目前在互联网有很多网站的开发都是通过 PHP 语言来完成的，例如：搜狐、网易和百度等，在这些知名网站的创作开发中都应用到了 PHP 语言。

17.1.3　PHP 的工作原理

PHP 是 Hypertext Preprocessor（超文本预处理器）的缩写，是基于服务器端运行的脚本程序语言，实现数据库和网页之间的数据交互。

一个完整的 PHP 系统由以下几个部分构成。

（1）操作系统：网站运行服务器所使用的操作系统。PHP 不要求操作系统的特定性，其跨平台的特性允许 PHP 运行在任何操作系统上，如 Windows、Linux 等。

（2）服务器：搭建 PHP 运行环境时所选择的服务器。PHP 支持多种服务器软件，包括 Apache、IIS 等。

（3）PHP 包：实现对 PHP 文件的解析和编译。

（4）数据库系统：实现系统中数据的存储。PHP 支持多种数据库系统，包括 MySQL、SQL Server、Oracle 及 DB2 等。

（5）浏览器：浏览网页。由于 PHP 在发送到浏览器的时候已经被解析器编译成其他的代码，所以 PHP 对浏览器没有任何限制。

在图 17.1 中，完整地展示了用户通过浏览器访问 PHP 网站系统的全过程，从图中可以更加清晰地理清它们之间的关系。

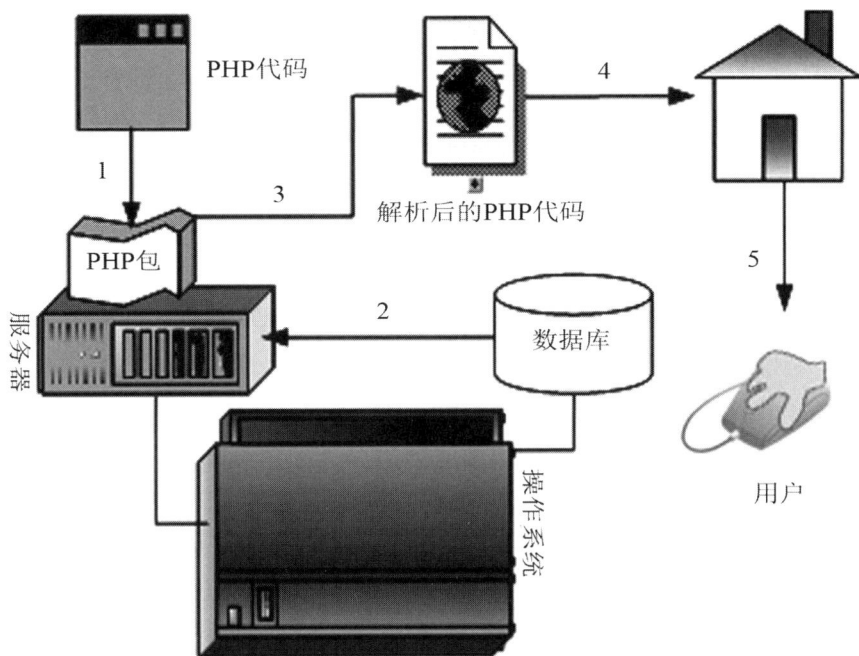

图 17.1　PHP 的工作原理

说明

解析 PHP 工作原理如下。

（1）PHP 的代码传递给 PHP 包，请求 PHP 包进行解析并编译。

（2）服务器根据 PHP 代码的请求读取数据库。

（3）服务器与 PHP 包共同根据数据库中的数据或其他运行变量，将 PHP 代码解析成普通的 HTML 代码。

（4）解析后的代码发送给浏览器，浏览器对代码进行分析获取可视化内容。

（5）用户通过访问浏览器浏览网站内容。在 Android 4.0 中，采用默认的主题（Theme.Holo）时，android:prompt 属性看不到具体的效果，但是采用 Theme.Black 时，就可以看到在弹出的下拉框上将显示该标题。

17.1.4 PHP 结合数据库应用的优势

在实际应用中，PHP 的一个最常见的应用就是与数据库结合。无论是建设网站还是设计信息系统，都少不了数据库的参与。广义的数据库可以理解成关系型数据库管理系统、XML 文件、甚至文本文件等。

PHP 支持多种数据库，而且提供了与诸多数据库连接的相关函数或类库。一般来说，PHP 与 MySQL 是比较流行的一个组合。该组合的流行不仅仅是因为它们都可以免费获取，更多的是因为 PHP 内部对 MySQL 数据库的完美支持。

当然，除了使用 PHP 内置的连接函数以外，还可以自行编写函数来间接存取数据库。这种机制给程序员带来了很大的灵活性。

17.2 PHP 操作 MySQL 数据库的基本步骤

和其他语言类似，PHP 操作 MySQL 数据库的过程一般分为 5 步，分别为连接 MySQL 数据库服务器、选择数据库、执行 SQL 语句、关闭结果集以及断开与 MySQL 服务器的连接，如图 17.2 所示。

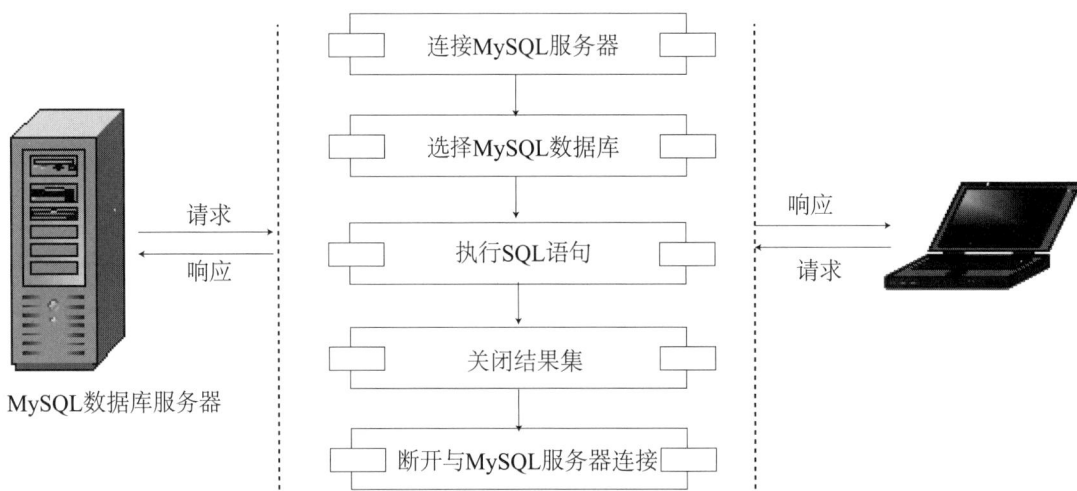

图 17.2　PHP 操作 MySQL 数据库的步骤

下面将对图 17.2 中的 5 个步骤进行具体介绍。

（1）连接 MySQL 服务器

应用 mysql_connect() 函数建立与 MySQL 服务器的连接，并返回一个连接标识，在以后对 MySQL 服务器进行操作时，可以根据这个连接标识定位不同的连接。

（2）选择数据库

应用 mysql_select_db() 函数选择 MySQL 数据库服务器上的数据库，并与该数据库建立连接。

（3）执行 SQL 语句

在选择的数据库中应用 mysql_query() 函数执行 SQL 语句。对数据的操作主要包括以下 5 种方式。

① 查询数据：应用 select 语句实现数据的查询功能。

② 显示数据：应用 select 语句显示数据的查询结果。

③ 插入数据：应用 insert 语句向数据库中插入数据。

④ 更新数据：应用 update 语句修改数据库中的记录。

⑤ 删除数据：应用 delete 语句删除数据库中的记录。

（4）关闭结果集

数据库操作完成后，需要关闭结果集，以释放系统资源。

```
mysql_free_result($result);
```

技巧

如果在多个网页中都要频繁进行数据库访问，则可以建立与数据库服务器持续的连接来提高效率。因为每次与数据库服务器的连接需要较长的时间和较大的资源开销，持续的连接相对来说会更有效。建立持续连接的方法就是在数据库连接时，调用函数 mysql_pconnect() 代替 mysql_connect() 函数。建立的持续连接在本程序结束时，不需要调用 mysql_close() 来关闭。下次程序在此执行 mysql_pconnect() 函数时，系统自动直接返回已经建立的持续连接的 ID 号，而不再去真的连接数据库。

（5）断开与 MySQL 服务器的连接

每使用一次 mysql_connect() 或 mysql_query() 函数，都会消耗系统资源。这在少量用户访问 Web 网站时影响不明显，但如果用户连接超过一定数量，就会造成系统性能的下降，甚至死机。为了避免这种现象的发生，在完成数据库的操作后，可以应用 mysql_close() 函数关闭与 MySQL 服务器的连接，以节省系统资源。

17.3　使用 PHP 操作 MySQL 数据库

根据 17.2 节中介绍的 PHP 操作 MySQL 数据库的步骤，下面详细讲解每个步骤是如何实现的，都应用了哪些函数和方法。

17.3.1　应用 mysql_connect() 函数连接 MySQL 服务器

PHP 操作 MySQL 数据库，首先要建立与 MySQL 数据库的连接，PHP 实现与数据库连接相对简便，只需使用 mysql_connect() 函数即可，函数语法如下：

```
resource mysql_connect ( [string server [, string username [, string password [, bool new_link [, int client_flags]]]]] )
```

mysql_connect() 函数用于打开一个到 MySQL 服务器的连接，如果成功则返回一个 MySQL 连接标识，失败则返回 false。该函数的参数如表 17.1 所示。

表 17.1　mysql_connect() 函数的参数说明

参　　数	说　　明
server	MySQL 服务器。可以包括端口号，如 "hostname:port"；或者到本地套接字的路径，如对于 localhost 的 ":/path/to/socket"。如果 PHP 指令 mysql.default_host 未定义（默认情况），则默认值是 'localhost:3306'
username	用户名。默认值是服务器进程所有者的用户名
password	密码。默认值是空密码
new_link	如果用同样的参数再次调用 mysql_connect() 函数，将不会建立新连接，而将返回已经打开的连接标识。参数 new_link 改变此行为并使 mysql_connect() 函数总是打开新的连接，即使 mysql_connect() 函数曾在前面被用同样的参数调用过
client_flags	client_flags 参数可以是以下常量的组合：MYSQL_CLIENT_SSL，MYSQL_CLIENT_COMPRESS，MYSQL_CLIENT_IGNORE_SPACE 或 MYSQL_CLIENT_INTERACTIVE

例如，使用 mysql_connect() 函数连接本地 MySQL 服务器，代码如下：

```php
<?php
$conn = mysql_connect("localhost", "root", "root") or die(" 连接数据库服务器失败！ ".mysql_error());
?>
```

【例 17.01】　应用 mysql_connect() 函数创建与 MySQL 服务器的连接，MySQL 数据库服务器地址为 127.0.0.1，用户名为 root，密码为 root，代码如下：（实例位置：资源包 \ 源码 \17\17.01）

```php
<?php
$host = "127.0.0.1";                                      // MySQL 服务器地址
$userName = "root";                                      //用户名
$password = "root";                                      //密码
if ($connID = mysql_connect($host, $userName, $password)){
                                                         // 建立与 MySQL 数据库的连接，并弹出提示对话框
    echo "<script language='javascript'>alert(' 数据库连接成功！ ');</script>";
}else{
    echo "<script language='javascript'>alert(' 数据库连接失败！ ');</script>";
}
?>
```

运行上述代码，如果在本地计算机中安装了 MySQL 数据库，并且 root 用户名为 root，密码为 root，则会弹出如图 17.3 所示的对话框。

为了方便查询因为连接问题而出现的错误，采用 die() 函数生成错误处理机制，使用 mysql_error() 函数提取 MySQL 函数的错误文本，如果没有出错，则返回空字符串，如果浏览器显示 Warning: mysql_connect()…的字样时，说明是数据库连接的错误，这样就能迅速地发现错误位置，及时改正。

图 17.3　数据库连接成功

注意

mysql8 使用 caching_sha2_password 身份验证机制，以往的验证机制则是 mysql_native_password。因此，我们进行以下操作：

（1）打开配置文件 C:\ProgramData\MySQL\MySQL Server 8.0\my.ini，将 default_authentication_plugin=caching_sha2_password 修改为 default_authentication_plugin=mysql_native_password。

（2）重启 MySQL 服务。

（3）登录 MySQL 执行以下代码。

```
use mysql;
ALTER USER 'root'@'localhost' IDENTIFIED WITH mysql_native_password BY 'root';
FLUSH PRIVILEGES;
```

17.3.2　应用 mysql_select_db() 函数选择 MySQL 数据库

成功与 MySQL 数据库建立连接后，需要选择 MySQL 数据库服务器中指定的数据库。PHP 中使用 mysql_select_db() 函数实现数据库的选择功能，该函数的语法格式如下：

```
bool mysql_select_db ( string database_name [, resource link_identifier] )
```

mysql_select_db() 函数用于设定与指定的连接标识符所关联的服务器上的当前激活数据库。如果没有指定连接标识符，则使用上一个打开的连接。如果没有打开的连接，本函数将无参数调用 mysql_connect() 函数来尝试打开一个使用。其后的每个 mysql_query() 函数调用都会作用于当前激活数据库。该函数的参数说明如表 17.2 所示。

表 17.2　mysql_select_db() 函数的参数说明

参　数	说　明
database_name	必要参数，用户指定要选择的数据库名称
link_identifier	可选参数，数据库连接 ID，如果省略该参数，则默认为最近一次与数据库建立的连接

例如，与本地 MySQL 服务器中的 db_database17 数据库建立连接，代码如下：

```php
<?php
$conn=mysql_connect("localhost","root","root");        // 连接 mysql 数据库服务器
$select=mysql_select_db( "db_database17",$conn);       // 连接服务器中的 db_database17
if($select){                                           // 判断是否连接成功
    echo " 数据库连接成功！ ";
}
?>
```

【例 17.02】　首先使用 mysql_connect() 函数建立与 MySQL 数据库的连接并返回数据库连接 ID，然后使用 mysql_select_db() 函数选择 MySQL 数据库服务器中名为 db_database17 的数据库，实现代码如下:（实例位置: 资源包 \ 源码 \17\17.02 ）

```
<?php
$host = "127.0.0.1";                                    //MySQL 服务器地址
$userName = "root";                                     // 用户名
$password = "root";                                     // 密码
$dbName = "db_database17";                              // 数据库
$connID = mysql_connect($host, $userName, $password);  // 建立与 MySQL 数据库服务器的连接
if(mysql_select_db($dbName, $connID)){                  // 选择数据库
    echo " 数据库选择成功！ ";
}else{
    echo " 数据库选择失败！ ";
}
?>
```

运行上述代码，如果本地 MySQL 数据库服务器中存在名为 db_database21 的数据库，将在页面中显示如图 17.4 所示的提示信息。

图 17.4　数据库选择成功

17.3.3　应用 mysql_query() 函数执行 SQL 语句

成功选择 MySQL 数据库服务器中的数据库后，即可对所选数据库中的数据表进行查询、更改以及删除等操作，PHP 使用 mysql_query() 函数就可以实现上述所有操作，操作极其简便，说明在 PHP 底层进行了复杂的封装，而提供给上层开发人员一种简便的编程模式，这也是 PHP 操作简便的体现和应用广泛的原因。mysql_query() 函数的语法格式如下：

resource mysql_query (string query [, resource link_identifier])

mysql_query() 函数用于执行一条查询语句，该函数的参数说明如表 17.3 所示。

表 17.3　mysql_query() 函数的参数说明

参　　数	说　　明
query	字符串类型，传入的是 SQL 的指令，包括插入数据（insert）、修改记录（update）、删除记录（delete）、查询记录（select）
link_identfier	资源类型，传入的是由 mysql_connect() 函数或 mysql_pconnect() 函数返回的连接号。如果省略该参数，则会使用最后一个打开的 MySQL 数据库连接

例如，向会员信息 tb_user 表中插入一条会员记录，SQL 语句的代码如下：

```
$result=mysql_query("insert into tb_user values('mr','root')",$conn);
```

例如，修改会员信息 tb_user 表中的会员记录，SQL 语句的代码如下：

```
$result=mysql_query("update tb_user set name='lx' where id='01'",$conn);
```

例如，删除会员信息 tb_user 表中的一条会员记录，SQL 语句的代码如下：

```
$result=mysql_query("delete from tb_user where name='mr'",$conn);
```

例如，查询会员信息 tb_user 表中 name 字段值为 mr 的记录，SQL 语句的代码如下：

```
$result=mysql_query("select * from tb_user where name='mr'",$conn);
```

上面的 SQL 语句代码都是将结果赋给变量 $result。

【例 17.03】 查询学生信息表中学生的成绩信息，代码如下：（实例位置：资源包 \ 源码 \17\17.03）

```php
<?php
$host = "127.0.0.1";                                          // MySQL 数据库服务器
$userName = "root";                                          // 用户名
$password = "root";                                          // 密码
$dbName = "db_database17";                                   // 数据库名
$connID = mysql_connect($host, $userName, $password);        // 连接 MySQL 数据库
mysql_select_db($dbName, $connID);                           // 选择 MySQL 数据库
mysql_query("set names utf8");                               // 设置字符集
echo "<table border=\"1px\" align=\"center\">
    <tr>
        <td> 学号 </td>
        <td> 姓名 </td>
        <td> 班级 </td>
        <td> 语文 </td>
        <td> 数学 </td>
        <td> 英语 </td>
        </tr>";
$query = mysql_query("select sno, sname, class, chinese, math ,english from tb_student", $connID);
                                                             // 执行查询
while($result = mysql_fetch_array($query))                   // 获取结果集并输出查询结果
{
  echo  "<tr>
                                <td>".$result["sno"]."</td>
                                <td>".$result["sname"]."</td>
                                <td>".$result["class"]."</td>
                                <td>".$result["chinese"]."</td>
                                <td>".$result["math"]."</td>
                                <td>".$result["english"]."</td>
        </tr>";
}
echo "</table>";
?>
```

运行上述实例，结果如图 17.5 所示。

图 17.5　查询学生成绩

17.3.4　应用 mysql_fetch_array() 函数将结果集返回到数组中

使用 mysql_query() 函数执行 select 语句时，成功将返回查询结果集，返回结果集后，使用 mysql_fetch_array() 函数可以获取查询结果集信息，并放入到一个数组中，函数语法如下：

```
array mysql_fetch_array ( resource result [, int result_type] )
```

参数 result：资源类型的参数，要传入的是由 mysql_query() 函数返回的数据指针。

参数 result_type：可选项，设置结果集数组的表述方式，默认值是 MYSQL_BOTH。其可选值如下。

（1）MYSQL_ASSOC：表示数组采用关联索引。

（2）MYSQL_NUM：表示数组采用数字索引。

（3）MYSQL_BOTH：同时包含关联和数字索引的数组。

【例 17.04】　按员工编号以模糊查询的方式查询员工信息，并显示全部查询结果。（实例位置：资源包 \ 源码 \17\17.04）

具体实现步骤如下。

（1）建立与 MySQL 数据库的连接，并返回数据库连接 ID，代码如下：

```php
<?php
$connID=mysql_connect("localhost","root","root");          // 建立与数据库的连接
mysql_select_db("db_database17", $connID);                 // 选择数据库
mysql_query( "set names utf8" );                            // 设置字符集
?>
```

（2）建立查询信息录入表单，表单及表单元素如表 17.5 所示。

表 17.4　员工信息录入表单

元素类型	元素名称	属性设置	说　明
表单	form1	name="form1" method="post" action="<?php echo $_SERVER['PHP_SELF']?>"	表单
文本域	number	name="number"type="text" id="number"	录入员工编号
隐藏域	flag	type="hidden" name="flag" value="1"	判断表单是否提交
提交按钮	submit	name="submit" type="submit" value=" 提交 "	提交按钮

（3）使用 $_POST 全局数组接收表单提交的 flag 元素的值，并使用 isset() 函数判断是否已经设置了该元素的值，如果已设置则说明已经提交了表单，然后采用模糊查询的方式查询所有与查询关键字相匹配的员工信息，并使用 while 循环将查询结果显示出来，代码如下：

```php
<?php
if(isset($_POST["flag"])){
   $query=mysql_query("select * from tb_employee where number like '%".$_POST["number"]."%'");
   if($query){
      while($myrow=mysql_fetch_array($query)){
?>
 <tr>
  <td align="center" bgcolor="#FFFFFF" class="STYLE4"><span class="STYLE2"><?php echo
$myrow['number'];? > </span></td>
  <td align="center" bgcolor="#FFFFFF" class="STYLE4"><span class="STYLE2"><?php echo
$myrow['name'];?>  </span></td>
  <td height="23" align="center" bgcolor="#FFFFFF" class="STYLE4"><span
class="STYLE2"><?php echo $myrow ['tel'];?></span></td>
  <td height="23" align="center" bgcolor="#FFFFFF" class="STYLE4"><span
class="STYLE2"><?php echo $myrow ['address'];?></span></td>
 </tr>
<?php
      }
   }
}
?>
```

运行该实例，在员工查询信息录入表单中输入员工编号，然后单击"提交"按钮，即可以模糊查询的方式查询出所有与查询关键字相匹配的员工信息，如图 17.6 所示。

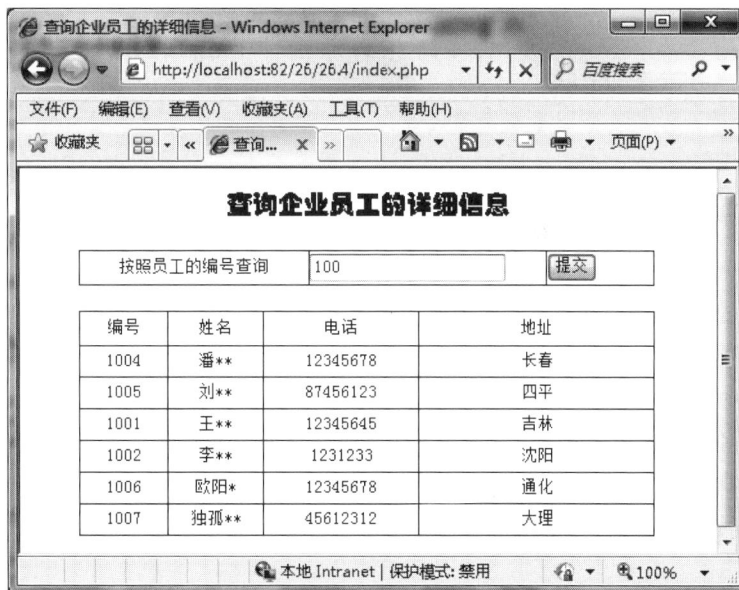

图 17.6　查询员工信息

17.3.5 应用 mysql_fetch_object() 函数从结果集中获取一行作为对象

17.3.4 节中讲解了应用 mysql_fetch_array() 函数来获取结果集中的数据。除了这个方法以外，应用 mysql_fetch_object() 函数也可以轻松实现这一功能。下面通过同一个实例的不同方法来体验一下这两个函数在使用上的区别。首先介绍 mysql_fetch_object() 函数，语法如下：

```
object  mysql_fetch_object ( resource result )
```

mysql_fetch_object() 函数和 mysql_fetch_array() 函数类似，只有一点区别：即前者返回一个对象而不是数组，即该函数只能通过字段名来访问数组。访问结果集中行的元素的语法结构如下：

```
$row->col_name                        //col_name 为列名，$row 代表结果集
```

例如，如果从某数据表中检索 id 和 name 值，可以用 $row->id 和 $row-> name 访问行中的元素值。

📢 **注意**

本函数返回的字段名是区分大小写的，这是初学者学习时最容易忽视的问题。

【例 17.05】 使用 mysql_fetch_object() 函数获取查询到图书的信息。(实例位置：资源包 \ 源码 \17\17.05)

具体开发步骤如下。

（1）建立图书查询表单，表单及表单元素说明如表 17.5 所示。

表 17.5　图书信息查询表单及表单说明

元素类型	元素名称	属性设置	说　　明
表单	myform	name="myform" method="post" action=""	表单
文本域	txt_book	name="txt_book" type="text" id="txt_book" size="25"	查询关键字
提交按钮	submit	type="submit" name="Submit" value=" 查询 "	查询按钮

（2）建立与 MySQL 数据库的连接、设置字符集，并返回数据库连接 ID，代码如下：

```
$link=mysql_connect("localhost","root","root") or die(" 数据库连接失败 ".mysql_error());  // 建立与数据库的连接
mysql_select_db("db_database17",$link);            // 选择数据库
mysql_query("set names gb2312");                   //设置字符集
```

（3）应用 mysql_query() 函数执行 SQL 查询语句，并使用 mysql_fetch_object() 函数获取查询语句的结果集，代码如下：

```
if (!empty($_POST['Submit']) && $_POST['Submit']==" 查询 "){
$txt_book=$_POST['txt_book'];                      // 接收查询关键字
$sql=mysql_query("select * from tb_book where bookname like '%".trim($txt_book)."%'");
// 如果选择的条件为 "like"，则进行模糊查询
    $info=mysql_fetch_object($sql);
}
```

（4）应用 do...while 循环语句以对象的方式输出结果集中的图书信息到浏览器中，代码如下：

```
do{
?>
<tr align="left" bgcolor="#FFFFFF">
  <td height="20" align="center"><?php echo $info->id; ?></td>
  <td > <?php echo $info->bookname; ?></td>
  <td align="center"><?php echo $info->issuDate; ?></td>
  <td align="center"><?php echo $info->price; ?></td>
  <td align="center"> <?php echo $info->maker; ?></td>
  <td> <?php echo $info->publisher; ?></td>
</tr>
<?php
}while($info=mysql_fetch_object($sql));
```

保存 index.php 动态页，在 IE 浏览器中输入地址，按 Enter 键，运行结果如图 17.7 所示。

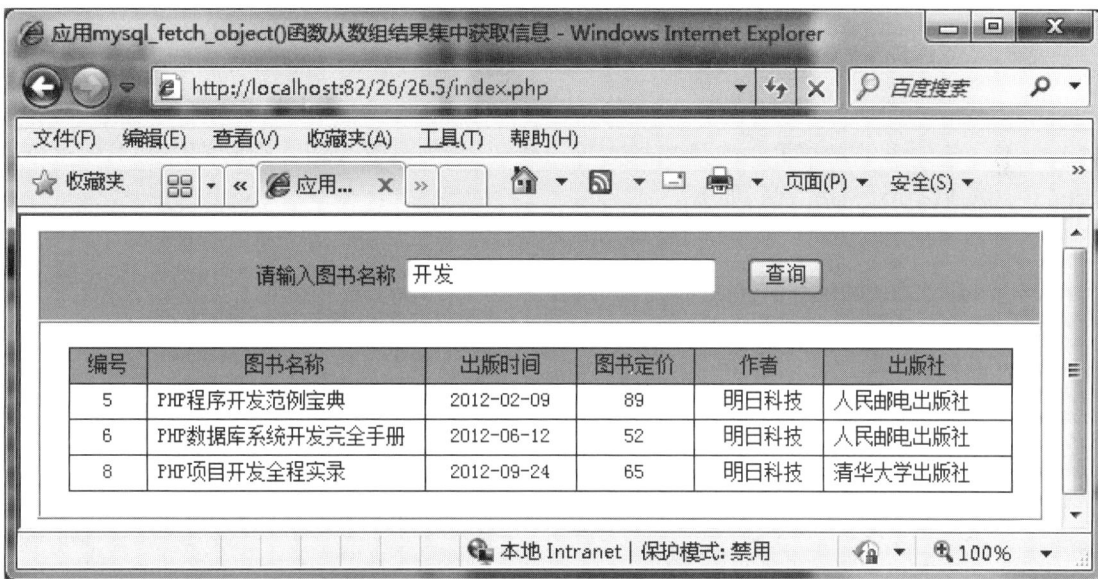

图 17.7　查询图书信息

17.3.6　应用 mysql_fetch_row() 函数从结果集中获取一行作为枚举数组

mysql_fetch_row() 函数从结果集中取得一行作为枚举数组。在应用 mysql_fetch_row() 函数逐行获取结果集中的记录时，只能使用数字索引来读取数组中的数据，其语法如下：

```
array mysql_fetch_row ( resource result )
```

mysql_fetch_row() 函数返回根据所取得的行生成的数组，如果没有更多行则返回 FALSE。返回数组的偏移量从 0 开始，即以 $row[0] 的形式访问第一个元素（只有一个元素时也是如此）。

【例 17.06】　查询图书信息，并使用 mysql_fetch_row() 函数获取结果集显示图书信息。（实例位

置：资源包 \ 源码 \17\17.06）

具体开发步骤如下。

（1）创建项目、添加表单、连接 MySQL 服务器以及设置默认数据库的实现过程与例 17.05 开发步骤中的（1）~（2）相同，这里不再赘述。

（2）在应用 mysql_query() 函数执行 SQL 查询语句后，与实例 17.05 不同的是，本实例使用 mysql_fetch_row() 函数获取查询语句的结果集，代码如下：

```php
<?php
$sql=mysql_query("select * from tb_book");
$row=mysql_fetch_row ($sql);
if (!empty($_POST['Submit']) && $_POST['Submit']==" 查询 "){
$txt_book=$_POST['txt_book'];
// 如果选择的条件为 "like"，则进行模糊查询
$sql=mysql_query("select * from tb_book where bookname like '%". trim($txt_book)."%'");
$row=mysql_fetch_row($sql);
}
?>
```

（3）应用 if 条件语句对结果集变量 $info 进行判断，如果该值为假，则检索的图书信息不存在，应用 echo 语句输出提示信息，代码如下：

```php
<?php
if($row==false){          // 如果检索的信息不存在，则输出相应的提示信息
    echo "<div align='center' style='color:#FF0000; font-size:12px'> 对不起，您检索的图书信息不存在 !</div>";
}
?>
```

（4）应用 do…while 循环语句以对象的方式输出结果集中的图书信息到浏览器中，代码如下：

```php
<?php
do{
?>
<tr align="left" bgcolor="#FFFFFF">
  <td height="20" align="center"><?php echo $row[0]; ?></td>
  <td > <?php echo $row[1]; ?></td>
  <td align="center"><?php echo $row[2]; ?></td>
  <td align="center"><?php echo $row[3]; ?></td>
  <td align="center"> <?php echo $row[4]; ?></td>
  <td> <?php echo $row[5]; ?></td>
</tr>
<?php
}while($row=mysql_fetch_row($sql));
?>
```

保存 index.php 动态页，在 IE 浏览器中输入地址，按 Enter 键，运行结果如图 17.8 所示。

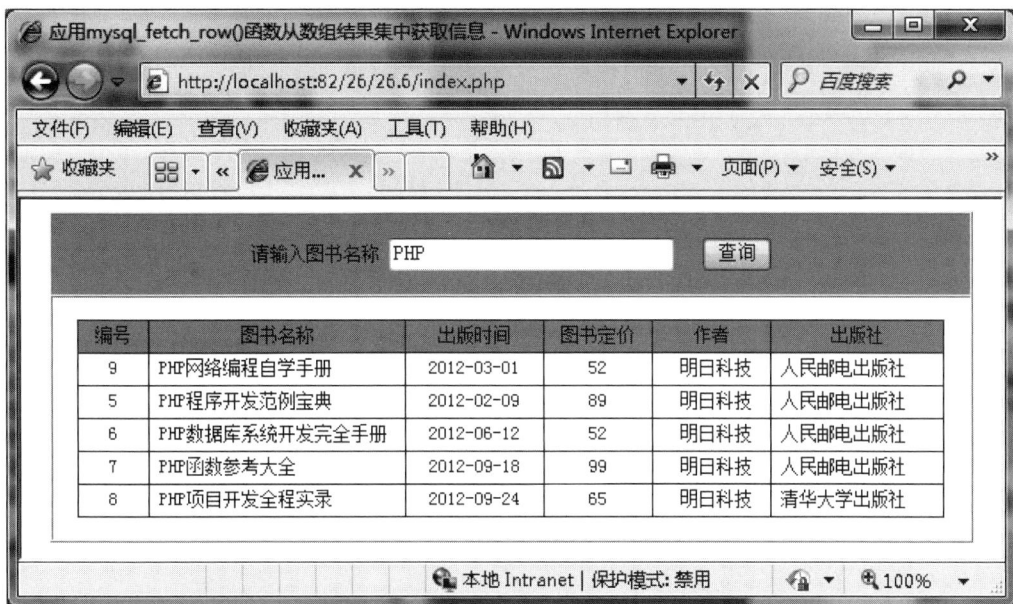

图 17.8 使用 mysql_fetch_row() 函数获取结果集查询图书信息

17.3.7 应用 mysql_num_rows() 函数获取查询结果集中的记录数

使用 mysql_num_rows() 函数可以获取由 select 语句查询到的结果集中行的数目，mysql_num_rows() 函数的语法如下：

```
int mysql_num_rows ( resource result )
```

此命令仅对 SELECT 语句有效。要取得被 INSERT、UPDATE 或者 DELETE 语句所影响到的行的数目，要使用 mysql_affected_rows() 函数。

【例 17.07】 使用 mysql_num_rows() 函数获取查询结果的记录数。（实例位置：资源包 \ 源码 \17\17.07）

具体开发步骤如下。

（1）建立与 MySQL 数据库的连接，设置字符集为 GB 2312，并返回数据库连接 ID，代码如下：

```
$link=mysql_connect("localhost","root","root") or die(" 数据库连接失败 ".mysql_error());    // 建立连接
mysql_select_db("db_database17",$link);                                                      // 选择数据库
mysql_query("set names gb2312");                                                             // 设置字符集
```

（2）默认情况下显示所有图书信息，代码如下：

```
$sql=mysql_query("select * from tb_book");        // 查询所有图书信息
$info=mysql_fetch_object($sql);                    // 获取结果集
```

（3）如果用户输入了查询关键字，并单击"查询"按钮，则采用模糊查询的方式显示出所有符合条件的记录，代码如下：

```
if (!empty($_POST['Submit']) && $_POST['Submit']==" 查询 "){
$txt_book=$_POST[txt_book];
$sql=mysql_query("select * from tb_book where bookname like '%".trim($txt_book)."%'");
// 如果选择的条件为 "like"，则进行模糊查询
$info=mysql_fetch_object($sql);
}
if($info==false){          // 如果检索的信息不存在，则输出相应的提示信息
    echo "<div align='center' style='color:#FF0000; font-size:12px'> 对不起，您检索的图书信息不存在 !</div>";
}
do{
?>
<tr align="left" bgcolor="#FFFFFF">
<td height="20" align="center"><?php echo $info->id; ?></td>
  <td> <?php echo $info->bookname; ?></td>
  <td align="center"><?php echo $info->issuDate; ?></td>
  <td align="center"><?php echo $info->price; ?></td>
  <td align="center"> <?php echo $info->maker; ?></td>
  <td> <?php echo $info->publisher; ?></td>
</tr>
<?php
}while($info=mysql_fetch_object($sql));
?>
```

在 IE 浏览器中输入地址，按 Enter 键，程序默认输出图书信息表中的全部图书信息，并自动汇总记录条数，如图 17.9 所示。在文本框中输入要检索的图书名称，如"开发"（支持模糊查询，程序自动去除查询关键字左右空格），单击"查询"按钮，即可按条件检索指定的图书信息到浏览器，并自动汇总检索到的记录条数，运行结果如图 17.10 所示。

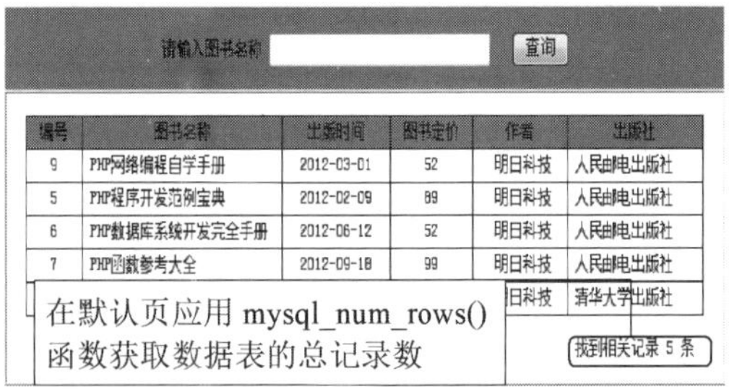

图 17.9　默认统计数据表中所有记录 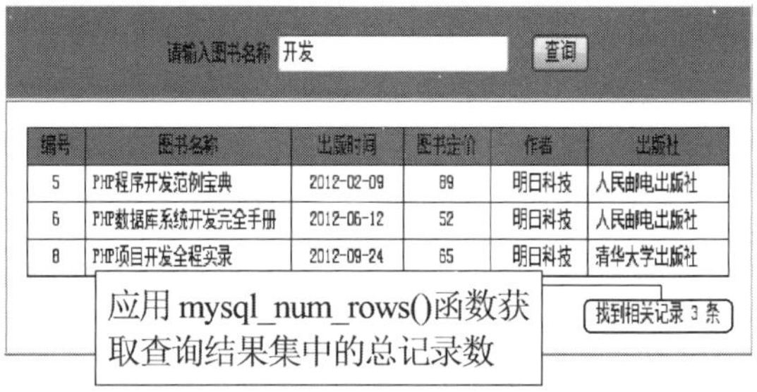　　　图 17.10　应用 mysql_num_rows() 函数获取查询结果集中的记录数

注意

如果要获取由 insert、update、delete 语句所影响到的数据行数，则必须应用 mysql_affected_rows() 函数来实现。

17.3.8　应用 mysql_free_result() 函数释放内存

mysql_free_result() 函数用于释放内存，数据库操作完成后，需要关闭结果集，以释放系统资源，该函数的语法如下：

```
mysql_free_result($result);
```

mysql_free_result() 函数将释放所有与结果标识符 result 所关联的内存。该函数仅需要在考虑到返回很大的结果集时会占用多少内存时调用。在脚本结束后所有关联的内存都会被自动释放。

17.3.9　应用 mysql_close() 函数关闭连接

每使用一次 mysql_connect() 或 mysql_query() 函数，都会消耗系统资源。在少量用户访问 Web 网站时问题还不大，但如果用户连接超过一定数量时，就会造成系统性能的下降，甚至死机。为了避免这种现象的发生，在完成数据库的操作后，应使用 mysql_close() 函数关闭与 MySQL 服务器的连接，以节省系统资源。mysql_close() 函数的语法如下：

```
mysql_close($conn);
```

在 Web 网站的实际项目开发过程中，经常需要在 Web 页面中查询数据信息。查询后使用 mysql_close() 函数关闭数据源。

【例 17.08】　使用 mysql_connect() 函数建立与数据库的连接，然后使用 mysql_select_db() 函数选择数据库并使用 mysql_close() 函数断开与 MySQL 数据库的连接，在断开与 MySQL 数据库连接后，再次使用 mysql_select_db() 函数选择数据库，从两次选择数据库的情况来判断 mysql_close() 函数是否能起到断开数据库连接的作用。实例代码如下：（实例位置：资源包 \ 源码 \17\17.08）

```php
<?php
$host = "127.0.0.1";                                        // MySQL 数据库服务器
$userName = "root";                                         // 用户名
$password = "root";                                         // 密码
$dbName = "db_database17";                                  // 数据库名
$connID = mysql_connect($host, $userName, $password);       // 连接 MySQL 数据库
mysql_select_db($dbName, $connID);                          // 选择数据库
mysql_close($connID);                                       // 断开与数据库连接
mysql_select_db($dbName, $connID);                          // 再次选择数据库
?>
```

运行本实例，将在页面中输出如图 17.11 所示的错误信息，从错误信息中可以判断，第一次对数据库选择操作是成功的，而第二次操作是失败的，即可证明 mysql_close() 函数成功关闭了与数据库的连接。

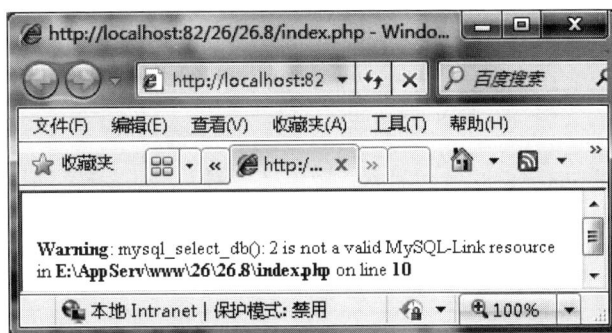

图 17.11　错误提示

视频讲解

17.4　PHP 管理 MySQL 数据库中的数据

管理 MySQL 数据库中的数据主要是对数据进行添加、修改、删除、查询等操作，只有熟练地掌握这部分知识才能够独立开发出基于 PHP 的数据库应用。

17.4.1　向数据库中添加数据

向数据库中添加数据主要通过 mysql_query() 函数和 insert 语句实现。

【**例 17.09**】 发表新闻，填写新闻标题及新闻内容，当用户单击"提交"按钮时，判断新闻标题及内容是否为空，如果不为空，则将数据添加到数据库中，关键代码如下：（实例位置：资源包 \ 源码 \17\17.09）

```php
<?php
$conn=mysql_connect("localhost","root","root");
mysql_select_db("db_database17",$conn);
mysql_query("set names uft8");
if(isset($_POST['submit'])  and $_POST['name']!=null and $_POST['news']!=null and $_POST['submit']=="
提交 "){
    $insert=mysql_query("insert into tb_news(name,news) values('".$_POST['name']."','".$_POST['news']."')");
    if($insert){
    echo "<script> alert(' 发表成功 !'); window.location.href='index.php'</script>";
    }else{
    echo "<script> alert(' 发表失败 !'); window.location.href='index.php'</script>";
    }
}else{
    echo "<script> alert(' 发表失败 !'); window.location.href='index.php'</script>";
}
?>
```

运行结果如图 17.12 所示。

图 17.12　添加新闻

17.4.2 浏览数据库中的数据

浏览数据库中的数据通过 mysql_query() 函数和 select 语句查询数据，使用 mysql_fetch_assoc() 函数将查询结果返回到数组中。

【例 17.10】 浏览 tb_news 表中的新闻信息，具体代码如下：(实例位置：资源包 \ 源码 \17\17.10)

```php
<?php
/* 连接数据库 */
$conn=mysql_connect("localhost","root","root");              // 连接数据库服务器
mysql_select_db("db_database17",$conn);                      // 选择数据库
mysql_query("set names uft8");                               // 设置编码格式
$arr=mysql_query("select * from tb_news",$conn);            // 执行查询语句
/* 使用 while 语句循环 mysql_fetch_assoc() 函数返回的数组 */
while($result=mysql_fetch_assoc($arr)){                      // 循环输出查询结果
?>
    <tr>
    <td height="25"><?php echo $result['name'];?>  </td>    <!-- 输出新闻标题 -->
        <td height="25"><?php echo $result['news'];?> </td> <!-- 输出新闻内容 -->
  </tr>
<?php
 }                                                           // 结束 while 循环
?>
```

运行结果如图 17.13 所示。

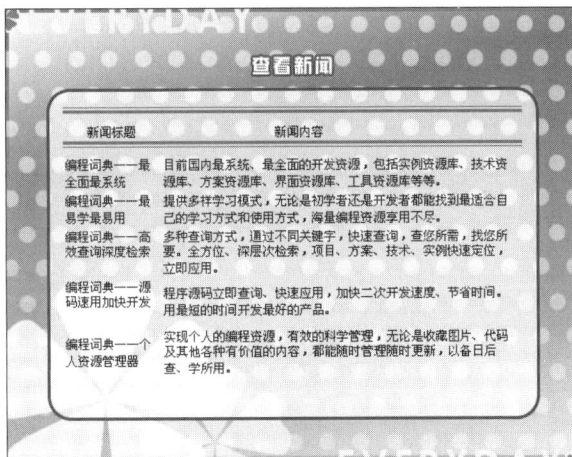

图 17.13 浏览新闻信息

17.4.3 编辑数据库数据

编辑数据主要通过 mysql_query() 函数和 update 语句实现。

【例 17.11】 编辑新闻信息表中的新闻信息，具体步骤如下。(实例位置：资源包 \ 源码 \17\17.11)

（1）创建数据库连接文件 conn.php，代码如下：

```php
<?php
$conn=mysql_connect("localhost","root","root");        // 连接数据库服务器
mysql_select_db("db_database17",$conn);                // 连接 db_database17 数据库
mysql_query("set names uft8");                         // 设置数据库编码格式
?>
```

（2）创建 index.php 文件，显示所有新闻信息，代码如下：

```php
<?php
include("conn.php");                                    // 包含 conn.php 文件
$arr=mysql_query("select * from tb_news",$conn);        // 查询数据
/* 使用 while 语句循环 mysql_fetch_array() 函数返回的数组 */
while($result=mysql_fetch_array($arr)){
?>
    <tr>
      <td height="25"><?php echo $result['name'];?><!-- 输出新闻标题 --> </td>
      <td><?php echo $result['news'];?>        <!-- 输出新闻内容 -->        </td>
      <td><label>
        <input type="hidden" name="id" value="<?php echo $result['id'];?>" />
        <div align="center"><a href="update.php?id=<?php echo $result['id'];?>"> 编辑 </a></div>
      </label></td>
      </tr>
<?php
 }                                                      // 结束 while 循环
?>
```

（3）创建 update.php 文件，显示要编辑的新闻内容，代码如下：

```php
<form id="form1" name="form1" method="post" action="update_ok.php">
<?php
include("conn.php");                                    // 包含 conn.php 文件
$arr=mysql_query("select * from tb_news where id='".$_GET['id']."'",$conn);   // 定义查询语句
$select=mysql_fetch_array($arr);                       // 循环输出查询内容
?>
      <input name="name" type="text" size="40" value="<?php echo $select['name'];?>"/>
   <textarea name="news" cols="40" rows="10"><?php echo $select['news'];?></textarea>
   <input type="submit" name="Submit" value=" 保存 " />
   <input type="hidden" name="id" value="<?php echo $select['id'];?>" />
</form>
```

（4）创建 update_ok.php 文件，完成新闻信息的编辑操作，代码如下：

```php
<?php
include("conn.php");                                    // 包含 conn.php 文件
if(isset($_POST['id']) and isset($_POST['Submit']) and $_POST['Submit']==" 保存 "){
    $update=mysql_query("update tb_news set name='".$_POST['name']."',news='".$_POST['news']."' where
id='".$_POST['id']."'",$conn);
    if($update){
                    echo  "<script> alert(' 修改成功 !'); window.location.href='index.php'</script>";
    }else{
```

```
                              echo  "<script> alert(' 修改失败 !'); window.location.href='index.php'</script>";
        }
}
?>
```

运行结果如图 17.14 所示。

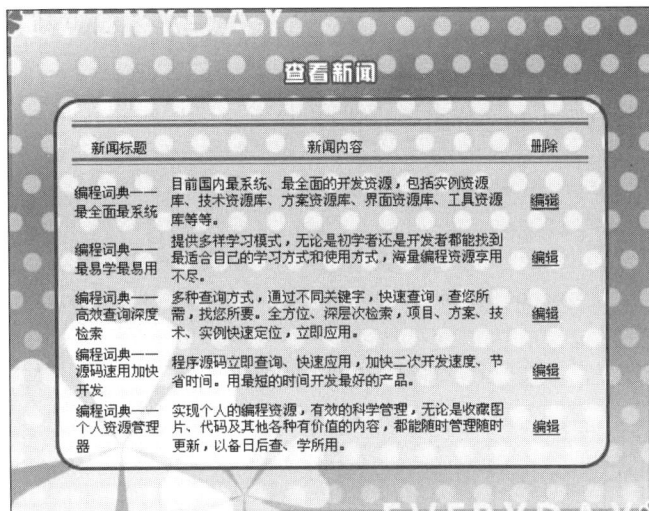

图 17.14 编辑新闻信息

17.4.4 删除数据

数据的删除应用 delete 语句，而在 PHP 中需要通过 mysql_query() 函数来执行这个 delete 删除语句，完成 MySQL 数据库中数据的删除操作。

【例 17.12】 删除新闻信息表中的新闻信息，具体步骤如下。（实例位置：资源包 \ 源码 \17\17.12）

（1）创建数据库连接文件 conn.php，代码如下：

```php
<?php
$conn=mysql_connect("localhost","root","root");          // 连接数据库服务器
mysql_select_db("db_database17",$conn);                   // 连接 db_database17 数据库
mysql_query("set names uft8");                            // 设置数据库编码格式
?>
```

（2）创建 delete.php 文件，显示所有新闻信息，代码如下：

```php
<?php
include("conn.php");                                      // 包含 conn.php 文件
$arr=mysql_query("select * from tb_news",$conn);          // 查询数据
/* 使用 while 语句循环 mysql_fetch_array() 函数返回的数组 */
while($result=mysql_fetch_array($arr)){
?>
    <tr>
      <td height="25"><?php echo $result['name'];?>        <!-- 输出新闻标题 --> </td>
```

```
<td><?php echo $result['news'];?>                <!-- 输出新闻内容 -->        </td>
<td><label>
  <input type="hidden" name="id" value="<?php echo $result['id'];?>" />
  <div align="center"><a href="delete_ok.php?id=<?php echo $result['id'];?>"> 删除 </a></div>
</label></td>
</tr>
<?php
 }                                                        // 结束 while 循环
?>
```

（3）在 delete_ok.php 文件，根据超级链接传递的 ID 值，完成删除新闻信息操作，代码如下：

```
<?php
include("conn.php");                                          // 包含 conn.php 文件
    $delete=mysql_query("delete from tb_news where id='".$_GET['id']."'",$conn);  // 执行删除操作
    if($delete){
                echo  "<script> alert(' 删除成功 !'); window.location.href='delete.php'</script>";
    }else{
                echo  "<script> alert(' 删除失败 !'); window.location.href='delete.php'</script>";
    }
?>
```

执行程序，运行结果如图 17.15 所示。

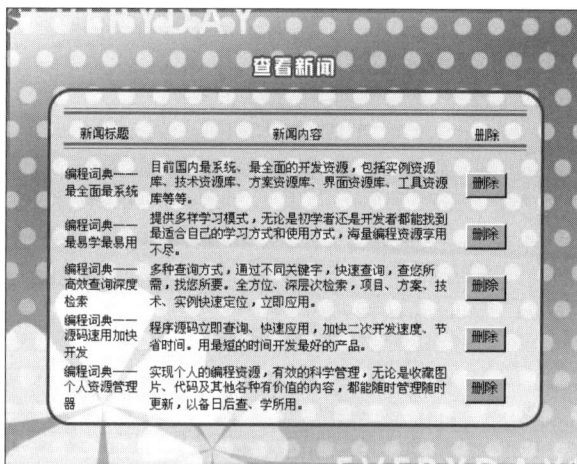

图 17.15 删除新闻信息

17.4.5 批量删除数据

对数据库中的数据进行管理过程中，如果要删除的数据非常多，执行单条删除数据的操作就不适合了，这时应该使用批量删除数据来实现数据库中信息的删除。通过数据的批量删除可以快速地删除多条数据，减少操作执行的时间。

【**例 17.13**】 批量清理新闻信息表中陈旧的新闻信息，具体步骤如下。（实例位置：资源包 \ 源码\17\17.13）

（1）创建数据库连接文件 conn.php，代码如下：

```php
<?php
$conn=mysql_connect("localhost","root","root");              // 连接数据库服务器
mysql_select_db("db_database17",$conn);                      // 连接 db_database17 数据库
mysql_query("set names uft8");                               // 设置数据库编码格式
?>
```

（2）创建 pl_delete.php 文件，显示所有新闻信息，代码如下：

```php
<?php
include("conn.php");
$arr=mysql_query("select * from tb_news",$conn);              // 查询数据
/* 使用 while 语句循环 mysql_fetch_array() 函数返回的数组 */
while($result=mysql_fetch_array($arr)){
?>
    <tr>
     <td><label>
      <label>
      <input type="checkbox" name="checkbox[]" value="<?php echo $result['id'];?>" />
      </label>
     </label></td>
     <td height="25"><?php echo $result['name'];?><!-- 输出新闻标题 --></td>
     <td><?php echo $result['news'];?><!-- 输出新闻内容 --></td>
    </tr>
<?php
 }                                                            // 结束 while 循环
?>
```

（3）创建 pl_delete1.php 页面，完成批量删除操作，代码如下：

```php
<?php
include("conn.php");                                          // 包含 conn.php 文件
if(isset($_POST['Submit']) and $_POST['Submit']==" 删除 " and $_POST['checkbox']!=""){// 判断是否执行删除
操作
    for($i=0;$i<count($_POST['checkbox']);$i++){              // 遍历复选框获取到的新
闻 id 序号
        $sql=mysql_query("delete from tb_news where id='".$_POST['checkbox'][$i]."'",$conn);// 执行删除操作
    }
    if($sql){
        echo  "<script> alert(' 删除成功 !'); window.location.href='pl_delete.php'</script>";
    }else{
        echo  "<script> alert(' 删除失败 !'); window.location.href='pl_delete.php'</script>";
    }
}else{
    echo  "<script> alert(' 请选择要删除的内容 !'); window.location.href='pl_delete.php'</script>";
}
?>
```

执行程序，运行结果如图 17.16 所示。

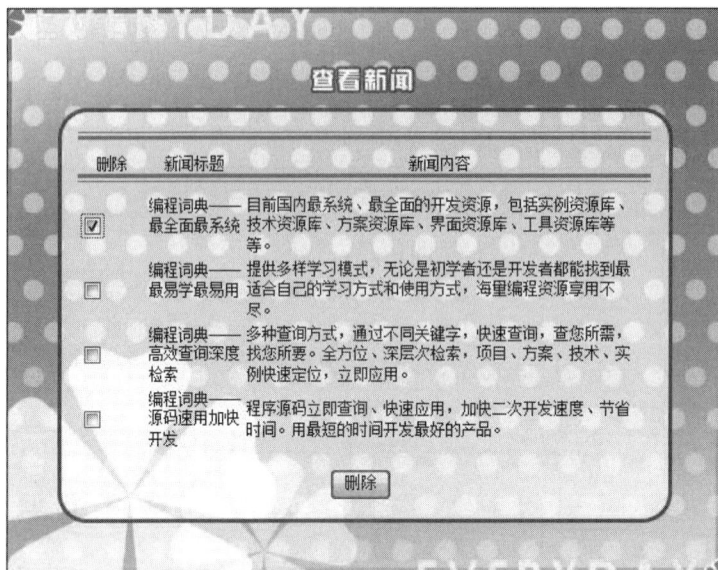

图 17.16 批量删除数据信息

17.5　小　　结

本章首先对 PHP 语言进行简单的介绍，让大家先对 PHP 语言有一个基本的了解，然后介绍了 PHP 访问 MySQL 数据库的一般流程，并且详细介绍了该流程每一步骤的具体实现方法，接下来通过留言板实例更深层次地介绍了 PHP 如何实现对 MySQL 数据库进行增、删、改、查操作。通过本章的学习，读者能够掌握 PHP 操作 MySQL 数据库的一般流程，掌握常用 MySQL 函数的使用方法，并能够具备独立完成基本数据库程序的能力。希望本章能够起到抛砖引玉的作用，能够帮助读者在此基础上更深层次地学习 PHP 操作 MySQL 数据库的相关技术，并进一步学习使用面向对象的方式操作 MySQL 数据库的方法。

◎ 当前流行技术+10个真实软件项目+完整开发过程

◎ 94集教学微视频，手机扫码随时随地学习

◎ 160小时在线课程，海量开发资源库资源

◎ 项目开发快用思维导图

（以《Java项目开发全程实录（第4版）》为例）

软件工程师开发大系

◎ 603 个典型实例及源码分析，涵盖 24 个应用方向
◎ 工作应用速查+项目开发参考+学习实战练习
◎ 应用·训练·拓展·速查·宝典，面面俱到
◎ 在线解答，高效学习
（以《Java 开发实例大全（基础卷）》为例）

质检5

MySQL 从入门到精通

（微视频精编版）

明日科技　编著

清华大学出版社

北京

内 容 简 介

本书内容浅显易懂，实例丰富，详细介绍了从基础入门到 MySQL 数据库高手需要掌握的知识。

全书分为上下两册：核心技术分册和项目实战分册。核心技术分册共 2 篇 17 章，包括数据库基础、初识 MySQL、phpMyAdmin 图形化管理工具、MySQL 数据库管理、MySQL 表结构管理、存储引擎及数据类型、表记录的更新操作、表记录的检索、视图、索引、触发器、存储过程与存储函数、备份与恢复、MySQL 性能优化、事务与锁机制、权限管理及安全控制，以及 PHP 管理 MySQL 数据库等内容。项目实战分册共 5 章，运用软件工程的设计思想，介绍了明日科技企业网站、在线学习笔记、51 商城、物流配货系统和图书馆管理系统共 5 个完整企业项目的真实开发流程。

本书除纸质内容外，配书资源包中还给出了海量开发资源，主要内容如下。

☑ 微课视频讲解：总时长 6 小时，共 63 集   ☑ 实例资源库：808 个实例及源码详细分析

☑ 模块资源库：15 个经典模块完整展现   ☑ 项目案例资源库：15 个企业项目开发过程

☑ 测试题库系统：626 道能力测试题目   ☑ 面试资源库：342 道企业面试真题

本书适合有志于从事软件开发的初学者、高校计算机相关专业学生和毕业生，也可作为软件开发人员的参考手册，或者高校的教学参考书。

图书在版编目（CIP）数据

MySQL 从入门到精通：微视频精编版 / 明日科技编著. —北京：清华大学出版社，2020.7（2021.9重印）
（软件开发微视频讲堂）
ISBN 978-7-302-51937-9

I. ① M… II. ①明… III. ① SQL 语言—程序设计 IV. ① TP311.132.3

中国版本图书馆 CIP 数据核字（2018）第 288360 号

责任编辑：贾小红
封面设计：魏润滋
版式设计：文森时代
责任校对：马军令
责任印制：丛怀宇

出版发行：清华大学出版社
　　　　　网　　　址：http://www.tup.com.cn，http://www.wqbook.com
　　　　　地　　　址：北京清华大学学研大厦 A 座　　　　邮　　编：100084
　　　　　社 总 机：010-62770175　　　　　　　　　　　邮　　购：010-62786544
　　　　　投稿与读者服务：010-62776969，c-service@tup.tsinghua.edu.cn
　　　　　质量反馈：010-62772015，zhiliang@tup.tsinghua.edu.cn
印 装 者：北京鑫海金澳胶印有限公司
经　　销：全国新华书店
开　　本：203mm×260mm　　　　印　　张：30.25　　　　字　　数：788 千字
版　　次：2020 年 7 月第 1 版　　　　　　　　　　　　印　　次：2021 年 9 月第 2 次印刷
定　　价：99.80 元（全 2 册）

产品编号：079178-01

前　言

Preface

MySQL 是最流行的关系型数据库管理系统之一，在 Web 应用方面，MySQL 是最好的关系数据库管理系统 RDBMS（Relational Database Management System，）应用软件。它能够有效和安全地处理大量数据，便捷且易用。

本书内容

本书分上下两册，上册为核心技术分册，下册为项目实战分册，大体结构如下图所示。

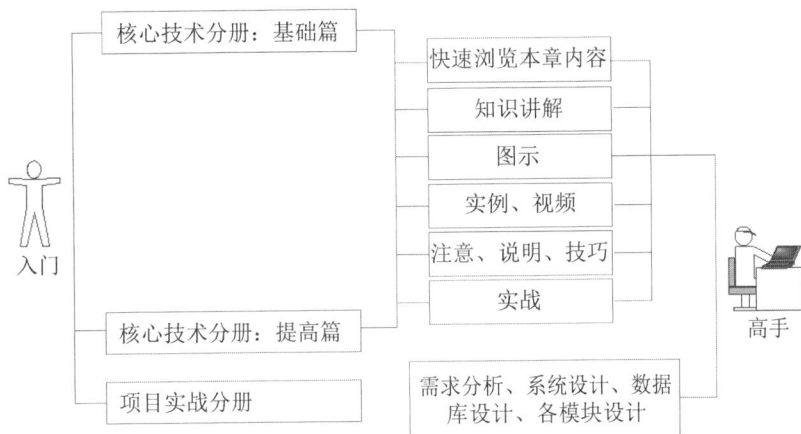

核心技术分册分 2 篇共 17 章，提供了从基础入门到 MySQL 数据库高手所必备的各类知识。

基础篇：通过介绍数据库基础、初识 MySQL、phpMyAdmin 图形化管理工具、MySQL 数据库管理、MySQL 表结构管理、存储引擎及数据类型、表记录的更新操作、表记录的检索等内容，并结合大量的图示、实例和视频等，使读者快速掌握 MySQL 语言基础，为以后深入学习奠定坚实的基础。

提高篇：介绍了视图、索引、触发器、存储过程与存储函数、备份与恢复、MySQL 性能优化、事务与锁机制、权限管理及安全控制，以及 PHP 管理 MySQL 数据库等内容。学习完本篇，能够对 MySQL 数据库有进一步的了解。

项目实战分册共 5 章，运用软件工程的设计思想，介绍了 5 个完整企业项目（明日科技企业网站、在线学习笔记、51 商城、物流配货系统和图书馆管理系统）的真实开发流程。书中按照"需求分析→系统设计→数据库设计→项目主要功能模块的实现"的流程进行介绍，带领读者亲身体验开发项目的全过程，提升实战能力，实现从小白到高手的跨越。

本书特点

☑ **由浅入深，循序渐进**。本书以初、中级程序员为对象，先从 MySQL 基础学起，再深入学习视图、索引、触发器、存储过程与存储函数、MySQL 性能优化、事务与锁机制、权限管理及安全控制、PHP 管理 MySQL 数据库等高级技术，最后学习开发一个完整的网站项目。讲解过程中步骤详尽、版式新颖，读者在阅读时一目了然，可快速掌握书中内容。

☑ **实例典型，轻松易学**。通过例子学习是最好的学习方式，本书通过"一个知识点、一个例子、一个结果、一段评析、一个综合应用"的模式，透彻详尽地讲述了实际开发中所需的各类知识。另外，为了便于读者阅读程序代码，快速学习编程技能，书中几乎每行代码都提供了注释。

☑ **微课视频，讲解详尽**。本书为便于读者直观感受程序开发的全过程，书中大部分章节都配备了教学微视频，使用手机扫描正文小节标题一侧的二维码，即可观看学习，能快速引导初学者入门，感受编程的快乐和成就感，进一步增强学习的信心。

☑ **精彩栏目，贴心提醒**。本书根据需要在各章安排了很多"注意""说明""技巧"等小栏目，让读者可以在学习过程中更轻松地理解相关知识点及概念，更快地掌握个别技术的应用技巧。

☑ **紧跟潮流，流行技术**。本书采用 MySQL 8.0 数据库进行深入讲解，使读者能够紧跟技术发展的脚步，并且，也对 PHP 语言进行了讲解，以便让读者更快、更好地学习 MySQL 的流行技术应用。

本书资源

为帮助读者学习，本书配备了长达 6 个小时（共 63 集）的微课视频讲解。除此以外，还为读者提供了"PHP 开发资源库"系统，可以帮助读者快速提升编程水平和解决实际问题的能力。

PHP 开发资源库的主界面如下图所示。

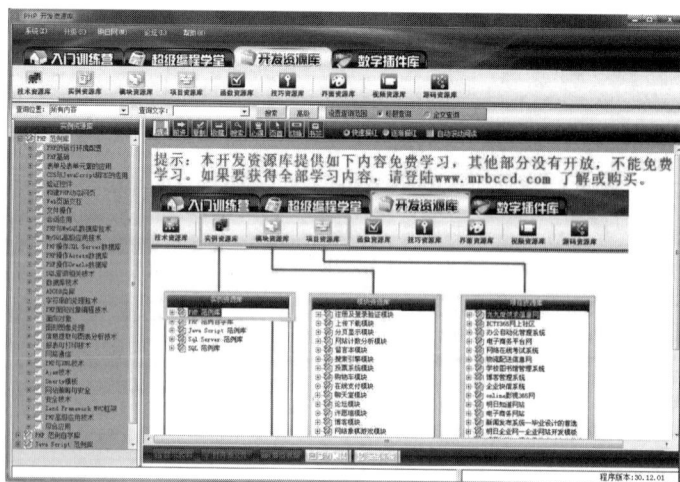

在学习本书的过程中，可以配合实例资源库的相应章节，利用实例资源库提供的大量热点实例和关键实例巩固所学编程技能，提高编程兴趣和自信心；也可以配合能力测试题库的对应章节进行测试，检验学习成果。对于数学逻辑能力和英语基础较为薄弱的读者，或者想了解个人数学逻辑思维能力和编程英语基础的用户，本书提供了数学及逻辑思维能力测试和编程英语能力测试供练习和测试。

当本书学习完成时，可以配合模块资源库和项目资源库的 30 个模块和项目，全面提升个人综合编程技能和解决实际开发问题的能力，为成为 PHP 软件开发工程师打下坚实基础。面试资源库提供了大量国内外软件企业的常见面试真题，同时还提供了程序员职业规划、程序员面试技巧、企业面试真题汇编和虚拟面试系统等精彩内容，是程序员求职面试的绝佳指南。

读者对象

- ☑ 初学编程的自学者
- ☑ 大中专院校的老师和学生
- ☑ 做毕业设计的学生
- ☑ 程序测试及维护人员
- ☑ 编程爱好者
- ☑ 相关培训机构的老师和学员
- ☑ 初、中级程序开发人员
- ☑ 参加实习的"菜鸟"程序员

读者服务

学习本书时，请先扫描封底的权限二维码（需要刮开涂层）获取学习权限，然后即可免费学习书中的所有线上线下资源。本书所附赠的各类学习资源，读者可登录清华大学出版社网站（www.tup.com.cn），在对应图书页面下获取其下载方式。也可扫描图书封底的"文泉云盘"二维码，获取其下载方式。

致读者

本书由明日科技程序开发团队组织编写，明日科技是一家专业从事软件开发、教育培训以及软件开发教育资源整合的高科技公司，其编写的教材既注重选取软件开发中的必需、常用内容，又注重内容的易学、方便以及相关知识的拓展，深受读者喜爱。其编写的教材多次荣获"全行业优秀畅销品种""中国大学出版社优秀畅销书"等奖项，多个品种长期位居同类图书销售排行榜的前列。在编写过程中，我们以科学、严谨的态度，力求精益求精，但错误、疏漏之处在所难免，敬请广大读者批评指正。

感谢您购买本书，希望本书能成为您编程路上的领航者。

"零门槛"编程，一切皆有可能。

祝读书快乐！

编　者

2020 年 7 月

目　录

Contents

第 18 章　明日科技企业网站 279

18.1　开发背景 279

18.2　需求分析 279

18.3　系统设计 280

18.3.1　系统目标 280

18.3.2　系统功能结构 280

18.3.3　功能预览 280

18.3.4　系统流程图 281

18.3.5　开发环境 281

18.3.6　文件夹组织结构 282

18.4　数据库设计 282

18.4.1　数据库分析 282

18.4.2　数据库逻辑设计 283

18.5　前台首页设计 284

18.5.1　前台首页概述 284

18.5.2　前台首页技术分析 285

18.5.3　导航栏实现过程 285

18.5.4　幻灯片轮播实现过程 287

18.6　新闻模块设计 288

18.6.1　新闻模块概述 288

18.6.2　新闻模块技术分析 289

18.6.3　新闻列表页实现过程 289

18.6.4　新闻详情页实现过程 291

18.7　前台其他模块设计 293

18.7.1　其他模块概述 293

18.7.2　其他模块技术分析 293

18.7.3　"联系我们"页面的实现过程 293

18.8　后台登录模块设计 296

18.8.1　后台登录模块概述 296

18.8.2　后台登录模块技术分析 296

18.8.3　后台登录实现过程 299

18.9　后台管理模块设计 300

18.9.1　后台管理模块概述 300

18.9.2　网站内容模块技术分析 301

18.9.3　文章管理实现过程 301

18.10　开发技巧与难点分析 310

18.10.1　单一入口 310

18.10.2　使用 MVC 设计模式 310

18.10.3　清空缓存 311

18.11　ThinkPHP 视图技术专题 311

18.11.1　模板定义 311

18.11.2　模板赋值 312

18.11.3　指定模板文件 312

18.12　小结 313

第 19 章　基于 Python Flask 的在线
学习笔记 314

19.1　需求分析 314

19.2　系统设计 315

19.2.1　系统功能结构 315

19.2.2　系统业务流程 315

19.2.3　系统预览 315

19.3　系统开发必备 317

19.3.1　开发工具准备 317

19.3.2　文件夹组织结构 317

19.3.3　项目使用说明 317

19.4　技术准备 318

19.4.1　PyMySQL 模块 318

19.4.2　WTForms 模块 319

19.5　数据库设计 321

19.5.1　数据库概要说明 321

19.5.2　创建数据表 321

19.5.3　数据库操作类 322

19.6　用户模块设计 325

19.6.1　用户注册功能实现 325

19.6.2　用户登录功能实现..................327

19.6.3　退出登录功能实现..................330

19.6.4　用户权限管理功能实现.........331

19.7　笔记模块设计..........................332

19.7.1　笔记列表功能实现.................332

19.7.2　添加笔记功能实现.................333

19.7.3　编辑笔记功能实现.................335

19.7.4　删除笔记功能实现.................336

19.8　小结..337

第20章　基于 Python Flask 的 51 商城......338

20.1　需求分析....................................338

20.2　系统设计....................................339

20.2.1　系统功能结构...........................339

20.2.2　系统业务流程...........................339

20.2.3　系统预览....................................340

20.3　系统开发必备............................343

20.3.1　开发工具准备...........................343

20.3.2　文件夹组织结构........................343

20.4　技术准备....................................344

20.4.1　Flask-SQLAlchemy 扩展........344

20.4.2　Flask-Migrate 扩展.................346

20.5　数据库设计................................349

20.5.1　数据库概要说明........................349

20.5.2　创建数据表................................349

20.5.3　数据表关系................................352

20.6　会员注册模块设计....................353

20.6.1　会员注册模块概述....................353

20.6.2　会员注册页面............................354

20.6.3　验证并保存注册信息................359

20.7　会员登录模块设计....................360

20.7.1　会员登录模块概述....................360

20.7.2　创建会员登录页面....................361

20.7.3　保存会员登录状态....................363

20.7.4　会员退出功能............................364

20.8　首页模块设计............................365

20.8.1　首页模块概述............................365

20.8.2　实现显示最新上架商品功能....366

20.8.3　实现显示打折商品功能............367

20.8.4　实现显示热门商品功能............369

20.9　购物车模块................................370

20.9.1　购物车模块概述........................370

20.9.2　实现显示商品详细信息功能....372

20.9.3　实现添加购物车功能................374

20.9.4　实现查看购物车功能................375

20.9.5　实现保存订单功能....................376

20.9.6　实现查看订单功能....................377

20.10　小结..377

第21章　基于 Java Web 的物流配货系统.....378

21.1　开发背景....................................378

21.2　系统分析....................................378

21.2.1　需求分析....................................378

21.2.2　必要性分析................................379

21.3　系统设计....................................379

21.3.1　系统目标....................................379

21.3.2　系统功能结构............................379

21.3.3　系统开发环境............................380

21.3.4　系统预览....................................380

21.3.5　系统文件夹架构........................382

21.4　数据库设计................................382

21.4.1　数据表概要说明........................382

21.4.2　数据库逻辑设计........................383

21.5　公共模块设计............................384

21.5.1　编写数据库持久化类................384

21.5.2　编写获取系统时间操作类........386

21.5.3　编写分页 Bean.........................386

21.5.4　请求页面中元素类的编写........389

21.5.5　编写重新定义的 simple 模板...389

21.6　管理员功能模块设计................391

21.6.1　管理员模块概述........................391

21.6.2　管理员模块技术分析................391

21.6.3　管理员模块实现过程................392

21.7　车源管理模块设计....................397

21.7.1　车源管理模块概述....................397

21.7.2　车源管理技术分析....................397

21.7.3　车源管理实现过程....................398

21.8　发货单管理流程模块................403

21.8.1　发货单管理流程概述................403

21.8.2　发货单管理流程技术分析........403

21.8.3　发货单管理流程实现过程........405

21.9　开发技巧与难点分析................409

21.10　小结 409

第22章　基于Java Web的图书馆管理系统.... 410
22.1　开发背景 410
22.2　需求分析 410
22.3　系统设计 411
　22.3.1　系统目标 411
　22.3.2　系统功能结构 411
　22.3.3　系统流程图 412
　22.3.4　开发环境 412
　22.3.5　系统预览 412
　22.3.6　文件夹组织结构 413
22.4　数据库设计 414
　22.4.1　数据库分析 414
　22.4.2　数据库概念设计 414
　22.4.3　数据库逻辑结构 415
22.5　公共模块设计 418
　22.5.1　数据库连接及操作类的编写 418
　22.5.2　字符串处理类的编写 421
　22.5.3　配置解决中文乱码的过滤器 421
22.6　主界面设计 422
　22.6.1　主界面概述 422
　22.6.2　主界面技术分析 423

　22.6.3　主界面的实现过程 424
22.7　管理员模块设计 425
　22.7.1　管理员模块概述 425
　22.7.2　管理员模块技术分析 425
　22.7.3　系统登录的实现过程 427
　22.7.4　查看管理员的实现过程 430
　22.7.5　添加管理员的实现过程 434
　22.7.6　设置管理员权限的实现过程 437
　22.7.7　删除管理员的实现过程 440
　22.7.8　单元测试 441
22.8　图书借还模块设计 443
　22.8.1　图书借还模块概述 443
　22.8.2　图书借还模块技术分析 443
　22.8.3　图书借阅的实现过程 444
　22.8.4　图书续借的实现过程 448
　22.8.5　图书归还的实现过程 451
　22.8.6　图书借阅查询的实现过程 453
　22.8.7　单元测试 456
22.9　开发问题解析 458
　22.9.1　如何自动计算图书归还日期 458
　22.9.2　如何对图书借阅信息进行统计排行........458
22.10　小结 459

第18章 明日科技企业网站

企业网站系统是一个信息化 B/S 架构下的软件，既可以为企业进行宣传，也可以为企业带来经济效益，同时还可以实现企业各项目业务的信息化管理。信息化管理是现代社会中小型企业稳步发展的必要条件，它可以提高企业的知名度，最大限度地减少因为广告费用而增加的额外开销。

学习摘要：

- ☑ 了解如何进行系统分析
- ☑ 了解数据库设计流程
- ☑ 熟悉搭建系统架构的方法
- ☑ 掌握 ThinkPHP 技术的应用
- ☑ 掌握网页布局
- ☑ 掌握幻灯片轮播效果

18.1 开发背景

企业门户网是一个连接企业内部和外部的网站，能够为企业提供单一性的信息资源访问入口。无论是企业的员工、客户、供应商还是合作伙伴，都可以通过企业门户网获得个性化服务，在了解企业基本信息和各方面资源情况的基础上，为企业的各相关领域提供便利的交流平台，以达成无缝集合企业内容、商务与社区的服务效果。本网站采用国内比较知名的 ThinkPHP 框架开发，用户在学习开发本网站的同时，还能更好地了解 ThinkPHP 框架的相关知识。

18.2 需求分析

随着网络信息时代的高速发展，企业已经不能再单单靠传统的推广模式去打开市场，更多的公司和个人已经认识到企业网站的重要性。对于企业来说，网站是一个企业发展的第二生命力，网站的设计就是体现一个公司文化和价值的最好彰显方式，成败由细节决定。

企业网站的重中之重就是网站的搭建及前端设计，设计就是网站的灵魂和生命力，需要用细节来成就。企业网站需要包括后台和前台，后台用于企业管理人员上传更新数据，而前台负责数据的展现，将企业信息、企业新闻等内容展现给用户。用户通过企业官网可以对企业有更深的了解，从而实现商务合作。

18.3 系统设计

18.3.1 系统目标

根据客户提供的需求和对实际情况的考察与分析，该企业网站应该具备如下特点。

- ☑ 界面设计简洁、友好、美观、大方。
- ☑ 操作简单、快捷、方便。
- ☑ 数据存储安全、可靠。
- ☑ 信息分类清晰、准确。
- ☑ 提供灵活、方便的权限设置功能，使这个系统的管理明确。

18.3.2 系统功能结构

明日科技企业网站分为两个部分，分别为前台和后台，其具体功能结构如图 18.1 所示。

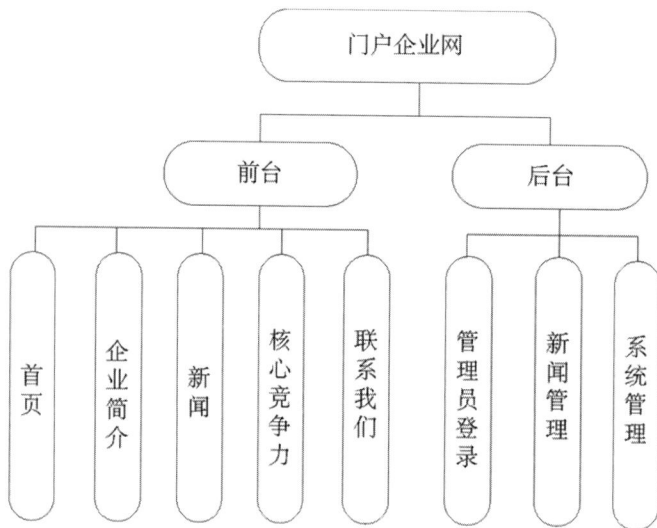

图 18.1 系统功能

18.3.3 功能预览

明日科技企业网站系统由多个页面组成，前台首页运行效果如图 18.2 所示，企业简介运行效果如图 18.3 所示，后台登录运行效果如图 18.4 所示，后台主页运行效果如图 18.5 所示。

图 18.2　前台首页运行效果

图 18.3　企业简介运行效果

图 18.4　后台登录运行效果

图 18.5　后台主页运行效果

18.3.4　系统流程图

企业门户网的业务流程如图 18.6 所示。

18.3.5　开发环境

在开发该项目时使用的软件开发环境如下。

☑　操作系统：Windows 7 及以上\Linux。

☑　集成开发环境：phpStudy。

- ☑ PHP 版本：PHP 7。
- ☑ MySQL 图形化管理软件：Navicat for MySQL。
- ☑ 开发工具：PhpStorm 18.0。
- ☑ ThinkPHP 版本：3.2.3。
- ☑ 浏览器：谷歌浏览器。

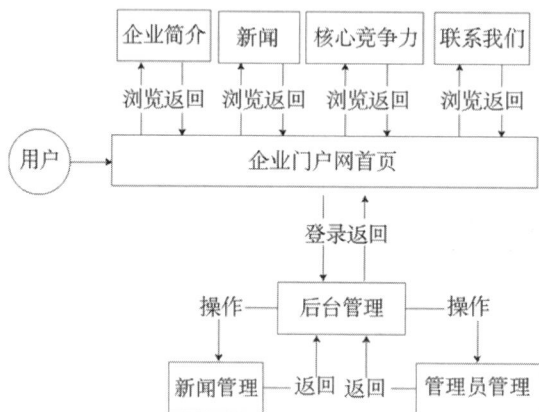

图 18.6　企业门户网的业务流程图

18.3.6　文件夹组织结构

在进行网站开发前，首先要规划网站的架构。也就是说，建立多个文件夹对各个功能模块进行划分，实现统一管理，这样做易于网站的开发、管理和维护。本项目中，使用默认的 ThinkPHP 目录结构，将 Home 文件夹作为前台模块，Admin 文件夹作为后台模块，如图 18.7 所示。

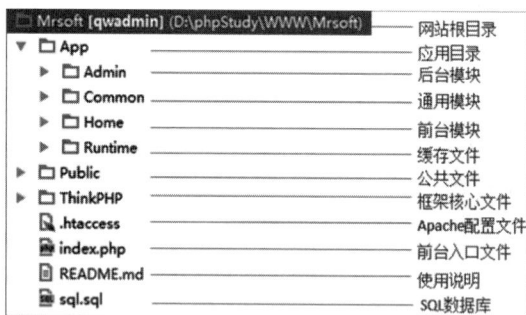

图 18.7　文件夹组织结构

18.4　数据库设计

18.4.1　数据库分析

本系统采用 MySQL 作为数据库，数据库名称为 mrsoft，其数据表名称及作用如表 18.1 所示。

表 18.1 数据库表结构

表　　名	含　　义	作　　用
mr_member	管理员表	用于存储管理员用户信息
mr_setting	系统变量表	用于存储系统变量信息
mr_auth_group	权限组表	用于存储权限组信息
mr_auth_group_access	用户分组对应表	用于存储用户分组对应信息
mr_auth_rule	权限规则表	用于存储权限规则信息
mr_category	分类表	用于存储分类信息
mr_article	文章表	用于存储文章信息
mr_devlog	开发日志表	用于存储开发日志信息
mr_flash	焦点图表	用于存储焦点图信息
mr_links	链接表	用于存储链接信息
mr_log	日志表	用于存储日志信息

18.4.2 数据库逻辑设计

1. 创建数据表

由于篇幅所限，这里只给出较重要的数据表的部分字段，完整数据表请参见本书附带资源包。

（1）mr_category（分类表）

表 mr_category 用于保存分类数据信息，其结构如表 18.2 所示。

表 18.2 分类表结构

字　段　名	数　据　类　型	默　认　值	允　许　为　空	自　动　递　增	备　　注
id	int(11)		NO	是	主键
type	tinyint(1)		NO		0 正常，1 单页，2 外链
pid	int(11)		NO		父 ID
name	varchar(100)		NO		分类名称
dir	varchar(100)		NO		目录名称
seotitle	varchar(200)		YES		SEO 标题
keywords	varchar(255)		NO		关键词
description	varchar(255)		NO		描述
content	text		NO		内容
url	varchar(255)		NO		链接地址
cattemplate	varchar(100)		NO		分类模板
contemplate	varchar(100)		NO		内容模板
o	int(11)		NO		排序

（2）mr_article（文章表）

表 mr_article 用于存储文章信息，其结构如表 18.3 所示。

表 18.3　文章表结构

字　段　名	数据类型	默　认　值	允　许　为　空	自　动　递　增	备　注
aid	int(11)		NO	是	主键
sid	int(11)		NO		分类 id
title	varchar(255)		NO		标题
seotitle	varchar(255)		YES		SEO 标题
keywords	varchar(255)		NO		关键词
description	varchar(255)		NO		摘要
thumbnail	varchar(255)		NO		缩略图
content	text		NO		内容
t	int(10) unsigned		NO		时间
n	int(10) unsigned	0	NO		单击

（3）mr_setting（系统变量表）

表 mr_setting 用于存储系统变量信息，其结构如表 18.4 所示。

表 18.4　系统变量表结构

字　段　名	数据类型	默　认　值	允　许　为　空	自　动　递　增	备　注
k	varchar(100)		NO		主键
v	varchar(255)		NO		值
type	tinyint(1)		NO		0 系统，1 自定义
name	varchar(255)		NO		说明

2. 数据库连接相关配置

在 ThinkPHP 全局配置文件中配置数据库信息，具体配置如下。

【例 18.01】代码位置：资源包\源码\18\ Mrsoft\Application\Common\Conf\db.php。

```
return array(
  'DB_TYPE' => 'mysql',              // 数据库类型
  'DB_HOST' => '127.0.0.1',          // 服务器地址
  'DB_NAME' => 'mrsoft',             // 数据库名
  'DB_USER' => 'root',               // 用户名
  'DB_PWD' => 'root',                // 密码
  'DB_PORT' => 3306,                 // 端口
  'DB_PREFIX' => 'mr_',              // 数据库表前缀
  'DB_CHARSET'=> 'utf8',             // 数据库编码默认采用 utf8
);
```

18.5　前台首页设计

18.5.1　前台首页概述

当用户访问明日科技企业网站时，首先进入的便是前台首页。前台首页是对整个网站总体内容的

概述。在明日科技企业网站的前台首页中，主要包含以下内容。

☑ 导航栏：主要包括"首页""企业简介""新闻""核心竞争力"和"联系我们"5 个链接。

☑ 幻灯片轮播：将企业宣传图片以幻灯片形式轮播展示。

☑ 功能栏：主要用于展示企业的业务领域。

☑ 版权信息：显示网站的版权信息。

18.5.2 前台首页技术分析

在前台首页中，导航栏作为前台每个页面的通用部分，可以作为一个独立文件，供其他页面引用。版权信息虽然也是通用部分，但是在首页中为能够快速进入后台，设置了"后台"链接，而其他页面没有该链接，所以该版权信息文件只属于前台首页。功能栏用于显示企业的业务领域，为了达到美观的效果，使用图片方式展示。幻灯片轮播作为首页的重点内容，需要能够在后台进行管理，包括增、删、改、查等操作。

18.5.3 导航栏实现过程

由于头部和导航栏都是通用部分，可以分别将其作为一个独立文件，在其他前台页面使用<include>标签引用，头部具体代码如下。

【例 18.02】代码位置：资源包\源码\18\ Mrsoft\App\Home\View\Public\header.html。

```
<!DOCTYPE html>
<html>
<head>
    <meta http-equiv="Content-Type" content="text/html; charset=utf-8">
    <meta name="viewport"
            content="width=device-width, initial-scale=1, maximum-scale=1">
    <title>{$Think.CONFIG.sitename}</title>
    <meta name="keywords" content="{$Think.CONFIG.keywords}"/>
    <meta name="description" content="{$Think.CONFIG.description}"/>
    <link href="__PUBLIC__/css/main.css" rel="stylesheet" type="text/css">
    <link href="__PUBLIC__/css/container.css" rel="stylesheet" type="text/css">
    <link href="__PUBLIC__/css/reset.css" rel="stylesheet" type="text/css">
    <link href="__PUBLIC__/css/screen.css" rel="stylesheet" type="text/css">
    <script src="__PUBLIC__/js/jquery.min.js"></script>
    <script src="__PUBLIC__/js/jquery-ui.min.js"></script>
    <script src="__PUBLIC__/js/fwslider.js"></script>
    <script src="__PUBLIC__/js/tab.js"></script>
</head>
<body>
```

以上代码中引入了所有资源文件，其中__PUBLIC__会被替换成当前网站的公共目录，即/Public/；{$Think.CONFIG.sitename}是 mr_setting 表中字段 sitename 的值，即"明日科技有限公司"。导航栏包括 5 个链接，单击后跳转到相应的网页，具体代码如下。

【例 18.03】代码位置：资源包\源码\18\ Mrsoft\App\Home\View\Public\nav.html。

```html
        <!--导航-->
<div class="header_bg">
    <div class="wrap">
        <div class="header">
            <div class="logo">
                <a href="{:U('index')}">
                    <img src="__PUBLIC__/images/logo.png" alt="">
                </a>
            </div>
            <div class="pull-icon">
                <a id="pull"></a>
            </div>
            <div class="cssmenu">
                <ul>
                    <li>
                        <a href="{:U('index')}">首页</a>
                    </li>
                    <li>
                        <a href="{:U('about')}">企业简介</a>
                    </li>
                    <li>
                        <a href="{:U('news')}">新闻</a>
                    </li>
                    <li>
                        <a href="{:U('core')}">核心竞争力</a>
                    </li>
                    <li class="last">
                        <a href="{:U('contact')}">联系我们</a>
                    </li>
                </ul>
            </div>
            <!--清除浮动-->
            <div class="clear"></div>
        </div>
    </div>
</div>
```

上述代码中，使用 U 方法实现页面跳转。U 方法是 ThinkPHP 内置方法，用于 URL 的动态生成。U 方法的定义为 U('地址表达式',['参数'],['伪静态后缀'],['显示域名'])，常用形式为 U('地址表达式')，如果不定义模块，就表示当前模块名称，如果不定义控制器，则表示当前控制器。U('Public/login')生成 Admin 模块下 Public 控制器下 login 方法的 url 地址。U('verify')生成 Admin 模块下 Public 控制器下 login 方法的 url 地址，等价于 U('Admin/Public/verify')。

```html
<img src="{:U('Admin/Public/verify')}" id="imgcode"    Onclick="this.src=this.src+'?'+Math.random()"/>
```

等价于

```html
<img src="/app/index.php/Admin/Public/verify.html"    id="imgcode"
```

```
Onclick="this.src=this.src+'?'+Math.random()"/>
```

在首页模板文件中，引入头部和导航栏的关键代码如下。

【例 18.04】代码位置：资源包\源码\18\ Mrsoft\App\Home\View\Index\index.html。

```
        <!--头部-->
<include file="Public/header" />
<!--导航-->
<include file="Public/nav" />
```

页面运行效果如图 18.8 所示。

图 18.8 网站导航栏运行效果

18.5.4 幻灯片轮播实现过程

▢ 商品分类模块使用的数据表：mr_flash

1. 获取幻灯片数据

幻灯片数据存储于 mr_flash 表中，需要从该表中筛选出所有 title 字段值为 banner 的数据，并且根据序号升序排列即可。关键代码如下。

【例 18.05】代码位置：资源包\源码\18\ Mrsoft\App\Home\Controller\IndexController.class.php。

```php
        <?php

namespace Home\Controller;

class IndexController extends ComController
{
    // 首页
    public function index()
    {
        // 获取 banner
        $banners = M('flash')->where(array('title'=>'banner'))->order('o asc')->select();
        $this->assign('banners',$banners);              //页面赋值
        $this->display();                               //渲染模板
    }
}
```

上述代码中，使用 where()方法筛选出 title 字段值为 banner 的数据，然后使用 order()方法根据序号字段 o 进行 asc 升序排列，返回结果为一个数组，赋值给$banners。接着使用 assign()方法进行页面赋值，最后使用 display()方法渲染模板。

2. 展示幻灯片效果

获取分类数据后，接下来就需要渲染模板显示数据了。由于幻灯片数据是一个二维数组，所以使用<foreach>标签遍历获取数据即可。关键代码如下。

【例 18.06】代码位置：资源包\源码\18\ Mrsoft\App\Home\View\Public\header.html。

```html
        <!--轮播-->
<div id="fwslider" style="height: 554px;">
    <div class="slider_container">
        <foreach name="banners" item="banner" key="k">
            <div class="slide" style="opacity: 1; z-index: 0; display: none;">
                <img id="img{$k}" src="{$banner['pic']}">
            </div>
        </foreach>
    </div>
    <div class="timers" style="width: 180px;"></div>
    <div class="slidePrev" style="left: 0px; top: 252px;">
        <span></span>
    </div>
    <div class="slideNext" style="right: 0px; top: 252px; opacity: 0.5;">
        <span></span>
    </div>
</div>
<!--轮播-->
```

上述代码中，使用了 fwslider 幻灯片插件。使用该插件前需要引入相应的 JavaScript 文件。在 header.html 头部文件中，已经引入了如下文件：

```html
        <script src="__PUBLIC__/js/jquery.min.js"></script>
<script src="__PUBLIC__/js/jquery-ui.min.js"></script>
<script src="__PUBLIC__/js/fwslider.js"></script>
```

此时，直接遍历$banners，然后获取对应的图片路径即可，运行结果如图 18.9 所示。

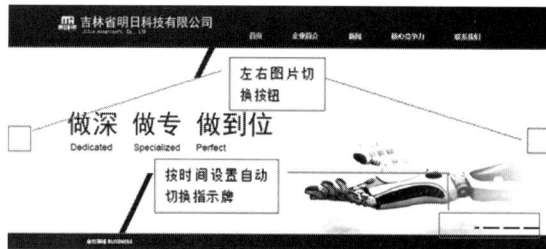

图 18.9　幻灯片运行效果图

18.6　新闻模块设计

18.6.1　新闻模块概述

新闻模块是网站之中最传统的交流模块，现在的大部分网站都需要使用新闻模块进行网站信息交流。在新闻模块中，管理人员能够通过后台进行新闻的发布和修改，用户能够在前台页面中进行新闻的访问和查询。

18.6.2　新闻模块技术分析

新闻模块包括两个部分：新闻列表页和新闻详情页。在新闻列表页，以表格的形式展示所有新闻的标题、发布时间和"详情"按钮。新闻列表页的数据来源于 mr_article 表中分类为新闻的数据。而新闻详情页则是通过单击"详情"按钮，在<a>标签的超链接中添加新闻 ID 实现的。进入新闻详情页后，根据新闻 ID，获取新闻内容。

18.6.3　新闻列表页实现过程

　　新闻列表页使用的数据表：mr_article

当用户单击导航栏中的"新闻"超链接，即可进入新闻列表页。在新闻列表页，以表格的形式展示所有新闻的标题、发布时间和"详情"按钮。

1. 获取新闻列表数据

在 Home 模块的 Index 控制器中添加 news()方法，该方法用于获取所有分类为"新闻"的文章数据，在所有数据中，只获取新闻 ID、新闻标题和创建时间 3 个字段，具体代码如下。

【例 18.07】代码位置：资源包\源码\18\ Mrsoft\App\Home\Controller\IndexController.class.php。

```php
<?php

namespace Home\Controller;

class IndexController extends ComController
{
// 企业新闻
public function news(){
    $news = M('article')->where(array('sid'=>37))->field('aid,title,t')->select();  //获取分类为"新闻"的数据
    $this->assign('news',$news);                                                      //页面赋值
    $this->display();                                                                 //渲染模板
}
}
```

上述代码中使用了 field()方法，该方法属于模型的连贯操作方法之一，主要目的是标识要返回或者操作的字段，可以用于查询和写入操作。

2. 展示新闻列表效果

在 View\Index 模板目录下，创建 news.html 文件，遍历新闻列表数据，关键代码如下。

【例 18.08】代码位置：资源包\源码\18\ Mrsoft\App\Home\View\Index\news.html。

```html
<!--头部-->
<include file="Public/header" />
<!--导航-->
<include file="Public/nav" />
<!--banner-->
<div class="second_banner">
    <img src="__PUBLIC__/images/3.gif" alt="">
```

```
</div>
<!--//banner-->
<!--新闻-->
<div class="container">
    <div class="left">
        <div class="menu_plan">
            <div class="menu_title">公司动态<br><span>news of company</span></div>
            <ul id="tab">
                <li class="active"><a href="#">公司新闻</a></li>
            </ul>
        </div>
    </div>
    <div class="right">
        <div class="location">
            <span>当前位置：<a href="javascript:void(0)" id="a"></a>
                <a href="#">公司新闻</a>
            </span>
            <div class="brief" id="b"><a href="#">公司新闻</a></div>
        </div>
        <div style=" font-size:14px; margin-top:53px; line-height:36px;">
            <div id="tab_con">
                <div id="tab_con_2" class="dis-n" style="display: block;">
                    <table style="margin-top:70px">
                        <tbody>
                            <tr class="tt_bg">
                                <td>新闻标题</td>
                                <td>发布时间</td>
                                <td>详情</td>
                            </tr>
                            <foreach name="news" item="v">
                                <tr>
                                    <td>{$v['title']}</td>
                                    <td>{$v['t']|date="Y-m-d",###}</td>
                                    <td>
                                    <a style="color:#3F862E" target="_blank" href=" {:U('detail',array
                                        ('news_id'=> $v['aid']))}">详情</a>
                                    </td>
                                </tr>
                            </foreach>
                        </tbody>
                    </table>
                </div>
            </div>
        </div>
    </div>
</div>
<!--//新闻-->
<!--底部-->
<include file="Public/footer" />
<!--//底部-->
```

上述代码中，$v['t']是时间戳形式数据（如 1513067402），通过使用模板函数来获取标准时间（如 2017-12-12）。"详情"按钮使用<a>标签实现页面跳转，<a>标签的 href 属性通过 U 方法传递 news_id 参数。新闻列表页运行效果如图 18.10 所示。

图 18.10　新闻列表页运行效果

18.6.4　新闻详情页实现过程

　　📋 新闻详情页使用的数据表：mr_article

1. 获取新闻详情页数据

在 Home 模块的 Index 控制器中添加 detail()方法，当从新闻列表页跳转至新闻详情页时，接收到传递的参数 news_id，根据 news_id 从 mr_article 表中获取该 ID 的数据，具体代码如下。

【例 18.09】代码位置：资源包\源码\18\ Mrsoft\App\Home\Controller\IndexController.class.php。

```
//新闻详情
public function detail(){
    $news_id = I('news_id',0);                          //接收 ID
    $news = M('article')->where(array('aid'=>$news_id))->find();   //获取 mr_article 表数据
    $this->assign('news',$news);                        //变量赋值
    $this->display();                                   //渲染模板
}
```

上述代码中，使用 I 方法来接收传递的新闻 ID，I 方法是 ThinkPHP 用于更加方便和安全地获取系统输入变量。I ('news_id',0) 语句表示如果接收的参数 news_id 不存在，则默认为 0。find 方法只会返回第一条记录，即$news 是一维数组。

2. 展示新闻详情页效果

在 View\Index 模板目录下，创建 detail.html 文件，获取新闻详情数据，关键代码如下。

【例 18.10】代码位置：资源包\源码\18\ Mrsoft\App\Home\View\Index\detail.html。

```
<!--头部-->
```

291

```
<include file="Public/header" />
<!--导航-->
<include file="Public/nav" />
<!--banner-->
<div class="second_banner">
    <img src="__PUBLIC__/images/4.gif" alt="">
</div>
<!--//banner-->
<!--新闻-->
<div class="container">
    <div class="left">
        <div class="menu_plan">
            <div class="menu_title">公司动态<br><span>news of company</span></div>
          <ul id="tab">
                <li class="active"><a href="#">公司新闻</a></li>
            </ul>
        </div>
    </div>
    <div class="right">
        <div class="location">
            <span>当前位置：<a href="javascript:void(0)" id="a"></a>
                <a href="#">公司新闻</a></span>
            <div class="brief" id="b">
                <a href="#">公司新闻</a>
            </div>
        </div>
        <div style="font-size: 14px; margin-top: 53px; line-height: 36px;">
            <div id="tab_con">
                <div id="tab_con_2" class="dis-n" style="display: block;">
                    <div class="content_main">
                        <br><h2 style="font-size:28px;text-align:center">{$news['title']}</h2>
                        {$news['content']}
                    </div>
                </div>
            </div>
        </div>
    </div>
</div>
<!--//新闻-->
<!--底部-->
<include file="Public/footer" />
<!--//底部-->
```

运行结果如图 18.11 所示。

图 18.11　新闻详情页效果

18.7　前台其他模块设计

18.7.1　其他模块概述

前台首页中还包括"企业简介""核心竞争力""联系我们"3 个模块，由于这 3 个模块实现功能相似，所以统称为其他模块一起讲述。

18.7.2　其他模块技术分析

其他模块数据均来源于 mr_article 表，分别根据 mr_article 表中的 sid 字段进行区分。例如在 mr_category 表中，ID 为 36 的分类是企业简介，所以在 mr_article 表中 where 条件为 sid=36 的数据即是企业文章的内容。

18.7.3　"联系我们"页面的实现过程

"联系我们"页面包括公司名称、联系人、电话等常用信息，所以将这些信息在后台配置后作为系统变量输出。普通的模板变量需要首先赋值后才能在模板中输出，但是系统变量则不需要，可以直接在模板中输出，系统变量的输出通常以{$Think}开头，"联系我们"页面的关键代码如下。

【例 18.11】代码位置：资源包\源码\18\ Mrsoft\App\Home\View\Index\contact.html。

```
        <!--头部-->
<include file="Public/header" />
<!--导航-->
<include file="Public/nav" />
<!--banner-->
<div class="second_banner">
    <img src="__PUBLIC__/5.gif" alt="">
</div>
<!--//banner-->
<!--联系我们-->
<div class="container">
```

```html
<div class="left">
    <div class="menu_plan">
        <div class="menu_title">
            联系我们
            <br>
            <span>Associate program</span>
        </div>
        <ul id="tab">
            <li onclick="changeValue(this)" class="active">
                <a href="#">联系我们</a>
            </li>
        </ul>
    </div>
</div>
<div class="right">
    <div class="location">
        <span>当前位置：
            <a href="#">联系我们</a>
        </span>
        <div class="brief" id="b">
            <a href="#">联系我们</a>
        </div>
    </div>
    <div style="font-size: 14px; margin-top: 53px; line-height: 36px;">
        <div id="tab_con">
            <div id="tab_con_4" class="dis-n" style="display: block;">
                <table class="contact">
                    <tbody>
                    <tr>
                        <td width="18%" class="ct_bg">
                            公司名称
                        </td>
                        <td>
                            {$Think.CONFIG.company_name }
                        </td>
                    </tr>
                    <tr>
                        <td class="ct_bg">
                            联系人
                        </td>
                        <td>
                            {$Think.CONFIG.contact_name }
                        </td>
                    </tr>
                    <tr>
                        <td class="ct_bg">
                            电话
                        </td>
                        <td>
```

```
                    {$Think.CONFIG.contact_tel }
                </td>
            </tr>
            <tr>
                <td class="ct_bg">
                    邮箱
                </td>
                <td>
                    {$Think.CONFIG.email }
                </td>
            </tr>
            <tr>
                <td class="ct_bg">
                    地址
                </td>
                <td>
                    {$Think.CONFIG.address }
                </td>
            </tr>
            <tr>
                <td class="ct_bg">
                    邮编
                </td>
                <td>
                    {$Think.CONFIG.zip_code }
                </td>
            </tr>
            <tr>
                <td class="ct_bg">
                    公司主页
                </td>
                <td>
                    {$Think.CONFIG.company_website }
                </td>
            </tr>
            </tbody>
        </table>
        <div style="text-align: center">
            <img src="__PUBLIC__/images/map.jpg" alt="">
        </div>
        </div>
    </div>
    </div>
</div>
<!--//联系我们-->
<!--底部-->
<include file="Public/footer" />
<!--//底部-->
```

如果后台添加完自定义变量后，前台页面没有立即生效，请单击后台导航栏的清除缓存按钮，如图 18.12 所示，然后再次刷新前台页面。"联系我们"页面运行结果如图 18.13 所示。

图 18.12　清除缓存

图 18.13　"联系我们"页面效果

18.8　后台登录模块设计

18.8.1　后台登录模块概述

后台登录功能主要是对管理员输入的账号、密码及验证码进行验证。验证内容包括账号、密码是否为空，验证码是否正确，用户名和密码是否匹配等。如果验证成功，则成功登录后台，否则提示错误信息。

18.8.2　后台登录模块技术分析

虽然后台登录的主要功能是检测管理员输入的用户名和密码是否正确，但是在验证之前需要编写其他附属的功能，如判断管理员是否登录、生成和检测验证码等。

1. 判断是否登录

管理员访问后台时，系统首先判断管理员是否登录，如果登录，进入后台主页，否则跳转至登录页，提示管理员登录。由于在后台的每一个页面都需要判断管理员是否登录，所以将检测登录的功能写入父类 ComController 的 check_login()方法。当子类继承 ComController 父类时，调用 check_login()方法，执行检测是否登录。check_login()方法具体代码如下。

【例 18.12】代码位置：资源包\源码\18\ Mrsoft\App\Qwadmin\Controller\ComController.class.php。

```php
        public function check_login(){
    session_start();                                            //开启 Session
    $flag = false;                                              //初始化 flag
    $salt = C("COOKIE_SALT");                                   //获取配置项 COOKIE_SALT
    $ip = get_client_ip();                                      //获取 IP 地址
    $ua = $_SERVER['HTTP_USER_AGENT'];                          //获取客户端的浏览器和操作系统信息
    $auth = cookie('auth');                                     //获取 Cookie
    $uid = session('uid');                                      //获取 Session
    if ($uid) {                                                 //判断用户 ID 是否存在
        $user = M('member')->where(array('uid' => $uid))->find();    //查找用户信息
        if ($user) {
            // 判断加密后密码
            if ($auth ==   password($uid.$user['user'].$ip.$ua.$salt)) {
                $flag = true;                                   // flag 标识设置为 true
                $this->USER = $user;                            //用户信息赋值
            }
        }
    }
    return $flag;                                               // 返回 flag 标识
}
```

2. 生成和检测验证码

ThinkPHP 自身封装了生成和检测验证码的 Verify 类，使得对验证码的操作非常方便快捷。具体操作时，需要调用 Verify 类中的 entry 方法生成验证码，调用 Verify 类中的 check 方法检测验证码，具体代码如下。

【例 18.13】代码位置：资源包\源码\18\ Mrsoft\App\Qwadmin\Controller\LoginController.class.php。

```php
    // 生成验证码
public function verify()
{
    $config = array(
        'fontSize' => 14,                                       //验证码字体大小
        'length' => 4,                                          //验证码位数
        'useNoise' => false,                                    //关闭验证码杂点
        'imageW' => 100,
        'imageH' => 30,
    );
    $verify = new \Think\Verify($config);
    $verify->entry('login');
}
```

```
    // 检测验证码
function check_verify($code, $id = '')
{
    $verify = new \Think\Verify();
    return $verify->check($code, $id);
}
```

接下来，在登录页面模板文件中展示生成的验证码图片，关键代码如下。

【例 18.14】代码位置：资源包\源码\18\ Mrsoft\App\Qwadmin\View\Login\index.html。

```
<form action="{:U('login/login')}" method="post">
    <fieldset>
        <label class="block clearfix">
                <span class="block input-icon input-icon-right">
                    <input type="text" class="form-control" name="user"
                            placeholder="用户名"/>
                    <i class="ace-icon fa fa-user"></i>
                </span>
        </label>

        <label class="block clearfix">
                <span class="block input-icon input-icon-right">
                    <input type="password" class="form-control" name="password"
                            placeholder="密码"/>
                    <i class="ace-icon fa fa-lock"></i>
                </span>
        </label>

        <div class="space"></div>
        <label class="block clearfix">
                <span class="block input-icon ">
                    <span class="inline"><input type="text" class="form-control"
                                        name="verify" placeholder="验证码"
                                        id="code" required/></span>
                    <img style="cursor:pointer;" src="{:U('login/verify')}"
                        width="100" height="30" title="看不清楚？点击刷新"
                        onclick="this.src = '{:U('login/verify')}?'+new Date().getTime()">
                </span>
        </label>

        <div class="space"></div>

        <div class="clearfix">
            <label class="inline">
                <input type="checkbox" class="ace" name="remember"/>
                <span class="lbl"> 记住我</span>
            </label>
        </div>

        <button type="submit"
```

```
                        class="width-35 pull-right btn btn-sm btn-primary">
                <i class="ace-icon fa fa-key"></i>
                <span class="bigger-110">登录</span>
            </button>
        </div>

        <div class="space-4"></div>
    </fieldset>
</form>
```

生成验证码运行结果如图 18.14 所示。

图 18.14　生成验证码效果

18.8.3　后台登录实现过程

准备工作完成后，在后台登录页面中填写用户名、密码和验证码，单击"登录"按钮，提交表单到 login()方法。login()方法需要先检测用户输入的信息，然后判断用户输入的用户名和密码是否匹配，如果匹配，将用户 ID 写入 Sessin，将用户信息写入 Cookie，并且写入操作日志，最后跳转到后台主页，否则提示错误信息。

【例 18.15】代码位置：资源包\源码\18\ Mrsoft\App\Qwadmin\Controller\LoginController.class.php。

```
    // 后台登录
public function login()
{
    /** 验证用户输入  **/
    $verify = isset($_POST['verify']) ? trim($_POST['verify']) : '';
    if (!$this->check_verify($verify, 'login')) {
        $this->error('验证码错误！', U("login/index"));
    }

    $username = isset($_POST['user']) ? trim($_POST['user']) : '';
    $password = isset($_POST['password']) ? password(trim($_POST['password'])) : '';
    $remember = isset($_POST['remember']) ? $_POST['remember'] : 0;
    if ($username == '') {
        $this->error('用户名不能为空！', U("login/index"));
```

```
} elseif ($password == ") {
    $this->error('密码必须！', U("login/index"));
}
/** 查找用户名和密码是否匹配 **/
$model = M("Member");
$user = $model->field('uid,user')->where(array('user' => $username, 'password' => $password))->find();

if ($user) {                                                    //登录成功
    $salt = C("COOKIE_SALT");
    $ip = get_client_ip();
    $ua = $_SERVER['HTTP_USER_AGENT'];
    session_start();
    session('uid',$user['uid']);
            //加密 cookie 信息
    $auth = password($user['uid'].$user['user'].$ip.$ua.$salt);
    if ($remember) {
        cookie('auth', $auth, 3600 * 24 * 365);                 //记住我
    } else {
        cookie('auth', $auth);
    }
    addlog('登录成功°');                                         //写入日志
    $url = U('index/index');
    header("Location: $url");                                   //跳转到后台主页
    exit(0);
} else {                                                         //登录失败
    addlog('登录失败°', $username);                              //写入日志
    $this->error('登录失败，请重试！', U("login/index"));        //提示错误信息
}
}
```

18.9　后台管理模块设计

18.9.1　后台管理模块概述

后台管理模块相对于前台要复杂得多。前台页面是将相关数据信息展示给用户，但是数据通常都是在后台进行统一管理。从数据库角度来说，前台模块相当于单一的数据读取，而后台模块则包括了所有的增、删、改、查操作。后台管理模块主要包含以下内容。

☑　系统设置：主要包括"自定义变量""网站设置""后台菜单设置"等。

☑　用户及用户组：主要包括用户管理和用户组管理，通过设置用户和用户组，能够实现用户权限的控制。

☑　网站内容：主要包括文章管理和文章分类管理。

☑　其他功能：主要包括友情链接和焦点图。

☑　个人中心：主要包括个人资料管理和退出系统。

由于本项目主要使用文章管理系统，所以重点讲解文章管理和文章分类，即网站内容模块。运行效果如图 18.15 所示。

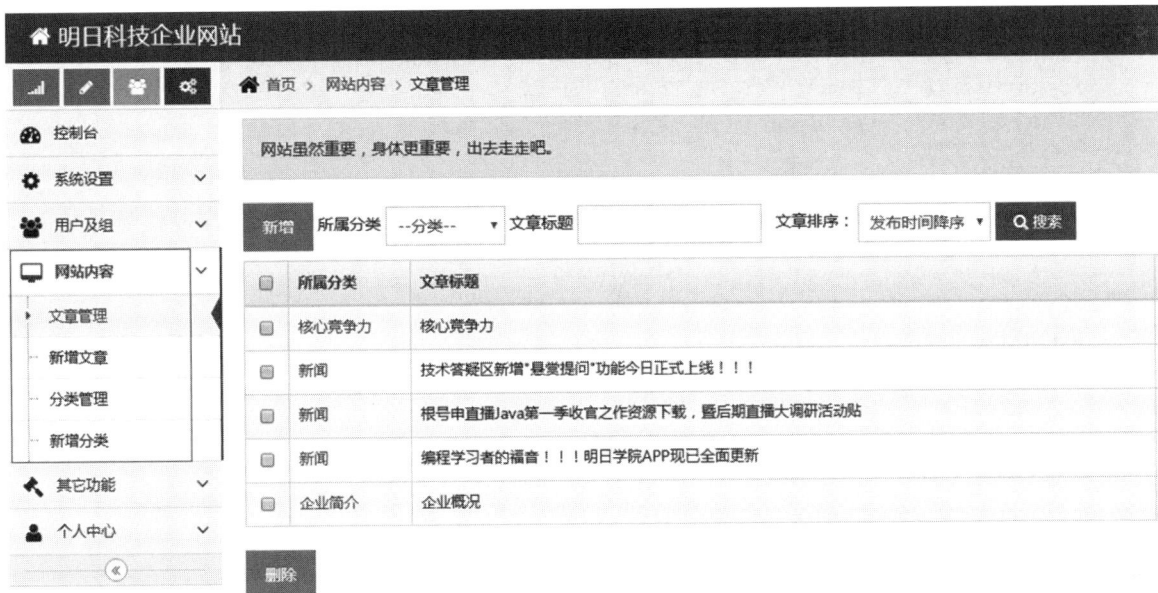

图 18.15　网站内容模块运行效果

18.9.2　网站内容模块技术分析

网站内容模块包括分类管理和文章管理。添加文章时需要选择文章所属分类，所以在设计表结构时，需要关联 mr_article 表和 mr_category 表，即 mr_article 表中包含的 sid 字段值就是 mr_category 表的 id 字段值。

18.9.3　文章管理实现过程

1. 文章列表

文章列表页面包括如下 3 部分内容。

☑　顶部搜索框：可以根据分类名称、文章标题、发布时间排序进行搜索。

☑　文章列表：展示文章的所属分类、标题以及发布时间。

☑　底部分页：根据分页链接显示数据。

文章列表页面需要同时实现以上 3 部分内容，即在获取文章数据的同时结合搜索和分页。对于搜索，需要根据搜索条件联合查询。对于分页，可以使用 Page 类来实现。具体代码如下。

【例 18.16】代码位置：资源包\源码\18\ Mrsoft\App\Qwadmin\Controller\ArticleController.class.php。

```php
        public function index($sid = 0, $p = 1)
{
    $p = intval($p) > 0 ? $p : 1;                                    //判断当前页码
    $article = M('article');                                        //实例化 article 类
```

```php
$pagesize = 3;                                              //每页数量
$offset = $pagesize * ($p - 1);                            //计算记录偏移量
$prefix = C('DB_PREFIX');                                   //获取表前缀
$sid = isset($_GET['sid']) ? $_GET['sid'] : '';            //获取分类 ID
$keyword = isset($_GET['keyword']) ? htmlentities($_GET['keyword']) : ''; //获取关键字
$order = isset($_GET['order']) ? $_GET['order'] : 'DESC';  //获取排序
$where = '1 = 1 ';
// 根据分类筛选
if ($sid) {
    $sids_array = category_get_sons($sid);                 //获取所有的子级 id
    $sids = implode(',',$sids_array);                      //将数组拆分为字符串
    $where .= "and {$prefix}article.sid in ($sids) ";
}
// 根据关键字筛选
if ($keyword) {
    $where .= "and {$prefix}article.title like '%{$keyword}%' ";
}
//默认按照时间降序
$orderby = "t desc";
if ($order == "asc") {
    $orderby = "t asc";
}
//获取栏目分类
$category = M('category')->field('id,pid,name')->order('o asc')->select();
$tree = new Tree($category);                               //实例化树型类
$str = "<option value=\$id \$selected>\$spacer\$name</option>"; //生成的形式
$category = $tree->get_tree(0, $str, $sid);                //得到树型结构
$this->assign('category', $category);                      //导航
$count = $article->where($where)->count();                 //获取数量
// 筛选文章内容
$list = $article->field("{$prefix}article.*,{$prefix}category.name")->where($where)->order($orderby)
    ->join("{$prefix}category ON {$prefix}category.id = {$prefix}article.sid")
    ->limit($offset . ',' . $pagesize)->select();
$page = new \Think\Page($count, $pagesize);                //实例化分页类
$page = $page->show();                                     //调用分页方法
$this->assign('list', $list);                              //页面赋值
$this->assign('page', $page);                              //输出分页
$this->display();                                          //渲染模板
}
```

接下来渲染文章列表页模板，文件代码如下。

【例 18.17】代码位置：资源包\源码\18\ Mrsoft\App\Qwadmin\View\Article\index.html。

```html
<!-- /section:settings.box -->
<div class="row">
    <div class="col-xs-12">
        <!-- PAGE CONTENT BEGINS -->
        <div class="cf">
            <form class="form-inline" action="" method="get">
                <a class="btn btn-info" href="{:U('add')}" value="">新增</a>
```

```
<label class="inline">所属分类</label>
<select name="sid" class="form-control">
    <option value="0">--分类--</option>
    {$category}
</select>
<label class="inline">文章标题</label>
<input type="text" name="keyword" value="{:I('keyword')}" class="form-control">

<label class="inline">  文章排序：</label>
<select name="order" class="form-control">
    <option value="desc" <if condition="I('order') eq desc">selected</if>>
发布时间降序</option>
    <option value="asc" <if condition="I('order') eq asc">selected</if> >
发布时间升序</option>
</select>
<button type="submit" class="btn btn-purple btn-sm">
    <span class="ace-icon fa fa-search icon-on-right bigger-110"></span>
    搜索
</button>
        </form>
    </div>
    <div class="space-4"></div>
    <form id="form" method="post" action="{:U('del')}">
        <table class="table table-striped table-bordered">
            <thead>
            <tr>
                <th class="center"><input class="check-all" type="checkbox" value=""></th>
                <th>所属分类</th>
                <th class="col-xs-7">文章标题</th>
                <th>发布时间</th>
                <th>操作</th>
            </tr>
            </thead>
            <tbody>
            <volist name="list" id="val">
                <tr>
                    <td class="center"><input class="aids" type="checkbox" name="aids[]"
                                        value="{$val['aid']}"></td>
                    <td><a href="{:U('index',array('sid'=>$val['sid']))}"
title="{$val['name']}">{$val['name']}</a>
                    </td>
                    <td>{$val['title']}</td>
                    <td>{$val['t']|date="Y-m-d H:i:s",###}</td>
                    <td><a href="{:U('edit',array('aid'=>$val['aid']))}"><i
                        class="ace-icon fa fa-pencil bigger-100"></i>修改</a>  <a
                        href="javascript:;" val="{:U('del',array('aids'=>$val['aid']))}" class="del"><i
                        class="ace-icon fa fa-trash-o bigger-100 red"></i>删除</a></td>
                </tr>
            </volist>
```

```
                    </tbody>
                </table>
            </form>
            <div class="cf">
                <input id="submit" class="btn btn-info" type="button" value="删除">
            </div>
            {$page}
            <!-- PAGE CONTENT ENDS -->
        </div><!-- /.col -->
    </div><!-- /.row -->
```

文章列表页全部数据如图 18.16 所示，根据分类和文件标题筛选条件搜索后的数据如图 18.17 所示。

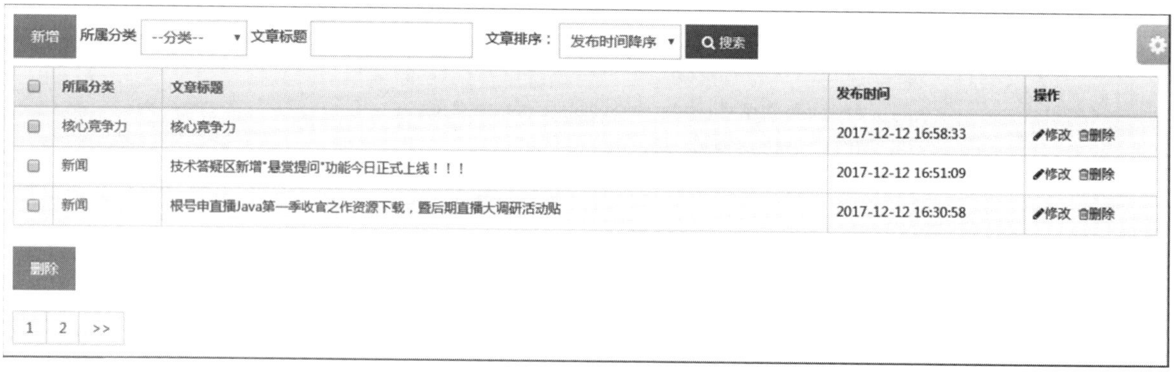

图 18.16　全部数据

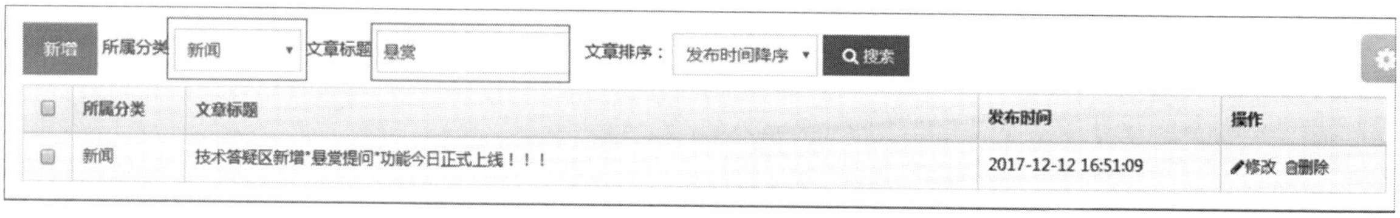

图 18.17　筛选数据

2. 新增文章

在添加文章时，需要选择文章分类，所以需要获取 mr_category 表中全部分类数据，并且以树型方式进行展示，添加分类的控制器代码如下。

【例 18.18】代码位置：资源包\源码\18\ Mrsoft\App\Qwadmin\Controller\ArticleController.class.php。

```
    public function add()
    {
        $category = M('category')->field('id,pid,name')->order('o asc')->select();    //获取所有分类
        $tree = new Tree($category);                                                   //实例化属性类
        $str = "<option value=\$id \$selected>\$spacer\$name</option>";                //生成的形式
        $category = $tree->get_tree(0, $str, 0);                                       //获取树形结构
        $this->assign('category', $category);                                          //导航
        $this->display('form');                                                        //渲染页面
    }
```

新增文章时，需要填写文章内容，为更好地展现文章内容，使用富文本编辑器 KindEditor 实现该

功能。此外，由于添加文章和修改文章的表单内容相同，所以渲染同一个模板 form，form 模板的关键代码如下。

【例 18.19】代码位置：资源包\源码\18\ Mrsoft\App\Qwadmin\View\Article\form.html。

```html
<form class="form-horizontal" id="form" method="post" action="{:U('update')}">
<!-- PAGE CONTENT BEGINS -->
<input type="hidden" name="aid" value="{$article.aid}" id="aid"/>
<div class="form-group">
    <label class="col-sm-1 control-label no-padding-right" for="form-field-0">
        文章分类 </label>
    <div class="col-sm-9">
        <select id="sid" name="sid" class="col-xs-10 col-sm-5">
            <option value="0">--分类--</option>
            {$category}
        </select>
        <span class="help-inline col-xs-12 col-sm-7">
            <span class="middle">选择所属分类。</span>
        </span>
    </div>
</div>
<div class="space-4"></div>
<div class="form-group">
    <label class="col-sm-1 control-label no-padding-right" for="form-field-1">
        文章标题 </label>
    <div class="col-sm-9">
        <input type="text" name="title" id="title" placeholder="文章标题"
                class="col-xs-10 col-sm-5" value="{$article['title']}">
        <span class="help-inline col-xs-12 col-sm-7">
            <span class="middle">文章标题不能为空。</span>
         </span>
    </div>
</div>
<div class="form-group">
    <label class="col-sm-1 control-label no-padding-right" for="form-field-1">
        SEO 标题 </label>
    <div class="col-sm-9">
        <input type="text" name="seotitle" id="seotitle" placeholder="SEO 标题"
                class="col-xs-10 col-sm-5" value="{$article['seotitle']}">
        <span class="help-inline col-xs-12 col-sm-7">
            <span class="middle">如果设置 SEO 标题，将会在 IE 标题栏显示 SEO 标题。</span>
        </span>
    </div>
</div>
<div class="space-4"></div>
<div class="form-group">
    <label class="col-sm-1 control-label no-padding-right" for="form-field-2">
        关键词 </label>
    <div class="col-sm-9">
        <input type="text" name="keywords" id="keywords" placeholder="关键词"
```

```
                       class="col-xs-10 col-sm-5" value="{$article['keywords']}">
            <span class="help-inline col-xs-12 col-sm-7">
                <span class="middle">文章关键词。</span>
            </span>
        </div>
    </div>
    <div class="space-4"></div>
    <div class="form-group">
        <label class="col-sm-1 control-label no-padding-right" for="form-field-3">
            文章摘要  </label>
        <div class="col-sm-9">
                <textarea name="description" id="description" placeholder="文章摘要"
                        class="col-xs-10 col-sm-5"
                        rows="5">{$article['description']}</textarea>
            <span class="help-inline col-xs-12 col-sm-7">
                <span class="middle">文章摘要、描述。</span>
            </span>
        </div>
    </div>
    <div class="space-4"></div>
    <div class="form-group">
        <label class="col-sm-1 control-label no-padding-right" for="form-field-4">
            缩略图  </label>
        <div class="col-sm-9">
            <div class="col-xs-10 col-sm-5">
                {:UpImage("thumbnail",100,100,$article['thumbnail'])}
            </div>
            <span class="help-inline col-xs-12 col-sm-7">
                <span class="middle">仅支持 jpg、gif、png、bmp、jpeg，且小于 1MB。</span>
            </span>
        </div>
    </div>
    <div class="space-4"></div>
    <div class="form-group">
        <label class="col-sm-1 control-label no-padding-right" for="form-field-2">
            文章内容  </label>
        <div class="col-sm-9">
                <textarea name="content" id="content"
                        style="width:100%;height:400px;visibility:hidden;">{$article['content']}</textarea>
        </div>
    </div>
    <div class="space-4"></div>
    <div class="col-md-offset-2 col-md-9">
        <button class="btn btn-info submit" type="button">
            <i class="icon-ok bigger-110"></i>
            提交
        </button>
```

```
         
    <button class="btn" type="reset">
        <i class="icon-undo bigger-110"></i>
        重置
    </button>
    </div>
    <!-- PAGE CONTENT ENDS -->
</form>
```

运行结果如图 18.18 所示。

图 18.18　添加文章

　　填写完文章内容后，单击"提交"按钮，需要检测提交内容。例如，是否选择了分类，是否添加了文章标题等。为实现友好的交互效果，本项目使用 Bootbox.js 插件实现该功能。运行效果如图 18.19 所示。

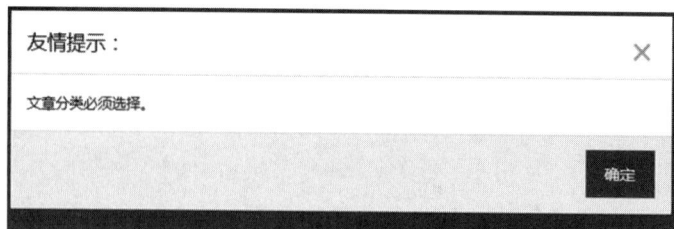

图 18.19　Bootbox 提示信息

3. 编辑文章

在文章列表页，标题右侧的“修改”按钮设置一个<a>标签，在<a>的 href 属性中设置包含文章 ID 的链接地址，代码如下。

```
        <td><a href="{:U('edit',array('aid'=>$val['aid']))}">
        <i class="ace-icon fa fa-pencil bigger-100"></i>修改</a>  <a>
</td>
```

运行结果如图 18.20 所示。

	所属分类	文章标题	发布时间	操作
	核心竞争力	核心竞争力	2017-12-12 16:58:33	修改 删除
	新闻	技术答疑区新增"悬赏提问"功能今日正式上线！！！	2017-12-12 16:51:09	修改 删除
	新闻	根号申直播Java第一季收官之作资源下载，暨后期直播大调研活动贴	2017-12-12 16:30:58	修改 删除

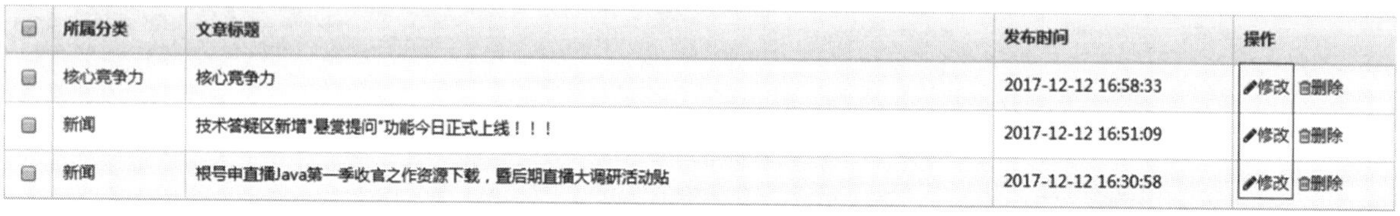

图 18.20　修改文章页面效果

单击文章标题右侧的“修改”按钮，开始编辑文章，编辑文章的代码如下。

【例 18.20】代码位置：资源包\源码\18\ Mrsoft\App\Qwadmin\Controller\ArticleController.class.php。

```
    public function edit($aid)
{
    $aid = intval($aid);                                                    //接收文章 ID
    $article = M('article')->where('aid=' . $aid)->find();                  //根据 ID 查找文章数据
    if ($article) {
        $category = M('category')->field('id,pid,name')->order('o asc')->select();   //获取所有分类
        $tree = new Tree($category);                                        //实例化树型类
        $str = "<option value=\$id \$selected>\$spacer\$name</option>";    //生成的形式
        $category = $tree->get_tree(0, $str, $article['sid']);              //得到树型结构
        $this->assign('category', $category);                               //导航
        $this->assign('article', $article);                                 //页面赋值
    } else {
        $this->error('参数错误！');
    }
    $this->display('form');                                                 //渲染模板
}
```

运行结果如图 18.21 所示。

图 18.21　编辑文章

4. 删除文章

删除文章有两种方式：单选删除和多选删除。单击文章标题右侧的"删除"按钮，可以单选删除文章；选中左侧复选框，单击下方的"删除"按钮，可以删除选中的所有文章。单选删除和多选删除如图 18.22 所示。

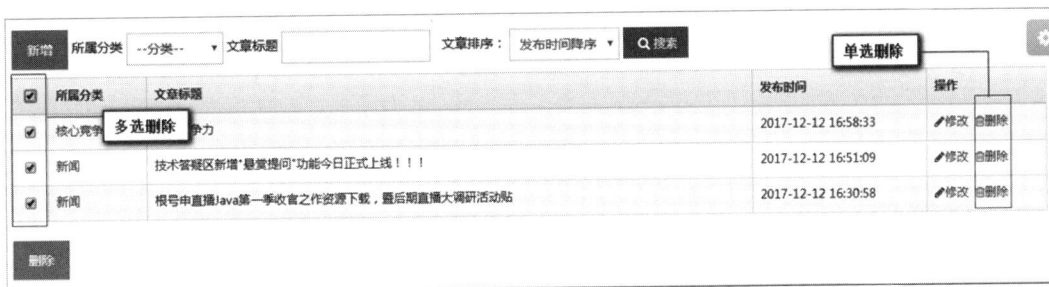

图 18.22　单选删除和多选删除

对于单选删除，页面提交的是一个文章 ID，数据类型是整数。而对于多选删除，页面提交的是多个文章 ID，数据类型是数组。所以，需要对两种情况单独处理。删除文章代码如下。

【例 18.21】代码位置：资源包\源码\18\ Mrsoft\App\Qwadmin\Controller\ArticleController.class.php。

```php
    public function del()
{
$aids = isset($_REQUEST['aids']) ? $_REQUEST['aids'] : false;        // 接收文章 ID
if ($aids) {
    if (is_array($aids)) {                                            // 多选删除
        $aids = implode(',', $aids);
        $map['aid'] = array('in', $aids);
```

```
        } else {                                              // 单选删除
            $map = 'aid=' . $aids;
        }
        if (M('article')->where($map)->delete()) {            // 删除数据
            addlog('删除文章，AID：' . $aids);                 // 写入日志
            $this->success('恭喜，文章删除成功！');
        } else {
            $this->error('参数错误！');
        }
    } else {
        $this->error('参数错误！');
    }
}
```

上述代码中，对于多选删除使用了 $map['aid'] = array('in', $aids) 形式，其中 $aids 是字符串型数据，如'1,2,3'。删除的 SQL 语句等价于 delete from mr_article where aid in (1,2,3)，即删除 aid 为 1、2、3 的数据。此外，删除数据前需要提示管理员是否确认删除，如果单击"确定"按钮，再进行删除操作，运行效果如图 18.23 所示。

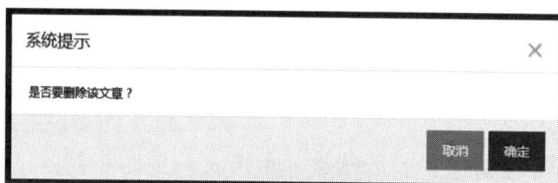

图 18.23　删除提示

18.10　开发技巧与难点分析

18.10.1　单一入口

单一入口通常是指一个项目或者应用具有一个统一（但并不一定是唯一）的入口文件，也就是说项目的所有功能操作都是通过这个入口文件进行的，并且入口文件往往是第一步被执行的。单一入口的好处是项目整体比较规范，因为同一个入口，其不同操作之间往往具有相同的规则。另外一个方面就是单一入口控制较为灵活，因为拦截方便，类似一些权限控制、用户登录方面的判断和操作可以统一处理。

18.10.2　使用 MVC 设计模式

应用程序中用来完成任务的代码——模型层（也叫业务逻辑），通常是程序中相对稳定的部分，重用率高；而与用户交互界面——视图层，却经常改变。如果因需求变动而不得不对业务逻辑代码修改，或者要在不同的模块中应用到相同的功能而重复地编写业务逻辑代码，不仅减缓整体程序开发的进度，也会使未来的维护变得非常困难。因此将业务逻辑代码与外观分离，将会更方便地根据需求改进程序，所以通常使用 MVC 设计模式。

18.10.3　清空缓存

由于存在页面缓存，当在后台配置完系统变量后，前台"联系我们"页面可能不会马上生效，此时可以单击后台的清除缓存按钮来清除缓存。清除缓存的关键代码如下。

【例 18.22】代码位置：资源包\源码\18\ Mrsoft\App\Qwadmin\Controller\ArticleController.class.php。

```
        class CacheController extends ComController
{

    //清除缓存
    public function clear()
    {
        $cache = \Think\Cache::getInstance();          // 实例化缓存类
        $cache->clear();                                // 清空缓存
        $this->rmdirr(RUNTIME_PATH);                    // 删除缓存文件
        $this->success('系统缓存清除成功！');

    }
```

18.11　ThinkPHP 视图技术专题

在 ThinkPHP 里面，视图由两部分组成：View 类和模板文件。Action 控制器直接与 View 视图类进行交互，把要输出的数据通过模板变量赋值的方式传递到视图类，而具体的输出工作则交由 View 视图类来进行，同时视图类还完成了一些辅助的工作，包括调用模板引擎、布局渲染、输出替换、页面 Trace 等功能。为了方便使用，在 Action 类中封装了 View 类的一些输出方法，例如 display、fetch、assign、trace 和 buildHtml 等方法，这些方法的原型都在 View 视图类里面。

18.11.1　模板定义

每个模块的模板文件都是独立的，为了对模板文件更加有效的管理，ThinkPHP 对模板文件进行目录划分，默认的模板文件定义规则是：

视图目录/[模板主题/]控制器名/操作名+模板后缀

默认的视图目录是模块的 View 目录（模块可以有多个视图文件目录，这取决于读者的应用需要），框架的默认视图文件后缀是.html。新版模板主题默认是空（表示不启用模板主题功能）。

在每个模板主题下，都是以模块下面的控制器名为目录，然后是每个控制器的具体操作模板文件。例如，User 控制器的 add 操作对应的模板文件就应该是./Application/Home/View/User/add.html，如果读者的默认视图层不是 View，例如：

```
'DEFAULT_V_LAYER'        =>    'Template',        // 设置默认的视图层名称
```

那么，对应的模板文件就变成./Application/Home/Template/User/add.html。模板文件的默认后缀是.html，也可以通过 TMPL_TEMPLATE_SUFFIX 更改为其他的文件名。例如：

```
'TMPL_TEMPLATE_SUFFIX'=>'.tpl'
```

定义后，User 控制器的 add 操作对应的模板文件就变成 ./Application/Home/View/User/add.tpl。如果觉得目录结构太深，可以通过设置 TMPL_FILE_DEPR 参数来简化模板的目录层次，例如：

```
'TMPL_FILE_DEPR'=>'_'
```

默认的模板文件就变成./Application/Home/View/User_add.html。

18.11.2　模板赋值

如果要在模板中输出变量，必须在控制器中把变量传递给模板，系统提供了 assign 方法对模板变量赋值，无论何种变量类型都统一使用 assign 赋值。

```
$this->assign('name',$value);
// 下面的写法是等效的
$this->name = $value;
```

assign 方法必须在 display 和 show 方法之前调用，并且系统只会输出设定的变量，其他变量不会输出（系统变量例外），一定程度上保证了变量的安全性。赋值后，就可以在模板文件中输出变量了，如果使用的是内置模板，就可以这样输出：

```
{$name}
```

如果要同时输出多个模板变量，可以使用下面的方式：

```
$array['name']    =    'thinkphp';
$array['email']   =    'liu21st@gmail.com';
$array['phone']   =    '12335678';
$this->assign($array);
```

这样，就可以在模板文件中同时输出 name、email 和 phone 3 个变量。如果使用 PHP 本身作为模板引擎，就可以直接在模板文件里面输出了：

```
<?php echo $name.'['.$email.".$phone.']';?>
```

如果采用内置的模板引擎，可以使用：

```
{$name} [ {$email} {$phone} ]
```

结果输出同样的内容。

18.11.3　指定模板文件

模板定义后就可以渲染模板输出，系统也支持直接渲染内容输出，模板赋值必须在模板渲染之前操作。渲染模板输出最常用的是使用 display 方法，调用格式如下：

```
display('[模板文件]'[,'字符编码'][,'输出类型'])
```

模板文件的写法如表 18.5 所示。

表 18.5　display 模板用法

用　　法	描　　述
不带任何参数	自动定位当前操作的模板文件
[模块@][控制器:][操作]	常用写法，支持跨模块模板主题，可以和 theme 方法配合
完整的模板文件名	直接使用完整的模板文件名（包括模板后缀）

下面是一个最典型的用法，不带任何参数：

```
// 不带任何参数，自动定位当前操作的模板文件
$this->display();
```

表示系统会按照默认规则自动定位模板文件，其规则是：

☑　如果当前没有启用模板主题则定位到：

当前模块/默认视图目录/当前控制器/当前操作.html

☑　如果有启用模板主题则定位到：

当前模块/默认视图目录/当前主题/当前控制器/当前操作.html

如果有更改 TMPL_FILE_DEPR 设置（假设 'TMPL_FILE_DEPR'=>'_'），则上面的自动定位规则变成：

当前模块/默认视图目录/当前控制器_当前操作.html
当前模块/默认视图目录/当前主题/当前控制器_当前操作.html

所以通常 display 方法无须带任何参数即可输出对应的模板，这是模板输出的最简单的用法。

> 说明
>
> 通常默认的视图目录是 View。

如果没有按照模板定义规则来定义模板文件（或者需要调用其他控制器下面的某个模板），可以使用：

```
// 指定模板输出
$this->display('edit');
```

上述代码表示调用当前控制器下面的 edit 模板。

```
$this->display('Member:read');
```

上述代码表示调用 Member 控制器下面的 read 模板。

18.12　小　　结

本章运用软件工程思想中最流行的 MVC 设计理念，通过一个业界比较知名的国产框架开发企业网站。通过对本章的学习，读者可以了解 PHP 网站程序的开发流程，并且了解 ThinkPHP 框架开发的具体事宜。希望对读者日后的程序开发有所帮助。

第19章 基于Python Flask的在线学习笔记

杨绛在《钱钟书是怎样做读书笔记的》一文中写道："许多人说，钱钟书记忆力特强，过目不忘。他本人却并不以为自己有那么'神'。他只是好读书，肯下功夫，不仅读，还做笔记；不仅读一遍两遍，还会读三遍四遍，笔记上不断地添补。所以他读的书虽然很多，也不易遗忘。"由此可见做笔记的重要性。

对于程序员而言，编程技术浩如烟海，新技术又层出不穷，对知识消化吸收并不易遗忘的最佳方法就是记录学习笔记。而程序员又是一个特别的群体，他们喜欢使用互联网的方式记录笔记，所以，本章我们带领大家开发一个基于 Flask 的在线学习笔记。

学习摘要：

- ☑ 使用 WTForms 进行表单验证
- ☑ 使用 PyMySQL 驱动 MySQL
- ☑ 使用 MySQL 的增删改查操作
- ☑ 使用装饰器实现登录验证
- ☑ 使用 Passlib 库加密
- ☑ 使用 CKEditor 文本编辑器
- ☑ 使用 Bootstrap 前端框架

19.1 需 求 分 析

在线学习笔记应具备以下功能：

- ☑ 每个用户可以注册会员，记录自己的学习笔记。
- ☑ 完整的会员管理模块，包括用户注册、用户登录和退出登录等功能。
- ☑ 完整的笔记管理模块，包括添加笔记、编辑笔记、删除笔记等。
- ☑ 完善的会员权限管理，只有登录的用户才能访问控制台，并且管理该用户的笔记。
- ☑ 响应式布局，用户在 Web 端和移动端都能达到较好的阅读体验。

19.2　系　统　设　计

19.2.1　系统功能结构

在线学习笔记的功能结构主要包括两部分：用户管理和笔记管理。详细的功能结构如图 19.1 所示。

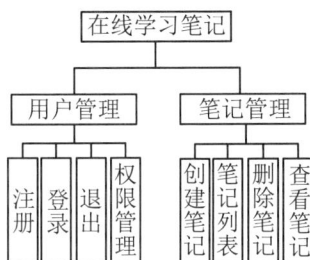

图 19.1　系统功能结构

19.2.2　系统业务流程

用户访问在线学习笔记项目时，可以使用游客的身份浏览笔记首页，以及笔记内容。但是如果需要管理笔记（如添加笔记、编辑笔记等），就必须先注册为网站会员，登录网站后才能执行相应的操作。系统业务流程如图 19.2 所示。

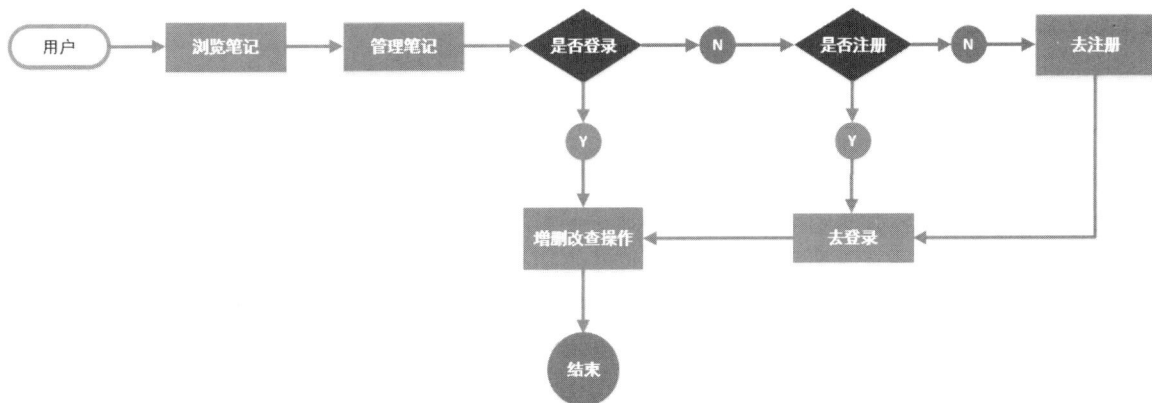

图 19.2　系统业务流程

19.2.3　系统预览

用户首次使用在线学习笔记时，需要注册新用户，效果如图 19.3 所示。注册成功后，页面跳转到登录页，用户输入用户名和密码进行登录，效果如图 19.4 所示。

图 19.3　用户注册

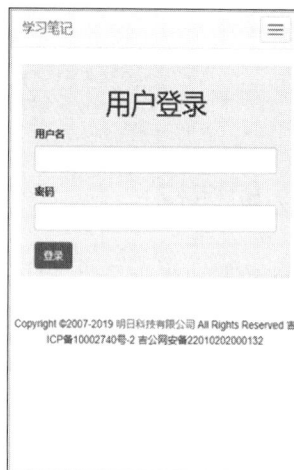

图 19.4　用户登录

查看最新笔记运行效果如图 19.5 所示。

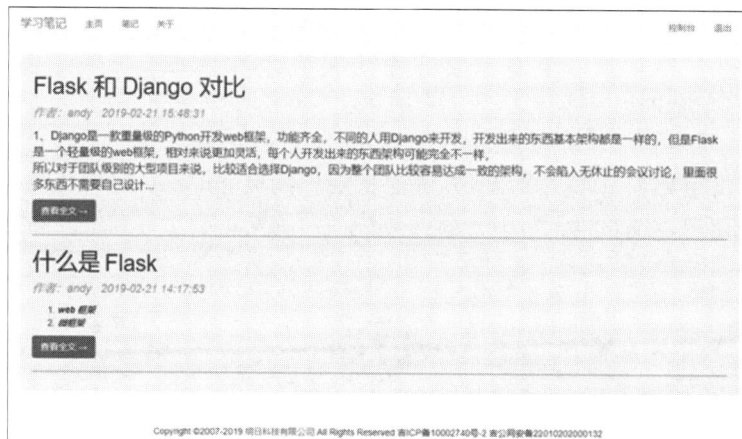

图 19.5　查看最新笔记运行效果

查看笔记内容运行效果如图 19.6 所示。

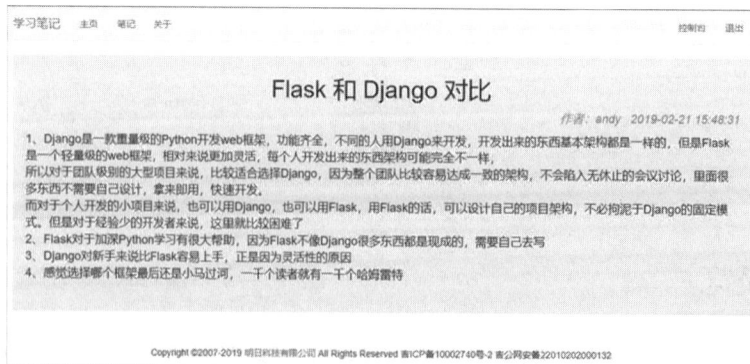

图 19.6　查看笔记内容运行效果

控制台管理页面运行效果如图 19.7 所示。

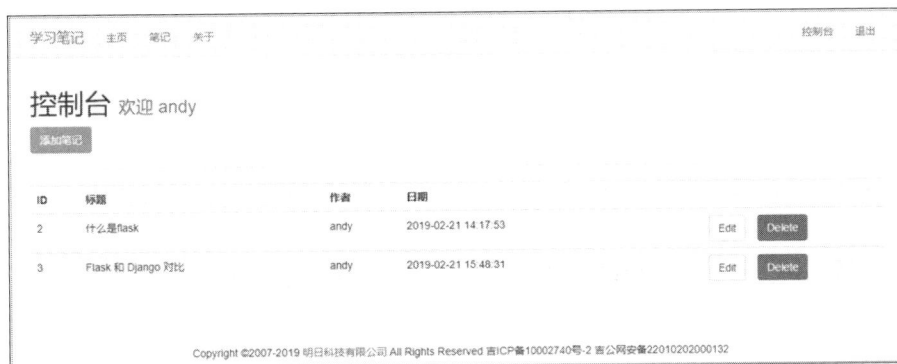

图 19.7 控制台管理

19.3 系统开发必备

19.3.1 开发工具准备

本系统的软件开发及运行环境具体如下：
- ☑ 操作系统：Windows 7 及以上。
- ☑ 开发工具：PyCharm。
- ☑ 数据库：MySQL+PyMySQL 驱动。
- ☑ 第三方模块：WTForms，Passlib。

19.3.2 文件夹组织结构

在线学习笔记项目的入口文件为 manage.py ，在入口文件中引入所需要的各种包文件，文件组织结构如图 19.8 所示。

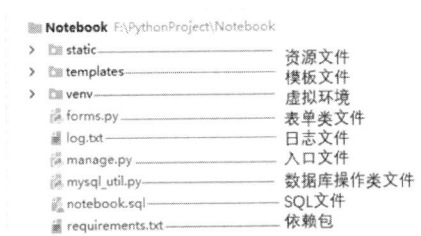

图 19.8 项目文件结构

19.3.3 项目使用说明

运行在线学习笔记项目，需要先执行如下步骤：

（1）使用 virtualenv 创建一个名为 venv 的虚拟环境，命令如下：

```
virtualenv venv
```

（2）启动 venv 虚拟环境，命令如下：

```
venv\Scripts\activate
```

（3）安装依赖包，命令如下：

```
pip install -r requirements.txt
```

（4）创建数据库。创建一个名为 notebook 的数据库，并执行 notebook.sql 中的 SQL 语句创建数据表。

（5）运行启动文件。执行如下命令：

```
python manage.py
```

运行成功后，访问 http://127.0.0.1:5000 即可进入在线学习笔记网站。

19.4 技 术 准 备

19.4.1 PyMySQL 模块

由于 MySQL 服务器以独立的进程运行，并通过网络对外服务，所以，需要支持 Python 的 MySQL 驱动来连接到 MySQL 服务器。Python 中支持 MySQL 的数据库模块有很多，在本书中，我们选择使用简单方便的 PyMySQL 驱动。

1. 安装 PyMySQL

我们使用 pip 工具来安装 PyMySQL，安装方式非常简单，在 venv 虚拟环境下使用如下命令：

```
pip install PyMySQL
```

2. 连接 MySQL

接下来使用 PyMySQL 连接数据库。首先需要导入 PyMySQL 模块，然后使用 PyMSQL 的 connect() 方法来连接数据库。关键代码如下：

```
import pymysql

# 打开数据库连接,参数 1：主机名或 IP；参数 2：用户名；参数 3：密码；参数 4：数据库名称
db = pymysql.connect("localhost", "root", "root", "studyPython")
… 省略部分代码
# 关闭数据库连接
db.close()
```

上述代码中，重点关注 connect() 函数的参数。

```
db = pymysql.connect("localhost", "root", "root", "studyPython")
```

等价于下面的代码：

```
connection = pymysql.connect(
host='localhost',                                    # 主机名
                        user='root',                 # 用户名
                        password='root',             # 密码
                        db='studyPython'             # 数据库名称
)
```

此外，connect()函数还有两个常用参数设置：

charset:utf8，用于设置 MySQL 字符集为 UTF-8；

cursorclass: pymysql.cursors.DictCursor，用于设置游标类型为字典类型，默认为元组类型。

3. PyMySQL 的基本使用

操作 MySQL 的基本流程如下：

连接 MySQL→创建游标→执行 SQL 语句→关闭连接

根据以上流程，我们通过下面的例子来熟悉一下 PyMySQL 的基本使用。代码如下：

```
import pymysql

# 打开数据库连接,参数 1：主机名或 IP；参数 2：用户名；参数 3：密码；参数 4：数据库名称
db = pymysql.connect("localhost", "root", "root", "studyPython")
# 使用 cursor() 方法创建一个游标对象 cursor
cursor = db.cursor()
# 使用 execute() 方法执行 SQL 查询
cursor.execute("SELECT VERSION()")
# 使用 fetchone() 方法获取单条数据
data = cursor.fetchone()
print ("Database version : %s " % data)
# 关闭数据库连接
db.close()
```

上述代码中，首先使用connect()方法连接数据库，然后使用cursor()方法创建游标，接着使用execute()方法执行 SQL 语句查看 MySQL 数据库版本，然后使用 fetchone()方法获取数据，最后使用 close()方法关闭数据库连接。运行结果如下：

```
Database version : 5.7.21-log
```

19.4.2　WTForms 模块

1. 下载安装

使用 pip 工具下载安装 WTForms 模块的方式比较简单，运行如下命令即可：

```
pip install WTForms
```

2. 主要概念

使用 WTForms 前，我们先来了解一下 WTForms 中涉及的几个主要概念，说明如下：

☑　Forms：Forms 类是 WTForms 的核心容器。表单（Forms）表示域（Fields）的集合，域能通过

表单的字典形式或者属性形式访问。

☑ Fields：Fields（域）做最繁重的工作。每个域（Field）代表一个数据类型，并且域操作强制表单输入为相应的数据类型。例如，InputRequired 和 StringField 表示两种不同的数据类型。域除了包含的数据之外，还包含大量有用的属性，例如标签、描述、验证错误的列表。

☑ Validators:Validators（验证器）只是接受输入，验证它是否满足某些条件，比如字符串的最大长度，然后返回。或者，如果验证失败，则引发 ValidationError。这个系统非常简单和灵活，允许在字段上链接任意数量的验证器。

☑ Widget：Widget（组件）的工作是渲染域（field）的 HTML 表示。每个域可以指定 Widget 实例，但每个域默认拥有一个合理的 Widget。

☑ CSRF：跨站请求伪造（Cross-site request forgery，CSRF）。也被称为 one-click attack 或者 session riding，通常缩写为 CSRF 或者 XSRF，是一种挟制用户在当前已登录的 Web 应用程序上执行非本意的操作的攻击方法。跟跨网站脚本（XSS）相比，XSS 利用的是用户对指定网站的信任，CSRF 利用的是网站对用户网页浏览器的信任。

3．基本使用

（1）创建表单类。代码如下：

```
from wtforms import Form, BooleanField, StringField, validators
class RegisterForm(Form):
    username = StringField('Username', [validators.Length(min=4, max=25)])
    email = StringField('Email Address', [validators.Length(min=6, max=35)])
    accept_rules = BooleanField('I accept the site rules', [validators.InputRequired()])
```

上述代码中，定义了 3 个属性 username、email 和 accept_rules，它们对应着表单中的 3 个字段。我们分别设置了这些字段的类型以及验证规则。例如，username 是字符串类型数据，它的长度是 4～25 个字符。

（2）实例化表单类，验证表单。代码如下：

```
@app.route('/register', methods=['GET', 'POST'])
def register():
    form = RegisterForm(request.form)                          # 实例化表单类
    if request.method == 'POST' and form.validate():           # 如果提交表单，字段验证通过
        # 获取字段内容
        email = form.email.data
        username = form.username.data
        accept_rules = form.accept.data
        # 省略其余代码

    return render_template('register.html', form=form)         # 渲染模板
```

上述代码中，我们使用 form.validate()函数来验证表单。如果用户填写的表单内容全部满足 RegisterForm 中 validators 设置的规则，结果返回 True，否则返回 False。此外，使用 form.email.data 来获取表单中用户填写的 email 值。

（3）模板中渲染域。创建 register.html 文件关键代码如下：

```
<form method="POST" action="/login">
```

```
    <div>{{ form.email.label }}: {{ form.email() }}</div>
<div>{{ form.username.label }}: {{ form.username() }}</div>
    <div>{{ form. accept_rules.label }}: {{ form. accept_rules() }}</div>
</form>
```

上述代码中，使用 form.username.label 来获取 RegisterForm 类的 username 的名称，使用 form.username 来获取表单中的 username 域信息。

19.5　数据库设计

19.5.1　数据库概要说明

本项目采用 MySQL 数据库，数据库名称为 notebook。读者可以使用 MySQL 命令行方式或 MySQL 可视化管理工具（如 MySQL Workbench）创建数据库。使用命令行方式如下：

```
create database notebook default character set utf8;
```

19.5.2　创建数据表

本项目中主要涉及用户和笔记两部分，所以在 notebook 数据库创建 2 个表，数据表名称及作用如下：

☑　users：用户表，用户存储用户信息。

☑　articles：笔记表，用户存储笔记信息。

创建这两个数据表的 SQL 语句如下：

```
DROP TABLE IF EXISTS 'users';
CREATE TABLE 'users' (
  'id' int(8) NOT NULL AUTO_INCREMENT,
  'username' varchar(255) DEFAULT NULL,
  'email' varchar(255) DEFAULT NULL,
  'password' varchar(255) DEFAULT NULL,
  PRIMARY KEY ('id')
) ENGINE=InnoDB DEFAULT CHARSET=utf8;
```

创建笔记表的 SQL 语句如下：

```
DROP TABLE IF EXISTS 'articles';
CREATE TABLE 'articles' (
  'id' int(8) NOT NULL AUTO_INCREMENT,
  'title' varchar(255) DEFAULT NULL,
  'content' text,
  'author' varchar(255) DEFAULT NULL,
  'create_date' datetime DEFAULT NULL,
  PRIMARY KEY ('id`)
) ENGINE=InnoDB DEFAULT CHARSET=utf8;
```

读者可以在 MySQL 命令行下或 MySQL 可视化管理工具（如 MySQL Workbench）下执行上述 SQL 语句创建数据表。创建完成后，users 表数据结构如图 19.9 所示。articles 表数据结构如图 19.10 所示。

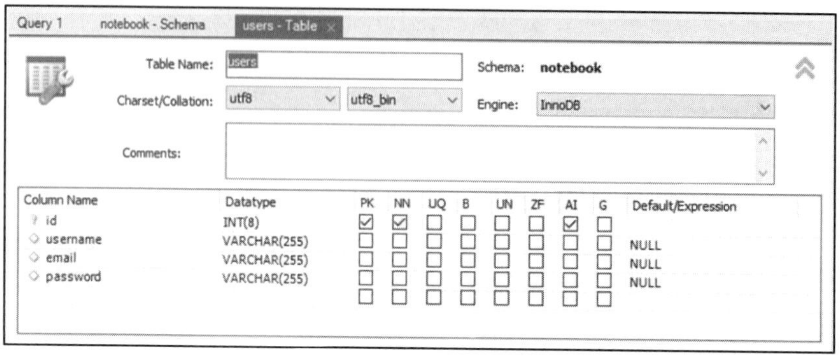

图 19.9　users 表数据结构

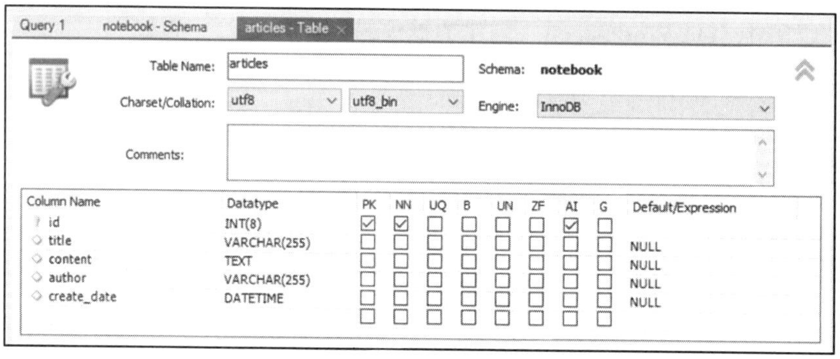

图 19.10　articles 表数据结构

19.5.3　数据库操作类

在本项目中使用 PyMySQL 来驱动数据库，并实现对笔记的增删改查功能。每次执行数据表操作时都需要遵循以下流程：

连接数据库→执行 SQL 语句→关闭数据库

为了复用代码，我们单独创建一个 mysql_util.py 文件，文件中包含一个 MysqlUtil 类，用于实现基本的增删改查功能。代码如下：

```
import pymysql                              # 引入 pymysql 模块
import traceback                            # 引入 python 中的 traceback 模块，跟踪错误
import sys                                  # 引入 sys 模块

class MysqlUtil():
    def __init__(self):
        '''
            初始化方法，连接数据库
        '''
        host = '127.0.0.1'                  # 主机名
        user = 'root'                       # 数据库用户名
```

```
        password = 'root'                      # 数据库密码
        database = 'notebook'                  # 数据库名称
        self.db = pymysql.connect(host=host,user=user,password=password,db=database) # 建立连接
        self.cursor = self.db.cursor(cursor=pymysql.cursors.DictCursor) # 设置游标，并将游标设置为字典类型


    def insert(self, sql):
        '''
            插入数据库
            sql:插入数据库的 sql 语句
        '''
        try:
            # 执行 sql 语句
            self.cursor.execute(sql)
            # 提交到数据库执行
            self.db.commit()
        except Exception:                       # 方法一：捕获所有异常
            # 如果发生异常，则回滚
            print("发生异常", Exception)
            self.db.rollback()
        finally:
            # 最终关闭数据库连接
            self.db.close()


    def fetchone(self, sql):
        '''
            查询数据库：单个结果集
            fetchone(): 该方法获取下一个查询结果集。结果集是一个对象
        '''
        try:
            # 执行 sql 语句
            self.cursor.execute(sql)
            result = self.cursor.fetchone()
        except:                                 # 方法二：采用 traceback 模块查看异常
            # 输出异常信息
            traceback.print_exc()
            # 如果发生异常，则回滚
            self.db.rollback()
        finally:
            # 最终关闭数据库连接
            self.db.close()
        return result


    def fetchall(self, sql):
        '''
            查询数据库：多个结果集
            fetchall(): 接收全部的返回结果行.
        '''
        try:
```

```
        # 执行 sql 语句
        self.cursor.execute(sql)
        results = self.cursor.fetchall()
    except:                                    # 方法三：采用 sys 模块回溯最后的异常
        # 输出异常信息
        info = sys.exc_info()
        print(info[0], ":", info[1])
        # 如果发生异常，则回滚
        self.db.rollback()
    finally:
        # 最终关闭数据库连接
        self.db.close()
    return results


def delete(self, sql):
    '''
        删除结果集
    '''
    try:
        # 执行 sql 语句
        self.cursor.execute(sql)
        self.db.commit()
    except:                                    # 把这些异常保存到一个日志文件中，来分析这些异常
        # 将错误日志输入目录文件中
        f = open("\\log.txt", 'a')
        traceback.print_exc(file=f)
        f.flush()
        f.close()
        # 如果发生异常，则回滚
        self.db.rollback()
    finally:
        # 最终关闭数据库连接
        self.db.close()


def update(self, sql):
    '''
        更新结果集
    '''
    try:
        # 执行 sql 语句
        self.cursor.execute(sql)
        self.db.commit()
    except:
        # 如果发生异常，则回滚
        self.db.rollback()
    finally:
```

```
# 最终关闭数据库连接
self.db.close()
```

在使用 MysqlUtil 类时，我们只需要引入 MysqlUtil 类，实例化该类，并调用相应方法即可。

19.6　用户模块设计

用户模块主要包括 4 部分功能：用户注册、用户登录、退出登录和用户权限管理。这里的用户权限管理是指，只有登录后用户才能访问某些页面（如控制台）。下面来分别介绍一下每个功能的实现。

19.6.1　用户注册功能实现

用户注册模块主要用于实现在线学习笔记的注册新用户功能。在该页面中，需要填写用户名、邮箱、密码和确认密码。如果没有输入用户名、邮箱、密码或者确认密码，系统都将给予错误提示。此外，如果填写的格式错误也将给予错误提示。登录流程如图 19.11 所示。

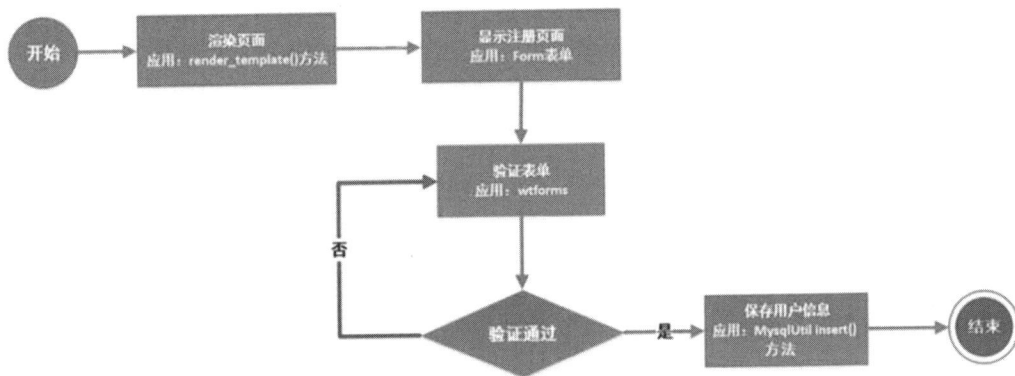

图 19.11　用户登录流程

1. 创建注册路由

首先，需要创建用户注册的路由。在 manage.py 入口文件中，创建一个名为 app 的 Flask 实例，然后调用 app.route()函数创建路由，关键代码如下：

```
app = Flask(__name__)                              # 创建应用
# 用户注册
@app.route('/register', methods=['GET', 'POST'])
def register():
    form = RegisterForm(request.form)              # 实例化表单类

    # 省略部分代码
    return render_template('register.html', form=form)   # 渲染模板
```

在上述代码中，@app.route()函数第一个参数为"/register"是对应的 URL 的 path 部分；第二个参数 methods 是请求方式，这里使用列表接受"GET"和"POST"两种方式。接下来，在 register()函数

中实例化 RegisterForm 类，并使用 render_template()函数渲染模板。

2. 创建模板文件

render_template()函数默认查找的模板文件路径为"/templates/"，所以，需要在该路径下创建 register.html 模板文件。代码如下：

```
{% extends 'layout.html' %}

{% block body %}
<div class="content">
  <h1 class="title-center">用户注册</h1>
  {% from "includes/_formhelpers.html" import render_field %}
  <form method="POST" action="">
    <div class="form-group">
      {{render_field(form.email, class_="form-control")}}
    </div>
    <div class="form-group">
      {{render_field(form.username, class_="form-control")}}
    </div>
    <div class="form-group">
      {{render_field(form.password, class_="form-control")}}
    </div>
    <div class="form-group">
      {{render_field(form.confirm, class_="form-control")}}
    </div>
    <p><input type="submit" class="btn btn-primary" value="注册"></p>
  </form>
</div>
{% endblock %}
```

在上述代码中，使用了 extends 标签来引入公共文件 layout.html，该文件包含了网站模板的基础框架，也称为父模板。由于网站页面包含很多通用的部分，如导航栏和底部信息等。将这些通用信息写入父模板，然后，使每个页面继承通用信息，并使用 block 标签来覆盖特有的信息。这样就简化了代码，达到了代码复用的目的。

此外，使用 WTForms 模块的 render_field()函数来渲染表单中的字段。render_field()函数第一个参数是 form 类的属性，该 form 类是通过使用 render_template()函数传递过来的，也就是 RegisterForm 类。第二个参数"_class"是模板中 class 名称。

3. 实现注册功能

在 register.html 注册页面中，form 表单的 action 属性值为空，即表示当用户单击"注册"按钮时，表单提交到当前页面。所以，需要在 manage.py 文件的 register()函数中继续编写提交表单的代码。

register()函数的完整代码如下：

```
# 用户注册
@app.route('/register', methods=['GET', 'POST'])
def register():
    form = RegisterForm(request.form)                    # 实例化表单类
    if request.method == 'POST' and form.validate():     # 如果提交表单，并字段验证通过
```

```
                                                          # 获取字段内容
email = form.email.data
username = form.username.data
password = sha256_crypt.encrypt(str(form.password.data))   # 对密码进行加密

db = MysqlUtil()                                           # 实例化数据库操作类
sql = "INSERT INTO users(email,username,password) \
        VALUES ('%s', '%s', '%s')" % (email,username,password)  # user 表中插入记录
db.insert(sql)

flash('您已注册成功，请先登录', 'success')                    # 闪存信息
return redirect(url_for('login'))                          # 跳转到登录页面

return render_template('register.html', form=form)         # 渲染模板
```

上述代码的 if 语句中，先来通过 request.method 等于"POST"来判断用户是否提交了表单。如果用户已经提交表单，接着使用 form.validate()判断是否通过 RegisterForm 类的全部验证规则。两个条件同时满足，然后获取用户提交的注册信息，并对密码进行加密。接下来，实例化 MysqlUtil 类，将用户信息写入 users 表。最后，跳转到登录页面，并使用 flash 闪存注册成功信息。如果用户没有提交表单或是字段验证失败，则执行 render_template()函数显示注册页面。

用户注册失败的页面效果如图 19.12 所示，注册成功的页面效果如图 19.13 所示。

图 19.12　用户注册失败

图 19.13　用户注册成功

19.6.2　用户登录功能实现

用户登录功能主要用于实现网站的会员登录。用户需要填写正确的用户名和密码，单击"登录"按钮，即可实现会员登录。如果没有输入用户名或者密码，都将给予错误提示。另外，输入用户名和密码长度错误也将给予错误提示。登录流程如图 19.14 所示。

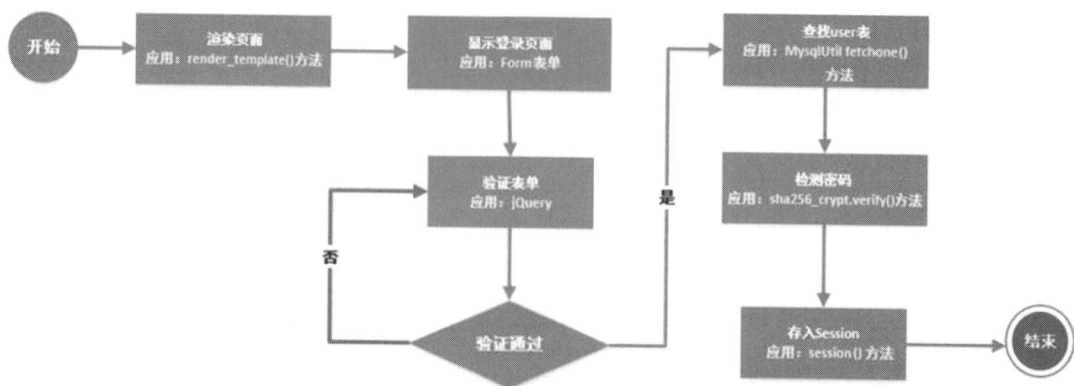

图 19.14　用户登录流程

1. 创建模板文件

在 "/templates/" 路径下创建 login.html 模板文件。由于登录页面表单比较简单，只有 2 个字段，所以这里没有使用 WTforms 类对于字段的验证，而是直接通过 jQuery 来实现，具体代码如下：

```
{% extends 'layout.html' %}

{% block body %}
<div class="content">
  <h1 class="title-center">用户登录</h1>
  <form action="" method="POST" onsubmit="return checkLogin()">
    <div class="form-group">
      <label>用户名</label>
      <input type="text" name="username" class="form-control" value={{request.form.username}}>
    </div>
    <div class="form-group">
      <label>密码</label>
      <input type="password" name="password" class="form-control" value="">
    </div>
    <button type="submit" class="btn btn-primary">登录</button>
  </form>
</div>

<script>
  function checkLogin(){
      var username = $("input[name='username']").val()
      var password = $("input[name='password']").val()
      // 检测用户名长度
      if ( username.length < 2   || username.length > 25){
        alert('用户名长度在 2～25 个字符')
        return false;
      }
      // 检测密码长度
      if ( username.length < 2   || username.length > 25){
        alert('密码长度在 6～20 个字符')
```

```
                return false;
            }
    }
</script>

{% endblock %}
```

上述代码中，由于需要对用户名、密码长度进行验证，所以在 Form 表单中，设置 onsubmit 属性验证表单。当单击"登录"按钮时，调用 checkLogin()函数。如果 checkLogin()函数返回 false，则表示验证没有通过，不进行表单的提交。否则，正常提交表单。

2. 实现登录功能

当用户填写登录信息后，还需要验证用户名是否存在，以及用户名和密码是否匹配等内容。如果验证全部通过，需要将登录标识和 username 写入 session 中，为后面判断用户是否登录做准备。此外，我们还需要在用户访问"/login"路由时，判断用户是否已经登录，如果用户之前已经登录过，则不需要再次登录，而是直接跳转到控制台。具体代码如下：

```
# 用户登录
@app.route('/login', methods=['GET', 'POST'])
def login():
    if "logged_in" in session:                                # 如果已经登录，则直接跳转到控制台
        return redirect(url_for("dashboard"))

    if request.method == 'POST':                              # 如果提交表单
        # 从表单中获取字段
        username = request.form['username']
        password_candidate = request.form['password']
        sql = "SELECT * FROM users   WHERE username = '%s'" % (username) # 根据用户名查找 user 表中记录
        db = MysqlUtil()                                      # 实例化数据库操作类
        result = db.fetchone(sql)                            # 获取一条记录
        if result :                                          # 如果查到记录
            password = result['password']                    # 用户填写的密码
            # 对比用户填写的密码和数据库中记录密码是否一致
            if sha256_crypt.verify(password_candidate, password): # 调用 verify 方法验证，如果为真，验证通过
                # 写入 session
                session['logged_in'] = True
                session['username'] = username
                flash('登录成功！', 'success')               # 闪存信息
                return redirect(url_for('dashboard'))        # 跳转到控制台
            else:                                            # 如果密码错误
                error = '用户名和密码不匹配'
                return render_template('login.html', error=error) #跳转到登录页，并提示错误信息
        else:
            error = '用户名不存在'
            return render_template('login.html', error=error)
    return render_template('login.html')
```

上述代码中，先来判断 logged_in（登录标识）是否存在于 session 中。如果存在，则说明用户已经登录，直接跳转到控制台。如果不存在，后续判断如果用户名和密码都正确时，通过 session['logged_in']

等于 True 语句将 logged_in 标识存入 session，方便下次使用。

此外，还需要注意的是在判断用户提交的密码和数据库中的密码是否匹配时，使用 sha256_crypt.verify()进行判断。verify()方法第一个参数是用户输入的密码，第二个参数是数据库中加密后的密码，如果返回 True，则表示密码相同，否则密码不同。

登录时用户名不存在页面效果如图 19.15 所示，用户名和密码不匹配的页面效果如图 19.16 所示，登录成功的页面效果如图 19.17 所示。

图 19.15　用户名不存在

图 19.16　用户名和密码不匹配

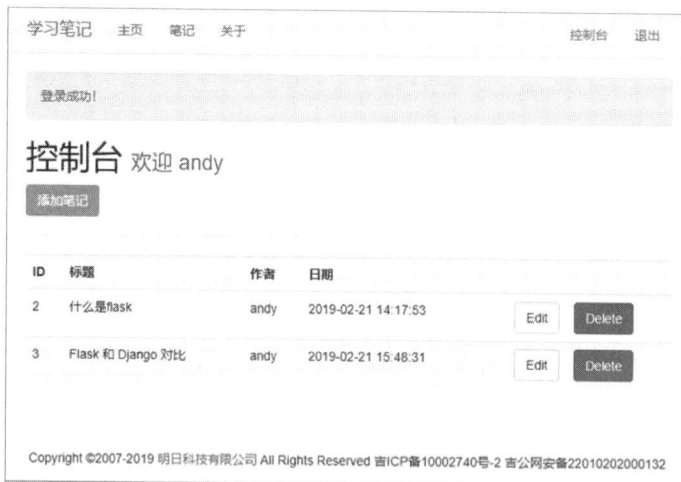

图 19.17　用户登录成功

19.6.3　退出登录功能实现

退出功能的实现比较简单，只是清空登录时 session 中的值即可。使用 session.clear()函数来实现该功能。具体代码如下：

```
# 退出
@app.route('/logout')
@is_logged_in
def logout():
    session.clear()
    flash('您已成功退出', 'success')                          # 闪存信息
    return redirect(url_for('login'))                         # 跳转到登录页面
```

退出成功后，页面跳转到登录页。运行效果如图 19.18 所示。

图 19.18　退出后跳转到登录页面效果

19.6.4　用户权限管理功能实现

在线读书笔记项目中，需要用户登录后才能访问的路由及说明如下：

☑　"/dashboard"：控制台

☑　"/add_article"：添加笔记

☑　"/edit_article"：编辑笔记

☑　"/delete_article"：删除笔记

☑　"/logout"：退出登录

对于这些路由，如果可以在每一个方法中都添加如下的代码：

```
if 'logged_in' not in session:                                # 如果用户没有登录
    return redirect(url_for('login'))                        # 跳转到登录页面
```

如果需要用户登录才能访问的页面很多，显示这种方式不够优雅。在此，我们可以使用装饰器的方式来简化代码。在 manage.py 文件中实现一个 is_logged_in 装饰器。代码如下：

```
# 如果用户已经登录
def is_logged_in(f):
    @wraps(f)
    def wrap(*args, **kwargs):
        if 'logged_in' in session:                           # 判断用户是否登录
```

```
        return f(*args, **kwargs)        # 如果登录，继续执行被装饰的函数
    else:                                # 如果没有登录，提示无权访问
        flash('无权访问，请先登录', 'danger')
        return redirect(url_for('login'))
return wrap
```

定义完装饰器以后，我们就可以为需要用户登录的函数添加装饰器。例如，可以为 dashboard()函数添加装饰器，关键代码如下：

```
@app.route('/dashboard')
@is_logged_in
def dashboard():
    Pass
```

通过使用装饰器的方式，当执行 dashboard()函数时，会优先执行 is_logged_in()函数判断用户是否登录。如果用户没有登录，在浏览器中直接访问"/dashboard"，运行结果如图 19.19 所示。

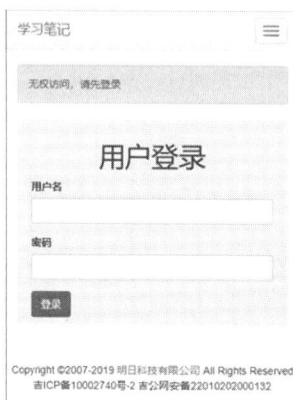

图 19.19　未登录提示无权访问

19.7　笔记模块设计

笔记模块主要包括 4 部分功能：笔记列表、添加笔记、编辑笔记和删除笔记。用户必须登录后才能执行相应的操作，所以在每一个方法前添加@is_logged_in 装饰器来判断用户是否登录，如果没有登录，则跳转到登录页面。下面来分别介绍每个功能的实现。

19.7.1　笔记列表功能实现

在控制台的笔记列表页面中，需要展示该用户的所有笔记信息。实现该功能的代码如下：

```
# 控制台
@app.route('/dashboard')
@is_logged_in
def dashboard():
```

```
db = MysqlUtil()                                    # 实例化数据库操作类
sql = "SELECT * FROM articles WHERE author = '%s' ORDER BY create_date DESC" %
(session['username']) # 根据用户名查找用户笔记信息,并根据时间降序排序
result = db.fetchall(sql)                           # 查找所有笔记
if result:                                          # 如果笔记存在, 赋值给 articles 变量
    return render_template('dashboard.html', articles=result)
else:                                               # 如果笔记不存在, 提示暂无笔记
    msg = '暂无笔记信息'
    return render_template('dashboard.html', msg=msg)
```

在上述代码中，需要注意的地方就是使用 session()函数来获取用户名。如果用户登录成功，我们使用 session['username'] = username 将 username 存入 session。所以，此时可以使用 session('username')来获取用户姓名。

接下来，使用 render_template()函数渲染模板文件。关键代码如下：

```
{% for article in articles %}
  <tr>
    <td>{{article.id}}</td>
    <td>{{article.title}}</td>
    <td>{{article.author}}</td>
    <td>{{article.create_date}}</td>
    <td><a href="edit_article/{{article.id}}" class="btn btn-default pull-right">Edit</a></td>
    <td>
      <form action="{{url_for('delete_article', id=article.id)}}" method="post">
        <input type="hidden" name="_method" value="DELETE">
        <input type="submit" value="Delete" class="btn btn-danger">
      </form>
    </td>
  </tr>
{% endfor %}
```

上述代码中，articles 变量表示所有笔记对象，通过使用 for 标签来遍历每一个笔记对象。

运行效果如图 19.20 所示。

图 19.20　笔记列表页面

19.7.2　添加笔记功能实现

在控制台列表页面单击"添加笔记"按钮，即可进入添加笔记页面。在该页面中，用户需要填写

笔记标题和笔记内容。实现该功能的关键代码如下：

```
# 添加笔记
@app.route('/add_article', methods=['GET', 'POST'])
@is_logged_in
def add_article():
    form = ArticleForm(request.form)                          # 实例化 ArticleForm 表单类
    if request.method == 'POST' and form.validate():          # 如果用户提交表单，并且表单验证通过
        # 获取表单字段内容
        title = form.title.data
        content = form.content.data
        author = session['username']
        create_date = time.strftime("%Y-%m-%d %H:%M:%S", time.localtime())
        db = MysqlUtil()                                      # 实例化数据库操作类
        sql = "INSERT INTO articles(title,content,author,create_date) \
                VALUES ('%s', '%s', '%s','%s')" % (title,content,author,create_date) # 插入数据的 SQL 语句
        db.insert(sql)
        flash('创建成功', 'success') # 闪存信息
        return redirect(url_for('dashboard'))                 # 跳转到控制台
    return render_template('add_article.html', form=form)     # 渲染模板
```

上述代码中，接收表单的字段只包含标题和内容，此外，还需要使用 session()函数来获取用户名，使用 time 模块来获取当前时间。

在填写笔记内容时，我们使用了 CKEditor 编辑器替换普通的 Text 文本框。CKEditor 编辑器和普通的 textarea 文本框对比效果如图 19.21 所示。

图 19.21　CKEditor 和 textarea 效果对比

在 add_article.html 模板中使用 CKEditor 的关键代码如下：

```
{% block body %}
  <h1>添加笔记</h1>
  {% from "includes/_formhelpers.html" import render_field %}
  <form method="POST" action="">
    <div class="form-group">
      {{ render_field(form.title, class_="form-control") }}
    </div>
    <div class="form-group">
      {{ render_field(form.content, class_="form-control content-text", id="editor") }}
    </div>
```

```
            <p><input class="btn btn-primary" type="submit" value="提交">
        </form>

        <script src="//cdn.ckeditor.com/4.11.2/standard/ckeditor.js"></script>
        <script type="text/javascript">
            CKEDITOR.replace( 'editor')
        </script>
{% endblock %}
```

上述代码中，首先在 Form 表单的文本域中设置 id="editor"，然后引入 ckeditor.js，最后在 JavaScript 中使用 CKEDITOR.replace()函数关联。Replace()函数的参数就是表单中文本域字段的 ID 值。

添加笔记的运行效果如图 19.22 所示。

图 19.22　添加笔记

19.7.3　编辑笔记功能实现

在控制台列表中，单击笔记标题右侧的"Edit"按钮，即可根据笔记的 ID 进入该笔记的编辑页面。编辑页面和新增页面类似，只是编辑页面需要展示被编辑笔记的标题和内容。实现该功能的关键代码如下：

```
# 编辑笔记
@app.route('/edit_article/<string:id>', methods=['GET', 'POST'])
@is_logged_in
def edit_article(id):
    db = MysqlUtil()                                      # 实例化数据库操作类
    fetch_sql = "SELECT * FROM articles WHERE id = '%s' and author = '%s'" % (id,session['username'])
                                                          # 根据笔记 ID 查找笔记信息
    article = db.fetchone(fetch_sql)                      # 查找一条记录
    # 检测笔记不存在的情况
    if not article:
        flash('ID 错误', 'danger')                        # 闪存信息
        return redirect(url_for('dashboard'))
    # 获取表单
    form = ArticleForm(request.form)
```

335

```
if request.method == 'POST' and form.validate():          # 如果用户提交表单，并且表单验证通过
        # 获取表单字段内容
        title = request.form['title']
        content = request.form['content']
        update_sql = "UPDATE articles SET title='%s', content='%s' WHERE id='%s' and author = '%s'" % (title,
content, id,session['username'])
        db = MysqlUtil()                                  # 实例化数据库操作类
        db.update(update_sql)                             # 更新数据的 SQL 语句
        flash('更改成功', 'success')                       # 闪存信息
        return redirect(url_for('dashboard'))             # 跳转到控制台

    # 从数据库中获取表单字段的值
    form.title.data = article['title']
    form.content.data = article['content']
    return render_template('edit_article.html', form=form)   # 渲染模板
```

上述代码中，首先根据笔记的 ID 查找 articles 表中笔记的信息。如果 articles 表中没有此 ID，则提示错误信息。接下来，判断用户是否提交表单，并且表单验证通过。如果同时满足以上 2 个条件，则修改该 ID 的笔记信息，并跳转到控制台。否则，获取笔记信息后渲染模板。

编辑笔记的运行效果如图 19.23 所示。

图 19.23　编辑笔记

19.7.4　删除笔记功能实现

在控制台列表中，单击笔记标题右侧的"Delete"按钮，即可根据笔记 ID 删除该笔记。删除成功后，页面跳转到控制台。实现该功能的关键代码如下：

```
# 删除笔记
@app.route('/delete_article/<string:id>', methods=['POST'])
@is_logged_in
```

```
def delete_article(id):
    db = MysqlUtil()                                                    # 实例化数据库操作类
    sql = "DELETE FROM articles WHERE id = '%s' and author = '%s'" % (id,session['username'])
                                                                        # 执行删除笔记的 SQL 语句
    db.delete(sql)                                                      # 删除数据库
    flash('删除成功', 'success')                                         # 闪存信息
    return redirect(url_for('dashboard'))                               # 跳转到控制台
```

上述代码中，执行删除的 SQL 语句一定要添加 WHERE id 限定条件，否则，将删除所有笔记。

19.8　小　　结

本章主要使用 Flask 开发一个在线学习笔记的网站。在该项目中，我们首先介绍网站的用户模块，主要包括用户注册、登录、退出登录和权限管理功能。接下来，介绍笔记模块的增删改查功能。本项目中使用了很多开发中常用的模块和方法，例如，使用 WTForms 模块验证表单，使用 Passlib 模块对密码加密，使用装饰器判断用户是否登录等。通过本章的学习，希望读者能够了解 Flask 开发流程并掌握 Web 开发中常用的模块。

第 20 章　基于 Python Flask 的 51 商城

购物网站是大家日常生活中密不可分的一部分，只要有网络和相应的设备就能做到足不出户，进行商品的选购，并且可以享受商品送货上门的体验。虽然国内已经有很多的购物网站，但是没有一个网站可以把自己的制作细节介绍给大家，本章内容将使用 Python 语言开发一个购物网站，并详细介绍开发时需要了解和掌握的相关开发细节。

学习摘要：

☑ 使用蓝图分割前后台应用
☑ 使用 Flask-SQLAlchemy 扩展实现 ORM
☑ 使用 Flask-Migrate 扩展实现数据迁移
☑ 使用 WTForms 自定义验证函数
☑ 使用 Werkzeug 库中的 security 实现散列密码
☑ 使用 functools 中的 wraps 实现验证装饰器
☑ 使用 PIL 模块生成验证码

20.1　需求分析

作为一个商城系统，为满足用户的基本购物需求，本系统应该具备以下功能：

☑ 具备首页幻灯片展示功能；
☑ 具备首页商品展示功能，包括展示最新上架商品、展示打折商品和展示热门商品等功能；
☑ 具备商品展示功能，可以用于展示商品的详细信息；
☑ 具备加入购物车功能，用户可以将商品添加至购物车；
☑ 具备查看购物车，用户可以查看购物车中的所有商品，可以更改购买商品的数量，可以清空购物车等；
☑ 具备填写订单功能，用户可以填写地址信息，用于接收商品；
☑ 具备提交订单功能，用户提交订单后，显现支付宝收款码；
☑ 具备查看订单功能，用户提交订单后可以查看订单详情；
☑ 具备会员管理功能，包括用户注册、登录和注销等；
☑ 具备后台管理商品功能，包括新增商品、编辑商品和删除商品，还可以查看商品排行等；
☑ 具备后台管理会员功能，包括查看会员信息等；
☑ 具备后台管理订单功能，包括查看订单信息等。

20.2　系　统　设　计

20.2.1　系统功能结构

　　51 商城共分为两个部分，前台主要实现商品展示及销售，后台主要是对商城中的商品信息、会员信息、订单信息进行有效的管理。其详细功能结构如图 20.1 所示。

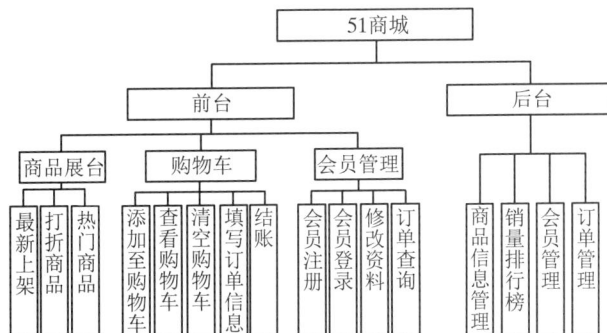

图 20.1　系统功能结构

20.2.2　系统业务流程

　　在开发 51 商城前，需要先了解商城的业务流程。根据对其他网上商城的业务分析，并结合自己的需求，设计出如图 20.2 所示的 51 商城的系统业务流程图。

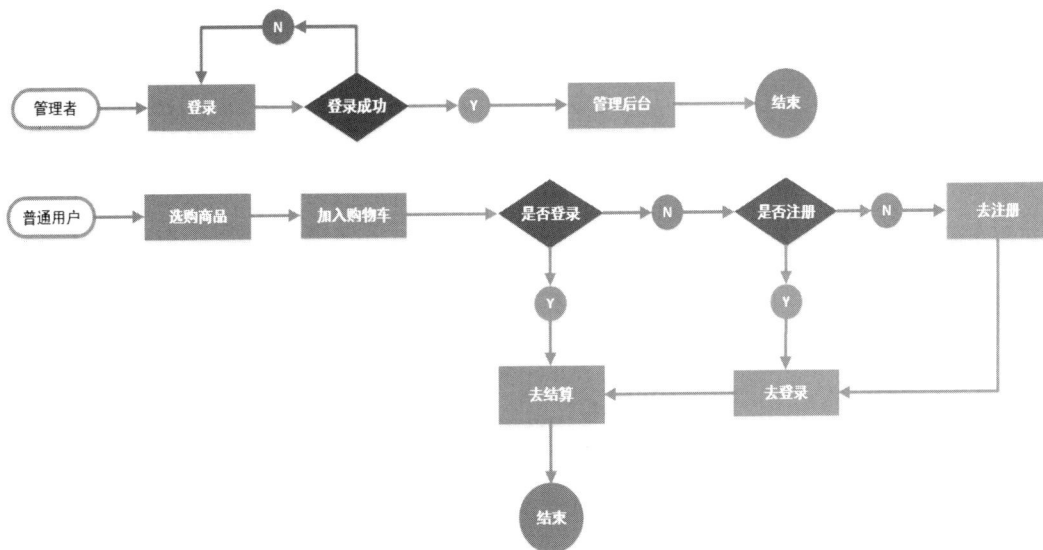

图 20.2　51 商城业务流程图

20.2.3　系统预览

用户通过浏览器首先进入的是商城首页，如图 20.3。在商城首页用户可以浏览最新上架商品和热门商品，也可以分类浏览对应商品。

图 20.3　商城首页

用户选中商品后，单击进入商品详情页如图 20.4 所示。在商品详情页，用户可以将商品加入购物车，并选择商品数量，购物车页面如图 20.5 所示。购买完商品后，可以查看订单，如图 20.6 所示。

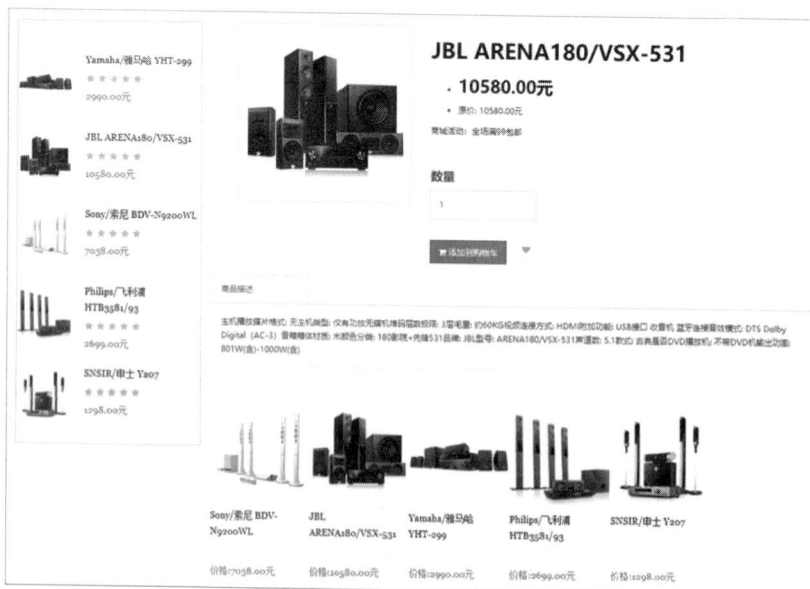

图 20.4　商品详情页

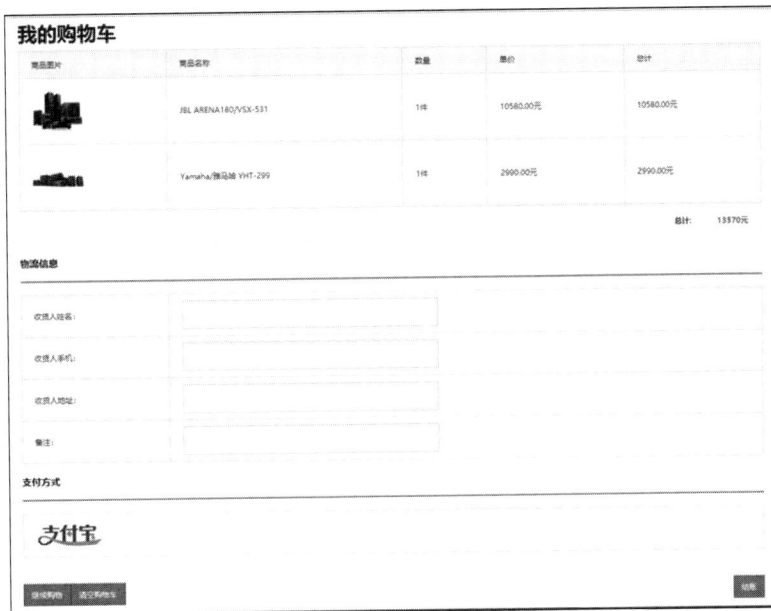

图 20.5　购物车页面

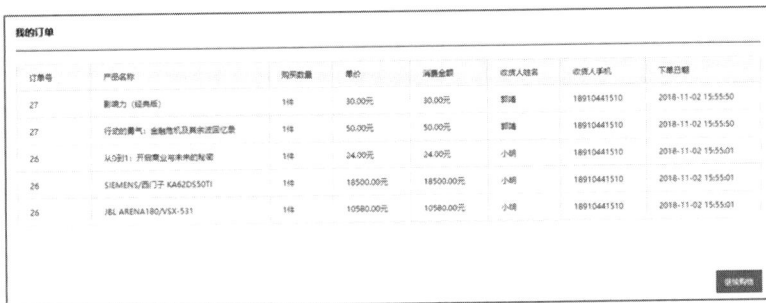

图 20.6　商品订单

　　管理员登录后，可以在后台管理商城系统。商品管理模块如图 20.7 所示。添加商品效果如图 20.8 所示。

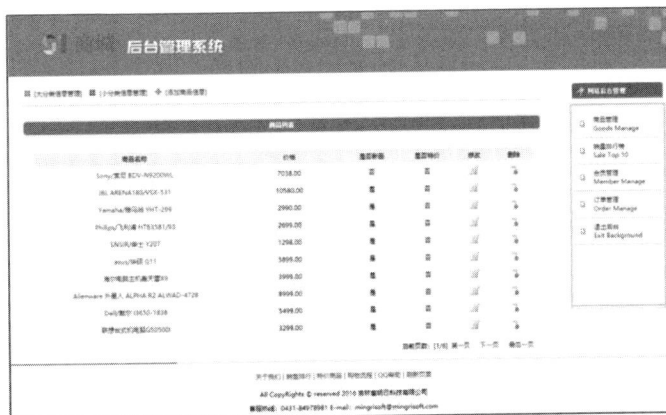

图 20.7　商品管理模块

图 20.8　添加商品信息页面的运行结果

管理员还可以查看销量排行，如图 20.9 所示。查看会员信息如图 20.10 所示。

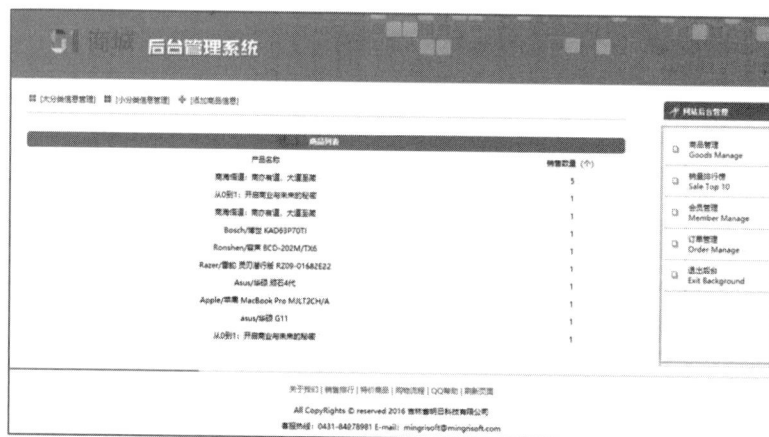

图 20.9　销量排行榜页面的运行效果

图 20.10　会员信息管理页面的运行结果

20.3　系统开发必备

20.3.1　开发工具准备

本系统的软件开发及运行环境具体如下：

- ☑　操作系统：Windows 7 及以上。
- ☑　虚拟环境：virtualenv。
- ☑　数据库：PyMySQL 驱动+ MySQL。
- ☑　开发工具：PyCharm / Sublime Text 3 等。
- ☑　Python Web 框架：Flask。
- ☑　浏览器：Chrome 浏览器。

20.3.2　文件夹组织结构

本项目我们采用的是 Flask 微型 Web 框架进行开发。由于 Flask 框架的灵活性，我们可任意组织项目的目录结构。在 51 商城项目中，我们使用包和模块方式组织程序。文件夹组织结构如图 20.11 所示。

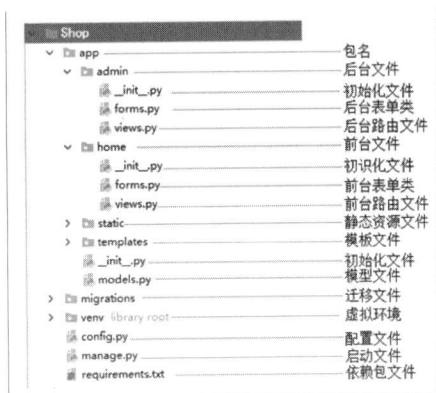

图 20.11　文件夹组织结构

在图 20.11 的文件夹组织结构中，有 3 个顶级文件夹：

- ☑　app：Flask 程序的包名，一般都命名为 app。该文件夹下还包含两个包：home（前台）和 admin（后台）。每个包下又包含 3 个文件：__init__.py（初始化文件）、forms.py（表单文件）和 views（路由文件）。
- ☑　migrations：数据库迁移脚本。
- ☑　venv：Python 虚拟环境。

同时还创建了一些新文件：

- ☑　requirements.txt：列出了所有依赖包，便于在其他电脑中重新生成相同的虚拟环境。

☑ config.py：存储配置。

☑ manage.py：用于启动程序以及其他的程序任务。

在本项目中，使用 Flask-Script 扩展以命令行方式生成数据库表和启动服务。生成数据表的命令如下：

```
python manage.py db init                    # 创建迁移仓库,首次使用
python manage.py db migrate                 # 创建迁移脚本
python manage.py db upgrade                 # 把迁移应用到数据库中
```

启动服务的命令如下：

```
python manage.py runserver
```

20.4 技术准备

20.4.1 Flask-SQLAlchemy 扩展

SQLAlchemy 是一个常用的数据库抽象层和数据库关系映射包（ORM），并且需要一些设置才可以使用，因此通常使用 Flask 中的扩展——Flask-SQLAlchemy 来操作 SQLAlchemy。

1. 安装 Flask-SQLAlchemy

我们使用 pip 工具来安装 Flask-SQLAlchemy，安装方式非常简单，在 venv 虚拟环境下使用如下命令：

```
pip install Flask-SQLAlchemy
```

2. 基本使用

使用 Flask-SQLAlchemy 前，我们需要在 app 实例的全局配置中配置相关属性，然后实例化 SQLAlchemy 类，最后调用 create_all()方法来创建数据表。创建 manage.py 文件代码如下：

```python
from flask import Flask
from flask_sqlalchemy import SQLAlchemy
import pymysql

app = Flask(__name__)
# 基本配置
app.config['SQLALCHEMY_TRACK_MODIFICATIONS'] = True
app.config['SQLALCHEMY_DATABASE_URI'] = (
        'mysql+pymysql://root:root@localhost/flask_demo'
        )
db = SQLAlchemy(app)                             # 实例化 SQLAlchemy 类
# 创建数据表类
class User(db.Model):
    id = db.Column(db.Integer, autoincrement=True,primary_key=True)
    username = db.Column(db.String(80),unique=True,nullable=False)
    email = db.Column(db.String(120),unique=True,nullable=False)
```

```
    def __repr__(self):
        return '<User %r>' % self.username

if __name__ == "__main__":
    db.create_all()                              # 执行创建命令
```

上述代码中，app.config['SQLALCHEMY_TRACK_MODIFICATIONS'] 如果设置成 True（默认情况），Flask-SQLAlchemy 将会追踪对象的修改并且发送信号。这需要额外的内存，如果不必要的可以禁用它。app.config['SQLALCHEMY_DATABASE_URI'] 用于连接数据的数据库。例如：

```
sqlite:////tmp/test.db
mysql://username:password@server/db
```

接下来，实例化 SQLAlchemy 类并赋值给 db 对象，然后创建需要映射的数据表类 User。User 类需要继承 db.Model，类属性对应着表的字段。例如，id 字段使用 db.Integer 表示是整型数据，用 key=True 表示 id 为主键；username 字段使用 db.String(80)表示长度为 80 的字符串型数据，使用 unique=True 表示用户名唯一，并且使用 nullable=False 表示不能为空。

最后，使用 db.create_all()方法创建所有表。

创建一个 flask_demo 数据库，然后执行命令 python manage.py。此时，数据库中新增一个 user 表，使用可视化工具 Navicat 查看 user 表结构，如图 20.12 所示。

图 20.12　Flask-SQLAlchemy 生成数据表

3. 定义关系

数据表之间的关系通常包括一对一、一对多和多对多关系。下面以"用户—文章"模型为例，介绍如何使用 Flask-SQLAlchemy 定义一对多的关系。

在"用户—文章"模型中，一名作者可以写多篇文章，而一篇文章必然属于一个用户。所以，对于作者和文章而言，这是一个典型的一对多关系。我们在 manage.py 文件中编写这两种对应关系。代码如下：

```
class User(db.Model):
    id = db.Column(db.Integer,primary_key=True)
    username = db.Column(db.String(80),unique=True,nullable=False)
    email = db.Column(db.String(120),unique=True,nullable=False)
    articles = db.relationship('Article')

    def __repr__(self):
        return '<User %r>' % self.username

class Article(db.Model):
```

```
id = db.Column(db.Integer,primary_key=True)
title = db.Column(db.String(80),index=True)
content = db.Column(db.Text)
user_id = db.Column(db.Integer,db.ForeignKey('user.id'))

def __repr__(self):
    return '<Article %r>' % self.title
```

在上述代码中，User 类（"一对多"关系中的"一"）添加了一个 articles 属性，这个属性并没有使用 Column 类声明为列，而是使用 db.relationship()来定义关系属性，relationship()参数是另一侧的类名称。当调用 User.articles 时返回多个记录，也就是该用户对应的所有文章。

在 Article 类（"一对多"关系中的"多"）添加了一个 user_id 属性，通过使用 db.ForeignKey()将其设置为外键。外键（foreign key）是用来在 Article 表存贮 User 表的主键值以便和 User 表建立联系的关系字段。db.ForeignKey('user.id')中的参数"user"是 User 类所对应的表名，id 则是 user 表的主键。

再次执行命令 python manage.py 文件，flask_demo 数据库中新增一个 article 表。article 表结构的外键如图 20.13 所示。

图 20.13　article 表外键

20.4.2　Flask-Migrate 扩展

在实际开发过程中通常需要更新数据表结构，例如在 user 表中新增一个 gender 字段，则需要在 User 类中添加如下一行代码：

```
gender = db.Column(db.BOOLEAN,default=True)
```

添加完成后，执行 python manage.py 命令后发现表结构并没有变化，这是因为重新调用 create_all()方法不会起到更新表或重新创建表的作用。我们需要先使用 drop_all()方法删除表，但是如果这样，表中的数据也会随之消失。SQLAlchemy 的开发者 Michael Bayer 编写了一个数据库迁移工具 Alembic 可以实现数据库的迁移。它可以在不破坏数据的情况下更新数据表结构。

Flask-Migrate 扩展集成了 Alembic，提供了一些 Flask 命令来完成数据迁移。下面我们介绍如何使用 Flask-Migrate 实现数据迁移。

1. 安装 Flask-Migrate

我们使用 pip 工具来安装 Flask-Migrate，安装方式非常简单，在 venv 虚拟环境下使用如下命令：

```
pip install Flask-Migrate
```

Flask-Migrate 提供了一个命令集，使用 db 作为命令集名称，可以执行"flask db --help"命令来查看 Flak-Migrate 的基本使用。如图 20.14 所示。

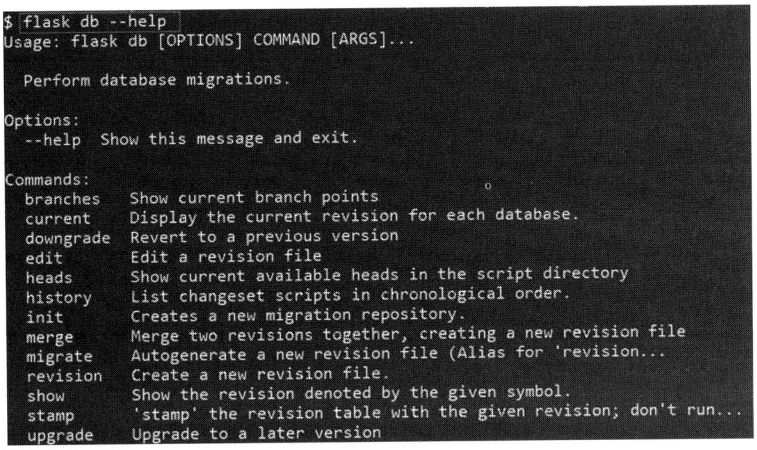

```
$ flask db --help
Usage: flask db [OPTIONS] COMMAND [ARGS]...

  Perform database migrations.

Options:
  --help  Show this message and exit.

Commands:
  branches   Show current branch points
  current    Display the current revision for each database.
  downgrade  Revert to a previous version
  edit       Edit a revision file
  heads      Show current available heads in the script directory
  history    List changeset scripts in chronological order.
  init       Creates a new migration repository.
  merge      Merge two revisions together, creating a new revision file
  migrate    Autogenerate a new revision file (Alias for 'revision...
  revision   Create a new revision file.
  show       Show the revision denoted by the given symbol.
  stamp      'stamp' the revision table with the given revision; don't run...
  upgrade    Upgrade to a later version
```

图 20.14　Flask-Migrate 常用命令

2. 创建迁移环境

我们修改 20.4.1 中的 manage.py 文件，新增 2 行代码。首先从 flask_migrate 中引入 Migrate 类，然后实例化 Migrate 类。关键代码如下：

```
from flask import Flask
from flask_sqlalchemy import SQLAlchemy
import pymysql
from flask_migrate import Migrate                         # 新增代码，导入 Migrate

app = Flask(__name__)                                     # 创建 Flask 应用
app.config['SQLALCHEMY_TRACK_MODIFICATIONS'] = True
app.config['SQLALCHEMY_DATABASE_URI'] = (
        'mysql+pymysql://root:root@localhost/flask_demo'
        )
db = SQLAlchemy(app)
migrate = Migrate(app,db)                                 # 新增代码，创建 Migrate 实例

class User(db.Model):
    id = db.Column(db.Integer,primary_key=True)
    # 省略部分代码

class Article(db.Model):
    # 省略部分代码

if __name__ == "__main__":
    db.create_all()
```

在上述代码中，在实例化 Migrate 类时传入了 2 个参数，第一个参数“app”是程序实例 app，第二个参数“db”是 SQLAlchemy 类创建的对象。

接下来，我们需要使用 FLASK_APP 环境变量定义如何载入应用。对于不同的操作系统，命令有所不同。

Windows：

```
set FLASK_APP=manage.py
```

Unix Bash（Linux、Mac 及其他）：

```
export FLASK_APP=manage.py
```

　　FLASK_APP=manage.py 之间没有空格。当关闭命令行窗口时，这里的设置失效。下次使用时，需要再次设置 FLASK_APP 环境变量。

准备就绪，开始创建一个迁移环境，执行如下命令：

```
flask db init
```

执行完成后，在项目根目录下自动生成了一个 migrations 文件夹，其中包含了配置文件和迁移版本文件，如图 20.15 所示。

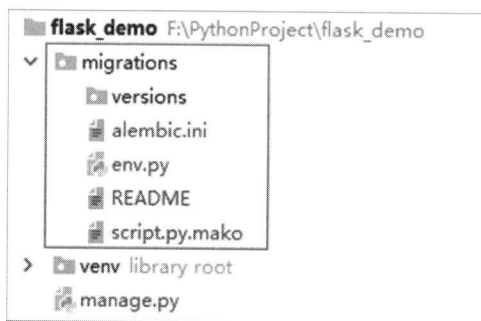

图 20.15　新增 migration 文件夹

3. 生成迁移脚本

创建完迁移环境后，可以执行如下命令自动生成迁移脚本：

```
flask db migrate -m "add gender for user table"
```

执行完成后，会在"migrations/versions/"目录下生成一个迁移脚本文件，关键代码如下：

```
def upgrade():
    ### commands auto generated by Alembic - please adjust! ###
    op.add_column('user', sa.Column('gender', sa.BOOLEAN(), nullable=True))
    # ### end Alembic commands ###


def downgrade():
    # ### commands auto generated by Alembic - please adjust! ###
    op.drop_column('user', 'gender')
    # ### end Alembic commands ###
```

上述代码中，upgrad()函数主要用于将改动应用到数据库，而 downgrade()函数主要用于撤销改动。

> **说明**
>
> 　　每一次迁移都会生成新的迁移脚本，而且 Alembic 为每一次迁移都生成了修订版本 ID，所以数据库可以恢复到修改历史中的任意版本。

4. 更新数据库

生成迁移脚本后，接下来可以使用如下命令更新数据库：

```
flask db upgrade
```

执行完成后，flask_demo 数据库中新增了一个 alembic_version 表，用于记录当前版本号。修改的 user 表中新增了一个 gender 字段。

> **说明**
>
> 　　迁移环境只需要创建一次，也就是说下次修改表时，只需要执行 flask db migrate 和 flask db upgrade 命令即可。

20.5　数据库设计

20.5.1　数据库概要说明

本项目采用 MySQL 数据库，数据库名称为 shop。读者可以使用 MySQL 命令行方式或 MySQL 可视化管理工具（如 Navicat）创建数据库。使用命令行方式如下：

```
create database shop default character set utf8;
```

20.5.2　创建数据表

创建完数据库后，我们需要数据表。本项目中包含 8 张数据表，数据表名称及作用如表 20.1 所示。

表 20.1　数据库表结构

表　名	含　义	作　用
admin	管理员表	用于存储管理员用户信息
user	用户表	用于存储用户的信息
goods	商品表	用于存储商品信息
cart	购物车表	用于存储购物车信息
orders	订单表	用于存储订单信息
orders_detail	订单明细表	用于存储订单明细信息
supercat	商品大分类表	用于存储商品大分类信息
subcat	商品小分类表	用于存储商品小分类信息

本项目中使用 SQLAlchemy 进行数据库操作，将所有的模型放置到一个单独的 models 模块中，使程序的结构更加明晰。SQLAlchemy 是一个常用的数据库抽象层和数据库关系映射包（ORM），并且需要一些设置才可以使用，因此使用 Flask-SQLAlchemy 扩展来操作它。

由于篇幅有限，这里只给出 models.py 模型文件中比较重要的代码。关键代码如下：

```python
from . import db
from datetime import datetime

# 会员数据模型
class User(db.Model):
    __tablename__ = "user"
    id = db.Column(db.Integer, primary_key=True)                              # 编号
    username = db.Column(db.String(100))                                      # 用户名
    password = db.Column(db.String(100))                                      # 密码
    email = db.Column(db.String(100), unique=True)                           # 邮箱
    phone = db.Column(db.String(11), unique=True)                            # 手机号
    consumption = db.Column(db.DECIMAL(10, 2), default=0)                    # 消费额
    addtime = db.Column(db.DateTime, index=True, default=datetime.now)       # 注册时间
    orders = db.relationship('Orders', backref='user')                       # 订单外键关系关联

    def __repr__(self):
        return '<User %r>' % self.name

    def check_password(self, password):
        """
        检测密码是否正确
        :param password: 密码
        :return: 返回布尔值
        """
        from werkzeug.security import check_password_hash
        return check_password_hash(self.password, password)

# 管理员
class Admin(db.Model):
    __tablename__ = "admin"
    id = db.Column(db.Integer, primary_key=True)                             # 编号
    manager = db.Column(db.String(100), unique=True)                         # 管理员账号
    password = db.Column(db.String(100))                                     # 管理员密码

    def __repr__(self):
        return "<Admin %r>" % self.manager

    def check_password(self, password):
        """
        检测密码是否正确
```

```
        :param password: 密码
        :return: 返回布尔值
        """
        from werkzeug.security import check_password_hash
        return check_password_hash(self.password, password)


# 大分类
class SuperCat(db.Model):
    __tablename__ = "supercat"
    id = db.Column(db.Integer, primary_key=True)                              # 编号
    cat_name = db.Column(db.String(100))                                      # 大分类名称
    addtime = db.Column(db.DateTime, index=True, default=datetime.now)        # 添加时间
    subcat = db.relationship("SubCat", backref='supercat')                    # 外键关系关联
    goods = db.relationship("Goods", backref='supercat')                      # 外键关系关联


    def __repr__(self):
        return "<SuperCat %r>" % self.cat_name


# 子分类
class SubCat(db.Model):
    __tablename__ = "subcat"
    id = db.Column(db.Integer, primary_key=True)                             # 编号
    cat_name = db.Column(db.String(100))                                     # 子分类名称
    addtime = db.Column(db.DateTime, index=True, default=datetime.now)       # 添加时间
    super_cat_id = db.Column(db.Integer, db.ForeignKey('supercat.id'))       # 所属大分类
    goods = db.relationship("Goods", backref='subcat')                       # 外键关系关联


    def __repr__(self):
        return "<SubCat %r>" % self.cat_name


# 商品
class Goods(db.Model):
    __tablename__ = "goods"
    id = db.Column(db.Integer, primary_key=True)                             # 编号
    name = db.Column(db.String(255))                                         # 名称
    original_price = db.Column(db.DECIMAL(10,2))                             # 原价
    current_price   = db.Column(db.DECIMAL(10,2))                           # 现价
    picture = db.Column(db.String(255))                                      # 图片
    introduction = db.Column(db.Text)                                        # 商品简介
    views_count = db.Column(db.Integer,default=0)                            # 浏览次数
    is_sale   = db.Column(db.Boolean(), default=0)                          # 是否特价
    is_new = db.Column(db.Boolean(), default=0)                             # 是否新品


    # 设置外键
    supercat_id = db.Column(db.Integer, db.ForeignKey('supercat.id'))       # 所属大分类
    subcat_id = db.Column(db.Integer, db.ForeignKey('subcat.id'))           # 所属小分类
```

```
    addtime = db.Column(db.DateTime, index=True, default=datetime.now)      # 添加时间
    cart = db.relationship("Cart", backref='goods')                        # 订单外键关系关联
    orders_detail = db.relationship("OrdersDetail", backref='goods')       # 订单外键关系关联

    def __repr__(self):
        return "<Goods %r>" % self.name

# 购物车
class Cart(db.Model):
    __tablename__ = 'cart'
    id = db.Column(db.Integer, primary_key=True)                           # 编号
    goods_id = db.Column(db.Integer, db.ForeignKey('goods.id'))            # 所属商品
    user_id = db.Column(db.Integer)                                        # 所属用户
    number = db.Column(db.Integer, default=0)                              # 购买数量
    addtime = db.Column(db.DateTime, index=True, default=datetime.now)     # 添加时间
    def __repr__(self):
        return "<Cart %r>" % self.id

# 订单
class Orders(db.Model):
    __tablename__ = 'orders'
    id = db.Column(db.Integer, primary_key=True)                           # 编号
    user_id = db.Column(db.Integer, db.ForeignKey('user.id'))              # 所属用户
    recevie_name = db.Column(db.String(255))                               # 收款人姓名
    recevie_address = db.Column(db.String(255))                            # 收款人地址
    recevie_tel = db.Column(db.String(255))                                # 收款人电话
    remark = db.Column(db.String(255))                                     # 备注信息
    addtime = db.Column(db.DateTime, index=True, default=datetime.now)     # 添加时间
    orders_detail = db.relationship("OrdersDetail", backref='orders')      # 外键关系关联
    def __repr__(self):
        return "<Orders %r>" % self.id

class OrdersDetail(db.Model):
    __tablename__ = 'orders_detail'
    id = db.Column(db.Integer, primary_key=True)                           # 编号
    goods_id = db.Column(db.Integer, db.ForeignKey('goods.id'))            # 所属商品
    order_id = db.Column(db.Integer, db.ForeignKey('orders.id'))           # 所属订单
    number = db.Column(db.Integer, default=0)                              # 购买数量
```

20.5.3　数据表关系

本项目的数据表之间存在着多个数据关系，如一个大分类（supercat 表）对应着多个小分类（subcat 表），而每个大分类和小分类下又对应着多个商品（goods 表）。一个购物车（cart 表）对应着多个商品（goods 表），一个订单（orders 表）又对应着多个订单明细（orders_detail 表）。我们使用 ER 图来直观地展现数据表之间的关系，如图 20.16 所示。

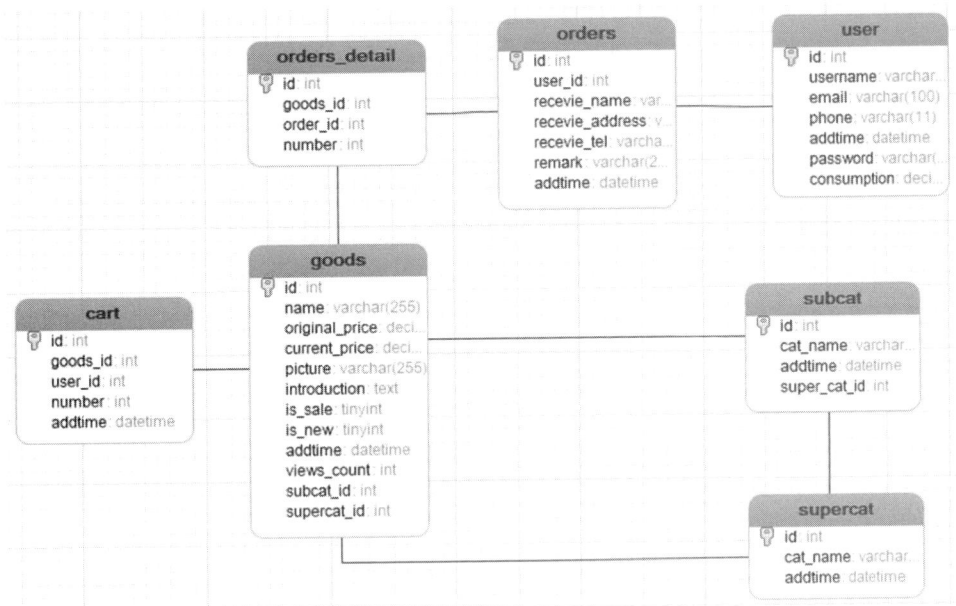

图 20.16　数据表关系

20.6　会员注册模块设计

20.6.1　会员注册模块概述

会员注册模块主要用于实现新用户注册成为网站的会员功能。在会员注册页面中，用户需要填写会员信息，然后单击"同意协议并注册"按钮，程序将自动验证输入的账户是否唯一，如果唯一，就把填写的会员信息保存到数据库中，否则给出提示，需要修改唯一后，方可完成注册。另外，程序还将验证输入的信息是否合法，例如，不能输入中文的账户名称等。会员注册流程如图 20.17 所示，页面运行结果如图 20.18 所示。

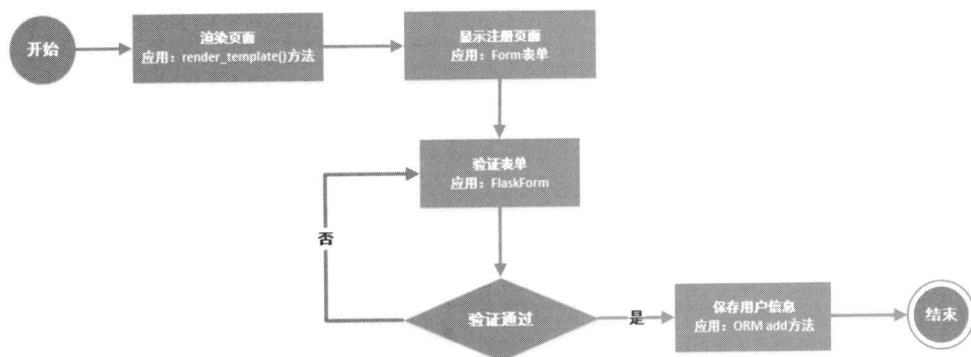

图 20.17　会员注册流程

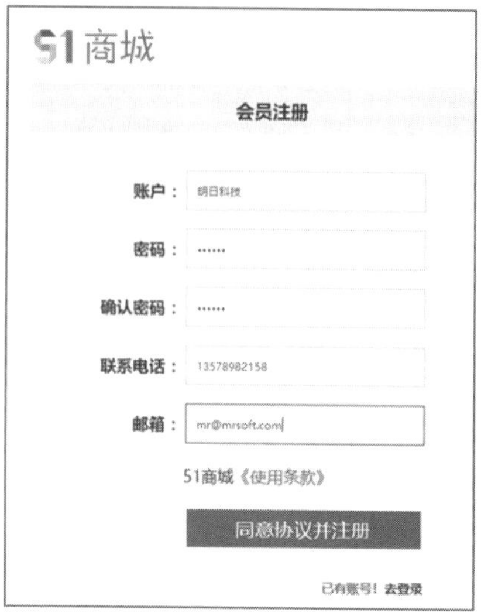

图 20.18　会员注册页面运行结果

20.6.2　会员注册页面

在会员注册页面的表单中，用户需要填写账户、密码、确认密码、联系电话和邮箱信息。对于用户提交的信息，网站后台必须进行验证。验证内容包括用户名和密码是否为空，密码和确认密码是否一致，电话和邮箱格式是否正确等。在本项目中，使用 Flak-WTF 来创建表单。

1. 创建注册页面表单

在 app\home\forms.py 文件中，创建 RegiserForm 类继承 FlaskForm 类。RegiserForm 类中，定义注册页面表单中的每个字段类型和验证规则以及字段的相关属性等信息。例如，定义 username 表示用户名（即账户），该字段类型是字符串型，所以需要从 wtforms 导入 StringField。对于用户名，我们设置规则为不能为空，长度为 3～50。所以，将 validators 设置为一个列表，包含该 DataRequired() 和 Length() 两个函数。而由于 Flask-WTF 并没有提供验证邮箱和验证手机号的功能，所以需要自定义 vilidata_email() 和 validate_phone() 函数来实现。具体代码如下：

```
from flask_wtf import FlaskForm
from wtforms import StringField, PasswordField, SubmitField, TextAreaField
from wtforms.validators import DataRequired, Email, Regexp, EqualTo, ValidationError,Length

class RegisterForm(FlaskForm):
    """
    用户注册表单
    """
    username = StringField(
        label= "账户 ： ",
        validators=[
            DataRequired("用户名不能为空！ "),
            Length(min=3, max=50, message="用户名长度必须在 3～50 位")
        ],
```

```python
                description="用户名",
                render_kw={
                    "type"          : "text",
                    "placeholder": "请输入用户名！",
                    "class":"validate-username",
                    "size" : 38,
                }
        )
        phone = StringField(
                label="联系电话 ：",
                validators=[
                    DataRequired("手机号不能为空！"),
                    Regexp("1[34578][0-9]{9}", message="手机号码格式不正确")
                ],
                description="手机号",
                render_kw={
                    "type": "text",
                    "placeholder": "请输入联系电话！",
                    "size": 38,
                }
        )
        email = StringField(
                label = "邮箱 ：",
                validators=[
                    DataRequired("邮箱不能为空！"),
                    Email("邮箱格式不正确！")
                ],
                description="邮箱",
                render_kw={
                    "type": "email",
                    "placeholder": "请输入邮箱！",
                    "size": 38,
                }
        )
        password = PasswordField(
                label="密码 ：",
                validators=[
                    DataRequired("密码不能为空！")
                ],
                description="密码",
                render_kw={
                    "placeholder": "请输入密码！",
                    "size": 38,
                }
        )
        repassword = PasswordField(
                label= "确认密码 ：",
                validators=[
                    DataRequired("请输入确认密码！"),
```

```
            EqualTo('password', message="两次密码不一致！")
        ],
        description="确认密码",
        render_kw={
            "placeholder": "请输入确认密码！",
            "size": 38,
        }
    )
    submit = SubmitField(
        '同意协议并注册',
        render_kw={
            "class": "btn btn-primary login",
        }
    )

    def validate_email(self, field):
        """
        检测注册邮箱是否已经存在
        :param field: 字段名
        """
        email = field.data
        user = User.query.filter_by(email=email).count()
        if user == 1:
            raise ValidationError("邮箱已经存在！")
    def validate_phone(self, field):
        """
        检测手机号是否已经存在
        :param field: 字段名
        """
        phone = field.data
        user = User.query.filter_by(phone=phone).count()
        if user == 1:
            raise ValidationError("手机号已经存在！")
```

> **注意**
>
> 　　自定义验证函数的格式为"validate_+字段名"，如自定义的验证手机号的函数为
> "validate_phone"。

2. 显示注册页面

本项目中，所有模板文件均存储在"app/templates/"路径下。如果是前台模板文件则存放于"app/templates/home/"路径下。在该路径下，创建 regiter.html 作为前台注册页面模板。接下来，需要使用@home.route()装饰器定义路由，并且使用 render_template()函数来渲染模板。关键代码如下：

```
@home.route("/login/", methods=["GET", "POST"])
def login():
    """
    登录
```

```
    """
    form = LoginForm()                                          # 实例化 LoginForm 类
    # 省略部分代码

    return render_template("home/login.html",form=form)          # 渲染登录页面模板
```

上述代码中，实例化 LoginForm 类并赋值 form 变量，最后在 render_template()函数中传递该参数。

我们已经使用了 Flask-Form 来设置表单字段，那么在模板文件中，直接可以使用 form 变量来设置表单中的字段。如用户名字段（username）就可以使用 form.username 来代替。关键代码如下：

```html
<form   action="" method="post" class="form-horizontal">
    <fieldset>
        <div class="form-group">
            <div class="col-sm-4 control-label">
                {{form.username.label}}
            </div>
            <div class="col-sm-8">
                <!-- 账户文本框 -->
                {{form.username}}
                {% for err in form.username.errors %}
                <span class="error">{{ err }}</span>
                {% endfor %}
            </div>
        </div>
        <div class="form-group">
            <div class="col-sm-4 control-label">
                {{form.password.label}}
            </div>
            <div class="col-sm-8">
                <!-- 密码文本框 -->
                {{form.password}}
                {% for err in form.password.errors %}
                <span class="error">{{ err }}</span>
                {% endfor %}
            </div>
        </div>
        <div class="form-group">
            <div class="col-sm-4 control-label">
                {{form.repassword.label}}
            </div>
            <div class="col-sm-8">
                <!-- 确认密码文本框 -->
                {{form.repassword}}
                {% for err in form.repassword.errors %}
                <span class="error">{{ err }}</span>
                {% endfor %}
```

```
                </div>
            </div>
        <div class="form-group">
            <div class="col-sm-4 control-label">
                {{form.phone.label}}
            </div>
            <div class="col-sm-8" style="clear: none;">
                <!-- 输入联系电话的文本框 -->
                {{form.phone}}
                {% for err in form.phone.errors %}
                <span class="error">{{ err }}</span>
                {% endfor %}
            </div>
        </div>
        <div class="form-group">
            <div class="col-sm-4 control-label">
                {{form.email.label}}
            </div>
            <div class="col-sm-8" style="clear: none;">
                <!-- 输入邮箱的文本框 -->
                {{form.email}}
                {% for err in form.email.errors %}
                <span class="error">{{ err }}</span>
                {% endfor %}
            </div>
        </div>
        <div class="form-group">
            <div style="float: right; padding-right: 216px;">
                51 商城<a href="#" style="color: #0885B1;">《使用条款》</a>
            </div>
        </div>
        <div class="form-group">
            <div class="col-sm-offset-4 col-sm-8">
                {{ form.csrf_token }}
                {{ form.submit }}
            </div>
        </div>
        <div class="form-group" style="margin: 20px;">
            <label>已有账号！<a
                href="{{url_for('home.login')}}">去登录</a>
            </label>
        </div>
    </fieldset>
</form>
```

渲染模板后，当访问网址"127.0.0.1:5000/register"时，运行效果如图 20.19 所示。

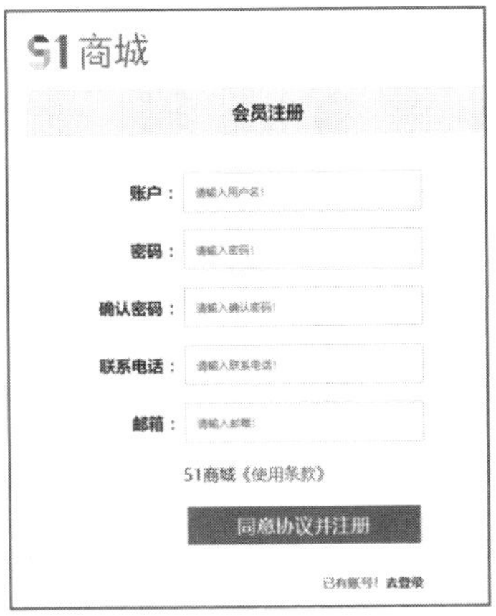

图 20.19　会员注册页面效果

　　表单中使用{{form.csrf_token}}来设置一个隐藏域字段 csrf_token，该字段用于防止 CSRF 攻击。

20.6.3　验证并保存注册信息

　　当用户填写注册信息并单击"同意协议并注册"按钮时，程序将以 POST 方式提交表单。提交路径是 form 表单的"action"属性值。在 register.html 中 action="　"，也就是提交到当前 URL。

　　在 register()方法中，使用 form.validate_on_submit()来验证表单信息，如果验证失败则在页面返回相应的错误信息。验证全部通过后，将用户注册信息写入 user 表中。具体代码如下：

```python
@home.route("/register/", methods=["GET", "POST"])
def register():
    """
    注册功能
    """
    if "user_id" in session:
        return redirect(url_for("home.index"))
    form = RegisterForm()                                    # 导入注册表单
    if form.validate_on_submit():                            # 提交注册表单
        data = form.data                                     # 接收表单数据
        # 为 User 类属性赋值
        user = User(
            username = data["username"],                     # 用户名
            email = data["email"],                           # 邮箱
            password = generate_password_hash(data["password"]),  # 对密码加密
            phone = data['phone']
```

```
)
db.session.add(user)                               # 添加数据
db.session.commit()                                # 提交数据
return redirect(url_for("home.login"))             # 登录成功，跳转到首页
return render_template("home/register.html", form=form)    # 渲染模板
```

在注册页面输入注册信息，当密码和确认密码不一致时，提示如图 20.20 所示错误信息。当联系电话格式错误时，提示如图 20.21 所示错误信息。当验证通过后，则将注册用户信息保存到 user 表中，并且跳转到登录页面。

图 20.20　密码不一致

图 20.21　手机号码格式错误

20.7　会员登录模块设计

20.7.1　会员登录模块概述

会员登录模块主要用于实现网站的会员功能，在该页面中，填写会员账户、密码和验证码（如果验证码看不清楚，可以单击验证码图片刷新该验证码），单击"登录"按钮，即可实现会员登录。如果没有输入账户、密码或者验证码，都将给予提示。另外，验证码输入错误也将给予提示。登录流程如图 20.22 所示，登录页面效果如图 20.23 所示。

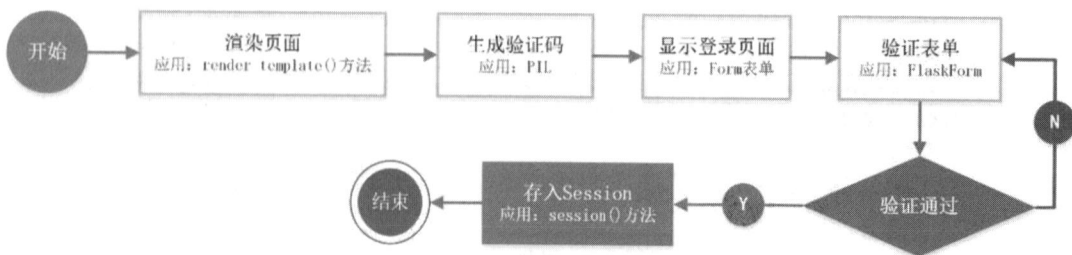

图 20.22　会员登录流程

图 20.23　会员登录页面效果

20.7.2　创建会员登录页面

在会员登录页面，需要用户填写用户名、密码和验证码。用户名和密码的表单字段与登录页面相同，这里不再赘述，我们重点介绍一下与验证码相关的内容。

1. 生成验证码

登录页面的验证码是一个图片验证码，也就是在一张图片上显示数字 0～9，26 个小写字母 a～z 和 26 个大写字母 A～Z 的随机组合。那么，可以使用 String 模块 ascii_letters 和 digits 方法，其中 ascii_letters 是生成所有字母，从 a～z 和 A～Z，digits 是生成所有数字 0～9。最后使用 PIL(图像处理标准库)来生成图片。实现代码如下：

```python
import random
import string
from PIL import Image, ImageFont, ImageDraw
from io import BytesIO

def rndColor():
    '''随机颜色'''
    return (random.randint(32, 127), random.randint(32, 127), random.randint(32, 127))

def gene_text():
    '''生成 4 位验证码'''
    return ''.join(random.sample(string.ascii_letters+string.digits, 4))

def draw_lines(draw, num, width, height):
    '''画线'''
    for num in range(num):
        x1 = random.randint(0, width / 2)
        y1 = random.randint(0, height / 2)
        x2 = random.randint(0, width)
        y2 = random.randint(height / 2, height)
        draw.line(((x1, y1), (x2, y2)), fill='black', width=1)

def get_verify_code():
    '''生成验证码图形'''
```

```
code = gene_text()
# 图片大小 120×50
width, height = 120, 50
# 新图片对象
im = Image.new('RGB',(width, height),'white')
# 字体
font = ImageFont.truetype('app/static/fonts/arial.ttf', 40)
# draw 对象
draw = ImageDraw.Draw(im)
# 绘制字符串
for item in range(4):
    draw.text((5+random.randint(-3,3)+23*item, 5+random.randint(-3,3)),
              text=code[item], fill=rndColor(),font=font )
return im, code
```

2. 显示验证码

接下来，显示验证码。定义路由"/code"，在该路由下调用 get_verify_code()方法来生成验证码，然后生成一个 jpeg 格式的图片。最后需要将图片显示在路由下。为节省内存空间，返回一张 gif 图片。具体代码如下：

```
@home.route('/code')
def get_code():
    image, code = get_verify_code()
    # 图片以二进制形式写入
    buf = BytesIO()
    image.save(buf, 'jpeg')
    buf_str = buf.getvalue()
    # 把 buf_str 作为 response 返回前端，并设置首部字段
    response = make_response(buf_str)
    response.headers['Content-Type'] = 'image/gif'
    # 将验证码字符串储存在 session 中
    session['image'] = code
    return response
```

访问"http://127.0.0.1:5000/code"，运行结果如图 20.24 所示。

图 20.24　生成验证码

最后，需要将验证码显示在登录页面上。这时，我们可以将在模板文件中的验证码图片<img>标签的"src"属性设置为"{{url_for('home.get_code')}}"。此外，当单击验证码图片时还需要更新验证码图片。改功能可以通过 JavaScript 的 onclick 单击事件来实现，当单击图片时，设置使用 Math.random()来生成一个随机数。关键代码：

```
<div class="col-sm-8" style="clear: none;">
  <!-- 验证码文本框 -->
  {{form.verify_code}}
    <!-- 显示验证码 -->
    <img class="img_checkcode" src="{{url_for('home.get_code')}}" width="116"
```

```
height="43" onclick="this.src='{{url_for('home.get_code')}}'+'?'+ Math.random()">
</div>
```

在登录页面，当点击验证码图片后，将会更新验证码，运行效果如图 20.25 所示。

图 20.25　更新验证码效果

3. 检测验证码

在登录页面，单击"登录"按钮后，程序会对用户输入的字段进行验证。那么对于验证码图片该如何验证呢？其实，我们通过一种简单的方式将验证图片进行了简化。在使用 get_code()方法生成验证码的时候，有如下代码：

```
session['image'] = code
```

也就是将验证码的内容写入了 session。那么我们只需要将用户输入的验证码和 session['image']进行对比即可。由于验证码内容包括英文大小写字母，所以在对比前，全部将其转化为英文小写字母，然后再对比。关键代码如下：

```
if session.get('image').lower() != form.verify_code.data.lower():
    flash('验证码错误',"err")
    return redirect(url_for("home.login"))                          # 调回登录页
```

在登录页面填写登录信息时，如果验证码错误，则提示错误信息，运行结果如图 20.26 所示。

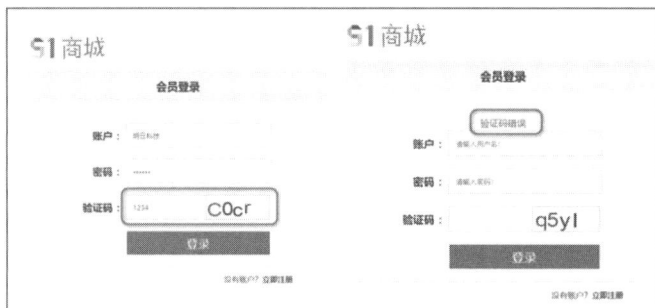

图 20.26　验证码错误运行结果

20.7.3　保存会员登录状态

当用户填写登录信息后，除了要判断验证码是否正确，还需要验证用户名是否存在，以及用户名和密码是否匹配等内容。如果验证全部通过，需要将 user_id 和 user_name 写入 session 中，为后面判断用户是否登录做准备。此外，我们还需要在用户访问"/login"路由时，判断用户是否已经登录，如果用户之前已经登录过，则不需要再次登录，而是直接跳转到商城首页。具体代码如下：

```python
@home.route("/login/", methods=["GET", "POST"])
def login():
    """
    登录
    """
    if "user_id" in session:                                          # 如果已经登录，则直接跳转到首页
        return redirect(url_for("home.index"))
    form = LoginForm()                                                # 实例化 LoginForm 类
    if form.validate_on_submit():                                     # 如果提交
        data = form.data                                              # 接收表单数据
        # 判断用户名和密码是否匹配
        user = User.query.filter_by(username=data["username"]).first()   # 获取用户信息
        if not user :
            flash("用户名不存在！", "err")                                # 输出错误信息
            return render_template("home/login.html", form=form)      # 返回登录页
        # 调用 check_password()方法，检测用户名密码是否匹配
        if not user.check_password(data["password"]):
            flash("密码错误！", "err")                                   # 输出错误信息
            return render_template("home/login.html", form=form)      # 返回登录页
        if session.get('image').lower() != form.verify_code.data.lower():
            flash('验证码错误',"err")
            return render_template("home/login.html", form=form)      # 返回登录页
        session["user_id"] = user.id                # 将 user_id 写入 session，后面用户判断用户是否登录
        session["username"] = user.username         # 将 username 写入 session，后面用户判断用户是否登录
        return redirect(url_for("home.index"))      # 登录成功，跳转到首页

    return render_template("home/login.html",form=form)               # 渲染登录页面模板
```

20.7.4　会员退出功能

退出功能的实现比较简单，只需清空登录时 session 中的 user_id 和 username 即可。使用 session.pop()函数来实现该功能。具体代码如下：

```python
@home.route("/logout/")
def logout():
    """
    退出登录
    """
    # 重定向到 home 模块下的登录。
    session.pop("user_id", None)
    session.pop("username", None)
    return redirect(url_for('home.login'))
```

当用户单击"退出"按钮时，执行 logout()方法，并且跳转到登录页。

20.8　首页模块设计

20.8.1　首页模块概述

当用户访问 51 商城时，首先进入的便是前台首页。前台首页设计的美观程度将直接影响用户的购买欲望。在 51 商城的前台首页中，用户不仅可以查看最新上架、打折商品等信息，还可以及时了解大家喜爱的热门商品，以及商城推出的最新活动或者广告。51 商城前台首页流程如图 20.27 所示，运行结果如图 20.28 所示。

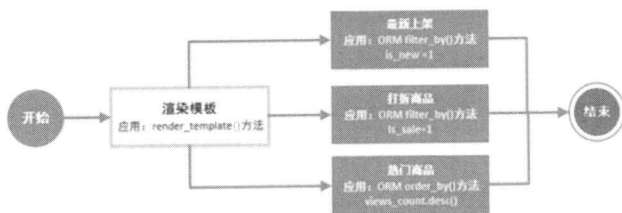

图 20.27　前台首页流程

图 20.28　商城首页

商城首页中，主要有 3 个部分需要我们添加动态代码，也就是热门商品、最新上架和打折商品。从数据库中读取 goods（商品表）中数据，并循环显示在页面上。

20.8.2　实现显示最新上架商品功能

最新上架商品数据来源于 goods（商品表）中 is_new 字段为 1 的记录。由于数据较多，所以在商城首页中，根据商品的 addtime（添加时间）降序排序，筛选出 12 条记录。然后在模板中，遍历数据，显示商品信息。

本项目中，我们使用 Flask-SQLAlchemy 来操作数据库，查询最新上架商品的关键代码如下：

```python
@home.route("/")
def index():
    """
    首页
    """
    # 获取 12 个新品
    new_goods = Goods.query.filter_by(is_new=1).order_by(
                    Goods.addtime.desc()
                        ).limit(12).all()
    return render_template('home/index.html',new_goods=new_goods)        # 渲染模板
```

接下来渲染模板，关键代码如下：

```html
<div class="row">
    <!-- 循环显示最新上架商品：添加 12 条商品信息-->
    {% for item in new_goods %}
    <div class="product-grid col-lg-2 col-md-3 col-sm-6 col-xs-12">
        <div class="product-thumb transition">
            <div class="actions">
                <div class="image">
                    <a href="{{url_for('home.goods_detail',id=item.id)}}">
                        <img src="{{url_for('static',filename='images/goods/'+item.picture)}}" >
                    </a>
                </div>
                <div class="button-group">
                    <div class="cart">
                        <button class="btn btn-primary btn-primary" type="button"
                            data-toggle="tooltip"
                            onclick='javascript:window.location.href=
                                "/cart_add/?goods_id={{item.id}}&number=1"; '
                            style="display: none; width: 33.3333%;"
                            data-original-title="加入到购物车">
                        <i class="fa fa-shopping-cart"></i>
                        </button>
                    </div>
                </div>
            </div>
        </div>
        <div class="caption">
```

```
        <div class="name" style="height: 40px">
            <a href="{{url_for('home.goods_detail',id=item.id)}}">
                {{item.name}}
            </a>
        </div>
        <p class="price">
            价格：{{item.current_price}}元
        </p>
    </div>
  </div>
 </div>
{% endfor %}
<!-- //循环显示最新上架商品：添加 12 条商品信息 -->
</div>
```

商城首页最新上架商品运行效果如图 20.29 所示。

图 20.29　最新上架商品

20.8.3　实现显示打折商品功能

打折商品数据来源于 goods（商品表）中 is_sale 字段为 1 的记录。由于数据较多，所以在商城首页中，根据商品的 addtime（添加时间）降序排序，筛选出 12 条记录。然后在模板中，遍历数据，显示商品信息。

查询打折商品的关键代码如下：

```
@home.route("/")
def index():
    """
    首页
    """
    # 获取 12 个打折商品
```

```
            sale_goods = Goods.query.filter_by(is_sale=1).order_by(
                        Goods.addtime.desc()
                        ).limit(12).all()
    return render_template('home/index.html' ,sale_goods=sale_goods)        # 渲染模板
```

接下来渲染模板，关键代码如下：

```html
<div class="row">
    <!-- 循环显示打折商品 ： 添加 12 条商品信息-->
    {% for item in sale_goods %}
    <div class="product-grid col-lg-2 col-md-3 col-sm-6 col-xs-12">
        <div class="product-thumb transition">
            <div class="actions">
                <div class="image">
                    <a href="{{url_for('home.goods_detail',id=item.id)}}">
                        <img src="{{url_for('static',filename='images/goods/'+item.picture)}}"
                                alt="{{item.name}}" class="img-responsive">
                    </a>
                </div>
                <div class="button-group">
                    <div class="cart">
                        <button class="btn btn-primary btn-primary" type="button"
                            data-toggle="tooltip"
                            onclick='javascript:window.location.href=
                                    "/cart_add/?goods_id={{item.id}}&number=1"; '
                            style="display: none; width: 33.3333%;"
                            data-original-title="加入到购物车">
                          <i class="fa fa-shopping-cart"></i>
                        </button>
                    </div>
                </div>
            </div>
            <div class="caption">
                <div class="name" style="height: 40px">
                    <a href="{{url_for('home.goods_detail',id=item.id)}}" style="width: 95%">
                        {{item.name}}</a>
                </div>
                <div class="name" style="margin-top: 10px">
                    <span style="color: #0885B1">分类：</span>{{item.subcat.cat_name}}
                </div>
                <span class="price"> 现价：{{item.current_price}} 元
                </span><br> <span class="oldprice">原价：{{item.original_price}}元
                </span>
            </div>
        </div>
    </div>
```

```
    </div>
    {% endfor %}
    <!-- 循环显示打折商品 ：添加 12 条商品信息-->
</div>
```

商城首页打折商品运行效果如图 20.30 所示。

图 20.30　打折商品效果

20.8.4　实现显示热门商品功能

热门商品数据来源于 goods(商品表)中 view_count 字段值较高的记录。由于页面布局限制，我们只根据 view_count 降序筛选 2 条记录。然后在模板中，遍历数据，显示商品信息。

查询热门商品的关键代码如下：

```
@home.route("/")
def index():
    """
    首页
    """
    # 获取 2 个热门商品
    hot_goods = Goods.query.order_by(Goods.views_count.desc()).limit(2).all()

    return render_template('home/index.html', hot_goods=hot_goods)        # 渲染模板
```

接下来渲染模板，关键代码如下：

```
<div class="box_oc">
    <!-- 循环显示热门商品 ：添加两条商品信息-->
    {% for item in hot_goods %}
    <div class="box-product product-grid">
```

```
<div>
  <div class="image">
    <a href="{{url_for('home.goods_detail',id=item.id)}}">
      <img src="{{url_for('static',filename='images/goods/'+item.picture)}}" >
    </a>
  </div>
  <div class="name">
    <a href="{{url_for('home.goods_detail',id=item.id)}}">{{item.name}}</a>
  </div>
  <!-- 商品价格 -->
  <div class="price">
      <span class="price-new">价格：{{item.current_price}} 元</span>
  </div>
  <!-- // 商品价格 -->
  </div>
</div>
{% endfor %}
<!-- // 循环显示热门商品：添加两条商品信息-->
</div>
```

商城首页热门商品运行效果如图 20.31 所示。

图 20.31　热门商品

20.9　购物车模块

20.9.1　购物车模块概述

在 51 商城中，购物车流程如图 20.32 所示。在首页或商品详情页单击某个商品可以进入显示商品的详细信息页面，如图 20.33 所示。在该页面中，单击"添加到购物车"按钮，即可将相应商品添加到购物车，然后填写物流信息，如图 20.34 所示。单击"结账"按钮，将弹出如图 20.35 所示的支付对话框。最后单击"支付"按钮，模拟提交支付并生成订单。

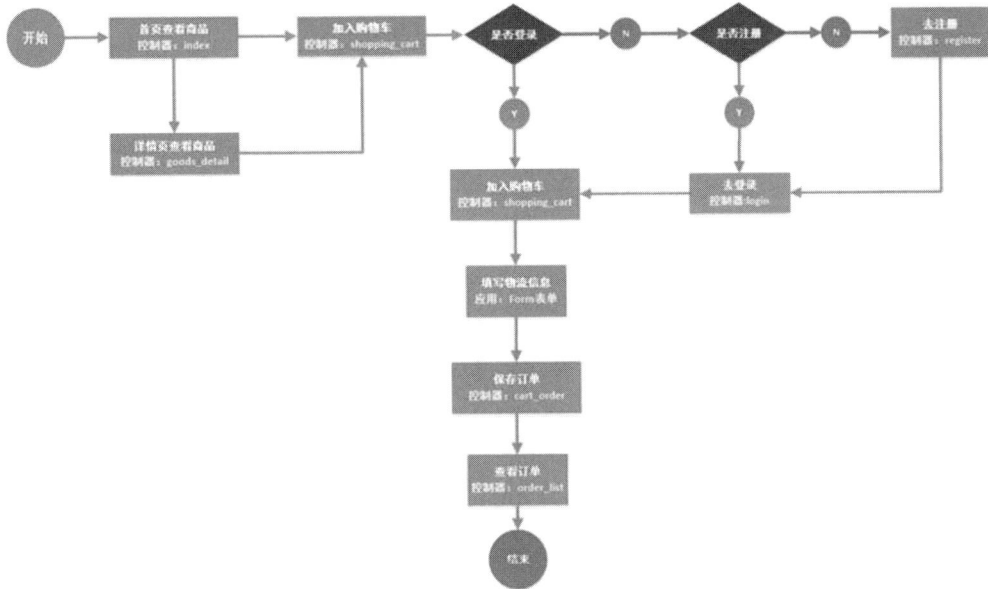

图 20.32　购物车流程图

图 20.33　商品详细信息页面

图 20.34 查看购物车页面

图 20.35 支付对话框

20.9.2 实现显示商品详细信息功能

在首页单击任何商品名称或者商品图片时，都将显示该商品的详细信息页面。该页面中，除显示商品的信息外，还需要显示左侧的热门商品，和底部的推荐商品。

对于商品的详细信息，我们需要根据商品 ID，使用 get_or_404(id)方法来获取。

对于左侧热门商品，我们需要获取该商品的同一个子类别下的商品。例如，我们正在访问的商品子类别是音箱，那么左侧热门商品就是音箱相关的产品，并且根据浏览量从高到低排序，筛选出 5 条记录。

对于底部的推荐商品，与热门商品类似。只是根据商品添加时间从高到低排序，筛选出 5 条记录。

此外，由于我们要统计商品的浏览量，所以每当进入商品详情页时，需要更新一下 goods（商品）表，该商品的 view_count（浏览量）字段，将其值加 1。

商品详情页的完整代码如下：

```python
@home.route("/goods_detail/<int:id>/")
def goods_detail(id=None):                           # id 为商品 ID
    """
    详情页
    """
    user_id = session.get('user_id', 0)              # 获取用户 ID,判断用户是否登录
    goods = Goods.query.get_or_404(id)               # 根据景区 ID 获取景区数据，如果不存在返回 404
    # 浏览量加 1
    goods.views_count += 1
    db.session.add(goods)                            # 添加数据
    db.session.commit()                              # 提交数据
    # 获取左侧热门商品
    hot_goods = Goods.query.filter_by(subcat_id=goods.subcat_id).order_by(
                    Goods.views_count.desc()).limit(5).all()
    # 获取底部相关商品
    similar_goods = Goods.query.filter_by(subcat_id=goods.subcat_id).order_by(
                    Goods.addtime.desc()).limit(5).all()
    return render_template('home/goods_detail.html',goods=goods,hot_goods=hot_goods,
                    similar_goods=similar_goods,user_id=user_id)    # 渲染模板
```

商品详情页运行结果如图 20.36 所示。

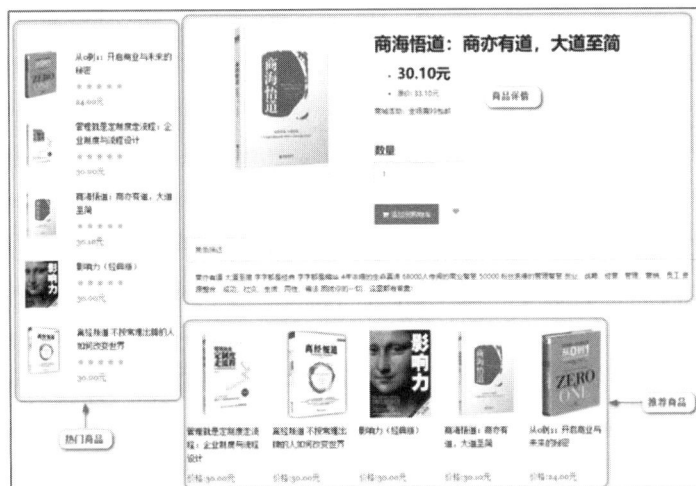

图 20.36　商品详情页

20.9.3　实现添加购物车功能

在 51 商城中，有 2 种添加购物车的方法：商品详情页添加购物车和商品列表页添加购物车。它们之间的区别在于商品详情页添加购物车可以选择购买商品的数量（大于或等于 1），而商品列表页添加购物车则默认购买数量为 1。

基于以上分析，我们可以通过设置<a>标签的方式来添加购物车。下面，分别介绍这两种情况。

在商品详情页面中，填写购买商品数量后，单击"添加到购物车"按钮时，需要判断用户是否登录。如果没有登录，页面跳转到登录页。如果已经登录，则执行加入购物车操作。模板关键代码如下：

```html
<button type="button" onclick="addCart()" class="btn btn-primary btn-primary">
    <i class="fa fa-shopping-cart"></i> 添加到购物车</button>

<script type="text/javascript">
function addCart() {
    var user_id = {{ user_id }};              //获取当前用户的 id
    var goods_id = {{ goods.id }}             //获取商品的 id
    if( !user_id){
        window.location.href = "/login/";     //如果没有登录，跳转到登录页
        return ;
    }
    var number = $('#shuliang').val();        //获取输入的商品数量
    //验证输入的数量是否合法
    if (number < 1) {                         //如果输入的数量不合法
        alert('数量不能小于 1！');
        return;
    }
    window.location.href = '/cart_add?goods_id='+goods_id+"&number="+number
    }
</script>
```

> **注意**
>
> 需要判断用户填写的购买数量，如果数量小于 1，则提示错误信息。

在商品列表页，当单击购物车图标时，执行添加购物车操作，商品数量默认为 1。模板关键代码如下：

```html
<button class="btn btn-primary btn-primary" type="button"
    data-toggle="tooltip"
    onclick='javascript:window.location.href="/cart_add/?goods_id={{item.id}}&number=1"; '
    style="display: none; width: 33.3333%;"
    data-original-title="加入购物车">
    <i class="fa fa-shopping-cart"></i>
</button>
```

在以上两种情况下，添加购物车都执行链接"/cart_add/"并传递 goods_id 和 number 两个参数。然

后将其写入 cart（购物车表）中，具体代码如下：

```
@home.route("/cart_add/")
@user_login
def cart_add():
    """
    添加购物车
    """
    cart = Cart(
        goods_id = request.args.get('goods_id'),
        number = request.args.get('number'),
        user_id=session.get('user_id', 0)          # 获取用户 ID，判断用户是否登录
    )
    db.session.add(cart)                           # 添加数据
    db.session.commit()                            # 提交数据
    return redirect(url_for('home.shopping_cart'))
```

20.9.4　实现查看购物车功能

在实现添加到购物车时，将商品添加到购物车后，需要把页面跳转到查看购物车页面，用于显示已经添加到购物车中的商品。

购物车中的商品数据来源于 cart（购物车表）和 goods（商品表）。由于 cart 表的 goods_id 字段与 goods 表的 id 字段关联，所以，可以直接查找 cart 表中 user_id 为当前用户 ID 的记录。具体代码如下：

```
@home.route("/shopping_cart/")
@user_login
def shopping_cart():
    user_id = session.get('user_id',0)
    cart = Cart.query.filter_by(user_id = int(user_id)).order_by(Cart.addtime.desc()).all()
    if cart:
        return render_template('home/shopping_cart.html',cart=cart)
    else:
        return render_template('home/empty_cart.html')
```

上述代码中，我们判断用户购物车中是否有商品，如果没有，则渲染 empty_cart.html 模板，运行结果如图 20.37 所示，否则渲染购物车列表页模板 shopping_cart.html，运行结果如图 20.38 所示。

图 20.37　购物车页面

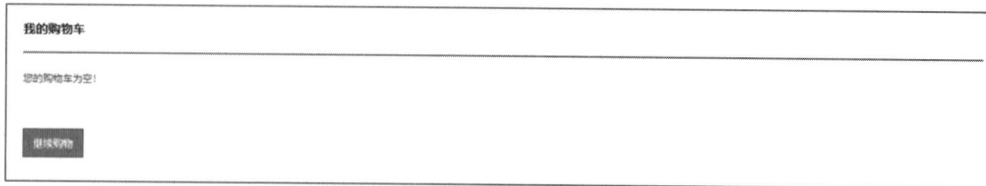

图 20.38　清空购物车页面

20.9.5　实现保存订单功能

商品加入购物车后，需要填写物流信息，包括"收货人姓名"、"收货人手机"和"收货人地址"等。然后单击结账按钮，弹出支付二维码。由于调用支付宝接口需要注册支付宝企业账户，并且完成实名认证，所以，在本项目中，我们只是来模拟一下支付功能。当单击弹窗右下角的"支付"按钮，就默认支付完成。此时，需要保存订单。

对于保存订单功能，需要 orders 表和 orders_detail 表来实现，它们之间是一对多的关系。例如，在一个订单中，可以有多个订单明细。orders 表用于记录收货人的姓名、电话和地址等信息，而 orders_detail 表用于记录该订单中的商品信息。所以，在添加订单时，需要同时添加到 orders 表和 orders_detail 表。实现代码如下：

```python
@home.route("/cart_order/",methods=['GET','POST'])
@user_login
def cart_order():
    if request.method == 'POST':
        user_id = session.get('user_id',0)                    # 获取用户 id
        # 添加订单
        orders = Orders(
            user_id = user_id,
            recevie_name = request.form.get('recevie_name'),
            recevie_tel = request.form.get('recevie_tel'),
            recevie_address = request.form.get('recevie_address'),
            remark = request.form.get('remark')
        )
        db.session.add(orders)                                # 添加数据
        db.session.commit()                                   # 提交数据
        # 添加订单详情
        cart = Cart.query.filter_by(user_id=user_id).all()
        object = []
    for item in cart :
            object.append(
                OrdersDetail(
                    order_id=orders.id,
                    goods_id=item.goods_id,
                    number = item.number,)
            )
        db.session.add_all(object)
        # 更改购物车状态
        Cart.query.filter_by(user_id=user_id).update({'user_id': 0})
        db.session.commit()
    return redirect(url_for('home.index'))
```

上述代码中，在添加 orders_detail 表时，由于有多个数据，所以使用了 add_all()方法来批量添加。此外，值得注意的是，当添加完订单后，购物车就已经清空了，此时需要修改 cart（购物车）表的 order_id 字段，将其值更改为 0。这样，查看购物车时，购物车将没有数据。

20.9.6　实现查看订单功能

订单支付完成后，可以单击"我的订单"按钮，来查看订单信息。订单信息来源于 orders 表和 orders_detail 表。实现代码如下：

```
@home.route("/order_list/",methods=['GET','POST'])
@user_login
def order_list():
    """
    我的订单
    """
    user_id = session.get('user_id',0)
    orders = OrdersDetail.query.join(Orders).filter(Orders.user_id==user_id).order_by(
                Orders.addtime.desc()).all()
    return render_template('home/order_list.html',orders=orders)
```

运行结果如图 20.39 所示。

订单号	产品名称	购买数量	单价	满赠金额	收货人姓名	收货人手机	下单日期
27	影响力（经典版）	1件	30.00元	30.00元	郭靖	18910441510	2018-11-02 15:55:50
27	行动的勇气：金融危机及其余波回忆录	1件	50.00元	50.00元	郭靖	18910441510	2018-11-02 15:55:50
26	从0到1：开启商业与未来的秘密	1件	24.00元	24.00元	小明	18910441510	2018-11-02 15:55:01
26	SIEMENS/西门子 KA62DS50TI	1件	18500.00元	18500.00元	小明	18910441510	2018-11-02 15:55:01
26	JBL ARENA180/VSX-531	1件	10580.00元	10580.00元	小明	18910441510	2018-11-02 15:55:01

图 20.39　我的订单页面

20.10　小　　结

本章主要介绍如何使用 Flask 框架实现 51 商城项目。在本项目中，我们重点讲解了商城前台功能的实现，包括登录注册、查看商品、推荐商品、加入购物车、提交订单等功能。在实现这些功能时，我们使用了 Flask 的流行模块，包括使用 Flask-SQLAlchemy 来操作数据库，使用 Flask-WTF 创建表单等。学习完本章内容后，读者可以自行完成商品收藏功能，从而提高动手编程实战能力，并了解项目开发流程，掌握 Flask 开发 Web 技术，为今后项目开发积累经验。

第 21 章 基于 Java Web 的物流配货系统

物流配货管理系统不但能使物流企业走上科学化、网络化管理的道路，而且能够为企业带来巨大的经济效益和技术上飞速的发展。物流企业信息化的目的是通过建设物流信息系统，提高信息流转效率，降低物流运作成本。

学习摘要：

☑ 如何进行需求分析
☑ 物流配货系统的设计过程
☑ 如何分析并设计数据库
☑ Struts 2 的基本应用

21.1 开 发 背 景

物流信息化，是指物流企业运用现代信息技术对物流过程中产生的全部或部分信息进行采集、分类、传递、汇总、查询等一系列处理活动，以实现对货物流动过程的控制，从而降低成本，提高效益。物流企业信息化的目的是通过建设物流信息系统，提高信息流转效率，降低物流运作成本。

21.2 系 统 分 析

21.2.1 需求分析

通过对物流企业和相关行业信息的调查，物流配货系统站具有以下功能。

☑ 全面展示企业的形象。
☑ 通过系统流程图，全面介绍企业的服务项目。
☑ 实现对车辆来源的管理。
☑ 实现对固定客户的管理。
☑ 通过发货单编号，查询到物流配货的详细信息。
☑ 具备易操作的界面。
☑ 当受到外界环境（停电、网络病毒）干扰时，系统可以自动保护原始数据的安全。
☑ 系统退出。

21.2.2　必要性分析

☑　经济性

科学的管理方法，便捷的操作环境，系统的经营模式，将为企业带来更多的客户资源，树立企业的品牌形象，提高企业的经济效益。

☑　技术性

网络化的物流管理方式，在操作过程中能够快捷地查找出车源信息、客户订单以及客户信息；能够对货物进行全程跟踪，了解货物的托运情况，从而使企业能够根据实际情况，做好运营过程中的各项准备工作，并对突发事件做出及时准确的调整；能够保证托运人以及收货人对货物进行及时的处理。

21.3　系　统　设　计

21.3.1　系统目标

结合目前网络上物流配送系统的设计方案，对客户做的调查结果以及企业的实际需求，本项目在设计时应该满足以下目标。

☑　界面设计美观大方、操作简单。

☑　功能完善、结构清晰。

☑　能够快速查询车源信息。

☑　能够准确填写发货单。

☑　能够实现发货单查询。

☑　能够实现对回单处理。

☑　能够对车源信息进行添加、修改和删除。

☑　能够对客户信息进行管理。

☑　能够及时、准确地对网站进行维护和更新。

☑　良好的数据库系统支持。

☑　最大限度地实现易安装性、易维护性和易操作性。

☑　系统运行稳定，具备良好的安全措施。

21.3.2　系统功能结构

物流配货系统的功能结构如图 21.1 所示。

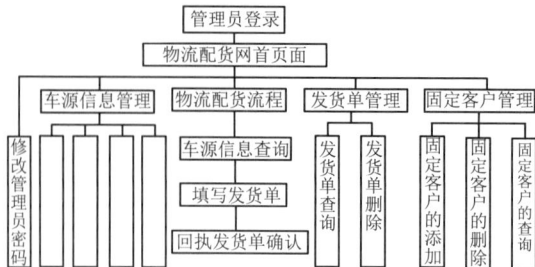

图 21.1　系统功能结构图

21.3.3　系统开发环境

本系统的软件开发及运行环境具体如下：

- ☑ 操作系统：Windows 7。
- ☑ JDK 环境：Java SE Development Kit (JDK) version 8。
- ☑ 开发工具：Eclipse for Java EE 4.7（Oxygen）。
- ☑ Web 服务器：Tomcat 9.0。
- ☑ 数据库：MySQL 8.0 数据库。
- ☑ 浏览器：推荐 Google Chrome 浏览器。
- ☑ 分辨率：最佳效果为 1440 像素×900 像素。

21.3.4　系统预览

物流配货系统中有多个页面，下面列出网站中几个典型页面的预览，其他页面可以通过运行资源包中本系统的源程序进行查看。

物流配货系统的管理员登录界面如图 21.2 所示，在该页面中将要求用户输入管理员的用户名和密码，从而实现管理员登录。

图 21.2　物流配货系统的管理员登录页面

　　管理员在系统登录页面中，输入正确的用户名和密码后，单击"登录"按钮，即可进入物流配货系统的主界面，如图 21.3 所示。

图 21.3　物流配货系统的主界面

　　物流配货系统的主界面中，单击"发货单查询"按钮，可以查看已有发货单，如图 21.4 所示；单击"回执发货单确认"按钮后，输入发货单号（如 1305783681593），单击"订单确认"按钮，即可显示该发货单的确认信息，如图 21.5 所示。如果查看无误后，单击"回执发货单确认"按钮，即可完成该发货单的确认操作。

图 21.4　发货单查询

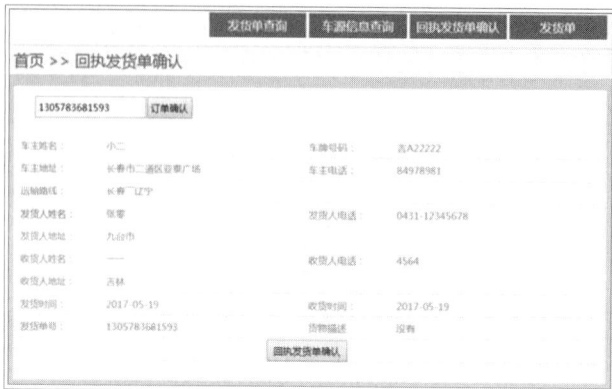

图 21.5　回执发货单确认

21.3.5　系统文件夹架构

物流配货系统的文件夹架构如图 21.6 所示。

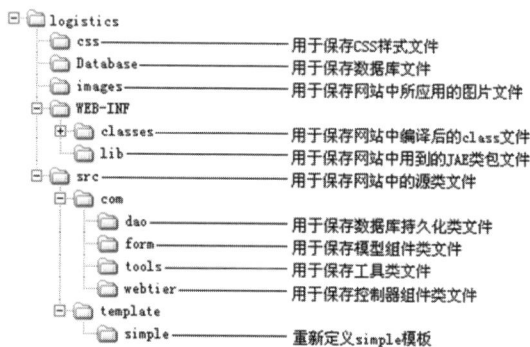

图 21.6　物流配货系统文件夹架构

21.4　数据库设计

21.4.1　数据表概要说明

本系统数据库采用的是 MySQL 数据库，用来存储管理员信息、车源信息、固定客户信息和发货单信息等。这里将数据库命名为 db_logistics，其中包含 5 张数据表，数据表树形结构如图 21.7 所示。

图 21.7　数据表树形结构图

21.4.2　数据库逻辑设计

☑　tb_admin（管理员信息表）。

管理员信息表用来存储管理员信息。表 tb_admin 的结构如表 21.1 所示。

表 21.1　表 tb_admin 的结构

字　段　名	数 据 类 型	长　　度	是 否 主 键	描　　述
id	int	11	主键	数据库自动编号
admin_user	varchar	50		管理员用户名
admin_password	varchar	50		管理员密码

☑　tb_car（车源信息表）。

车源信息表用来存储车源信息。表 tb_car 的结构如表 21.2 所示。

表 21.2　表 tb_car 的结构

字　段　名	数 据 类 型	长　　度	是 否 主 键	描　　述
id	int	11	主键	数据库编号
username	varchar	50		车主姓名
user_number	varchar	50		车主身份证号
car_number	varchar	50		车牌号码
tel	varchar	50		车主电话
address	varchar	80		车主地址
car_road	varchar	50		车辆运输路线
car_content	varchar	50		车辆描述

☑　tb_carlog（车源日志表）。

车源日志表用来存储车源日志信息。表 tb_carlog 的结构如表 21.3 所示。

表 21.3　表 tb_carlog 的结构

字　段　名	数 据 类 型	长　　度	是 否 主 键	描　　述
id	int	11	主键	数据库自动编号
good_id	varchar	255		发货单号
car_id	int	11		车源信息表的自动编号
startTime	varchar	255		车辆使用开始时间
endTime	varchar	255		车辆使用结束时间
describer	varchar	255		车辆使用描述

☑　tb_customer（固定客户信息表）。

固定客户信息表用来存储固定客户信息。表 tb_customer 的结构如表 21.4 所示。

表 21.4　表 tb_customer 的结构

字　段　名	数 据 类 型	长　　度	是 否 主 键	描　　述
customer_id	int	11	主键	自动编号
customer_user	varchar	50		固定客户姓名
customer_tel	varchar	50		固定客户电话
customer_address	varchar	80		固定客户地址

☑　tb_operationgoods（发货单信息表）。

发货单信息表用来存储发货单信息。表 tb_operationgoods 的结构如表 21.5 所示。

表 21.5　表 tb_operationgoods 的结构

字　段　名	数 据 类 型	长　　度	是 否 主 键	描　　述
id	int	11	主键	数据库自动编号
car_id	int	11		车辆信息表的自动编号
customer_id	int	11		固定客户信息表的自动编号
goods_id	varchar	255		发货单编号
goods_name	varchar	255		收货人姓名
goods_tel	varchar	255		收货人电话
goods_address	varchar	255		收货人地址
goods_sure	int	11		回执发货单确认标识

21.5　公共模块设计

在开发过程中，经常会用到一些公共类和相关的配置，因此，在开发网站前首先编写这些公共类以及相应的配置文件代码。下面将具体介绍物流配货系统所涉及的公共类和相应的配置文件代码的编写。

21.5.1　编写数据库持久化类

本实例使用的数据库持久化类的名称为 JDBConnection.java。该类不仅提供了数据库的连接，还有根据数据库获取的 Statement 和 ResultSet 等，com.tool.JDBConnection 类封装了关于数据库的各项操作，关键代码如下：

```
public class JDBConnection {
    private final static String url = "jdbc:mysql://localhost:3306/db_logistics?user=root&password=
root&useUnicode= true&characterEncoding=utf8&serverTimezone=GMT%2B8&useSSL=false";
    private final static String dbDriver = "com.mysql.cj.jdbc.Driver";
    private Connection con = null;
    static {
```

```java
        try {
            Class.forName(dbDriver).newInstance();
        } catch (Exception ex) {
        }
    }
    //创建数据库连接
    public boolean creatConnection() {
        try {
            con = DriverManager.getConnection(url);
                con.setAutoCommit(true);
        } catch (SQLException e) {
            return false;
        }
        return true;
    }
    //对数据库的增加、修改和删除的操作
    public boolean executeUpdate(String sql) {
        if (con == null) {
            creatConnection();
        }
        try {
            Statement stmt = con.createStatement();
            int iCount = stmt.executeUpdate(sql);        //如果返回结果为 1，则说明执行了该 SQL 语句
            System.out.println("操作成功，所影响的记录数为" + String.valueOf(iCount));
            return true;
        } catch (SQLException e) {
            return false;
        }
    }
    //对数据库的查询操作
    public ResultSet executeQuery(String sql) {
        ResultSet rs;
        try {
            if (con == null) {
                creatConnection();
            }
            Statement stmt = con.createStatement();
            try {
                rs = stmt.executeQuery(sql);        /*执行查询的 SQL 语句，将查询结果存放在 ResultSet 对象中*/
            } catch (SQLException e) {
                return null;
            }
        } catch (SQLException e) {
            return null;
        }
        return rs;
    }
}
```

21.5.2 编写获取系统时间操作类

本实例使用的对系统时间操作的类名称为 CurrentTime。该类对时间的操作中存在获取当前系统时间的方法，具体代码如下：

```
public class CurrentTime {
//获取系统时间的方法，在页面中显示的格式为：年-月-日 星期几
public String currentlyTime() {
    Date date = new Date();
    DateFormat dateFormat = DateFormat.getDateInstance(DateFormat.FULL);
    return dateFormat.format(date);
}
//获取系统时间，返回值为自 1970 年 1 月 1 日 00:00:00 GMT 以来此 Date 对象表示的毫秒数
public long autoNumber() {
    Date date = new Date();
    long autoNumber = date.getTime();
    return autoNumber;
}
}
```

21.5.3 编写分页 Bean

在本实例中，分页 Bean 的名称为 MyPagination。对于结果集保存在 List 对象中的查询结果进行分页时，通常将用于分页的代码放在一个 JavaBean 中实现。下面将介绍如何对保存在 List 对象中的结果集进行分页显示。

☑ 设置分页 Bean 的属性对象

首先编写用于保存分页代码的 JavaBean，名称为 MyPagination，保存在 com.wy.core 包中，并定义一个 List 类型对象 list 和 3 个 int 类型的变量，具体代码如下：

```
public class MyPagination {
    public List<Object> list=null;              //设置 List 类型的对象 list
    private int recordCount=0;                  //设置 int 类型变量 recordCount
    private int pagesize=0;                     //设置 int 类型变量 pagesize
    private int maxPage=0;                      //设置 int 类型变量 maxPage
}
```

☑ 初始化分页信息的方法

在 MyPagination 类中添加一个用于初始化分页信息的方法 getInitPage()，该方法包括 3 个参数，分别用于保存查询结果的 List 对象 list，用于指定当前页面的 int 型变量 Page 和用于指定每页显示的记录数的 int 型变量 pagesize。该方法的返回值为保存要显示记录的 List 对象。具体代码如下：

```
public List getInitPage(List list,int Page,int pagesize){
    List<Object> newList=new ArrayList<Object>();       //实例化 List 集合对象
    this.list=list;                                     //获取当前的记录集合
    recordCount=list.size();                            //获取当前的记录数
```

```
                this.pagesize=pagesize;                    //获取当前页数
                this.maxPage=getMaxPage();                 //获取最大页码数
                try{
                for(int i=(Page-1)*pagesize;i<=Page*pagesize-1;i++){
                    try{
                        if(i>=recordCount){                //当循环 i 大于最大页码数量，则程序中止
                        break;
                        }
                    }catch(Exception e){}
                    newList.add((Object)list.get(i));      //将查询的结果存放在 list 集合中
                }
                }catch(Exception e){
                    e.printStackTrace();
                }
                return newList;                            //返回查询的结果
            }
```

☑　获取指定页数据的方法

在 MyPagination 类中添加一个用于获取指定页数据的方法 getAppointPage()，该方法只包括一个用于指定当前页数的 int 型变量 Page，该方法的返回值为保存要显示记录的 List 对象。具体代码如下：

```
public List<Object> getAppointPage(int Page){
    List<Object> newList=new ArrayList<Object>();          //实例化 List 集合对象
    try{
        for(int i=(Page-1)*pagesize;i<=Page*pagesize-1;i++){
            try{
                if(i>=recordCount){                        //当 i 的值大于最大页码数量，则程序中止
                    break;                                 //程序中止
                }
            }catch(Exception e){}
            newList.add((Object)list.get(i));              //将查询的结果存放在 list 集合中
        }
    }catch(Exception e){
        e.printStackTrace();
    }
    return newList;                                        //返回指定页数的记录
}
```

☑　获取最大记录数的方法

在 MyPagination 类中添加一个用于获取最大记录数的方法 getMaxPage ()，该方法无参数，其返回值为最大记录数。具体代码如下：

```
public int getMaxPage(){
    //计算最大的记录数
    int maxPage=(recordCount%pagesize==0)?(recordCount/pagesize):(recordCount/pagesize+1);
    return maxPage;
}
```

☑ 获取总记录数的方法

在 MyPagination 类中添加一个用于获取总记录数的方法 getRecordSize()，该方法无参数，其返回值为总记录数。具体代码如下：

```
public int getRecordSize(){
    return recordCount;                         //通过 return 关键字返回总记录数
}
```

☑ 获取当前页数的方法

在 MyPagination 中添加一个用于获取当前页数的方法 getPage()，该方法只有一个用于指定从页面中获取的页数的参数，其返回值为处理后的页数。具体代码如下：

```
public int getPage(String str){
    if(str==null){                              //当参数值为 null，则将参数 str 赋值为 0
        str="0";
    }
    int Page=Integer.parseInt(str);             //将参数类型进行转换，并赋值为 Page 变量
    if(Page<1){                                 //当 Page 变量小于 1 时，则将变量赋值为 1
        Page=1;
    }else{
        if(((Page-1)*pagesize+1)>recordCount){
            Page=maxPage;                       //将变量 Page 设置为最大页码数量
        }
    }
    return Page;                                //通过 return 关键字返回当前页码数
}
```

☑ 输出记录导航的方法

在 MyPagination 类中添加一个用于输出记录导航的方法 printCtrl()，该方法只有一个用于指定当前页数的参数，其返回值为输出记录导航的字符串。具体代码如下：

```
public String printCtrl(int Page) {
    String strHtml = "<div style='width:980px;text-align:right;padding:10px;color:#525252;'>当前页数：["+ Page
+ "/" + maxPage + "]  ";
 try {
    if (Page > 1) {         //如果当前页码数大于 1，"第一页"及"上一页"超链接存在
            strHtml = strHtml + "<a href='?" + method + "&Page=1'>第一页</a>";
            strHtml = strHtml + "  <a href='?Page="+ (Page - 1) + "'>上一页</a>";
    }
    if (Page < maxPage) {   //如果当前页码数小于最大页码数，"下一页"及"最后一页"超链接存在
        strHtml = strHtml + "  <a href='?Page="
                    + (Page + 1) + "'>下一页</a>   <a href='?Page=" + maxPage + "'>最后
一页 </a>";
    }
        strHtml = strHtml + "</div>";
    } catch (Exception e) {
        e.printStackTrace();
    }
    return strHtml;                             //通过 return 关键字返回这个表格
}
```

21.5.4　请求页面中元素类的编写

在 Struts 2 的 Action 类中若要使用 HttpServletRequest、HttpServletResponse 类对象，必须使该 Action 类实现 ServletRequestAware 和 ServletResponseAware 接口。另外，如果仅仅是对会话进行存取数据的操作，则可实现 SessionAware 接口；否则可通过 HttpServletRequest 类对象的 getSession()方法来获取会话。Action 类继承了这些接口后，必须实现接口中定义的方法。

在本实例中，请求页面中元素类的名称为 MySuperAction，该类实现了 ServletRequestAware 接口、ServletResponseAware 接口和 SessionAware 接口，并继承了 ActionSupport 类。关键的代码如下：

```
public class MySuperAction extends ActionSupport implements SessionAware,ServletRequestAware,
ServletResponseAware {
    protected HttpServletRequest request;               //定义 HttpServletRequest 对象
    protected HttpServletResponse response;             //定义 HttpServletResponse 对象
    protected Map session;                              //定义 Map 对象
    public void setSession(Map session) {
        this.session=session;
    }
    public void setServletRequest(HttpServletRequest request) {
        this.request=request;
    }
    public void setServletResponse(HttpServletResponse response) {
        this.response=response;
    }
}
```

21.5.5　编写重新定义的 simple 模板

使用 Struts 2 提供的标签可以根据 Struts 2 的模板在 JSP 页面中生成实用的 HTML 代码，这样可以大大减少 JSP 页面中的冗余代码，只需要配置使用不同的主题模板，就可以显示不同的页面样式。

Struts 2 默认提供 5 种主题，分别为 simple 主题、XHTML 主题、CSS XHTML 主题、Archive 主题及 Ajax 主题。一般情况下，默认的主题为 XHTML 主题，通过这个主题会生成一些没有用处的 HTML 代码，我们可以将默认的主题进行修改。进行主题的修改需要设置 struts.properties 资源文件，该文件的主要代码如下：

```
struts.ui.theme=simple
```

通过上面的代码，就可以手动编写所需要的 HTML 代码了。但是如果通过 Struts 2 的 actionenor 和 actionmessage 标签产生错误信息时，都会增加<li>元素。如何将<li>元素去掉呢？可以将 simple 主题重新进行定义，在重新定义主题之前，需要将在 src 节点下依次创建名称为 template\simple 两个包文件，之后在 simple 包下重新定义 Simple 主题。

1. 重新定义<s:fielderror>标签输出内容

创建 fielderror.ftl 文件，该文件将重新定义<s:fielderror>标签输出的内容，该文件的关键代码如下：

```
<#if fieldErrors?exists><#t/>
    <#assign eKeys = fieldErrors.keySet()><#t/>
    <#assign eKeysSize = eKeys.size()><#t/>
    <#assign doneStartUlTag=false><#t/>
    <#assign doneEndUlTag=false><#t/>
    <#assign haveMatchedErrorField=false><#t/>
    <#if (fieldErrorFieldNames?size > 0) ><#t/>
        <#list fieldErrorFieldNames as fieldErrorFieldName><#t/>
            <#list eKeys as eKey><#t/>
            <#if (eKey = fieldErrorFieldName)><#t/>
                <#assign haveMatchedErrorField=true><#t/>
                <#assign eValue = fieldErrors[fieldErrorFieldName]><#t/>
                <#if (haveMatchedErrorField && (!doneStartUlTag))><#t/>
                    <#assign doneStartUlTag=true><#t/>
                </#if><#t/>
                <#list eValue as eEachValue><#t/>
                    ${eEachValue}
                </#list><#t/>
            </#if><#t/>
            </#list><#t/>
        </#list><#t/>
    <#if (haveMatchedErrorField && (!doneEndUlTag))><#t/>
        <#assign doneEndUlTag=true><#t/>
    </#if><#t/>
    <#else><#t/>
    <#if (eKeysSize > 0)><#t/>
        <#list eKeys as eKey><#t/>
            <#assign eValue = fieldErrors[eKey]><#t/>
            <#list eValue as eEachValue><#t/>
                ${eEachValue}</span>
            </#list><#t/>
        </#list><#t/>
    </#if><#t/>
    </#if><#t/>
</#if><#t/>
```

2．重新定义<s:actionerror>标签输出内容

创建 actionerror.ftl 文件，该文件将重新定义<s:actionerror>标签输出的内容，该文件的关键代码如下：

```
<#if (actionErrors?exists && actionErrors?size > 0)>
<#list actionErrors as error>
${error}
</#list>
</#if>
```

3．重新定义<s:actionmessage>标签输出内容

创建 actionmessage.ftl 文件，该文件将重新定义<s: actionmessage>标签输出的内容，该文件的关键代码如下：

```
<#if (actionMessages?exists && actionMessages?size > 0)>
<#list actionMessages as message>
${message}
</#list>
</#if>
```

> **注意**
>
> 　　<s:actionmessage>、<s:actionerror>和<s:fielderror>这 3 个标签，将在后面的模块进行介绍。对于上面的代码内容，如果不太清楚，请读者参考 Struts 2 相关资料。

21.6　管理员功能模块设计

21.6.1　管理员模块概述

　　在管理员模块中，涉及的数据表是管理员信息表（tb_admin）。在管理员信息表中保存着管理员名称和登录密码两部分内容，根据这些信息创建管理员的 FormBean，名称为 AdminForm，关键代码如下：

```
public class AdminForm extends MySuperAction {
    public String admin_user;                        //用户名属性
    public String admin_password;                    //密码属性
    public String admin_repassword1;                 //新密码属性
    public String admin_repassword2;                 //新密码确认属性
    public String getAdmin_user() {
        return admin_user;
    }
    public void setAdmin_user(String admin_user) {
        this.admin_user = admin_user;
    }
                                                     //此处省略了其他控制管理员信息的 getXXX()和 serXXX()
}
```

　　在上述代码中，admin_user 和 admin_password 两个属性代表 tb_admin 数据表中的两个字段，而 admin_repassword1 和 admin_repassword2 两个属性用于修改密码的操作。

21.6.2　管理员模块技术分析

　　管理员模块是一个系统必有的功能，系统管理员有着系统的最高权限，该模块需要实现管理员的登录功能和修改密码的功能。首先需要创建管理员的 Action 实现类，在该 Action 相应的方法中调用 DAO 层的方法验证登录和修改密码。

　　☑　创建管理员的实现类

　　在本实例中，管理员的实现类名称为 AdminAction。该类继承 AdminForm 类，可以使用 AdminForm

类中的属性和方法，而 AdminForm 本身继承了 MySuperAction 类，可以使用 MySuperAction 类中的属性和方法。

AdminAction 类中可以使用 AdminForm 类和 MySupperAction 类中的方法和属性。在该类中首先需要在静态方法中实例化管理员模块的 AdminDao 类（该类用于实现与数据库的交互）。管理员模块中实现类的关键代码如下：

```
public class AdminAction extends AdminForm {
    private static AdminDao adminDao = null;
    static{
        adminDao=new AdminDao();
    }
                    省略其他业务逻辑的代码
}
```

☑ 管理员功能模块涉及 struts.xml 文件

在创建完管理员功能模块中实现类后，需要在 struts.xml 文件中进行配置。该文件主要配置管理员功能模块的请求结果。管理员功能模块涉及的 struts.xml 文件的代码如下：

```
<action name="admin_*" class="com.webtier.AdminAction" method="{1}">
    <result name="success">/admin_{1}.jsp</result>
    <result name="input">/admin_{1}.jsp</result>
</action>
```

在上述代码中，<action>元素的 name 属性代表着请求的方式，在请求方式中"*"代表请求方式的方法，这与 method 属性的配置是相对应，而 class 属性是请求处理类的路径。如果客户端请求的名称是"admin_index.action"时，通过 struts.xml 文件的配置信息，请求的是 AdminAction 类中的 index() 方法。

通过<result>子元素添加了两个返回映射地址。其中 success 表示返回请求的成功页面，而"input"表示请求失败的页面，但是无论是请求成功还是请求失败，最后返回的页面是同一个页面，而这个页面的名称要根据请求方法名称而确定。

21.6.3　管理员模块实现过程

1. 管理员登录实现过程

（1）编写管理员登录页面。

管理登录是物流配货系统中最先使用的功能，是系统的入口。在系统登录页面中，管理员可以通过输入正确的用户名和密码进入系统，当用户没有输入用户名和密码时，系统会通过服务器端进行判断，并给予系统提示。系统登录模块运行结果如图 21.8 所示。

如图 21.8 所示页面的 form 表单，主要通过 Struts 2 的标签进行编写的，关键代码如下：

```
<%@ taglib prefix="s" uri="/struts-tags"%>
<link href="css/style.css" type="text/css" rel="stylesheet">
<div style="width: 42%; float: left;color: #525252;padding-top: 110;">
    <s:form action="admin_index" method="post">
        <ul class="login_ul">
```

```
        <li style="color:red;text-align: center;"><s:fielderror>
            <s:param value="%{'admin_user'}" />
        </s:fielderror> <s:fielderror>
            <s:param value="%{'admin_password'}" />
        </s:fielderror> <s:actionerror /></li>
    <li>用户名: <s:textfield name="admin_user" />  </li>
    <li>密　码: <s:password name="admin_password" /></li>
    <li style="padding-left:138px;"><s:submit value="登录" />     <s:reset
            value="重置" /></li>
    </ul>

    </s:form>
</div>
```

图 21.8　管理员登录页面的运行结果

（2）编写管理员登录代码。

在管理登录页面的用户名和密码文本框中输入正确的用户名和密码后，单击"登录"按钮，网页会访问一个 URL 地址（可以通过 IE 浏览器看到），该地址是"admin_index.action"。根据 struts.xml 文件的配置信息，我们可以知道，该请求地址执行的是 AdminAction 类中的 index()方法，该方法主要执行管理员登录验证。

在执行验证 index()方法之前，需要输入校验对管理员登录页面的表单实现校验。在 Struts 2 中，validate()方法是无法知道需要校验哪个处理逻辑的。实际上，如果我们重写了 validate()方法，则该方法会校验所有的处理逻辑。为了实现校验执行指定处理逻辑的功能，Struts 2 的 Action 类允许提供一个 validateXxx()方法，其中 Xxx 即是 Action 对应处理逻辑方法。验证 index()方法之前，执行校验登录页面的表单的代码如下：

```java
public void validateIndex() {
        if (null == admin_user || admin_user.equals("")) {
            this.addFieldError("admin_user", "| 请您输入用户名");
        }
        if (null == admin_password || admin_password.equals("")) {
            this.addFieldError("admin_password", "| 请您输入密码");
        }
    }
```

在上述代码中，一旦判断用户名和密码为 null 或空字符串时，就把校验失败提示通过 addFieldError()方法添加进 fieldError 中，之后系统就自动返回"input"逻辑视图，这个逻辑视图需要在 struts.xml 配置文件中进行配置。为了在 input 视图对应的 JSP 页面中输出错误提示，应该在页面中编写如下的标签代码：

```
<s:fielderror/>
```

如果输入校验成功，则直接进入业务逻辑处理的 index()方法，该方法主要判断用户名和密码是否与数据库中的用户名和密码相同。验证用户名和密码是否正确的关键代码如下。

```java
public String index() {
        String query_password = adminDao.getAdminPassword(admin_user);
        if (query_password.equals("")) {
                this.addActionError("| 该用户名不存在");
            return INPUT;
        }
            if (!query_password.equals(admin_password)) {
            this.addActionError("| 您输入的密码有误，请重新输入");
            return INPUT;
        }
        session.put("admin_user", admin_user);
        return SUCCESS;
    }
```

（3）编写管理员登录的 AdminDao 类的方法。

管理员登录实现类使用的 AdminDao 类的方法是 getAdmin Password()，在 getAdminPassword()方法中，首先从数据表 tb_admin 中查询输入的用户名是否存在，如果存在，则根据这个用户名查询出密码，将密码的值进行返回。getAdminPassword()方法的具体代码如下：

```java
public String getAdminPassword(String admin_user) {
        String admin_password = "";
        String sql = "select * from tb_admin where admin_user='" + admin_user + "'";
        ResultSet rs = connection.executeQuery(sql);
        try {
                while (rs.next()) {
                        admin_password = rs.getString("admin_password");
```

```
            }
        } catch (SQLException e) {
            e.printStackTrace();
        }
        return admin_password;
    }
```

2．管理员修改密码实现过程

（1）编写管理员密码修改页面。

管理员成功登录后，直接进入物流配货系统的主界面。如果登录的管理员想要修改自己的登录密码，则在主界面中单击最上面的"修改密码"超链接，进入修改管理员密码的页面如图 21.9 所示。

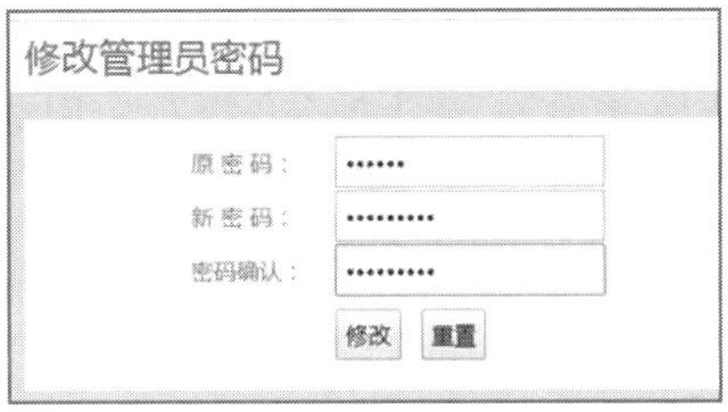

图 21.9　修改管理员密码页面

如图 21.9 所示页面为通过 Struts 2 标签进行编写的 Form 表单，关键代码如下：

```
<%@ taglib prefix="s" uri="/struts-tags"%>
<%String admin=(String)session.getAttribute("admin_user");%>
<s:form action="admin_updatePassword">
    <table width="70%" class="table"    style="float: right;">
        <tr>
            <td width="20%">原 密 码：</td>
            <td bgcolor="#FFFFFF">
                <s:password name="admin_password" />
                <s:fielderror>
                    <s:param value="%{'admin_password'}" />
                </s:fielderror></td>
        </tr>
        <tr>
            <td>新 密 码：</td>
            <td bgcolor="#FFFFFF"><s:password name="admin_repassword1" />
                <s:fielderror>
                    <s:param value="%{'admin_repassword1'}" />
                </s:fielderror></td>
        </tr>
        <tr>
            <td>密码确认：</td>
            <td bgcolor="#FFFFFF"><s:password name="admin_repassword2" />
                <s:fielderror>
                    <s:param value="%{'admin_repassword2'}" />
```

```
            </s:fielderror></td>
        </tr>
        <tr align="center" bgcolor="#FFFFFF">
            <td></td>
            <td height="50">
                <s:hidden name="admin_user" value="%{#session.admin_user}" />
                <s:submit value="修改" />  <s:reset value="重置" /></td>
        </tr>
    </table>
</s:form>
```

（2）编写管理员修改代码。

在管理修改页面中，"原密码"文本框中输入管理员登录的原来的密码，而"新密码"和"密码确认"两个文本框中输入的新密码要求必须一致，这些操作都是在修改密码之前进行编写的。因此，在 AdminAction 类中编写 validateUpdatePassword()方法，该方法是完成上述操作的内容，主要代码如下：

```
public void validateUpdatePassword() {
        if (null == admin_password || admin_password.equals("")) {
          this.addFieldError("admin_password", "请输入原密码");
    }
        if (null == admin_repassword1 || admin_repassword1.equals("")) {
          this.addFieldError("admin_repassword1", "请输入新密码");
    }
      if (null == admin_repassword2 || admin_repassword2.equals("")) {
        this.addFieldError("admin_repassword2", "请输入密码确认");
    }
        if (!admin_repassword1.equals(admin_repassword2)) {
        this.addActionError("您输入两次密码不相同，请重新输入！！！");
        }
    }
```

valiadateUpdatePassword()方法是在执行修改密码之前进行操作的，而修改密码的方法名称是updatePassword()，该方法主要代码如下：

```
public String updatePassword() {
        String query_password = adminDao.getAdminPassword(admin_user);
        if (!admin_password.equals(query_password)) {
        this.addFieldError("admin_password", "您输入的原密码有误，请重新输入");
    }
    String sql = "update tb_admin set admin_password='" + admin_repassword1
        + "' where admin_user='" + admin_user + "'";
        if (!adminDao.operationAdmin(sql)) {
        this.addActionError("修改密码失败！！！");
        return INPUT;
    } else {
```

```
            request.setAttribute("editPassword", "您修改密码成功，请您重新登录！！！");
        return SUCCESS;
    }
}
```

21.7　车源管理模块设计

21.7.1　车源管理模块概述

车源管理模块主要分为以下几个功能：
- ☑　车源查询：用于对车源信息的全部查询功能。
- ☑　车源添加：用于对车源信息添加的功能。
- ☑　车源修改：用于对车源信息修改的功能。
- ☑　车源删除：用于对车源信息删除的功能。

21.7.2　车源管理技术分析

车源管理主要就是对车源信息进行增、删、改、查的操作，首先我们知道了对应的数据库车源信息表是 tb_car，因此需要创建一个对应的车源信息的实体 JavaBean 类，再通过 Struts 2 创建对应的车源管理的 Action 类来实现对车源信息的增、删、改、查控制。

☑　定义车源信息的 FormBean 实现类

在车源管理模块中，涉及的数据表的是车源信息表（tb_car）。车源信息表中保存着车源各种信息，根据这些信息创建车源信息的 FormBean，名称为 CarForm，关键代码如下：

```
package com.form;
import com.tools.MySuperAction;
public class CarForm extends MySuperAction{
    public Integer id=null;                    //设置自动编号的属性
    public String username=null;               //设置车主姓名的属性
    public Integer user_number=null;           //设置车主身份证号码的属性
    public String car_number=null;             //设置车牌号码的属性
    public Integer tel=null;                   //设置车主电话的属性
    public String address=null;                //设置车主地址的属性
    public String car_road=null;               //设置车源行车路线的属性
    public String car_content=null;            //设置车源描述信息的属性
    public Integer getId() {
        return id;
    }
    public void setId(Integer id) {
        this.id = id;
    }
}
```

```
   ...                                    //省略其他属性的setXXX()和getXXX()方法
}
```

☑ 创建车源管理的实现类

在本实例中，车源管理的实现类名称为 CarAction。该类继承 CarForm 类，可以使用 CarForm 类的属性和方法，而 CarForm 本身继承自 MySuperAction 类，可以使用 MySuperAction 类中的属性和方法。

CarAction 类中可以使用 CarForm 类和 MySupperAction 类中的方法和属性。首先需要在该类静态方法中实例化车源模块的 AdminDao 类（该类用于实现与数据库的交互）。车源模块中实现类的关键代码如下：

```java
public class CarAction extends CarForm {
    private staitc CarDao carDao = null;
    staitc {
        carDao = new CarDao();
    }
}
```

☑ 车源管理模块涉及的 struts.xml 文件

在创建完车源管理模块中实现类后，需要在 struts.xml 文件中进行配置，主要配置车源管理模块的请求结果。车源管理模块涉及的 struts.xml 文件的代码如下：

```xml
<action name="car_*" class="com.webtier.CarAction" method="{1}">
        <result name="success">/car_{1}.jsp</result>
        <result name="input">/car_{1}.jsp</result>
        <result name="operationSuccess" type="redirect">car_queryCarList.action</result>
</action>
```

上述代码中，<action>元素的 name 属性代表着请求的方式，在请求方式中 "*" 代表请求方式的方法，这与 method 属性的配置相对应，而 class 属性是请求处理类的路径。这段代码的意思是如果客户端请求的名称是 car_select.action 时，通过 struts.xml 文件的配置信息，请求的是 CarAction 类中的 select()方法。

在<result>元素中，除了设置 success 和 input 两个返回值外，还设置了 operationSuccess，其中，type 属性设置转发页面的方法，这里将 type 属性设置成 redirect，就是重定向请求。也就是说，当执行控制器 CarAction 类中的某个方法时，如果返回 operationSuccess，则根据 struts.xml 配置文件信息内容，将请求重定向，执行 car_queryCarList.action 方法（这个方法具有查询车辆信息的功能）。

21.7.3　车源管理实现过程

1. 车源查看的实现过程

（1）编写车源信息查看页面。

管理员登录后，单击"车源信息管理"超链接，进入查看车源信息查询页面，在该页面中将分页显示车源信息。其中，每一页面显示 4 条记录，同时提供添加车源信息、修改车源信息和删除车源信息的超链接。车源信息查看页面的运行结果如图 21.10 所示。

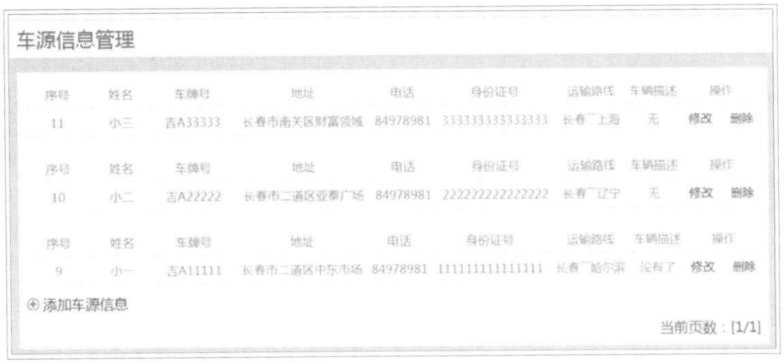

图 21.10　车源信息查看页面

实现如图 21.10 所示的页面时，首先通过<s:set>标签获取出车源信息所有的集合对象，然后再通过 Struts 2 标签库中的<s:iterator>标签循环显示车源信息，关键代码如下：

```jsp
<%@ taglib prefix="s" uri="/struts-tags"%>
<jsp:directive.page import="java.util.List"/>
<jsp:useBean id="pagination" class="com.tools.MyPagination" scope="session"></jsp:useBean>
<%
String str=(String)request.getParameter("Page");
int Page=1;
List list=null;
if(str==null){
    list=(List)request.getAttribute("list");
    int pagesize=2;                                 //指定每页显示的记录数
    list=pagination.getInitPage(list,Page,pagesize); //初始化分页信息
}else{
    Page=pagination.getPage(str);
    list=pagination.getAppointPage(Page);           //获取指定页的数据
}
request.setAttribute("list1",list);
%>
<!--      - 此处省略部分布局代码  -->
<s:set var="carList" value="#request.list1"/>
<s:if test="#carList==null||#carList.size()==0">
    <br>★★★目前没有车源信息★★★
    <a href="car_insertCar.jsp" class="a2">添加车源信息</a>
</s:if>
<s:else>
    <s:iterator status="carListStatus" value="carList">
        <table width="100%"   class="table" >
          <tr align="center">
            <td width="82" class="td">序号</td>
            <td width="82" class="td">姓名</td>
            <td width="105" class="td">车牌号</td>
            <td width="139" class="td">地址</td>
            <td width="78" class="td">电话</td>
            <td width="119" class="td">身份证号</td>
            <td class="td">运输路线</td>
```

```html
        <td class="td">车辆描述</td>
        <td class="td">操作</td>
    </tr>
    <tr align="center" >
        <td height="35" class="td"><s:property value="id"/></td>
        <td class="td"><s:property value="username"/></td>
        <td class="td"><s:property value="car_number"/></td>
        <td class="td"><s:property value="address"/></td>
        <td class="td"><s:property value="tel"/></td>
        <td class="td"><s:property value="user_number"/></td>
        <td class="td"><s:property value="car_road"/></td>
        <td class="td"><s:property value="car_content"/></td>
        <td class="td"><s:a href="car_queryCarForm.action?id=%{id}">修改</s:a>
             
          <s:a href="car_deleteCar.action?id=%{id}">删除</s:a></td>
    </tr>
  </table>
</s:iterator>
    <div style="width:100%;padding-left:10px;text-align: left;font-size: 14pt;">
        <img src="images/add.jpg" width="16" height="16"> <a href="car_insertCar.jsp" class="a2">
添加车源信息</a> <%=pagination.printCtrl(Page) %></div>
</s:else>
<%=pagination.printCtrl(Page)%>
```

（2）编写查看车源信息 CarDao 类的方法。

查看车源信息使用的 CarDao 类的方法是 queryCarList()。在该方法首先设置了 String 类型的对象，如果这个对象的值为 null，则执行对车源查询所有的数据；如果这个对象的值不为 null，则执行的是复合查询的 SQL 语句。queryCarList()方法的关键代码如下：

```java
public List queryCarList(String sign) {
        List list = new ArrayList();
        CarForm carForm = null;
        String sql=null;
        if(sign==null){
            sql = "select * from tb_car order by id desc";
        }else{
            sql = "select * from tb_car where id not in (select car_id from tb_carlog)";0
        }
            ResultSet rs = connection.executeQuery(sql);
        try {
            while (rs.next()) {
                carForm = new CarForm();
                                                            …//省略其他赋值的方法
                list.add(carForm);
            }
        } catch (SQLException e) {
            e.printStackTrace();
        }
```

```
        return list;
    }
```

2．车源添加的实现过程

（1）添加车源信息页面。

管理员登录系统后，单击"车源信息管理"超链接，进入查看车源信息的页面，在该页面中单击"添加车源信息"超链接，进入添加车源信息页面，该页面的运行结果如图 21.11 所示。

图 21.11　添加车源信息页面

（2）编写车源添加代码。

在如图 21.11 所示的添加车源信息页面中，实现车源信息添加功能是"car_insertCar"，根据 struts.xml 配置文件内容，车源添加调用的是 CarAction 类中的 inserCar()方法，在执行该方法之前，需要对车源添加页面表单实现验证操作，也就是说，不允许客户端输入 null 或空字符串的操作。验证 null 或空字符串的操作方法名称为 validateInsertCar()，该方法的关键代码如下：

```
public void validateInsertCar() {
    if (null == username || username.equals("")) {
        this.addFieldError("username", "请您输入姓名");
    }
    if (null == user_number || user_number.equals("")) {
        this.addFieldError("user_number", "请您输入身份证号");
    }
                                                    …//省略其他属性的校验
}
```

如果验证所有的表单信息成功，则执行 insertCar()方法实现添加车源信息的操作，该方法首先将表单的内容对象设置成添加 SQL 语句的参数，之后调用 CarDao 类中的 operationCar()实现添加车源信息的操作，该方法的关键代码如下：

```
public String insertCar() {
        String sql = "insert into tb_car (username,user_number,car_number,tel,address, car_road, car_content)
value('"+ username+ "','"+ user_number+ "','"+ car_number+ "','"+ tel+ "','"+ address+ "','"+ car_road+ "','"
                + car_content + "')";
        carDao.operationCar(sql);
        return "operationSuccess";
    }
```

（3）编写添加车源信息的 CarDao 类的方法。

添加车源信息类使用的 CarDao 类的方法是 operationCar()，该方法将 SQL 语句作为这个方法参数，并执行该 SQL 语句，该方法的关键代码如下：

```
public boolean operationCar(String sql) {
    return connection.executeUpdate(sql);
}
```

在上述代码中，返回值为 boolean 类型，根据这个 boolean 类型的结果判断该 SQL 语句是否执行成功。

3. 车源修改的实现过程

（1）修改车源信息页面。

管理员登录后，单击"车源信息管理"超链接，进入车源信息查询页面，在该页面中，如果管理员想要修改某个车源信息的数据，则单击该车源信息中的"修改"按钮，进入修改车源信息的页面，该页面的运行结果如图 21.12 所示。

图 21.12　修改车源信息页面

（2）编写修改车源信息代码。

在如图 21.12 所示的修改车源信息页面中，实现车源信息修改功能是"car_updateCar"。根据 struts.xml 配置文件内容，车源修改调用的是 CarAction 类中的 updateCar()方法，在执行该方法之前，需要对车源修改页面表单实现验证操作，也就是说，不允许客户端输入 null 或空字符串的操作。

如果验证所有的表单信息成功，则执行 updateCar()方法实现修改车源信息的操作，该方法首先将表单的内容对象设置成修改 SQL 语句的参数，之后调用 CarDao 类中的 operationCar()实现修改车源信息的操作，该方法的关键代码如下：

```
public String updateCar() {
    String sql = "update tb_car set username='" + username
        + "',user_number='" + user_number + "',car_number='"
        + car_number + "',tel='" + tel + "',address='" + address
        + "',car_road='" + car_road + "',car_content='" + car_content
        + "' where id='" + id + "'";
    carDao.operationCar(sql);
    return "operationSuccess";
}
```

4. 车源删除的实现过程

管理员登录系统后，单击"车源信息管理"页面，进入车源信息查看页面，在该页面中，如果管理员想要删除某个车源信息，则单击该车源信息"删除"超链接，执行的是删除车源信息的操作。

在查看车源信息页面中可以找到删除车源信息超链接代码，代码如下：

```
<s:a href="car_deleteCar.action?id=%{id}">删除</s:a>
```

在上面的代码中，删除车源信息所调用的方法是 CarAction 类中的 deleteCar()方法，在该方法中通过执行删除 SQL 语句，将指定的车源信息进行删除。DeleteCar()方法的关键代码如下：

```
public String deleteCar() {
    String sql = "delete from tb_car where id='" + id + "'";
    carDao.operationCar(sql);
    return "operationSuccess";
}
```

21.8　发货单管理流程模块

21.8.1　发货单管理流程概述

车源管理模块主要功能如下：

☑　填写发货单：对普通发货单的填写及根据固定的车源对发货单的填写。
☑　回执发货单确认：根据发货单的号码，对指定发货记录进行回执。
☑　发货单查询：实现对发货单的全部查询，并对指定的发货单进行删除操作。

21.8.2　发货单管理流程技术分析

发货单管理模块流程图如图 21.13 所示。

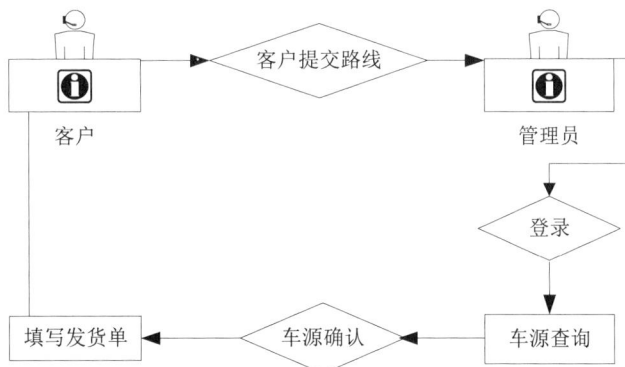

图 21.13　发货单管理流程图

在发货单管理流程模块中，主要涉及两个数据表，分别为发货单信息表（tb_opera tiongoods）和发货单日志信息表（tb_carlog），因此需要创建两个 FormBean。还需要创建一个发货单管理的 Action 实现类以及并在 Struts 2 的配置文件中对 Action 进行配置。

1．定义发货单管理流程模块的 FormBean

（1）编写发货单表的 FormBean。

根据发货单表（tb_operationgoods）中的字段内容，创建名称为 GoodsForm.java 类文件，具体代码如下：

```
public class GoodsForm extends MySuperAction{
public Integer id=null;                          //设置数据库自动编号的属性
public String car_id=null;                       //设置车源信息表中自动编号的属性
public String customer_id=null;                  //设置客户信息表中自动编号的属性
public String goods_id=null;                     //设置发货单编号的属性
public String goods_name=null;                   //设置收货人姓名的属性
public String goods_tel=null;                    //设置收货人电话的属性
public String goods_address=null;                //设置收货人地址的属性
public String goods_sure=null;                   //设置货物信息回执标示的属性
public Integer getId() {
    return id;
}
public void setId(Integer id) {
    this.id = id;
}
…//省略其他属性的 getXXX()和 setXXX()方法
}
```

（2）编写发货单日志表的 FormBean。

根据发货单日志表（tb_carlog）中的字段内容，创建名称为 LogForm.java 类文件，具体代码如下：

```
public class LogForm{
public Integer id=null;                          //设置数据库自动编号的属性
public String car_id=null;                       //设置车源信息表中自动编号的属性
public String goods_id=null;                     //设置发货单编号的属性
public String startTime=null;                    //设置车源使用开始时间的属性
public String endTime=null;                      //设置车源使用结束时间的属性
public String describe=null;                     //设置车源的描述信息的属性
public Integer getId() {
    return id;
}
public void setId(Integer id) {
    this.id = id;
}
… /省略其他属性的 getXXX()和 setXXX()方法
}
```

2．创建发货单实现类

在本实例中，发货单实现类的名称为 GoodsAction。该类继承 GoodsForm 类，可以使用 GoodsForm 类的属性和方法，而 GoodsForm 本身继承了 MySuperAction 类，可以使用 MySuperAction 类中的属性和方法。在 GoodsAction 类中除了具有继承关系外，还将调用 LogForm 类的属性与方法，实现对发货单日志的操作。

GoodsAction 类中可以使用 GoodsForm 类和 MySupperAction 类中的方法和属性。首先需要在该类静态方法中实例化发货单管理模块的 GoodsAndLogDao 类（该类用于实现与数据库的交互）以及车源信息模块的 CarDao 类。发货单管理中实现类的关键代码如下：

```
public class GoodsAction extends GoodsForm {
    private staitc GoodsAndLogDao goodsAndLogDao = null;
    private staitc CarDao carDao = null;
    staitc{
        goodsAndLogDao = new GoodsAndLogDao();
        carDao=new CarDao();
        }
}
```

3．发货单所涉及的 struts.xml 文件

在创建完发货单实现类后，需要在 struts.xml 文件中进行配置，该文件主要配置发货单实现了的所有请求结果。发货单实现类涉及的 struts.xml 文件的代码如下：

```
<action name="goods_*" class="com.webtier.GoodsAction" method="{1}">
    <result name="success">/goods_{1}.jsp</result>
    <result name="deleteSuccess" type="redirect">goods_queryGoodsList.action</result>
</action>
```

21.8.3 发货单管理流程实现过程

1．填写发货单的实现过程

（1）填写发货单页面。

管理员登录系统后，可以通过两种方式进入填写发货单页面，一种是直接单击"发货单"超链接，直接进入填写发货单填写页面，运行结果如图 21.14 所示。

图 21.14 直接进入发货单页面

另一种是单击"车源信息查询"超链接，可以对所有的车源进行查看，这里也包括车源的使用日志，单击没有使用车源中的"未被使用"超链接，可以将指定的车源添加在发货单内，运行结果如图 21.15 所示。

图 21.15　间接进入填写发货单页面

（2）编写发货单填写代码。

在填写发货单页面中，将发货单的内容填写完毕后，单击"发货"按钮，网页会访问一个 URL 地址，该地址是"goods_insertGoods"。根据 struts.xml 文件的配置信息可以知道，发货单填写涉及的操作指的是 GoodsAction 类中的 insertGoods()方法

在 insertGoods()方法中，将执行两条 SQL 语句的操作，一个是对发货单表（tb_operationgoods）实现添加数据的操作，另一个是对车源日志表（tb_carlog）实现添加数据的操作。insertGoods()的关键代码如下：

```
public String insertGoods() {
String sql1 = "insert into tb_operationgoods (car_id,customer_id,goods_id,goods_name,goods_tel,goods_
address, goods_sure) value ("
    + this.car_id+ ","+ this.customer_id+ "," + this.goods_id + "',"+ this.goods_name + "',"
    + this.goods_tel + "'," + this.goods_address + "',1)";
        String startTime = request.getParameter("startTime");      //从页面中获取发货时间的表单信息
        String endTime = request.getParameter("endTime");          //从页面中获取收货时间的表单信息
        String describer = request.getParameter("describer");      //从页面中获取发货描述信息的表单信息
        String sql2 = "insert into tb_carlog (goods_id,car_id,startTime,endTime,describer) value ("
                + goods_id+ "',"+ car_id ","," startTime+ "'," + endTime + "'," + describer + "')";
      this.goodsAndLogDao.operationGoodsAndLog(sql1);
      this.goodsAndLogDao.operationGoodsAndLog(sql2);
      request.setAttribute("goodsSuccess", "<br><br>您添加订货单成功");
      return SUCCESS;
    }
```

（3）编写发货单信息的 GoodsDao 类。

添加发货单信息时使用的是 GoodsAndLogDao 类中的 operationGoodsAndLog()，在该方法中将 SQL 语句作为这个方法的参数，通过 JDBConnection 类中的 executeUpdate()方法执行该 SQL 语句，由于这个方法的返回值为 boolean 类型，可以根据这个返回值的结果判断该 SQL 语句是否执行成功。operationGoodsAndLog()方法的关键代码如下：

```
public boolean operationGoodsAndLog(String sql) {
    return connection.executeUpdate(sql);
}
```

2．回执发货单确认的实现过程

（1）回执发货单确认页面。

如果收货人收到发货单中货物，管理员可以进行回执发货单确认操作。管理员登录系统后，单击"回执发货单确认"的超链接，在回执发货单确认页面中，在发货单文本框中输入发货单号，单击"订单确认"按钮后，将对发货单号所对应的发货单内容全部查询，运行结果如图 21.16 所示。

图 21.16　根据发货单号查询发货单全部内容

（2）编写回执发货单确认代码。

在如图 21.16 所示的页面中，单击"回执发货单确认"按钮后，网站会访问一个 URL 地址，该地址是"goods_changeOperation.action?goods_id=<%=logForm.getGoods_id()%>"，其中，goods_id 为发货单编号，根据这个编号将修改发货单表的 sign 字段内容以及删除车源日志表的内容。

根据 struts.xml 文件中的内容，可以知道，该 URL 地址调用的是 GoodsAction 类中的 changeOperation()，该方法的主要代码如下：

```
public String changeOperation(){
    String goods_id=request.getParameter("goods_id");
    String sql1="update tb_operationgoods set goods_sure=0 where goods_id='"+goods_id+"'";
    String sql2="delete from tb_carlog where goods_id='"+goods_id+"'";
    this.goodsAndLogDao.operationGoodsAndLog(sql1);
    this.goodsAndLogDao.operationGoodsAndLog(sql2);
    request.setAttribute("goods_id", goods_id);
    return SUCCESS;
}
```

3．查看发货单确认的实现过程

当管理员登录后，单击"发货单查询"超链接，则执行对所有发货单查询的操作。查看发货单确认页面的运行结果如图 21.17 所示。

图 21.17　查看发货单确认页面

根据该超链接的 URL 的地址，可以知道"发货单查询"超链接调用是 GoodsAction 类中的 queryGoodsList()方法，该方法的主要代码如下：

```
public String queryGoodsList(){
        List list = goodsAndLogDao.queryGoodsList();
        String str = request.getParameter("Page");
        int Page = 1;
        if (str == null) {
                int pagesize = 2;                                         // 指定每页显示的记录数
                list = pagination.getInitPage(list, Page, pagesize);      // 初始化分页信息
        } else {
                Page = pagination.getPage(str);
                list = pagination.getAppointPage(Page);                   // 获取指定页的数据
        }
        request.setAttribute("list", list);
        request.setAttribute("printCtrl", pagination.printCtrl(Page));
        return SUCCESS;
    }
```

查询发货单确认信息所使用的方法是 GoodsAndLogDao 类中的 queryGoodsList()。该方法将执行 select 查询语句，对发货单表内容全部查询，该方法的关键代码如下：

```
public List queryGoodsList() {
        List list=new ArrayList();
        String sql = "select * from tb_operationgoods order by id desc";   //设置查询的 SQL 语句
        ResultSet rs = connection.executeQuery(sql);                       //执行查询的 SQL 语句
        try {
                while (rs.next()) {
                        goodsForm = new GoodsForm();
                        goodsForm.setId(rs.getInt(1));
                        goodsForm.setCar_id(rs.getString(2));
                        goodsForm.setCustomer_id(rs.getString(3));
                        goodsForm.setGoods_id(rs.getString(2));
                        goodsForm.setGoods_name(rs.getString(5));
```

```
                goodsForm.setGoods_tel(rs.getString(6));
                goodsForm.setGoods_address(rs.getString(7));
                goodsForm.setGoods_sure(rs.getString(8));
                list.add(goodsForm);
            }
        } catch (SQLException e) {
            e.printStackTrace();
        }
        return list;                                 //通过 return 关键字将查询结果返回
    }
```

4．删除发货单的实现过程

当执行回执发货单确认操作后，通过发货单的查询操作，可以对已经回执发货信息进行删除操作。在发货单查询页面中可以找到删除发货单信息的超链接代码，代码如下：

```
<a href="goods_deleteGoods.action?id=<%=goodsForm.getId()%>">删除发货单</a>
```

从上面的链接地址中可以知道，删除发货单信息调用的是 GoodsAction 类中的 deleteGoods()方法。在该方法中，通过 request 对象中的 Parameter()方法获取链接地址的 id 值，根据这个 id 值，设置删除的 SQL 语句，通过执行这个 SQL 语句进行删除发货单信息的操作。该方法的关键代码如下：

```
public String deleteCar() {
    String sql = "delete from tb_car where id='" + id + "'";
    carDao.operationCar(sql);
    return "operationSuccess";
}
```

在上述代码中，根据 struts.xml 文件的配置可以知道，当执行完删除发货单操作后，将会执行对发货单的查询操作。

21.9　开发技巧与难点分析

在公共模块设计中，介绍了重写 simple 模板的代码。但是在实际应用过程中，如果每个验证的表单都需要重新执行 simple，这样会造成大量代码的冗余，为了解决这个问题，可以在 struts.properties 资源文件中对所有系统的模板统一进行定义，具体代码如下：

```
struts.ui.theme=simple
```

21.10　小　　结

本章运用软件工程的设计思想，通过一个完整的物流配货系统站为读者详细讲解了一个系统的开发流程。通过本章的学习，读者可以了解应用程序的开发流程，数据库的设计过程，Struts 2 的基本应用。希望对读者日后的程序开发有所帮助。

第 22 章　基于 Java Web 的图书馆管理系统

　　随着网络技术的高速发展，计算机应用的普及，利用计算机对图书馆的日常工作进行管理势在必行。虽然目前很多大型的图书馆已经有一整套比较完善的管理系统，但是在一些中小型的图书馆中，大部分工作仍需由手工完成，工作起来效率比较低，管理员不能及时了解图书馆内各类图书的借阅情况，读者需要的图书难以在短时间内找到，不便于动态及时地调整图书结构。为了更好地适应当前读者的借阅需求，解决手工管理中存在的许多弊端，越来越多的中小型图书馆正在逐步向计算机信息化管理转变。

学习摘要：

- ☑ 掌握如何做需求分析
- ☑ 掌握 JSP 经典设计模式中 Model 2 的开发流程
- ☑ 掌握通过配置过滤器解决中文乱码
- ☑ 掌握图书馆管理系统的开发流程
- ☑ 掌握实现安全登录系统并防止非法用户登录的方法

22.1　开发背景

　　×××图书馆是吉林省一家私营的中型图书馆企业。图书馆本着"读者为上帝""为读者节省每一分钱"的服务宗旨，企业利润逐年提高，规模不断壮大，经营图书品种、数量也逐渐增多。在企业不断发展的同时，企业传统的人工方式管理暴露了一些问题。例如，读者想要借阅一本书，图书管理人员需要花费大量时间在茫茫的书海中苦苦"寻觅"，如果找到了读者想要借阅的图书还好，否则只能向读者苦笑着说"抱歉"了。企业为提高工作效率，同时摆脱图书管理人员在工作中出现的尴尬局面，现需要委托其他单位开发一个图书馆管理系统。

22.2　需求分析

　　长期以来，人们使用传统的人工方式管理图书馆的日常业务，其操作流程比较烦琐。在借书时，读者首先将要借的书和借阅证交给工作人员，然后工作人员将每本书的信息卡片和读者的借阅证放在一个小格栏里，最后在借阅证和每本书贴的借阅条上填写借阅信息。在还书时，读者首先将要还的书交给工作人员，工作人员根据图书信息找到相应的书卡和借阅证，并填好相应的还书信息。

从上述描述中可以发现，传统的手工流程存在的不足。首先，处理借书、还书业务流程的效率很低；其次，处理能力比较低，一段时间内，所能服务的读者人数是有限的。为此，图书馆管理系统需要为企业解决上述问题，为企业提供快速的图书信息检索功能、快捷的图书借阅和归还流程。

22.3　系　统　设　计

22.3.1　系统目标

根据前面所做的需求分析及用户的需求可以得出，图书馆管理系统实施后，应达到以下目标：
- ☑ 界面设计友好、美观。
- ☑ 数据存储安全、可靠。
- ☑ 信息分类清晰、准确。
- ☑ 强大的查询功能，保证数据查询的灵活性。
- ☑ 实现对图书借阅、续借和归还过程的全程数据信息跟踪。
- ☑ 提供图书借阅排行榜，为图书馆管理员提供了真实的数据信息。
- ☑ 提供借阅到期提醒功能，使管理者可以及时了解到已经到达归还日期的图书借阅信息。
- ☑ 提供灵活、方便的权限设置功能，使整个系统的管理分工明确。
- ☑ 具有易维护性和易操作性。

22.3.2　系统功能结构

根据图书馆管理系统的特点，可以将其分为系统设置、读者管理、图书管理、图书借还、系统查询 5 个部分，其中各个部分及其包括的具体功能模块如图 22.1 所示。

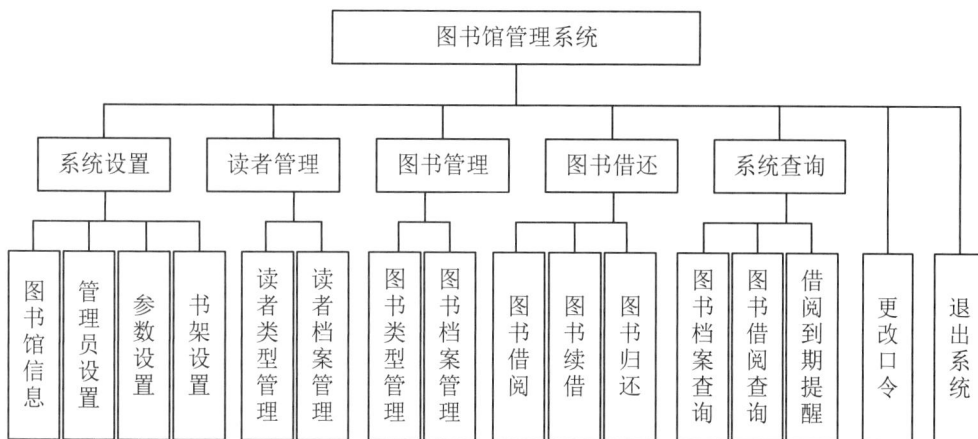

图 22.1　系统功能结构图

22.3.3 系统流程图

图书馆管理系统的系统流程如图 22.2 所示。

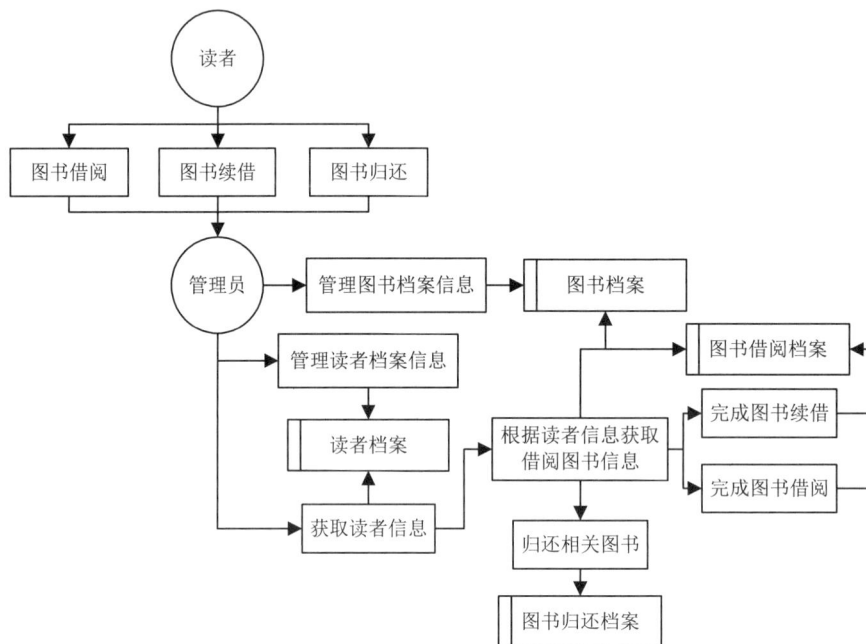

图 22.2 系统流程

22.3.4 开发环境

本系统的软件开发及运行环境具体如下：

☑ 操作系统：Windows 7。

☑ JDK 环境：Java SE Development Kit (JDK) version 8。

☑ 开发工具：Eclipse for Java EE 4.7（Oxygen）。

☑ Web 服务器：Tomcat 9.0。

☑ 数据库：MySQL 数据库。

☑ 浏览器：推荐 Google Chrome 浏览器。

☑ 分辨率：最佳效果为 14 400 像素×900 像素。

22.3.5 系统预览

图书馆管理系统由多个程序页面组成，下面仅列出几个典型页面。

系统登录页面如图 22.3 所示，该页面用于实现管理员登录；主界面如图 22.4 所示，该页面用于实现显示系统导航、图书借阅排行榜和版权信息等功能。

图 22.3　系统登录页面

图 22.4　主界面

图书借阅页面如图 22.5 所示，该页面用于实现图书借阅功能；图书借阅查询页面如图 22.6 所示，该页面用于实现按照符合条件查询图书借阅信息的功能。

图 22.5　图书借阅页面

图 22.6　图书借阅查询页面

22.3.6　文件夹组织结构

在编写代码之前，可以把系统中可能用到的文件夹先创建出来（例如，创建一个名为 Images 的文件夹，用于保存网站中所使用的图片），这样不但可以方便以后的开发工作，还可以规范网站的整体架构。本书在开发图书馆管理系统时，设计了如图 22.7 所示的文件夹架构图。在开发时，只需要将所创建的文件保存在相应的文件夹中就可以了。

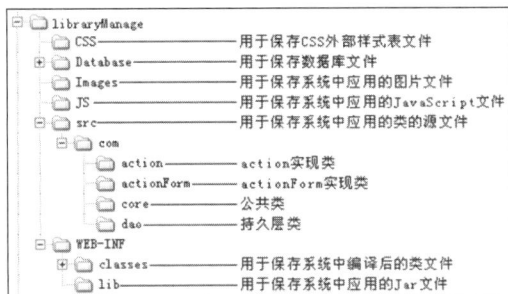

图 22.7　图书馆管理系统文件夹组织结构

22.4　数据库设计

22.4.1　数据库分析

由于本系统是为中小型图书馆开发的程序，需要充分考虑到成本问题及用户需求（如跨平台）等问题，而 MySQL 是目前最为流行的开放源码的数据库，是完全网络化的跨平台的关系型数据库系统，这正好满足了中小型企业的需求，所以本系统采用 MySQL 数据库。

22.4.2　数据库概念设计

根据以上各节对系统所做的需求分析和系统设计，规划出本系统中使用的数据库实体分别为图书档案实体、读者档案实体、借阅档案实体、归还档案实体和管理员实体。下面将介绍几个关键实体的 E-R 图。

☑　图书档案实体

图书档案实体包括编号、条形码、书名、类型、作者、译者、出版社、价格、页码、书架、库存总量、录入时间、操作员和是否删除等属性。其中"是否删除属性"用于标记图书是否被删除，由于图书馆中的图书信息不可以被随意删除，所以即使当某种图书不能再借阅，而需要删除其档案信息时，也只能采用设置删除标记的方法。图书档案实体的 E-R 图如图 22.8 所示。

☑　读者档案实体

读者档案实体包括编号、姓名、性别、条形码、职业、出生日期、有效证件、证件号码、电话、电子邮件、登记日期、操作员、类型和备注等属性。读者档案实体的 E-R 图如图 22.9 所示。

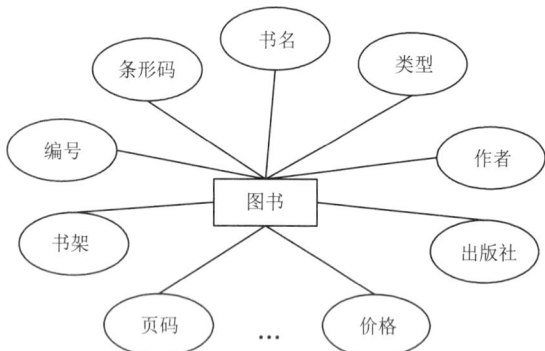

图 22.8　图书档案实体 E-R 图

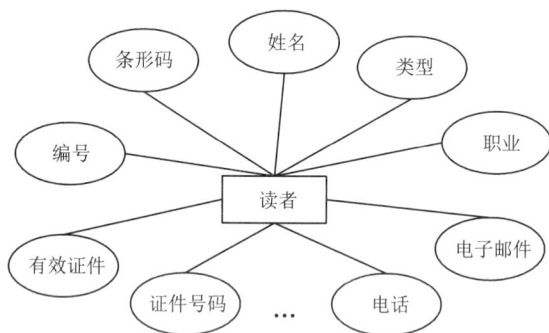

图 22.9　读者档案实体 E-R 图

☑　借阅档案实体

借阅档案实体包括编号、读者编号、图书编号、借书时间、应还时间、操作员和是否归还等属性。借阅档案实体的 E-R 图如图 22.10 所示。

☑　归还档案实体

归还档案实体包括编号、读者编号、图书编号、归还时间和操作员等属性。借阅档案实体的 E-R 图如图 22.11 所示。

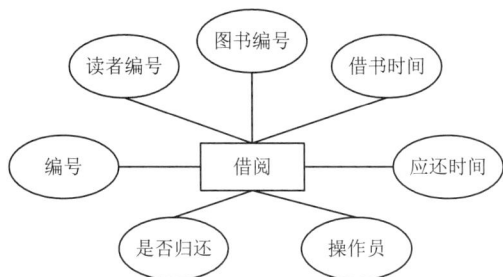

图 22.10　借阅档案实体 E-R 图

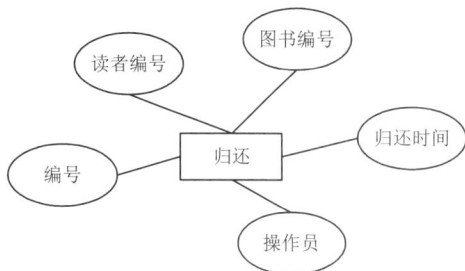

图 22.11　归还档案实体 E-R 图

22.4.3　数据库逻辑结构

在数据库概念设计中已经分析了本系统中主要的数据实体对象，通过这些实体可以得出数据表结构的基本模型，最终实施到数据库中，形成完整的数据结构。为了使读者对本系统的数据库的结构有一个更清晰的认识，下面给出数据库中所包含的数据表的结构图，如图 22.12 所示。

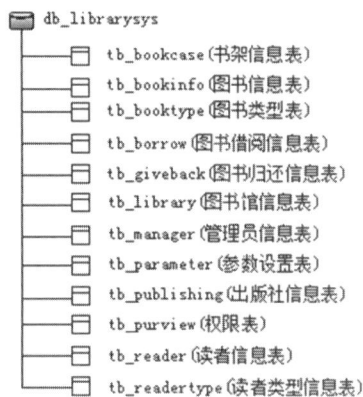

图 22.12　db_librarysys 数据库所包含数据表的结构图

本系统共包含 12 张数据表，限于篇幅，这里只给出比较重要的数据表。

☑　tb_manager（管理员信息表）

管理员信息表主要用来保存管理员信息。表 tb_manager 的结构如表 22.1 所示。

表 22.1　表 tb_manager 的结构

字　段　名	数　据　类　型	是　否　为　空	是　否　主　键	默　认　值	描　　　述
id	int(11)unsigned	No	Yes		ID（自动编号）
name	varchar(30)	Yes		NULL	管理员名称
pwd	varchar(30)	Yes		NULL	密码

☑　tb_purview（权限表）

权限表主要用来保存管理员的权限信息，该表中的 id 字段与管理员信息表（tb_manager）中的 id 字段相关联。表 tb_purview 的结构如表 22.2 所示。

表 22.2 表 tb_purview 的结构

字　段　名	数　据　类　型	是　否　为　空	是　否　主　键	默　认　值	描　　　述
id	int(11)	No	Yes	0	管理员 ID 号
sysset	tinyint(1)	Yes		0	系统设置
readerset	tinyint(1)	Yes		0	读者管理
bookset	tinyint(1)	Yes		0	图书管理
borrowback	tinyint(1)	Yes		0	图书借还
sysquery	tinyint(1)	Yes		0	系统查询

☑ tb_bookinfo（图书信息表）

图书信息表主要用来保存图书信息。表 tb_bookinfo 的结构如表 22.3 所示。

表 22.3 表 tb_bookinfo 的结构

字　段　名	数　据　类　型	是　否　为　空	是　否　主　键	默　认　值	描　　　述
barcode	varchar(30)	Yes		NULL	条形码
bookname	varchar(70)	Yes		NULL	书名
typeid	int(10)unsigned	Yes		NULL	类型
author	varchar(30)	Yes		NULL	作者
translator	varchar(30)	Yes		NULL	译者
ISBN	varchar(20)	Yes		NULL	出版社
price	float(8,2)	Yes		NULL	价格
page	int(10)unsigned	Yes		NULL	页码
bookcase	int(10)unsigned	Yes		NULL	书架
inTime	date	Yes		NULL	录入时间
operator	varchar(30)	Yes		NULL	操作员
del	tinyint(1)	Yes		0	是否删除
id	int(11)	No	Yes		ID（自动编号）

☑ tb_parameter（参数设置表）

参数设置表主要用来保存办证费及书证的有效期限等信息。表 tb_parameter 的结构如表 22.4 所示。

表 22.4 表 tb_parameter 的结构

字　段　名	数　据　类　型	是　否　为　空	是　否　主　键	默　认　值	描　　　述
id	int(11)unsigned	No	Yes		ID（自动编号）
cost	int(11)unsigned	Yes		NULL	办证费
validity	int(11)unsigned	Yes		NULL	有效期限

☑ tb_booktype（图书类型表）

图书类型表主要用来保存图书类型信息。表 tb_booktype 的结构如表 22.5 所示。

表 22.5　表 tb_booktype 的结构

字　段　名	数　据　类　型	是　否　为　空	是　否　主　键	默　认　值	描　　述
id	int(11)unsigned	No	Yes		ID（自动编号）
typename	varchar(30)	Yes		NULL	类型名称
days	int(11)unsigned	Yes		NULL	可借天数

☑　tb_bookcase（书架信息表）

书架信息表主要用来保存书架信息。表 tb_bookcase 的结构如表 22.6 所示。

表 22.6　表 tb_bookcase 的结构

字　段　名	数　据　类　型	是　否　为　空	是　否　主　键	默　认　值	描　　述
id	int(11)unsigned	No	Yes		ID（自动编号）
name	varchar(30)	Yes		NULL	书架名称

☑　tb_borrow（图书借阅信息表）

图书借阅信息表主要用来保存图书借阅信息。表 tb_borrow 的结构如表 22.7 所示。

表 22.7　表 tb_borrow 的结构

字　段　名	数　据　类　型	是　否　为　空	是　否　主　键	默　认　值	描　　述
id	int(11)unsigned	No	Yes		ID（自动编号）
readerid	int(11)unsigned	Yes		NULL	读者编号
bookid	int(11)	Yes		NULL	图书编号
borrowTime	date	Yes		NULL	借书时间
backtime	date	Yes		NULL	应还时间
operator	varchar(30)	Yes		NULL	操作员
ifback	tinytin(1)	Yes		0	是否归还

☑　tb_giveback（图书归还信息表）

图书归还信息表主要用来保存图书归还信息。表 tb_giveback 的结构如表 22.8 所示。

表 22.8　表 tb_giveback 的结构

字　段　名	数　据　类　型	是　否　为　空	是　否　主　键	默　认　值	描　　述
id	int(11)unsigned	No	Yes		ID（自动编号）
readerid	int(11)	Yes		NULL	读者编号
bookid	int(11)	Yes		NULL	图书编号
backTime	date	Yes		NULL	归还时间
operator	varchar(30)	Yes		NULL	操作员

☑　tb_readertype（读者类型信息表）

读者类型信息表主要用来保存读者类型信息。表 tb_readertype 的结构如表 22.9 所示。

表 22.9　表 tb_readertype 的结构

字　段　名	数据类型	是否为空	是否主键	默　认　值	描　　述
id	int(11) unsigned	No	Yes		ID（自动编号）
name	varchar(50)	Yes		NULL	名称
number	int(4)	Yes		NULL	可借数量

☑　tb_reader（读者信息表）

读者信息表主要用来保存读者信息。表 tb_reader 的结构如表 22.10 所示。

表 22.10　表 tb_reader 的结构

字　段　名	数据类型	是否为空	是否主键	默　认　值	描　　述
id	int(11) unsigned	No	Yes		ID（自动编号）
name	varchar(20)	Yes		NULL	姓名
sex	varchar(4)	Yes		NULL	性别
barcode	varchar(30)	Yes		NULL	条形码
vocation	varchar(50)	Yes		NULL	职业
birthday	date	Yes		NULL	出生日期
paperType	varchar(10)	Yes		NULL	有效证件
paperNO	varchar(20)	Yes		NULL	证件号码
tel	varchar(20)	Yes		NULL	电话
email	varchar(100)	Yes		NULL	电子邮件
createDate	date	Yes		NULL	登记日期
operator	varchar(30)	Yes		NULL	操作员
remark	text	Yes		NULL	备注
typeid	int(11)	Yes		NULL	类型

22.5　公共模块设计

在开发过程中，经常会用到一些公共模块，例如，数据库连接及操作的类、字符串处理的类及解决中文乱码的过滤器等，因此，在开发系统前首先需要设计这些公共模块。下面将具体介绍图书馆管理系统中所需要的公共模块的设计过程。

22.5.1　数据库连接及操作类的编写

数据库连接及操作类通常包括连接数据库的方法 getConnection()、执行查询语句的方法 executeQuery()、执行更新操作的方法 executeUpdate()、关闭数据库连接的方法 close()。下面将详细介绍如何编写图书馆管理系统中的数据库连接及操作的类 ConnDB。

（1）指定类 ConnDB 保存的包，并导入所需的类包，本例将其保存到 com.core 包中，代码如下：

```
package com.core;                                      //将该类保存到 com.core 包中
import java.io.InputStream;                            //导入 java.io.InputStream 类
import java.sql.*;                                     //导入 java.sql 包中的所有类
import java.util.Properties;                           //导入 java.util.Properties 类
```

注意

　　包语句以关键字 package 后面紧跟一个包名称,然后以分号";"结束;包语句必须出现在 import
语句之前;一个.java 文件只能有一个包语句。

（2）定义 ConnDB 类，并定义该类中所需的全局变量及构造方法，代码如下：

```
public class ConnDB {
        public Connection conn = null;                         //声明 Connection 对象的实例
        public Statement stmt = null;                          //声明 Statement 对象的实例
        public ResultSet rs = null;                            //声明 ResultSet 对象的实例
        private static String propFileName = "/com/connDB.properties";   //指定资源文件保存的位置
        private static Properties prop = new Properties();     //创建并实例化 Properties 对象的实例
        private static String dbClassName ="com.mysql.cj.jdbc.Driver";    //定义保存数据库驱动的变量
        private static String dbUrl
="jdbc:mysql://127.0.0.1:3306/db_librarysys?user= root&password=
                        root&useUnicode=true&serverTimezone=GMT%2B8&useSSL=false";
        public ConnDB(){                                       //构造方法
        try {                                                  //捕捉异常
                //将 Properties 文件读取到 InputStream 对象中
                InputStream in=getClass().getResourceAsStream(propFileName);
                prop.load(in);                                 //通过输入流对象加载 Properties 文件
                dbClassName = prop.getProperty("DB_CLASS_NAME");  //获取数据库驱动
                //获取连接的 URL
                dbUrl = prop.getProperty("DB_URL",dbUrl);
            }
        catch (Exception e) {
                e.printStackTrace();                           //输出异常信息
            }
        }
}
```

（3）为了方便程序移植，这里将数据库连接所需信息保存到 properties 文件中，并将该文件保存
在 com 包中。connDB.properties 文件的内容如下：

```
#DB_CLASS_NAME(驱动的类的类名)
DB_CLASS_NAME=com.mysql.cj.jdbc.Driver
#DB_URL (要连接数据库的地址)
DB_URL=jdbc:mysql://127.0.0.1:3306/db_librarysys?user=root&password=root&useUnicode=true&serverTime
zone=GMT%2B8&useSSL=false
```

说明

　　properties 文件为本地资料文本文件，以"消息/消息文本"的格式存放数据，文件中"#"的
后面为注释行。使用 Properties 对象时，首先需创建并实例化该对象，代码如下：

```
private static Properties prop = new Properties();
```

再通过文件输入流对象加载 Properties 文件，代码如下：

```
prop.load(new FileInputStream(propFileName));
```

最后通过 Properties 对象的 getProperty 方法读取 properties 文件中的数据。

（4）创建连接数据库的方法 getConnection()，该方法返回 Connection 对象的一个实例。getConnection()方法的代码如下：

```
public static Connection getConnection() {
    Connection conn = null;
    try {                                          //连接数据库时可能发生异常，因此需要捕捉该异常
        Class.forName(dbClassName).newInstance();  //装载数据库驱动
        conn = DriverManager.getConnection(dbUrl); //建立与数据库 URL 中定义的数据库的连接
    }
    catch (Exception ee) {
        ee.printStackTrace();                      //输出异常信息
    }
    if (conn == null) {
        System.err.println(
            "警告: DbConnectionManager.getConnection() 获得数据库链接失败.\r\n\r\n 链接类型:" +
            dbClassName + "\r\n 链接位置:" + dbUrl);  //在控制台上输出提示信息
    }
    return conn;                                    //返回数据库连接对象
}
```

（5）创建执行查询语句的方法 executeQuery，返回值为 ResultSet 结果集。executeQuery 方法的代码如下：

```
public ResultSet executeQuery(String sql) {
    try {                                  //捕捉异常
        conn = getConnection();            //调用 getConnection()方法构造 Connection 对象的一个实例 conn
        stmt = conn.createStatement(ResultSet.TYPE_SCROLL_INSENSITIVE,
                        ResultSet.CONCUR_READ_ONLY);
        rs = stmt.executeQuery(sql);
    }
    catch (SQLException ex) {
        System.err.println(ex.getMessage());  //输出异常信息
    }
    return rs;                             //返回结果集对象
}
```

（6）创建执行更新操作的方法 executeUpdate()，返回值为 int 型的整数，代表更新的行数。executeQuery()方法的代码如下：

```
public int executeUpdate(String sql) {
    int result = 0;                        //定义保存返回值的变量
    try {                                  //捕捉异常
        conn = getConnection();            //调用 getConnection()方法构造 Connection 对象的一个实例 conn
        stmt = conn.createStatement(ResultSet.TYPE_SCROLL_INSENSITIVE,
                ResultSet.CONCUR_READ_ONLY);
        result = stmt.executeUpdate(sql);          //执行更新操作
```

```
    } catch (SQLException ex) {
        result = 0;                                        //将保存返回值的变量赋值为 0
    }
    return result;                                         //返回保存返回值的变量
}
```

（7）创建关闭数据库连接的方法 close()。close()方法的代码如下：

```
public void close() {
    try {                                                  //捕捉异常
        if (rs != null) {                                  //当 ResultSet 对象的实例 rs 不为空时
            rs.close();                                     //关闭 ResultSet 对象
        }
        if (stmt != null) {                                //当 Statement 对象的实例 stmt 不为空时
            stmt.close();                                   //关闭 Statement 对象
        }
        if (conn != null) {                                //当 Connection 对象的实例 conn 不为空时
            conn.close();                                   //关闭 Connection 对象
        }
    } catch (Exception e) {
        e.printStackTrace(System.err);                      //输出异常信息
    }
}
```

22.5.2　字符串处理类的编写

字符串处理的类是解决程序中经常出现的有关字符串处理问题方法的类，本实例中只包括过滤字符串中的危险字符的方法 filterStr()。filterStr()方法的代码如下：

```
public static final String filterStr(String str){
    str=str.replaceAll(";","");                            //替换字符串中的;为空
    str=str.replaceAll("&","&amp;");                       //替换字符串中的&为&amp;
    str=str.replaceAll("<","&lt;");                        //替换字符串中的<为&lt;
    str=str.replaceAll(">","&gt;");                        //替换字符串中的>为&gt;
    str=str.replaceAll("'","");                            //替换字符串中的'为空
    str=str.replaceAll("--"," ");                          //替换字符串中的--为空格
    str=str.replaceAll("/","");                            //替换字符串中的/为空
    str=str.replaceAll("%","");                            //替换字符串中的%为空
    return str;
}
```

22.5.3　配置解决中文乱码的过滤器

在程序开发时，通常有两种方法解决程序中经常出现的中文乱码问题，一种是通过编码字符串处理类，对需要的内容进行转码；另一种是配置过滤器。其中，第二种方法比较方便，只需要在开发程序时配置正确即可。下面将介绍本系统中配置解决中文乱码的过滤器的具体步骤。

（1）编写 CharacterEncodingFilter 类，让它实现 Filter 接口，成为一个 Servlet 过滤器，在实现 doFilter()接口方法时，根据配置文件中设置的编码格式参数分别设置请求对象的编码格式和应答对象

的内容类型参数。关键代码如下：

```java
public class CharacterEncodingFilter implements Filter {
    protected String encoding = null;                              // 定义编码格式变量
    protected FilterConfig filterConfig = null;                    // 定义过滤器配置对象
    public void init(FilterConfig filterConfig) throws ServletException {
        this.filterConfig = filterConfig;                          // 初始化过滤器配置对象
        this.encoding = filterConfig.getInitParameter("encoding"); // 获取配置文件中指定的编码格式
    }
    // 过滤器的接口方法，用于执行过滤业务
    public void doFilter(ServletRequest request, ServletResponse response,
            FilterChain chain) throws IOException, ServletException {
        if (encoding != null) {
            request.setCharacterEncoding(encoding);                // 设置请求的编码
            // 设置应答对象的内容类型（包括编码格式）
            response.setContentType("text/html; charset=" + encoding);
        }
        chain.doFilter(request, response);                         // 传递给下一个过滤器
    }
    public void destroy() {
        this.encoding = null;
        this.filterConfig = null;
    }
}
```

（2）在 web-inf.xml 文件中配置过滤器，并设置编码格式参数和过滤器的 URL 映射信息。关键代码如下：

```xml
<filter>
    <filter-name>CharacterEncodingFilter</filter-name>
    <filter-class>com.CharacterEncodingFilter</filter-class>              <!---指定过滤器类文件->
    <init-param>
        <param-name>encoding</param-name>
        <param-value>GBK</param-value>                                   <!---指定编码为 GBK 编码->
    </init-param>
</filter>
<filter-mapping>
    <filter-name>CharacterEncodingFilter</filter-name>
    <url-pattern>/*</url-pattern>
    <!---设置过滤器对应的请求方式->
    <dispatcher>REQUEST</dispatcher>
    <dispatcher>FORWARD</dispatcher>
</filter-mapping>
```

22.6　主界面设计

22.6.1　主界面概述

管理员通过"系统登录"模块的验证后，可以登录到图书馆管理系统的主界面。系统主界面主要

包括 Banner 信息栏、导航栏、排行榜和版权信息 4 部分。其中，导航栏中的功能菜单将根据登录管理员的权限进行显示。例如，系统管理员 mr 登录后，将拥有整个系统的全部功能，因为它是超级管理员。主界面运行结果如图 22.13 所示。

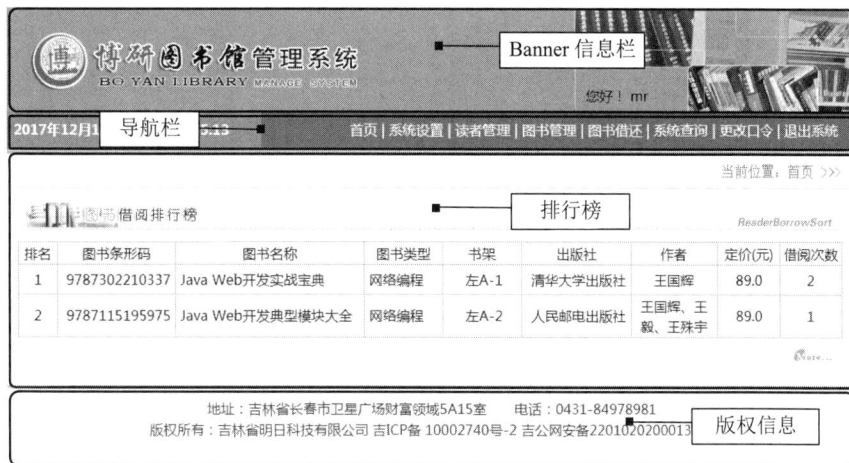

图 22.13　系统主界面的运行结果

22.6.2　主界面技术分析

在如图 22.13 所示的主界面中，Banner 信息栏、导航栏和版权信息，并不是仅存在于主界面中，其他功能模块的子界面中也需要包括这些部分。因此，可以将这几个部分分别保存在单独的文件中，这样，在需要放置相应功能时只需包含这些文件即可，主界面的布局如图 22.14 所示。

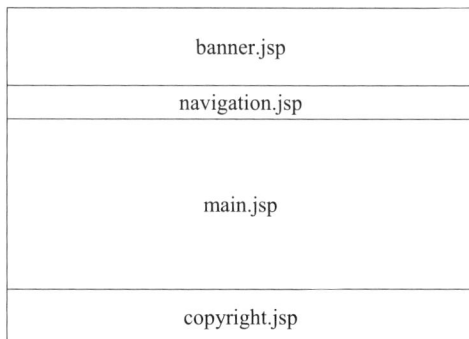

图 22.14　主界面的布局

在 JSP 页面中包含文件有两种方法：一种是应用<%@ include %>指令实现，另一种是应用<jsp:include>动作元素实现。

<%@ include %>指令用来在 JSP 页面中包含另一个文件。包含的过程是静态的，即在指定文件属性值时，只能是一个包含相对路径的文件名，而不能是一个变量，也不可以在所指定的文件后面添加任何参数。其语法格式如下：

```
<%@ include file="fileName"%>
```

<jsp:include>动作元素可以指定加载一个静态或动态的文件，但运行结果不同。如果指定为静态文件，那么这种指定仅仅是把指定的文件内容加到 JSP 文件中去，则这个文件不被编译。如果是动态文件，那么这个文件将会被编译器执行。由于在页面中包含查询模块时，只需要将文件内容添加到指定的 JSP 文件中即可，所以此处可以使用加载静态文件的方法包含文件。应用<jsp:include>动作元素加载静态文件的语法格式如下：

```
<jsp:include page="{relativeURL | <%=expression%>}" flush="true"/>
```

使用<%@ include %>指令和<jsp:include>动作元素包含文件的区别是：使用<%@ include %>指令包含的页面，是在编译阶段将该页面的代码插入主页面的代码中，最终包含页面与被包含页面生成了一个文件。因此，如果被包含页面的内容有改动，需重新编译该文件。而使用<jsp:include>动作元素包含的页面可以是动态改变的，它是在 JSP 文件运行过程中被确定的，程序执行的是两个不同的页面，即在主页面中声明的变量，在被包含的页面中是不可见的。由此可见，当被包含的 JSP 页面中包含动态代码时，为了不和主页面中的代码相冲突，需要使用<jsp:include>动作元素包含文件。应用<jsp:include>动作元素包含查询页面的代码如下：

```
<jsp:include page="search.jsp"   flush="true"/>
```

考虑到本系统中需要包含的多个文件之间相对比较独立，并且不需要进行参数传递，属于静态包含，因此采用<%@ include %>指令实现。

22.6.3　主界面的实现过程

应用<%@ include %>指令包含文件的方法进行主界面布局的代码如下：

```
<%@include file="navigation.jsp"%>
<!--显示图书借阅排行榜-->
<table width="778" height="510"   border="0" align="center" cellpadding="0" cellspacing="0" bgcolor="#FFFFFF"
class="tableBorder_gray">
  <tr>
  <td align="center" valign="top" style="padding:5px;">
          …                    <!--此处省略了显示图书借阅排行的代码-->
    </td>
</tr>
</table>
<%@ include file="copyright.jsp"%>
```

> **说明**
>
> 在上面的代码中，第一行代码应用<%@ include %>指令包含 navigation.jsp 文件，该文件用于显示 Banner 信息、当前登录管理员、当前系统时间及系统导航菜单；第二行代码实现的是在主界面（main.jsp）中，应用表格布局的方式显示图书借阅排行榜；最后一行代码应用<%@ include %>指令包含 copyright.jsp 文件，该文件用于显示版权信息。

22.7　管理员模块设计

22.7.1　管理员模块概述

管理员模块主要包括管理员登录、查看管理员列表、添加管理员信息、管理员权限设置、删除管理员和更改口令 6 个功能。管理员模块的框架如图 22.15 所示。

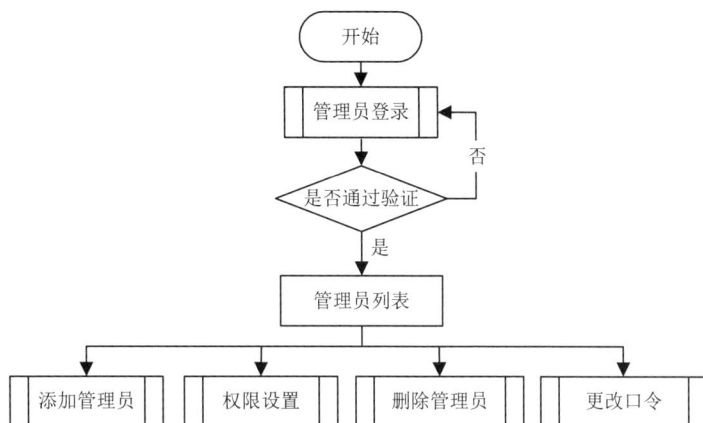

图 22.15　管理员模块的框架图

22.7.2　管理员模块技术分析

由于本系统采用的是 JSP 经典设计模式中的 Model 2，即 JSP+Servlet+JavaBean，该开发模式遵循 MVC 设计理念。所以在实现管理员模块时，需要编写管理员模块对应的实体类和 Servlet 控制类。在 MVC 中，实体类属于模型层，用于封装实体对象，是一个具有 getXXX()和 setXXX()方法的类。请求控制类属于控制层，用于接收各种业务请求，是一个 Servlet。下面将详细介绍如何编写管理员模块的实体类和 Servlet 控制类。

1. 编写管理员的实体类

在管理员模块中，涉及的数据表是 tb_manager（管理员信息表）和 tb_purview（权限表），其中，管理员信息表中保存的是管理员名称和密码等信息，权限表中保存的是各管理员的权限信息，这两个表通过各自的 id 字段相关联。通过这两个表可以获得完整的管理员信息，根据这些信息可以得出管理员模块的实体类。管理员模块的实体类的名称为 ManagerForm，具体代码如下：

```
package com.actionForm;
public class ManagerForm {
    private Integer id=new Integer(-1);                  //管理员 ID 号
    private String name="";                             //管理员名称
    private String pwd="";                              //管理员密码
```

```
    private int sysset=0;                           //系统设置权限
    private int readerset=0;                         //读者管理权限
    private int bookset=0;                           //图书管理权限
    private int borrowback=0;                        //图书借还权限
    private int sysquery=0;                          //系统查询权限
    /********************提供控制 ID 属性的方法********************************/
    public Integer getId() {                         //id 属性的 getXXX()方法
        return id;
    }
    public void setId(Integer id) {                  //id 属性的 setXXX()方法
        this.id = id;
    }
    /****************************************************************/
    ...           //此处省略了其他控制管理员信息的 getXXX()和 setXXX()方法
    /****************************************************************/
}
```

2．编写管理员的 Servlet 控制类

管理员功能模块的 Servlet 控制类继承了 HttpServlet 类，在该类中，首先需要在构造方法中实例化管理员模块的 ManagerDAO 类（该类用于实现与数据库的交互），然后编写 doGet()和 doPost()方法，在这两个方法中根据 request 的 getParameter()方法获取的 action 参数值执行相应方法，由于这两个方法中的代码相同，所以只需在第一个方法 doGet()中写相应代码，在另一个方法 doPost()中调用 doGet()方法即可。

管理员模块的 Servlet 控制类的关键代码如下：

```
public class Manager extends HttpServlet {
    private ManagerDAO managerDAO = null;                // 声明 ManagerDAO 的对象
    public Manager() {
        this.managerDAO = new ManagerDAO();              // 实例化 ManagerDAO 类
    }
    public void doGet(HttpServletRequest request, HttpServletResponse response)
            throws ServletException, IOException {
        String action = request.getParameter("action");
        if (action == null || "".equals(action)) {
            request.getRequestDispatcher("error.jsp").forward(request, response);
        } else if ("login".equals(action)) {// 当 action 值为 login 时，调用 managerLogin()方法验证管理员身份
            managerLogin(request, response);
        } else if ("managerAdd".equals(action)) {
            managerAdd(request, response);               // 添加管理员信息
        } else if ("managerQuery".equals(action)) {
            managerQuery(request, response);             // 查询管理员及权限信息
        } else if ("managerModifyQuery".equals(action)) {
            managerModifyQuery(request, response);       // 设置管理员权限时查询管理员信息
        } else if ("managerModify".equals(action)) {
            managerModify(request, response);            // 设置管理员权限
        } else if ("managerDel".equals(action)) {
            managerDel(request, response);               // 删除管理员
        } else if ("querypwd".equals(action)) {
```

```
                pwdQuery(request, response);                        // 更改口令时应用的查询
        } else if ("modifypwd".equals(action)) {
                modifypwd(request, response);                       // 更改口令
        }
        public void doPost(HttpServletRequest request, HttpServletResponse response)
                throws ServletException, IOException {
                doGet(request, response);
        }
        …                                                           //此处省略了该类中其他方法, 这些方法将在后面的具体过程中给出
}
```

3. 配置管理员的 servlet 控制类

管理员的 servlet 控制类编写完毕后，还需要在 web.xml 文件中配置该 servlet，关键代码如下：

```xml
<servlet>
    <servlet-name>Manager</servlet-name>
    <servlet-class>com.action.Manager</servlet-class>
</servlet>
<servlet-mapping>
    <servlet-name>Manager</servlet-name>
    <url-pattern>/manager</url-pattern>
</servlet-mapping>
```

22.7.3 系统登录的实现过程

系统登录是进入图书馆管理系统的入口。在运行本系统后，首先进入的是系统登录页面，在该页面中，系统管理员可以通过输入正确的管理员名称和密码登录到系统，当用户没有输入管理员名称或密码时，系统会通过 JavaScript 进行判断，并给予提示信息。系统登录的运行结果如图 22.16 所示。

图 22.16　系统登录的运行结果

注意

在实现系统登录前，需要在 MySQL 数据库中，手动添加一条系统管理员的数据（管理员名为 mr，密码为 mrsoft，拥有所有权限），即在 MySQL 的客户端命令行中应用下面的语句分别向管理员信息表 tb_manager 和权限表 tb_purview 中各添加一条数据记录。

```
#添加管理员信息

insert into tb_manager (name,pwd) values(mr,'mrsoft');

#添加权限信息

insert into tb_purview values(1,1,1,1,1,1);
```

1．设计系统登录页面

系统登录页面主要用于收集管理员的输入信息及通过自定义的 JavaScript 函数验证输入信息是否为空，该页面中所涉及的表单元素如表 22.11 所示。

表 22.11　系统登录页面所涉及的表单元素

名　称	元素类型	重要属性	含　义
form1	form	method="post" action="manager?action=login"	管理员登录表单
name	text	size="25"	管理员名称
pwd	password	size="25"	管理员密码
Submit	submit	value="确定" onclick="return check(form1)"	"确定"按钮
Submit3	reset	value="重置"	"重置"按钮
Submit2	button	value="关闭" onClick="window.close();"	"关闭"按钮

编写自定义的 JavaScript 函数，用于判断管理员名称和密码是否为空。代码如下：

```javascript
<script language="javascript">
function check(form){
    if (form.name.value==""){                         //判断管理员名称是否为空
        alert("请输入管理员名称!");form.name.focus();return false;
    }
    if (form.pwd.value==""){                           //判断密码是否为空
        alert("请输入密码!");form.pwd.focus();return false;
    }
}
</script>
```

2．修改管理员的 servlet 控制类

在管理员登录页面的管理员名称和管理员密码文本框中输入正确的管理员名称和密码后，单击"确定"按钮，网页会访问一个 URL，这个 URL 是 manager?action=login。从该 URL 地址中可以知道系统登录模块涉及的 action 的参数值为 login，也就是当 action=login 时，会调用验证管理员身份的方法 managerLogin()，具体代码如下：

```java
if (action == null || "".equals(action)) {                          //判断 action 的参数值是否为空
    request.getRequestDispatcher("error.jsp").forward(request, response);    //转到错误提示页
} else if ("login".equals(action)) {            // 当 action 值为 login 时，调用 managerLogin()方法验证管理员身份
    managerLogin(request, response);                                //调用验证管理员身份的方法
}
```

在验证管理员身份的方法 managerLogin()中，首先需要将接收到的表单信息保存到管理员实体类 ManagerForm 中，然后调用 ManagerDAO 类中的 checkManager()方法验证登录管理员信息是否正确，

如果正确将管理员名称保存到 session 中，并将页面重定向到系统主界面，否则将错误提示信息"您输入的管理员名称或密码错误！"保存到 HttpServletRequest 的对象 error 中，并重定向页面至错误提示页。验证管理员身份的方法 managerLogin()的具体代码如下：

```java
public void managerLogin(HttpServletRequest request,
        HttpServletResponse response) throws ServletException, IOException {
    ManagerForm managerForm = new ManagerForm();              //实例化 ManagerForm 类
    managerForm.setName(request.getParameter("name"));        //获取管理员名称并设置 name 属性
    managerForm.setPwd(request.getParameter("pwd"));          //获取管理员密码并设置 pwd 属性
    int ret = managerDAO.checkManager(managerForm);           //调用 ManagerDAO 类的 checkManager()
方法
    if (ret == 1) {
        /*********将登录到系统的管理员名称保存到 session 中*********************************/
        HttpSession session=request.getSession();
        session.setAttribute("manager",managerForm.getName());
        /***************************************************************************/
        request.getRequestDispatcher("main.jsp").forward(request, response);      //转到系统主界面
    } else {
        request.setAttribute("error", "您输入的管理员名称或密码错误！ ");
        request.getRequestDispatcher("error.jsp").forward(request, response);     //转到错误提示页
    }
}
```

3．编写系统登录的 ManagerDAO 类的方法

从 managerLogin()方法中可以知道系统登录页调用的 ManagerDAO 类的方法是 checkManager()。在 checkManager()方法中，首先从数据表 tb_manager 中查询输入的管理员名称是否存在，如果存在，再判断查询到的密码是否与输入的密码相等，如果相等，将标志变量设置为 1，否则设置为 0；反之如果不存在，则将标志变量设置为 0。checkManager()方法的具体代码如下：

```java
public int checkManager(ManagerForm managerForm) {
    int flag = 0;
    ChStr chStr=new ChStr();
    String sql = "SELECT * FROM tb_manager where name='" +
    chStr.filterStr(managerForm.getName()) + "'";             //过滤字符串中的危险字符
    ResultSet rs = conn.executeQuery(sql);
    try {           //此处需要捕获异常，当程序出错时，也需要将标志变量设置为 0
        if (rs.next()) {
            String pwd = chStr.filterStr(managerForm.getPwd());       //获取输入的密码并过滤掉危险字符
            if (pwd.equals(rs.getString(3))) {               //判断密码是否正确
                flag = 1;
            } else {
                flag = 0;
            }
        }else{
            flag = 0;
        }
    } catch (SQLException ex) {
        flag = 0;
```

```
  }finally{
    conn.close();                                    //关闭数据库连接
  }
  return flag;
}
```

> **说明**
>
> 在验证用户身份时，先判断用户名，再判断密码，可以防止用户输入恒等式后直接登录系统。

4．防止非法用户登录系统

从网站安全的角度考虑，仅仅上面介绍的系统登录页面并不能有效地保存系统的安全，一旦系统主界面的地址被他人获得，就可以通过在地址栏中输入系统的主界面地址而直接进入系统中。由于系统的 Banner 信息栏 banner.jsp 几乎包含了整个系统的每个页面，因此这里将验证用户是否将登录的代码放置在该页中。验证用户是否登录的具体代码如下：

```
<%
String manager=(String)session.getAttribute("manager");
if (manager==null || "".equals(manager)){            //验证用户是否登录
    response.sendRedirect("login.jsp");              //重定向网页到 login.jsp 页
}
%>
```

这样，当系统调用每个页面时，都会判断 session 变量 manager 是否存在，如果不存在，将页面重定向到系统登录页面。

22.7.4　查看管理员的实现过程

管理员登录后，选择"系统设置/管理员设置"命令，进入查看管理员列表的页面，在该页面中，将列出系统中以表格的形式显示的全部管理员及其权限信息，并提供添加管理员信息、删除管理员信息和设置管理员权限的超链接。查看管理员列表页面的运行结果，如图 22.17 所示。

图 22.17　查看管理员列表页面的运行结果

在实现系统导航菜单时，引用了 JavaScript 文件 menu.JS，该文件中包含全部实现半透明背景菜单的 JavaScript 代码。打开该 JS 文件，可以找到"管理员设置"菜单项的超链接代码，具体代码如下：

```
<a href=manager?action=managerQuery>管理员设置</a>
```

说明 --

　　将页面中所涉及的 JavaScript 代码保存在一个单独的 JS 文件中，然后通过<script></script>将其引用到需要的页面，可以规范页面代码。在系统导航页面引用 menu.JS 文件的代码如下：

```
<script src="JS/menu.JS"></script>
```

从上面的 URL 地址中可以知道，查看管理员列表模块涉及的 action 的参数值为 managerQuery，当 action= managerQuery 时，会调用查看管理员列表的方法 managerQuery()，具体代码如下：

```
if ("managerQuery".equals(action)) {
    managerQuery(request, response);                    // 查询管理员及权限信息
}
```

在查看管理员列表的方法 managerQuery()中，首先调用 ManagerDAO 类中的 query()方法查询全部管理员信息，再将返回的查询结果保存到 HttpServltRequest 的对象 managerQuery 中。查看管理员列表的方法 managerQuery()的具体代码如下：

```
private void managerQuery(HttpServletRequest request,
        HttpServletResponse response) throws ServletException, IOException {
    String str = null;
    request.setAttribute("managerQuery", managerDAO.query(str));//将查询结果保存到 managerQuery 参数中
    request.getRequestDispatcher("manager.jsp").forward(request, response);  //转到显示管理员列表的页面
}
```

从 managerQuery()方法中可以看出查看管理员列表使用的 ManagerDAO 类的方法是 query()。在 query()方法中，首先使用左连接从数据表 tb_manager 和 tb_purview 中查询出符合条件的数据，然后将查询结果保存到 Collection 集合类中并返回该集合类的实例。query()方法的具体代码如下：

```
public Collection query(String queryif) {
    ManagerForm managerForm = null;                    //声明 ManagerForm 类的对象
    Collection managercoll = new ArrayList();
    String sql = "";
    if (queryif == null || queryif == "" || queryif == "all") {    //当参数 queryif 的值为 null、all 或空时查询全部数据
        sql = "select m.*,p.sysset,p.readerset,p.bookset,p.borrowback,p.sysquery from tb_manager m left
join tb_purview p on m.id=p.id";
        }else{
            sql="select  m.*,p.sysset,p.readerset,p.bookset,p.borrowback,p.sysquery  from  tb_manager  m  left
join tb_purview p on m.id=p.id where m.name='"+queryif+"'";            //此处需要应用左连接
    }
    ResultSet rs = conn.executeQuery(sql);                        //执行 SQL 语句
    try {                                                    //捕捉异常信息
        while (rs.next()) {
            managerForm = new ManagerForm();                //实例化 ManagerForm 类
            managerForm.setId(Integer.valueOf(rs.getString(1)));
```

```
            managerForm.setName(rs.getString(2));
            managerForm.setPwd(rs.getString(3));
            managerForm.setSysset(rs.getInt(4));
            managerForm.setReaderset(rs.getInt(5));
            managerForm.setBookset(rs.getInt(6));
            managerForm.setBorrowback(rs.getInt(7));
            managerForm.setSysquery(rs.getInt(8))
            managercoll.add(managerForm);                    //将查询结果保存到 Collection 集合中
        }
    } catch (SQLException e) {}
    return managercoll;                                      //返回查询结果
}
```

> **说明**
>
> 在上面的代码中，第 6 行的 SQL 语句应用了 MySQL 提供的左连接。在 MySQL 中左连接的语法格式如下：
>
> SELECT table1.*,table2.* FROM table1 LEFT JOIN table2 ON table1.fieldname1 =table2.fieldname1;

接下来的工作是将 servlet 控制类中 managerQuery()方法返回的查询结果显示在查看管理员列表页 manager.jsp 中。在 manager.jsp 中首先通过 request.getAttribute()方法获取查询结果并将其保存在 Connection 集合中，再通过循环将管理员信息以列表形式显示在页面中，关键代码如下：

```
❶    <%@ page import="java.util.*"%>
<%
String flag="mr";
Collection coll=(Collection)request.getAttribute("managerQuery");
%>
❷    <% if(coll==null || coll.isEmpty()){%>
        暂无管理员信息！
<%}else{
        //通过迭代方式显示数据
❸            Iterator it=coll.iterator();
 int ID=0;                                //定义保存 ID 的变量
 String name="";                          //定义保存管理员名称的变量
 int sysset=0;                            //定义保存系统设置权限的变量
 int readerset=0;                         //定义保存读者管理权限的变量
 int bookset=0;                           //定义保存图书管理权限的变量
 int borrowback=0;                        //定义保存图书借还权限的变量
 int sysquery=0; %>
 <table width="91%"  border="1" cellpadding="0" cellspacing="0" bordercolor="#FFFFFF"
bordercolordark="#D2E3E6" bordercolorlight="#FFFFFF">
 <tr align="center" bgcolor="#e3F4F7">
   <td width="26%">管理员名称</td>
   <td width="12%">系统设置</td>
   <td width="12%">读者管理</td>
   <td width="12%">图书管理</td>
   <td width="11%">图书借还</td>
   <td width="11%">系统查询</td>
```

```
        <td width="8%">权限设置</td>
        <td width="8%">删除</td>
    </tr>
❹    <%while(it.hasNext()){
❺            ManagerForm managerForm=(ManagerForm)it.next();
        ID=managerForm.getId().intValue();
        name=managerForm.getName();                    //获取管理员名称
        sysset=managerForm.getSysset();                //获取系统设置权限
        readerset=managerForm.getReaderset();          //获取读者管理权限
        bookset=managerForm.getBookset();              //获取图书管理权限
        borrowback=managerForm.getBorrowback();        //获取图书借还权限
        sysquery=managerForm.getSysquery();            //获取系统查询权限
    %>
    <tr>
        <td style="padding:5px;"><%=name%></td>
<!-- --通过复选框显示管理员的权限信息，复选框没有被选中，表示该管理员不具有管理该项内容的权限- -->
        <td  align="center"><input  name="checkbox"  type="checkbox"  class="noborder"  value="checkbox"
disabled="disabled" <%if(sysset==1){out.println("checked");}%>></td>
        <td  align="center"><input  name="checkbox"  type="checkbox"  class="noborder"  value="checkbox"
disabled="disabled" <%if(readerset==1){out.println("checked");}%>></td>
        <td align="center"><input name="checkbox" type="checkbox" class="noborder" value="checkbox" disabled
<%if (bookset==1){out.println("checked");}%>></td>
        <td align="center"><input name="checkbox" type="checkbox" class="noborder" value="checkbox" disabled
<%if (borrowback==1){out.println("checked");}%>></td>
        <td align="center"><input name="checkbox" type="checkbox" class="noborder" value="checkbox" disabled
<%if (sysquery==1){out.println("checked");}%>></td>
<!-- ------------------------------------------------------------------------------------------------------------------ -->
        <td align="center"> <%if(!name.equals(flag)){ %><a href="#" onClick="window.open('manager?action=
managerModifyQuery&id=<%=ID%>','','width=292,height=175')">权限设置</a><%else{%> <%}%> </td>
        <td align="center"> <%if(!name.equals(flag)){ %><a href="manager?action=managerDel&id=<%=ID%>">
删除</a><%else{%> <%}%> </td>
    </tr>
<%   }
}%>
</table>
```

说明

　　❶ <%@ page import="packageName.className"%>

　　page 指令的 import 属性用来说明在后面代码中将要使用的类和接口，这些类可以是 Sun JDK 中的类，也可以是用户自定义的类。

　　在 Java 里如果要载入多个包，需使用 import 分别指明，在 JSP 中也是如此。可以用一个 page 指令指定多个包（它们之间需用逗号“,”隔开），也可用多条 import 属性分别指定。

　　❷ import 属性是唯一一个可以在同一个页面中重复定义的 page 指令的属性。

　　isEmpty()方法：返回一个 boolean 对象，如果集合内未含任何元素，则返回 true。

　　❸ iterator()方法：返回一个 Iterator 对象，使用该方法可以用来遍历容器。

　　❹ hasNext()方法：检查序列中是否还有其他元素。

　　❺ next()方法：取得序列中的下一个元素。

22.7.5　添加管理员的实现过程

管理员登录后，选择"系统设置/管理员设置"命令，进入查看管理员列表页面，在该页面中单击"添加管理信息"超链接，打开添加管理员信息页面。添加管理员信息页面的运行结果如图 22.18 所示。

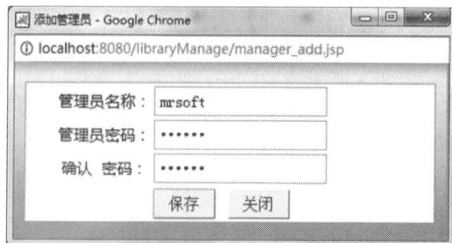

图 22.18　添加管理员页面的运行结果

1．设计添加管理员信息页面

添加管理员页面主要用于收集输入的管理员信息及通过自定义的 JavaScript 函数验证输入信息是否合法，该页面中所涉及的表单元素如表 22.12 所示。

表 22.12　添加管理员页面所涉及的表单元素

名　　称	元 素 类 型	重 要 属 性	含 　义
form1	form	method="post" action="manager?action=managerAdd"	表单
name	text		管理员名称
pwd	password		管理员密码
pwd1	password		确认密码
Button	button	value="保存" onClick="check(form1)"	"保存"按钮
Submit2	button	value="关闭" onClick="window.close();"	"关闭"按钮

编写自定义的 JavaScript 函数，用于判断管理员名称、管理员密码、确认密码文本框是否为空，以及两次输入的密码是否一致。程序代码如下：

```
<script language="javascript">
function check(form){
    if(form.name.value==""){                    //判断管理员名称是否为空
        alert("请输入管理员名称!");form.name.focus();return;
    }
    if(form.pwd.value==""){                      //判断管理员密码是否为空
        alert("请输入管理员密码!");form.pwd.focus();return;
    }
    if(form.pwd1.value==""){                     //判断是否输入确认密码
        alert("请确认管理员密码!");form.pwd1.focus();return;
    }
    if(form.pwd.value!=form.pwd.value){          //判断两次输入的密码是否一致
        alert("您两次输入的管理员密码不一致，请重新输入!");form.pwd.focus();return;
    }
```

```
        form.submit();                                      //提交表单
    }
</script>
```

2. 修改管理员的 servlet 控制类

在添加管理员页面中，输入合法的管理员名称及密码后，单击"保存"按钮，网页会访问一个 URL，这个 URL 是 manager?action=managerAdd。从该 URL 地址中可以知道添加管理员信息页面涉及的 action 的参数值为 managerAdd，也就是当 action=managerAdd 时，会调用添加管理员信息的方法 managerAdd()，具体代码如下：

```
if ("managerAdd".equals(action)) {
    managerAdd(request, response);                      // 添加管理员信息
}
```

在添加管理员信息的方法 managerAdd()中，首先需要将接收到的表单信息保存到管理员实体类 ManagerForm 中，然后调用 ManagerDAO 类中的 insert()方法，将添加的管理员信息保存到数据表中，并将返回值保存到变量 ret 中，如果返回值为 1，则表示信息添加成功，将页面重定向到添加信息成功的页面；如果返回值为 2，则表示该管理员信息已经添加，将错误提示信息"该管理员信息已经存在！"保存到 HttpServletRequest 对象的 error 参数中，然后将页面重定向到错误提示信息页面；否则，将错误提示信息"添加管理员信息失败！"保存到 HttpServletRequest 的对象 error 中，并将页面重定向到错误提示页。添加管理员信息的方法 managerAdd()的具体代码如下：

```
private void managerAdd(HttpServletRequest request,
        HttpServletResponse response) throws ServletException, IOException {
    ManagerForm managerForm = new ManagerForm();
    managerForm.setName(request.getParameter("name"));         // 获取设置管理员名称
    managerForm.setPwd(request.getParameter("pwd"));           // 获取并设置密码
    int ret = managerDAO.insert(managerForm);                  // 调用添加管理员信息
    if (ret == 1) {
        request.getRequestDispatcher("manager_ok.jsp?para=1").forward(
                request, response);                            // 转到管理员信息添加成功页面
    } else if (ret == 2) {
        request.setAttribute("error", "该管理员信息已经添加！");    // 将错误信息保存到 error 参数中
        request.getRequestDispatcher("error.jsp").forward(request, response); // 转到错误提示页面
    } else {
        request.setAttribute("error", "添加管理员信息失败！");      // 将错误信息保存到 error 参数中
        request.getRequestDispatcher("error.jsp")
                .forward(request, response);                   // 转到错误提示页面
    }
}
```

3. 编写添加管理员信息的 ManagerDAO 类的方法

从 managerAdd()方法中可以知道添加管理员信息使用的 ManagerDAO 类的方法是 insert()。在 insert()方法中首先从数据表 tb_manager 中查询输入的管理员名称是否存在，如果存在，将标志变量设置为 2，否则将输入的信息保存到管理员信息表中，并将返回值赋给标志变量，最后返回标志变量。insert()方法的具体代码如下：

```
public int insert(ManagerForm managerForm) {
    String sql1="SELECT * FROM tb_manager WHERE name='"+managerForm.getName()+"'";
    ResultSet rs = conn.executeQuery(sql1);          //执行 SQL 查询语句
    String sql = "";
    int falg = 0;
        try {                                        //捕捉异常信息
            if (rs.next()) {                         //当记录指针可移动到下一条数据时，表示结果集不为空
                falg=2;                              //表示该管理员信息已经存在
            } else {
                sql = "INSERT INTO tb_manager (name,pwd) values('" +
                        managerForm.getName() + "','" +managerForm.getPwd() +"')";
                falg = conn.executeUpdate(sql);
            }
        } catch (SQLException ex) {
            falg=0;                                  //表示管理员信息添加失败
        }finally{
          conn.close();                              //关闭数据库连接
        }
    return falg;
}
```

4．制作添加信息成功页面

这里将添加管理员信息、设置管理员权限和管理员信息删除 3 个模块操作成功的页面用一个 JSP 文件实现，只是通过传递的参数 para 的值进行区分，关键代码如下：

```
<%int para=Integer.parseInt(request.getParameter("para"));
switch(para){
    case 1:                                         //添加信息成功时执行该代码段
    %>
        <script language="javascript">
        alert("管理员信息添加成功!");
        opener.location.reload();                    //刷新打开该窗口的页面
        window.close();                              //关闭当前窗口
        </script>
    <% break;                                        //跳出 switch 语句
    case 2:                                          //设置管理员权限成功时执行该代码段
    %>
        <script language="javascript">
        alert("管理员权限设置成功!");
        opener.location.reload();                    //刷新父窗口
        window.close();                              //关闭当前窗口
        </script>
    <% break;
    case 3:                                          //删除管理员成功时执行该代码段
    %>
        <script language="javascript">
        alert("管理员信息删除成功!");
        window.location.href="manager?action=managerQuery";
        </script>
    <% break;
}%>
```

22.7.6 设置管理员权限的实现过程

管理员登录后，选择"系统设置/管理员设置"命令，进入查看管理员列表页面，在该页面中，单击指定管理员后面的"权限设置"超链接，即可进入权限设置页面，设置该管理员的权限。权限设置页面的运行结果如图 22.19 所示。

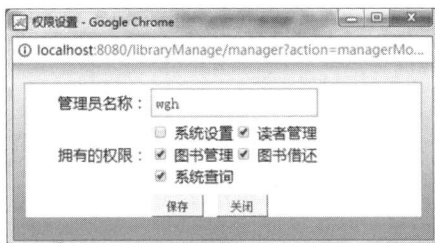

图 22.19 权限设置页面的运行结果

1. 在管理员列表中添加权限设置页面的入口

在"查看管理员列表"页面的管理员列表中，添加"权限设置"列，并在该列中添加以下用于打开"权限设置"页面的超链接代码。

```
<a href="#" onClick="window.open('manager?action=managerModifyQuery&id= <%=ID%>',",'width=292,height=175')">权限设置</a>
```

从上面的 URL 地址中可以知道，设置管理员权限页面所涉及的 action 的参数值为 managerModify Query，当 action= managerModifyQuery 时，会调用查询指定管理员权限信息的方法 manager ModifyQuery()，具体代码如下：

```
if ("managerModifyQuery".equals(action)) {
    managerModifyQuery(request, response);                // 设置管理员权限时查询管理员信息
}
```

在查询指定管理员权限信息的方法 managerModifyQuery()中，首先需要将接收到的表单信息保存到管理员实体类 ManagerForm 中；再调用 ManagerDAO 类中的 query_update()方法，查询出指定管理员权限信息；再将返回的查询结果保存到 HttpServletRequest 的对象 managerQueryif 中。查询指定管理员权限信息的方法 managerModifyQuery()的具体代码如下：

```
private void managerModifyQuery(HttpServletRequest request,
        HttpServletResponse response) throws ServletException, IOException {
    ManagerForm managerForm = new ManagerForm();
    managerForm.setId(Integer.valueOf(request.getParameter("id")));         // 获取并设置管理 ID 号
    request.setAttribute("managerQueryif", managerDAO.query_update(managerForm));
    // 转到权限设置成功页面
    request.getRequestDispatcher("manager_Modify.jsp").forward(request, response);
}
```

从 managerModifyQuery()中可以知道，查询指定管理员权限信息使用的 ManagerDAO 类的方法是 query_update()。在 query_update()方法中，首先使用左连接从数据表 tb_manager 和 tb_purview 中查询出

符合条件的数据，然后将查询结果保存到 Collection 集合类中，并返回该集合类。query_update()方法的具体代码如下：

```
public ManagerForm query_update(ManagerForm managerForm) {
    ManagerForm managerForm1 = null;
    String sql = "select m.*,p.sysset,p.readerset,p.bookset,p.borrowback,p.sysquery from tb_manager m left
join tb_ purview p on m.id=p.id where m.id=" +managerForm.getId() + "";
    ResultSet rs = conn.executeQuery(sql);              //执行查询语句
    try {                                               //捕捉异常信息
        while (rs.next()) {
            managerForm1 = new ManagerForm();
            managerForm1.setId(Integer.valueOf(rs.getString(1)));
            …                                           //此处省略了设置其他属性的代码
            managerForm1.setSysquery(rs.getInt(8));
        }
    } catch (SQLException ex) {
        ex.printStackTrace();                           //输出异常信息
    }finally{
        conn.close();                                   //关闭数据库连接
    }
    return managerForm1;
}
```

2．设计权限设置页面

将 Servlet 控制类中 managerModifyQuery()方法返回的查询结果，显示在设置管理员权限页 manager_Modify.jsp 中。在 manager_Modify.jsp 中，通过 request.getAttribute()方法获取查询结果，并将其显示在相应的表单元素中。权限设置页面中所涉及的表单元素如表 22.13 所示。

表 22.13　权限设置页面所涉及的表单元素

名　称	元 素 类 型	重 要 属 性	含　义
form1	form	method="post" action="manager?action=managerModify"	表单
id	hidden	value="<%=ID%>"	管理员编号
name	text	readonly="yes" value="<%=name%>"	管理员名称
sysset	checkbox	value="1" <%if(sysset==1){out.println("checked");}%>	系统设置
readerset	checkbox	value="1" <%if(readerset==1){out.println("checked");}%>	读者管理
bookset	checkbox	value="1" <%if(bookset==1){out.println("checked");}%>	图书管理
borrowback	checkbox	value="1" <%if(borrowback==1){out.println("checked");}%>	图书借还
sysquery	checkbox	value="1" <%if(sysquery==1){out.println("checked");}%>	系统查询
Button	submit	value="保存"	"保存"按钮
Submit2	button	value="关闭" onClick="window.close();"	"关闭"按钮

3．修改管理员的 Servlet 控制类

在权限设置页面中设置管理员权限后，单击"保存"按钮，网页会访问一个 URL，这个 URL 是 manager?action=managerModify。从该 URL 地址中可以知道保存设置管理员权限信息涉及的 action 的

参数值为 managerModify，也就是当 action=managerModify 时，会调用保存设置管理员权限信息的方法 managerModify()，具体代码如下：

```
if ("managerModify".equals(action)) {
    managerModify(request, response);              // 设置管理员权限
}
```

在保存设置管理员权限信息的方法 managerModify()中，首先需要将接收到的表单信息保存到管理员实体类 ManagerForm 中，然后调用 ManagerDAO 类中的 update()方法，将设置的管理员权限信息保存到权限表 tb_purview 中，并将返回值保存到变量 ret 中，如果返回值为 1，表示信息设置成功，将页面重定向到设置信息成功页面；否则，将错误提示信息"修改管理员信息失败！"保存到 HttpServletRequest 对象的 error 参数中，然后将页面重定向到错误提示信息页面。保存设置管理员权限信息的方法 managerModify()的具体代码如下：

```
private void managerModify(HttpServletRequest request,
        HttpServletResponse response) throws ServletException, IOException {
    ManagerForm managerForm = new ManagerForm();
    managerForm.setId(Integer.parseInt(request.getParameter("id")));        // 获取并设置管理员 ID 号
    managerForm.setName(request.getParameter("name"));                      // 获取并设置管理员名称
    managerForm.setPwd(request.getParameter("pwd"));                        // 获取并设置管理员密码
    managerForm.setSysset(request.getParameter("sysset") == null ? 0
            : Integer.parseInt(request.getParameter("sysset")));           // 获取并设置系统设置权限
    managerForm.setReaderset(request.getParameter("readerset") == null ? 0
            : Integer.parseInt(request.getParameter("readerset")));        // 获取并设置读者管理权限
    managerForm.setBookset(request.getParameter("bookset") == null ? 0
            : Integer.parseInt(request.getParameter("bookset")));          // 获取并设置图书管理权限
    managerForm
            .setBorrowback(request.getParameter("borrowback") == null ? 0
                    : Integer.parseInt(request.getParameter("borrowback"))); // 获取并设置图书借还权限
    managerForm.setSysquery(request.getParameter("sysquery") == null ? 0
            : Integer.parseInt(request.getParameter("sysquery")));         // 获取并设置系统查询权限
    int ret = managerDAO.update(managerForm);                             // 调用设置管理员权限的方法
    if (ret == 0) {
        request.setAttribute("error", "设置管理员权限失败！");              // 保存错误提示信息到 error 参数中
        request.getRequestDispatcher("error.jsp").forward(request, response); // 转到错误提示页面
    } else {
        // 转到权限设置成功页面
        request.getRequestDispatcher("manager_ok.jsp?para=2").forward(request, response);
    }
}
```

4．编写保存设置管理员权限信息的 ManagerDAO 类的方法

从 managerModify()方法中可以知道设置管理员权限时使用的 ManagerDAO 类的方法是 update()。在 update()方法中，首先从数据表 tb_manager 中查询要设置权限的管理员是否已经存在权限信息，如果是，则修改该管理员的权限信息；如果不是，则在管理员信息表中添加该管理员的权限信息，并将返回值赋给标志变量，然后返回标志变量。update()方法的具体代码如下：

```
public int update(ManagerForm managerForm) {
    String sql1="SELECT * FROM tb_purview WHERE id="+managerForm.getId()+"";
    ResultSet rs=conn.executeQuery(sql1);          //查询要设置权限的管理员的权限信息
    String sql="";
    int falg=0;                                    //定义标志变量
    try {                                          //捕捉异常信息
        if (rs.next()) {                           //当已经设置权限时，执行更新语句
            sql = "Update tb_purview set sysset=" + managerForm.getSysset() +",readerset=" + managerForm.
getReaderset ()+",bookset="+managerForm.getBookset()+",borrowback=
"+managerForm.getBorrowback()+",sysquery="+managerForm.getSysquery()+" where id=
" +managerForm.getId() + "";
        }else{                                     //未设置权限时，执行插入语句
            sql="INSERT  INTO  tb_purview  values("+managerForm.getId()+","+managerForm.getSysset()+
                ","+manager- Form.getReaderset()+","+managerForm.getBookset()+","+managerForm.
                getBorrowback()+","+managerForm.getSysquery()+")";
        }
        falg = conn.executeUpdate(sql);
    } catch (SQLException ex) {
        falg=0;                                    //表示设置管理员权限失败
    }finally{
     conn.close();                                 //关闭数据库连接
    }
    return falg;
}
```

22.7.7　删除管理员的实现过程

　　管理员登录后，选择"系统设置/管理员设置"命令，进入查看管理员列表页面，在该页面中，单击指定管理员信息后面的"删除"超链接，该管理员及其权限信息将被删除。

　　在查看管理员列表页面中，添加以下用于删除管理员信息的超链接代码：

```
<a href="manager?action=managerDel&id=<%=ID%>">删除</a>
```

　　从上面的 URL 地址中，可以知道删除管理员页所涉及的 action 的参数值为 managerDel，当 action=managerDel 时，会调用删除管理员的方法 managerDel()，具体代码如下：

```
if ("managerDel".equals(action)) {
    managerDel(request, response);                 // 删除管理员
}
```

　　在删除管理员的方法 managerDel()中，首先需要实例化 ManagerForm 类，并用获得的 id 参数的值重新设置该类的 setId()方法，再调用 ManagerDAO 类中的 delete()方法，删除指定的管理员，并根据执行结果将页面转到相应页面。删除管理员的方法 managerDel()的具体代码如下：

```
private void managerDel(HttpServletRequest request,
        HttpServletResponse response) throws ServletException, IOException {
    ManagerForm managerForm = new ManagerForm();
    managerForm.setId(Integer.valueOf(request.getParameter("id")));     // 获取并设置管理员 ID 号
```

```
      int ret = managerDAO.delete(managerForm);                    // 调用删除信息的方法 delete()
      if (ret == 0) {
            request.setAttribute("error", "删除管理员信息失败！");        // 保存错误提示信息到 error 参数中
            request.getRequestDispatcher("error.jsp")
                    .forward(request, response);                    // 转到错误提示页面
      } else {
            request.getRequestDispatcher("manager_ok.jsp?para=3").forward(
                    request, response);                             // 转到删除管理员信息成功页面
      }
}
```

从 managerDel()方法中可以知道删除管理员使用的 ManagerDAO 类的方法是 delete()。在 delete()
方法中，首先将管理员信息表 tb_manager 中符合条件的数据删除，再将权限表 tb_purview 中的符合条
件的数据删除，最后返回执行结果。delete()方法的具体代码如下：

```
public int delete(ManagerForm managerForm) {
      int flag=0;
      try{                                                         //捕捉异常信息
      String sql = "DELETE FROM tb_manager where id=" + managerForm.getId() +"";
      flag = conn.executeUpdate(sql);                              //执行删除管理员信息的语句
      if (flag !=0){
            String sql1 = "DELETE FROM tb_purview where id=" + managerForm.getId() +"";
            conn.executeUpdate(sql1);                              //执行删除权限信息的语句
      }}catch(Exception e){
      System.out.println("删除管理员信息时产生的错误："+e.getMessage());  //输出错误信息
      }finally{
      conn.close();                                                //关闭数据库连接
      }
      return flag;
}
```

22.7.8　单元测试

在开发完管理员模块后，为了保证程序正常运行，一定要对模块进行单元测试。单元测试在程序
开发中非常重要，只有通过单元测试才能发现模块中的不足之处，才能及时地弥补程序中出现的错误。
下面将对管理员模块中容易出现的错误进行分析。

在管理员模块中，最关键的环节就是验证管理员身份。下面先看一下原始的验证管理员身份的
代码。

```
public int checkManager(ManagerForm managerForm) {
      int flag = 0;                                                //定义标志变量
      String sql="SELECT * FROM tb_manager WHERE name='"+managerForm.getName()+
       "' and pwd='"+managerForm.getPwd()+"'";
      ResultSet rs = conn.executeQuery(sql);                       //执行 SQL 语句
      try {
            if (rs.next()) {
                    flag = 1;
            }else{
```

```
            flag = 0;
        }
    } catch (SQLException ex) {
        flag = 0;
    }finally{
     conn.close();                                    //关闭数据库连接
    }
    return flag;
}
```

在上面的代码中，验证管理员身份的字符串如下：

"SELECT * FROM tb_manager WHERE name='"+managerForm.getName()+"' and pwd='"+managerForm.getPwd()+"'"

该字符串对应的 SQL 语句为：

SELECT * FROM tb_manager WHERE name='管理员名称' and pwd='密码'

从逻辑上讲，这样的 SQL 语句并没有错误，以管理员名称和密码为条件，从数据库中查找相应的记录，如果能查询到，则认为是合法管理员。但是，这样做存在一个安全隐患，当用户在管理员名称和密码文本框中输入一个 OR 运算符及恒等式后，即使不输入正确的管理员名称和密码也可以登录到系统。例如，如果用户在管理员名称和密码文本框中分别输入 aa OR 'a'='a' 后，上面的语句将转换为如下 SQL 语句。

SELECT * FROM tb_user WHERE name=' aa ' OR 'a'='a ' AND pwd=' aa ' OR 'a'='a '

由于表达式'a'='a'的值为真，系统将查出全部管理员信息，所以即使用户输入错误的管理员名称和密码也可以轻松登录系统。因此，这里采用了先过滤掉输入字符串中的危险字符，再分别判断输入的管理员名称和密码是否正确的方法。修改后的验证管理员身份的代码如下：

```
public int checkManager(ManagerForm managerForm) {
    int flag = 0;
    ChStr chStr=new ChStr();                           //实例化 ChStr 类的一个对象
    String sql = "SELECT * FROM tb_manager where name='" +
    chStr.filterStr(managerForm.getName()) + "'";
    ResultSet rs = conn.executeQuery(sql);             //执行 SQL 语句
    try {
        if (rs.next()) {
            String pwd = chStr.filterStr(managerForm.getPwd());    //获取输入的密码并过滤掉危险字符
            if (pwd.equals(rs.getString(3))) {          //判断密码是否正确
                flag = 1;
            } else {
                flag = 0;
            }
        }else{
            flag = 0;
        }
    } catch (SQLException ex) {
        flag = 0;
    }finally{
```

```
        conn.close();                                              //关闭数据库连接
    }
    return flag;
}
```

22.8　图书借还模块设计

22.8.1　图书借还模块概述

图书借还模块主要包括图书借阅、图书续借、图书归还、图书借阅查询、借阅到期提醒和图书借阅排行 6 个功能。在图书借阅模块中的用户，只有一种身份，那就是操作员，通过该身份可以进行图书借还等相关操作。图书借还模块的用例图如图 22.20 所示。

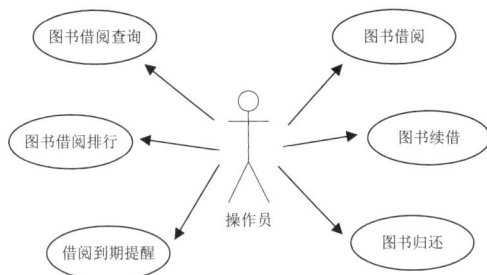

图 22.20　图书借还模块的用例图

22.8.2　图书借还模块技术分析

在实现图书借还模块时，需要编写图书借还模块对应的 ActionForm 类和 Servlet 控制类。下面将详细介绍如何编写图书借还模块的 ActionForm 类和 Servlet 控制类。

1. 编写图书借还的实体类

在图书借还模块中涉及的数据表是 tb_borrow（图书借阅信息表）、tb_bookinfo（图书信息表）和 tb_reader（读者信息表），这 3 个数据表间通过相应的字段进行关联，如图 22.21 所示。

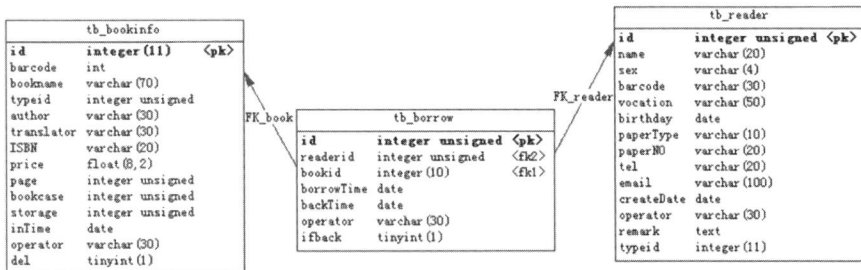

图 22.21　图书借还管理模块各表间关系图

通过以上 3 个表可以获得图书借还信息，根据这些信息来创建图书借还模块的实体类，名称为

BorrowForm，具体实现方法请读者参见 22.7.2 节"管理员模块技术分析"。

2．编写图书借还的 Servlet 控制类

图书借还模块的 Servlet 控制类 Borrow 继承了 HttpServlet 类，在该类中，首先需要在构造方法中实例化图书借还管理模块的 BookDAO 类、BorrowDAO 类和 ReaderDAO 类（这些类用于实现与数据库的交互），然后编写 doGet()和 doPost()方法，在这两个方法中根据 request 的 getParameter()方法获取的 action 参数值执行相应方法，由于这两个方法中的代码相同，所以只需在第一个方法 doGet()中写相应代码，在另一个方法 doPost()中调用 doGet()方法即可。

图书借还模块 Servlet 控制类的关键代码如下：

```java
public class Borrow extends HttpServlet {
/*****************在构造方法中实例化 Borrow 类中应用的持久层类的对象*************************/
    private BorrowDAO borrowDAO = null;
    private ReaderDAO readerDAO=null;
    private BookDAO bookDAO=null;
    private ReaderForm readerForm=new ReaderForm();
    public Borrow() {
        this.borrowDAO = new BorrowDAO();
        this.readerDAO=new ReaderDAO();
        this.bookDAO=new BookDAO();
    }
/*********************************************************************************/
    public void doGet(HttpServletRequest request, HttpServletResponse response)
      throws ServletException, IOException {
        String action =request.getParameter("action");          //获取 action 参数的值
        if(action==null||"".equals(action)){
            request.setAttribute("error","您的操作有误！");
            request.getRequestDispatcher("error.jsp").forward(request, response);
        }else if("bookBorrowSort".equals(action)){
            bookBorrowSort(request,response);
        }else if("bookborrow".equals(action)){
            bookborrow(request,response);                        //图书借阅
        }else if("bookrenew".equals(action)){
            bookrenew(request,response);                         //图书续借
        }else if("bookback".equals(action)){
            bookback(request,response);                          //图书归还
        }else if("Bremind".equals(action)){
            bremind(request,response);                           //借阅到期提醒
        }else if("borrowQuery".equals(action)){
            borrowQuery(request,response);                       //借阅信息查询
        }
    }
…  //此处省略了该类中其他方法，这些方法将在后面的具体过程中给出
}
```

22.8.3　图书借阅的实现过程

管理员登录后，选择"图书借还/图书借阅"命令，进入图书借阅页面，在该页面中的"读者条形码"文本框中输入读者的条形码（如：20170224000001）后，单击"确定"按钮，系统会自动检索出该读者的基本信息和未归还的借阅图书信息。如果找到对应的读者信息，就将其显示在页面中，此时

输入图书的条形码或图书名称后，单击"确定"按钮，借阅指定的图书，图书借阅页面的运行结果如图 22.22 所示。

图 22.22　图书借阅页面的运行结果

1．设计图书借阅页面

图书借阅页面总体上可以分为两个部分：一部分用于查询并显示读者信息；另一部分用于显示读者的借阅信息和添加读者借阅信息。图书借阅页面在 Dreamweaver 中的设计效果如图 22.23 所示。

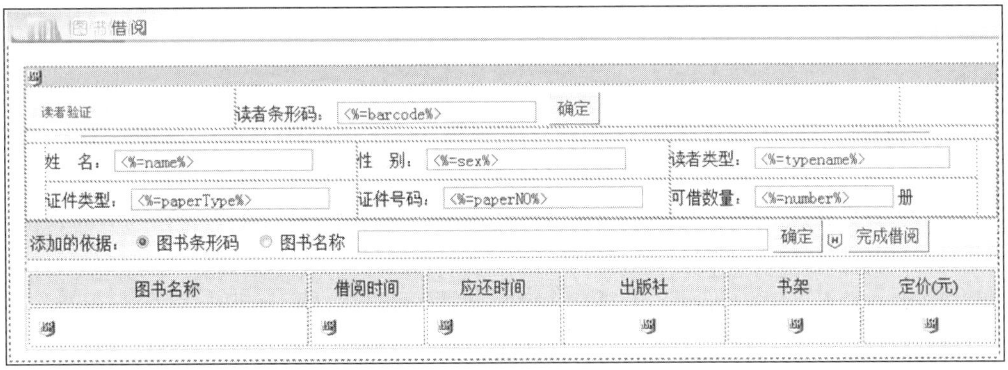

图 22.23　在 Dreamweaver 中图书借阅页面的设计效果

由于系统要求一个读者只能同时借阅一定数量的图书，并且该数量由读者类型表 tb_readerType 中的可借数量 number 决定，所以这里编写了自定义的 JavaScript 函数 checkbook()，用于判断当前选择的读者是否还可以借阅新的图书，同时该函数还具有判断是否输入图书条形码或图书名称的功能，代码如下：

```
<script language="javascript">
function checkbook(form){
    if(form.barcode.value==""){                              //判断是否输入读者条形码
        alert("请输入读者条形码!");form.barcode.focus();return;
    }
    if(form.inputkey.value==""){                             //判断查询关键字是否为空
        alert("请输入查询关键字!");form.inputkey.focus();return;
    }
    if(form.number.value-form.borrowNumber.value<=0){        //判断是否可以再借阅其他图书
        alert("您不能再借阅其他图书了!");return;
    }
    form.submit();                                          //提交表单
}
</script>
```

> **说明**
>
> 在 JavaScript 中比较两个数值型文本框的值时，不使用运算符 "=="，而是将这两个值相减，再判断其结果。

2. 修改图书借阅的 Servlet 控制类

在图书借阅页面中的"读者条形码"文本框中输入条形码后，单击"确定"按钮，或者在"图书条形码"/"图书名称"文本框中输入图书条形码或图书名称后，单击"确定"按钮，网页会访问一个 URL，这个 URL 是 borrow?action=bookborrow。从该 URL 地址中可以知道图书借阅模块涉及的 action 的参数值为 bookborrow，也就是当 action=bookborrow 时，会调用图书借阅的方法 bookborrow()，具体代码如下：

```
if("bookborrow".equals(action)){
    bookborrow(request,response);                           //图书借阅
}
```

实现图书借阅的方法 bookborrow()需要分以下 3 个步骤进行：

（1）首先需要实例化一个读者信息所对应的实体类（ReaderForm）的对象，然后将该对象的 setBarcode()方法设置为从页面中获取的读者条形码的值；再调用 ReaderDAO 类中的 queryM()方法查询读者信息，并将查询结果保存在 ReaderForm 的对象 reader 中；最后将 reader 保存到 HttpServletRequest 的对象 readerinfo 中。

（2）调用 BorrowDAO 类的 borrowinfo()方法查询读者的借阅信息，并将其保存到 HttpServletRequest 的对象 borrowinfo 中。

（3）首先获取查询条件（是按图书条形码还是按图书名称查询）和查询关键字，如果查询关键字不为空时，调用 BookDAO 类的 queryB()方法查询图书信息，当存在符合条件的图书信息时，再调用 BorrowDAO 类的 insertBorrow()方法添加图书借阅信息（如果添加图书借阅信息成功，则将当前读者条形码保存到 HttpServletRequest 对象的 bar 参数中，并且返回到图书借阅成功页面；否则将错误信息"添加借阅信息失败!"保存到 HttpServletRequest 的对象的 error 参数中，并将页面重定向到错误提示页），否则将错误提示信息"没有该图书！"保存到 HttpServletRequest 对象的 error 参数中。

图书借阅的方法 bookborrow()的具体代码如下：

```
private void bookborrow(HttpServletRequest request, HttpServletResponse response)
                                           throws ServletException, IOException {
    ReaderForm readerForm=new ReaderForm();
    readerForm.setBarcode(request.getParameter("barcode"));        //获取读者条形码
        ReaderForm reader = (ReaderForm) readerDAO.queryM(readerForm);
    request.setAttribute("readerinfo", reader);                    //保存读者信息到 readerinfo 中
                                                                   //查询读者的借阅信息
    request.setAttribute("borrowinfo",borrowDAO.borrowinfo(request.getParameter("barcode")));
    /*********************完成借阅*********************************************/
    String f = request.getParameter("f");                          //获取查询方式
    String key = request.getParameter("inputkey");                 //获取查询关键字
    if (key != null && !key.equals("")) {                          //当图书名称或图书条形码不为空时
        String operator = request.getParameter("operator");        //获取操作员
            BookForm bookForm=bookDAO.queryB(f, key);
        if (bookForm!=null){
            int ret = borrowDAO.insertBorrow(reader, bookDAO.queryB(f, key), operator);
            if (ret == 1) {
                    request.setAttribute("bar", request.getParameter("barcode"));
                //转到借阅成功页面
                request.getRequestDispatcher("bookBorrow_ok.jsp").forward(request, response);
            } else {
                request.setAttribute("error", "添加借阅信息失败!");
                request.getRequestDispatcher("error.jsp").forward(request, response);  //转到错误提示页面
            }
        }else{
            request.setAttribute("error", "没有该图书!");
            request.getRequestDispatcher("error.jsp").forward(request, response);        //转到错误提示页面
        }
    }else{
        request.getRequestDispatcher("bookBorrow.jsp").forward(request, response);  //转到图书借阅页面
    }
}
```

3．编写借阅图书的 BorrowDAO 类的方法

从 bookborrow()方法中可以知道，保存借阅图书信息时使用的 BorrowDAO 类的方法是 insertBorrow()。在 insertBorrow()方法中，首先从数据表 tb_bookinfo 中查询出借阅图书的 ID；然后再获取系统日期（用于指定借阅时间），并计算归还时间；再将图书借阅信息保存到借阅信息表 tb_borrow 中。图书借阅的方法 insertBorrow()的代码如下：

```
    public int insertBorrow(ReaderForm readerForm,BookForm bookForm,String operator){
/*********************获取系统日期*********************************************/
        Date dateU=new Date();
        java.sql.Date date=new java.sql.Date(dateU.getTime());
/********************************************************************************/
        String sql1="select t.days from tb_bookinfo b left join tb_booktype t on b.typeid=t.id where b.id=
"+bookForm.getId()+"";
        ResultSet rs=conn.executeQuery(sql1);                      //执行查询语句
```

```
        int days=0;
        try {
            if (rs.next()) {
                days = rs.getInt(1);                        //获取可借阅天数
            }
        } catch (SQLException ex) {
        }
/*********************计算归还时间******************************************/
            String date_str=String.valueOf(date);
            String dd = date_str.substring(8,10);
        String DD = date_str.substring(0,8)+String.valueOf(Integer.parseInt(dd) + days);
        java.sql.Date backTime= java.sql.Date.valueOf(DD);
/*******************************************************************/
            String sql ="Insert into tb_borrow (readerid,bookid,borrowTime,backTime,operator)
values("+readerForm.getId()+", "+bookForm.getId()+","'"+date+"','"+backTime+"','"+operator+"')";
            int falg = conn.executeUpdate(sql);              //执行插入语句
            conn.close();                                    //关闭数据库连接
            return falg;
}
```

> **说明**
>
> 　　在上面的代码中，使用了 substring()方法，该方法用于获得字符串的子字符串。该方法的语法格式如下：
> 　　substring(int start)或
> 　　substring(int start,int end)
> 　　功能：返回原字符串中从 start 开始直到字符串尾或者直到 end 之间的所有字符所组成的新串。
> 　　参数说明如下。
> 　　start：表示起始位置的值，该位置从 0 开始计算。
> 　　end：表示结束位置的值，但不包括此位置。

22.8.4　图书续借的实现过程

　　管理员登录后，选择"图书借还"/"图书续借"命令，进入图书续借页面，在该页面中的"读者条形码"文本框中输入读者的条形码（如 20170224000001）后，单击"确定"按钮，系统会自动检索出该读者的基本信息和未归还的借阅图书信息。如果找到对应的读者信息，则将其显示在页面中，此时单击"续借"超链接，即可续借指定图书（即将该图书的归还时间延长到指定日期，该日期由续借日期加上该书的可借天数计算得出）。图书续借页面的运行结果如图 22.24 所示。

　　1. 设计图书续借页面

　　图书续借页面的设计方法同图书借阅页面类似，所不同的是，在图书续借页面中没有添加借阅图书的功能，而是添加了"续借"超链接。图书续借页面在 Dreamweaver 中的设计效果如图 22.25 所示。

图 22.24　图书续借页面的运行结果

图 22.25　在 Dreamweaver 中的图书续借页面的设计效果

在单击"续借"超链接时，还需要将读者条形码和借阅 ID 号一起传递到图书续借的 Servlet 控制类中，代码如下：

```
<a href="borrow?action=bookrenew&barcode=<%=barcode%>&id=<%=id%>">续借</a>
```

2．修改图书续借的 Servlet 控制类

在图书续借页面中的"读者条形码"文本框中输入条形码后，单击"确定"按钮，网页会访问一个 URL，这个 URL 是 borrow?action=bookrenew。从该 URL 地址中可以知道图书续借模块涉及的 action 的参数值为 bookrenew，也就是当 action= bookrenew 时，会调用图书续借的方法 bookrenew()，具体代码如下：

```
if("bookrenew".equals(action)){
    bookrenew(request,response);                          //图书续借
}
```

实现图书续借的方法 bookback()需要分以下 3 个步骤进行：

（1）首先需要实例化读者信息所对应的 ActionForm（ReaderForm）的对象，然后将该对象的

setBarcode()方法设置为从页面中获取读者条形码的值，再调用 ReaderDAO 类中的 queryM()方法查询读者信息，并将查询结果保存在 ReaderForm 的对象 reader 中，最后将 reader 保存到 HttpServletRequest 的对象 readerinfo 中。

（2）调用 BorrowDAO 类的 borrowinfo()方法，查询读者的借阅信息，并将其保存到 HttpServletRequest 的对象 borrowinfo 中。

（3）首先判断是否从页面中传递了借阅 ID 号，如果是，则获取从页面中传递的借阅 ID 号，然后判断该 id 值是否大于 0，如果大于 0，则调用 BorrowDAO 类的 renew()方法执行图书续借操作。如果图书续借操作执行成功，则将当前读者条形码保存到 HttpServletRequest 对象的 bar 参数中，并且返回到图书续借成功页面，否则将错误信息"图书续借失败!"保存到 HttpServletRequest 对象的 error 参数中，并将页面重定向到错误提示页。

图书续借的方法 bookrenew()的具体代码如下：

```java
private void bookrenew(HttpServletRequest request, HttpServletResponse response)
                                             throws ServletException, IOException {
    /***********根据输入的读者条形码查询读者信息***********************/
    readerForm.setBarcode(request.getParameter("barcode"));
    ReaderForm reader = (ReaderForm) readerDAO.queryM(readerForm);
    request.setAttribute("readerinfo", reader);
    /***********查询读者的借阅信息*********************************/
    request.setAttribute("borrowinfo",borrowDAO.borrowinfo(request.getParameter("barcode")));
    if(request.getParameter("id")!=null){
        int id = Integer.parseInt(request.getParameter("id"));
        if (id > 0) {                                    //执行继借操作
            int ret = borrowDAO.renew(id);               //调用 renew()方法完成图书续借
            if (ret == 0) {
                request.setAttribute("error", "图书继借失败!");
                request.getRequestDispatcher("error.jsp").forward(request, response);    //转到错误提示页
            } else {
                request.setAttribute("bar", request.getParameter("barcode"));
                //转到借阅成功页面
                request.getRequestDispatcher("bookRenew_ok.jsp").forward(request, response);
            }
        }
    }else{
        request.getRequestDispatcher("bookRenew.jsp").forward(request, response);
    }
}
```

3．编写续借图书的 BorrowDAO 类的方法

从 bookrenew()方法中可以知道，保存图书续借信息时使用的 BorrowDAO 类的方法是 renew()。在 renew()方法中，首先根据借阅 ID 号从数据表 tb_borrow 中查询出当前借阅信息的读者 ID 和图书 ID，然后再获取系统日期（用于指定归还时间），再将图书归还信息保存到图书归还信息表 tb_giveback 中，最后将图书借阅信息表中该记录的"是否归还"字段 ifback 的值设置为 1，表示已经归还。图书归还的方法 back()的代码如下：

```java
public int renew(int id){
    String sql0="SELECT bookid FROM tb_borrow WHERE id="+id+"";
    ResultSet rs1=conn.executeQuery(sql0);                    //执行查询语句
    int flag=0;
    try {
        if (rs1.next()) {
            /**************************获取系统日期**************************/
            Date dateU = new Date();
            java.sql.Date date = new java.sql.Date(dateU.getTime());
            /***************************************************************/
            String sql1 = "select t.days from tb_bookinfo b left join tb_booktype t on b.typeid=t.id where b.id=" +
                        rs1.getInt(1) + "";
            ResultSet rs = conn.executeQuery(sql1);           //执行查询语句
            int days = 0;
            try {                                             //捕捉异常信息
                if (rs.next()) {
                    days = rs.getInt(1);                      //获取图书的可借天数
                }
            } catch (SQLException ex) {}
            /********************计算归还时间********************/
            String date_str = String.valueOf(date);
            String dd = date_str.substring(8, 10);
            String DD = date_str.substring(0, 8) +String.valueOf(Integer.parseInt(dd) + days);
            java.sql.Date backTime = java.sql.Date.valueOf(DD);
            /***************************************************************/
            String sql = "UPDATE tb_borrow SET backtime="" + backTime +"" where id=" + id + "";
            flag = conn.executeUpdate(sql);                   //执行更新语句
        }
    } catch (Exception ex1) {}
    conn.close();                                             //关闭数据库连接
    return flag;
}
```

22.8.5　图书归还的实现过程

管理员登录后，选择"图书借还"/"图书归还"命令，进入图书归还页面，在该页面中的"读者条形码"文本框中输入读者的条形码（如：20170224000001）后，单击"确定"按钮，系统会自动检索出该读者的基本信息和未归还的借阅图书信息。如果找到对应的读者信息，则将其显示在页面中，此时单击"归还"超链接，即可将指定图书归还。图书归还页面的运行结果如图 22.26 所示。

1．设计图书归还页面

图书归还页面的设计方法同图书续借页面类似，所不同的是，将图书续借页面中的"续借"超链接转化为"归还"超链接。在单击"归还"超链接时，也需要将读者条形码、借阅 ID 号和操作员一同传递到图书归还的 Servlet 控制类中，代码如下：

```html
<a href="borrow?action=bookback&barcode=<%=barcode%>&id=<%=id%>&operator=<%=manager%>">归还</a>
```

图 22.26　图书归还页面的运行结果

2．修改图书归还的 Servlet 控制类

在图书归还页面中的"读者条形码"文本框中输入条形码后，单击"确定"按钮，网页会访问一个 URL，这个 URL 是 borrow?action=bookback。从该 URL 地址中可以知道图书归还模块涉及的 action 的参数值为 bookback，也就是当 action= bookback 时，会调用图书归还的方法 bookback()，具体代码如下：

```
if("bookback".equals(action)){
    bookback(request,response);                              //图书归还
}
```

实现图书归还的方法 bookback()与实现图书续借的方法 bookrenew()基本相同，所不同的是如果从页面中传递的借阅 ID 号大于 0，则调用 BorrowDAO 类的 back()方法执行图书归还操作，并且需要获取页面中传递的操作员信息。图书归还的方法 bookback()的关键代码如下：

```
int id = Integer.parseInt(request.getParameter("id"));
String operator=request.getParameter("operator");          //获取页面中传递的操作员信息
if (id > 0) {                                               //执行归还操作
    int ret = borrowDAO.back(id,operator);                 //调用 back()方法执行图书归还操作
…                                                           //此处省略了其他代码
}
```

3．编写归还图书的 BorrowDAO 类的方法

从 bookback()方法中可以知道，保存归还图书信息时使用的 BorrowDAO 类的方法是 back()。在 back()方法中，首先根据借阅 ID 号从数据表 tb_borrow 中查询出当前借阅信息的读者 ID 和图书 ID；然后再获取系统日期（用于指定归还时间），再将图书归还信息保存到图书归还信息表 tb_giveback 中；最后将图书借阅信息表中该记录的"是否归还"字段 ifback 的值设置为 1，表示已经归还。图书归还的方法 back()的代码如下：

```
public int back(int id,String operator){
    String sql0="SELECT readerid,bookid FROM tb_borrow WHERE id="+id+"";
    ResultSet rs1=conn.executeQuery(sql0);                //执行查询语句
    int flag=0;
  try {
      if (rs1.next()) {
          /**********************获取系统日期**********************************/
          Date dateU = new Date();
          java.sql.Date date = new java.sql.Date(dateU.getTime());
          /*****************************************************************/
          int readerid=rs1.getInt(1);
          int bookid=rs1.getInt(2);
          String sql1="INSERT INTO tb_giveback (readerid,bookid,backTime,operator) VALUES("+
              readerid+","+bookid+",'"+date+"','"+operator+"')";
          int ret=conn.executeUpdate(sql1);                //执行插入操作
          if(ret==1){
              String sql2 = "UPDATE tb_borrow SET ifback=1 where id=" + id +"";
              flag = conn.executeUpdate(sql2);             //执行更新操作
          }else{
              flag=0;
          }
      }
  } catch (Exception ex1) {}
    conn.close();                                          //关闭数据库连接
    return flag;
}
```

22.8.6　图书借阅查询的实现过程

管理员登录后，选择"系统查询"/"图书借阅查询"命令，进入图书借阅查询页面，在该页面中可以按指定的字段或某一时间段进行查询，同时还可以按指定字段及时间段进行综合查询。图书借阅查询页面的运行结果如图 22.27 所示。

图 22.27　图书借阅查询页面的运行结果

1．设计图书借阅查询页面

图书借阅查询页面主要用于收集查询条件和显示查询结果，并通过自定义的 JavaScript 函数验证输入的查询条件是否合法，该页面中所涉及的表单元素如表 22.14 所示。

表 22.14　图书借阅查询页面所涉及的表单元素

名　　称	元 素 类 型	重 要 属 性	含　　义
myform	form	method="post" action="borrow?action=borrowQuery"	表单
flag	checkbox	value="a" checked	选择查询依据
flag	checkbox	value="b"	借阅时间
f	select	<option value="barcode">图书条形码</option> <option value="bookname">图书名称</option> <option value="readerbarcode">读者条形码</option> <option value="readername">读者名称</option>	查询字段
key	text	size="50"	关键字
sdate	text		开始日期
edate	text		结束日期
Submit	submit	value="查询" onClick="return check(myform)"	"查询"按钮

编写自定义的 JavaScript 函数 check()，用于判断是否选择了查询方式及当选择按时间段进行查询时，判断输入的日期是否合法。代码如下：

```javascript
<script language="javascript">
function check(myform){
    if(myform.flag[0].checked==false && myform.flag[1].checked==false){
        alert("请选择查询方式!");return false;
    }
    if (myform.flag[1].checked){
        if(myform.sdate.value==""){                          //判断是否输入开始日期
            alert("请输入开始日期");myform.sdate.focus();return false;
        }
        if(CheckDate(myform.sdate.value)){                   //判断开始日期的格式是否正确
            alert("您输入的开始日期不正确（如：2017-02-14）\n 请注意闰年!");
            myform.sDate.focus();return false;
        }
        if(myform.edate.value==""){                          //判断是否输入结束日期
            alert("请输入结束日期");myform.edate.focus();return false;
        }
        if(CheckDate(myform.edate.value)){                   //判断结束日期的格式是否正确
            alert("您输入的结束日期不正确（如：2017-02-14）\n 请注意闰年!");
            myform.edate.focus();return false;
        }
    }
}
</script>
```

> **说明**
>
> 在上面的代码中，myform.flag[0].checked 表示复选框是否被选中，值为 true，表示被选中，值为 false，表示未被选中。
>
> CheckDate()为自定义的 JavaScript 函数，该函数用于验证日期，保存在 JS\function.js 文件中。

2. 修改图书借阅查询的 Servlet 控制类

在图书借阅查询页面中，选择查询方式及查询关键字后，单击"查询"按钮，网页会访问一个 URL，这个 URL 是 borrow?action=borrowQuery。从该 URL 地址中可以知道图书借阅查询模块涉及的 action 的参数值为 borrowQuery，也就是当 action=borrowQuery 时，会调用图书借阅查询的方法 borrowQuery()，具体代码如下：

```java
if("borrowQuery".equals(action)){
    borrowQuery(request,response);                    //借阅信息查询
}
```

在图书借阅查询的方法 borrowQuery()中，首先获取表单元素复选框 flag 的值，并将其保存到字符串数组 flag 中；然后根据 flag 的值组合查询字符串，再调用 BorrowDAO 类中的 borrowQuery()方法，并将返回值保存到 HttpServletRequest 对象的 borrowQuery 参数中。图书借阅查询的方法 bookborrow()的具体代码如下：

```java
private void borrowQuery(HttpServletRequest request, HttpServletResponse response)
                                                throws ServletException, IOException {
    String str=null;
    String flag[]=request.getParameterValues("flag");           //获取复选框的值
/********************以指定字段为条件时查询的字符串*******************************/
    if (flag!=null){
        String aa = flag[0];
        if ("a".equals(aa)) {
            if (request.getParameter("f") != null) {
                str = request.getParameter("f") + " like '%" +request.getParameter("key") + "%'";
            }
        }
/**********************************************************************/
/********************以指定时间段为条件时查询的字符串*******************************/
        if ("b".equals(aa)) {
            String sdate = request.getParameter("sdate");       //获取开始日期
            String edate = request.getParameter("edate");       //获取结束日期
            if (sdate != null && edate != null) {
                str = "borrowTime between '" + sdate + "' and '" + edate +"'";
            }
        }
/**********************************************************************/
/*****************将指定的字段条件、时间段条件组合后查询的字符串******************/
        if (flag.length == 2) {
            if (request.getParameter("f") != null) {
                str = request.getParameter("f") + " like '%" +request.getParameter("key") + "%'";
            }
```

```
        String sdate = request.getParameter("sdate");              //获取开始日期
        String edate = request.getParameter("edate");              //获取结束日期
        String str1 = null;
        if (sdate != null && edate != null) {
            str1 = "borrowTime between '" + sdate + "' and '" + edate +"'";
        }
        str = str + " and borr." + str1;
    }
}
/***********************************************************************/
    request.setAttribute("borrowQuery",borrowDAO.borrowQuery(str));
    request.getRequestDispatcher("borrowQuery.jsp").forward(request, response);      //转到查询借阅信息页面
}
```

3. 编写图书借阅查询的 BorrowDAO 类的方法

从 borrowQuery()方法中可以知道,图书借阅查询时使用的 BorrowDAO 类的方法是 borrowQuery()。在 borrowQuery()方法中，首先根据参数 strif 的值确定要执行的 SQL 语句，然后将查询结果保存到 Collection 集合类中，并返回该集合类的实例。图书借阅查询的方法 borrowQuery()的代码如下：

```
public Collection borrowQuery(String strif) {
    String sql = "";
    if (strif != "all" && strif != null && strif != "") {                              //当查询条件不为空时
        sql = "select * from (select borr.borrowTime,borr.backTime,book.barcode,book.bookname,r.name
readername, r.barcode readerbarcode,borr.ifback from tb_borrow borr join tb_bookinfo book on book.id=
borr.bookid join tb_reader r on r.id=borr.readerid) as borr where borr." + strif + "";
    } else {                                                                            //当查询条件为空时
        sql = "select * from (select borr.borrowTime,borr.backTime,book.barcode,book.bookname,r.name
readername, r.barcode readerbarcode,borr.ifback from tb_borrow borr join tb_bookinfo book on book.id=
borr.bookid join tb_reader r on r.id=borr.readerid) as borr";                         //查询全部数据
    }
    ResultSet rs = conn.executeQuery(sql);                          //执行查询语句
    Collection coll = new ArrayList();                              //初始化 Collection 的实例
    BorrowForm form = null;
    try {                                                          //捕捉异常信息
        while (rs.next()) {
            form = new BorrowForm();
            form.setBorrowTime(rs.getString(1));                   //获取并设置借阅时间属性
            …                                                       //此处省略了获取并设置其他属性信息的代码
            coll.add(form);                                         //将查询结果保存到 Collection 集合类中
        }
    } catch (SQLException ex) {
        System.out.println(ex.getMessage());                       //输出异常信息
    }
    conn.close();                                                  //关闭数据库连接
    return coll;
}
```

22.8.7 单元测试

在开发完成图书借阅模块并测试时，会发现以下问题：当管理员进入"图书借阅"页面后，在"读

者条形码"文本框中输入读者条形码（如 20170224000001），并单击其后面的"确定"按钮，即可调出该读者的基本信息，这时，在"添加依据"文本框中输入相应的图书信息后，单击其后面的"确定"按钮，页面将直接返回到图书借阅首页，当再次输入读者条形码后，就可以看到刚刚添加的借阅信息。由于在图书借阅时，可能存在同时借阅多本图书的情况，这样将给操作员带来不便。

下面先看一下原始的完成借阅的代码：

```
if (key != null && !key.equals("")) {                                        //当图书名称或图书条形码不为空时
    String operator = request.getParameter("operator");                      //获取操作员
        BookForm bookForm=bookDAO.queryB(f, key);
    if (bookForm!=null){
        int ret = borrowDAO.insertBorrow(reader, bookDAO.queryB(f, key), operator);
        if (ret == 1) {
            //转到借阅成功页面
            request.getRequestDispatcher("bookBorrow_ok.jsp").forward(request, response);
        } else {
            request.setAttribute("error", "添加借阅信息失败!");
            request.getRequestDispatcher("error.jsp").forward(request, response);        //转到错误提示页面
        }
    }else{
        request.setAttribute("error", "没有该图书!");
        request.getRequestDispatcher("error.jsp").forward(request, response);            //转到错误提示页面
    }
}else{
    request.getRequestDispatcher("bookBorrow.jsp").forward(request, response);           //转到图书借阅页面
}
```

从上面的代码中可以看出，在转到图书借阅页面前，并没有保存读者条形码，这样在返回图书借阅页面时，就会出现直接返回到图书借阅首页的情况。解决该问题的方法是在"request.getRequestDispatcher("bookBorrow_ok.jsp").forward(request, response);"语句的前面添加以下语句：

```
request.setAttribute("bar", request.getParameter("barcode"));
```

将读者条形码保存到 HttpServletRequest 对象的 bar 参数中，这样，在完成一本图书的借阅后，将不会直接退出到图书借阅首页，而是可以直接进行下一次借阅操作。修改后的完成借阅的代码如下：

```
if (key != null && !key.equals("")) {                                        //当图书名称或图书条形码不为空时
    String operator = request.getParameter("operator");                      //获取操作员
        BookForm bookForm=bookDAO.queryB(f, key);
    if (bookForm!=null){
        int ret = borrowDAO.insertBorrow(reader, bookDAO.queryB(f, key), operator);
        if (ret == 1) {
                request.setAttribute("bar", request.getParameter("barcode"));
                //转到借阅成功页面
                request.getRequestDispatcher("bookBorrow_ok.jsp").forward(request, response);
        } else {
            request.setAttribute("error", "添加借阅信息失败!");
            request.getRequestDispatcher("error.jsp").forward(request, response);        //转到错误提示页面
        }
    }else{
        request.setAttribute("error", "没有该图书!");
```

```
        request.getRequestDispatcher("error.jsp").forward(request, response);        //转到错误提示页面
    }
}else{
        request.getRequestDispatcher("bookBorrow.jsp").forward(request, response);  //转到图书借阅页面
}
```

22.9   开发问题解析

在开发图书馆管理系统的过程中，我们遇到了一些问题，现在将这些问题及其解析与读者分享，希望对读者的学习有一定的帮助。

22.9.1   如何自动计算图书归还日期

在图书馆管理系统中会遇到这样的问题：在借阅图书时，需要自动计算图书的归还日期，而这个日期又不是固定不变的，它是需要根据系统日期和数据表中保存的各类图书的最多借阅天数来计算的，即图书归还日期=系统日期+最多借阅天数。

在本系统中是这样解决该问题的：首先获取系统时间，然后从数据表中查询出该类图书的最多借阅天数，最后计算归还日期。计算归还日期的方法如下：

首先取出系统时间中的"天"，然后将其与获取的最多借阅天数相加，再将相加后的天数与系统时间中的"年-月-"连接成一个新的字符串，最后将该字符串重新转换为日期。

自动计算图书归还日期的具体代码如下：

```
//获取系统日期
Date dateU=new Date();
java.sql.Date date=new java.sql.Date(dateU.getTime());
//获取图书的最多借阅天数
  String sql1="select t.days from tb_bookinfo b left join tb_booktype t on b.typeid=t.id where b.id="+bookForm.getId()+"";
ResultSet rs=conn.executeQuery(sql1);                              //执行查询语句
int days=0;
try {
    if (rs.next()) {
        days = rs.getInt(1);
    }
} catch (SQLException ex) {
}
//计算归还日期
  String date_str=String.valueOf(date);
  String dd = date_str.substring(8,10);
  String DD = date_str.substring(0,8)+String.valueOf(Integer.parseInt(dd) + days);
  java.sql.Date backTime= java.sql.Date.valueOf(DD);
```

22.9.2   如何对图书借阅信息进行统计排行

在图书馆管理系统的主界面中，提供了显示图书借阅排行榜的功能。要实现该功能，最重要的是要知道如何获取统计排行信息，这可以通过一条 SQL 语句实现。本系统中实现对图书借阅信息进行统

计排行的 SQL 语句如下：

```
select * from (SELECT bookid,count(bookid) as degree FROM tb_borrow group by bookid) as borr join (select
b.*,c.name as bookcaseName,p.pubname,t.typename from tb_bookinfo b left join tb_bookcase c on b.bookcase=
c.id join tb_publishing p on b.ISBN=p.ISBN join tb_booktype t on b.typeid=t.id where b.del=0) as book on borr.
bookid=book.id order by borr.degree desc limit 10
```

下面将对该 SQL 语句进行分析：

（1）对图书借阅信息表进行分组并统计每本图书的借阅次数，然后使用 AS 为其指定别名为 borr，
代码如下：

```
(SELECT bookid,count(bookid) as degree FROM tb_borrow group by bookid) as borr
```

（2）使用左连接查询出图书的完整信息，然后使用 AS 为其指定别名为 book，代码如下：

```
(select b.*,c.name as bookcaseName,p.pubname,t.typename from tb_bookinfo b left join tb_bookcase c on
b.bookcase=c.id join tb_publishing p on b.ISBN=p.ISBN join tb_booktype t on b.typeid=t.id where b.del=0) as
book
```

（3）使用 JOIN ON 语句将 borr 和 book 连接起来，再对其按统计的借阅次数 degree 进行降序排序，
并使用 LIMIT 子句限制返回的行数。

22.10　小　　结

本章运用软件工程的设计思想，通过一个完整的图书馆管理系统带领读者详细走完一个系统的开
发流程。同时，在程序的开发过程中，采用了 Servlet 技术，使整个系统的设计思路更加清晰。通过本
章的学习，读者不仅可以了解一般网站的开发流程，而且还应该对 Servlet 技术有了比较清晰的了解，
为以后应用 Servlet 技术开发程序奠定了基础。